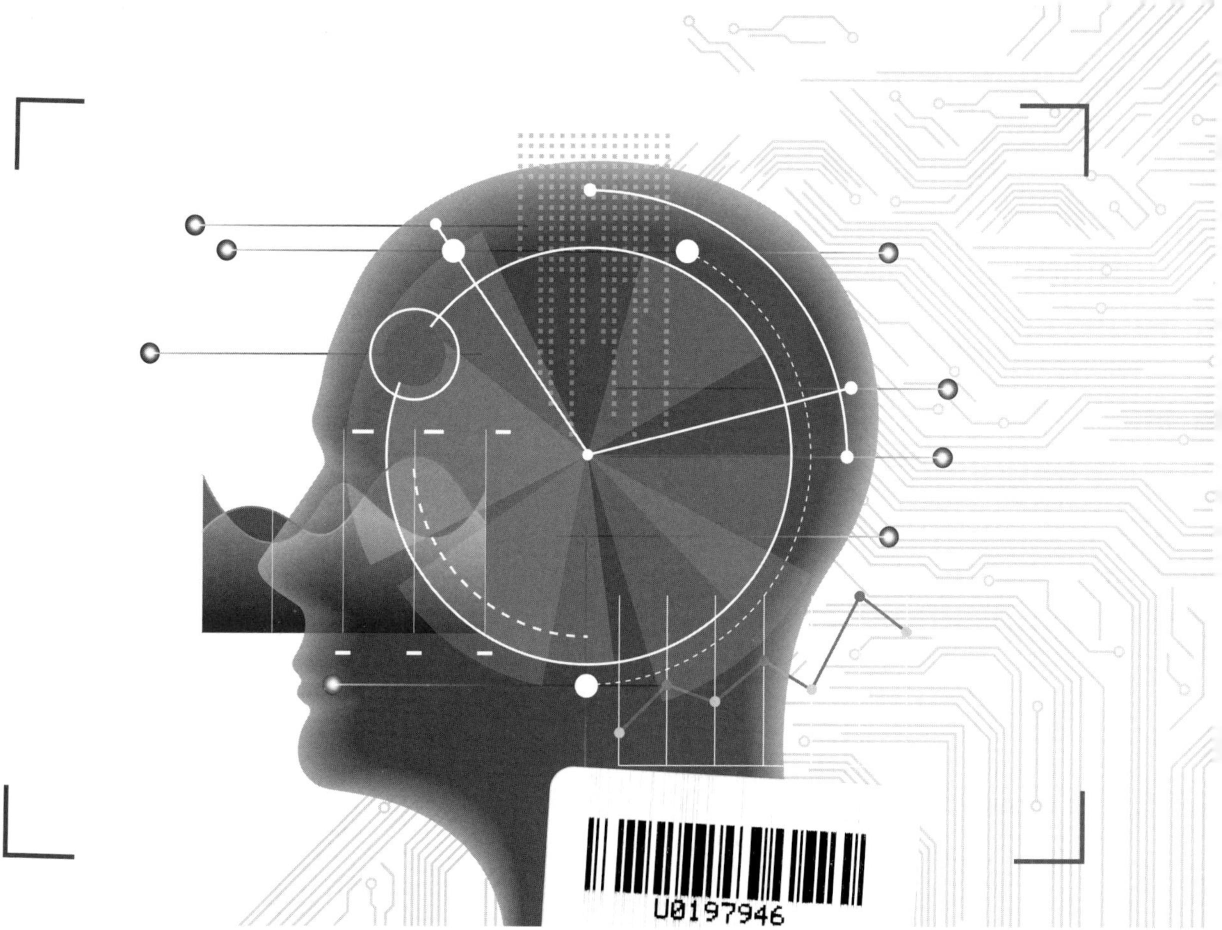

机器学习原理与Python编程实践

袁梅宇◎编著

清华大学出版社
北京

内 容 简 介

本书讲述机器学习的基本原理，使用 Python 和 Numpy 实现涉及的各种机器学习算法。通过理论学习和实践操作，使读者了解并掌握机器学习的基本原理和技能，拉近理论与实践的距离。全书共分为 13 章，主要内容包括：机器学习介绍、线性回归、逻辑回归、贝叶斯分类器、模型评估与选择、K-均值算法和 EM 算法、决策树、神经网络、隐马尔科夫模型、支持向量机、推荐系统、主成分分析、集成学习。全书源码全部在 Python 3.7 上调试成功，每章都附有习题和习题参考答案，供读者参考。

本书系统讲解了机器学习的常用核心算法和 Python 编程实践，内容全面、实例丰富、可操作性强，做到理论与实践相结合。本书适合机器学习爱好者作为入门和提高的技术参考书，也适合用作计算机专业高年级本科生和研究生的教材或教学参考书。

图书在版编目(CIP)数据

机器学习原理与 Python 编程实践/袁梅宇编著. —北京：清华大学出版社，2021.1(2023.8 重印)
ISBN 978-7-302-57064-6

Ⅰ. ①机…　Ⅱ. ①袁…　Ⅲ. ①机器学习　②软件工具—程序设计　Ⅳ. ①TP181　②TP311.561

中国版本图书馆 CIP 数据核字(2020)第 251336 号

责任编辑：魏　莹
封面设计：李　坤
责任校对：吴春华
责任印制：刘海龙
出版发行：清华大学出版社
网　址：http://www.tup.com.cn, http://www.wqbook.com
地　址：北京清华大学学研大厦 A 座　　邮　编：100084
社 总 机：010-83470000　　邮　购：010-62786544
投稿与读者服务：010-62776969, c-service@tup.tsinghua.edu.cn
质量反馈：010-62772015, zhiliang@tup.tsinghua.edu.cn
印 装 者：大厂回族自治县彩虹印刷有限公司
经　销：全国新华书店
开　本：185mm×230mm　　印　张：21.5　　字　数：466 千字
版　次：2021 年 1 月第 1 版　　印　次：2023 年 8 月第 2 次印刷
定　价：79.00 元

产品编号：086437-01

前言

机器学习无疑是当今最热门的领域之一，机器学习工程师、数据科学家和大数据工程师逐渐成为一些最具吸引力的新兴人才，各行各业的公司都在寻求具备这些技能的人才，技术职位的爆炸式增长吸引了更多在校大学生、社会 IT 人员将机器学习职位纳入自己的职业规划。由于具备机器学习相关技能才更有可能在上述新兴职业中获得成功，所以一本容易上手的入门书肯定会对初学者有着莫大的帮助，本书就是为初学者精心编写的。

初学者学习机器学习课程一般都会面临两大障碍。第一大障碍是数学基础。机器学习要求有数学基础，书中大量的公式是初学者的噩梦，尤其是对于已经离开大学走向工作岗位的爱好者来说，从头开始去学习和理解数据分布和模型背后的数学原理需要花费很多的时间和精力，学习周期非常漫长。第二大障碍是编程实践。并不是所有人都擅长编代码，而只有亲手用代码实现机器学习的各种算法，亲眼见到算法解决了实际问题，才能更深入理解算法。除非想做高精尖的前沿研究，理论研究和公式推导并非大多数人的专长，如果只是想更合理地应用机器学习来解决实际问题，掌握必需的数学知识就可以理解问题该如何解决，使用 Python 编程实现机器学习算法也比使用 C++或 Java 等语言容易得多。

本书就是为了让初学者顺利入门而设计的。首先，本书只讲述机器学习常用算法的基本原理，并不追求各种算法大而全地简略罗列，学习并深入理解这些精挑细选的算法后，能够了解基本的机器学习算法，使用适合的算法来解决实际问题。其次，本书使用 Python 3.7+Numpy 来实现常用的机器学习算法，读者能亲眼看见算法的工作过程和结果，可加深对抽象公式和算法的理解，逐步掌握机器学习的基本原理和编程技能，拉近理论与实践的距离。再次，每章都附有习题和习题参考答案，其中，一部分习题是为了帮助读者理解正文内容而设置的，另一部分习题是为了降低正文中的数学要求，将一些必要但枯燥的公式推导放在习题中，供读者有选择性地学习。

本书共分为 13 章。第 1 章介绍机器学习的基本概念、Numpy 数据格式和示例数据集；第 2 章介绍线性回归，主要内容包括线性回归的模型定义假设和评估、最小二乘法、梯度下降、多变量线性回归、随机梯度下降、正规方程、多项式回归和正则化；第 3 章介绍逻辑回归，主要内容包括逻辑回归的假设函数、决策边界、梯度下降、SciPy 优化函数、多项式逻辑回归、多元分类、Softmax 回归；第 4 章介绍贝叶斯分类，主要内容包括判别模型和生成模型的概念、极大似然估计、高斯判别分析、朴素贝叶斯和文本分类；第 5 章介绍模型评估与选择，主要内容包括训练集、验证集、测试集划分、交叉验证、性能度量，以及偏差与方差折中；第 6 章介绍 K-均值算法和 EM 算法，主要内容包括聚类分析的基本概念、K-means 算法应用、EM 算法以及混合高斯模型；第 7 章介绍决策树，主要内容包括决策树的基本概念、ID3 算法、C4.5 算法，以及 CART 算法的原理与实现；第 8 章介绍神经网络，主要内容包括神经元、神经网络结构、反向传播算法原理与实现；第 9 章介绍隐马尔科夫模型，主要内容包括 HMM 的基本概念、HMM 的组成和序列生成、求解 HMM 三个基本问题的算法以及 Python 代码实现；第 10 章介绍支持向量机，主要内容包括支持向量机的基本概念、最大间隔超平面、对偶算法、非线性支持向量机、软间隔支持向量机、SMO 算法和 LibSVM 库的使用；第 11 章介绍推荐系统，主要内容包括推荐系统的基本概念、基于用户的协同过滤算法、基于物品的协同过滤算法和基于内容的协同过滤算法；第 12 章介绍主成分分析，主要内容包括主成分分析的基本概念、本征值分解和奇异值分解、PCA 算法的计算步骤、如何从压缩表示中重建、如何选取主成分的数量以及 PCA 实现；第 13 章介绍集成学习，主要内容包括集成学习的基本概念、装袋、提升、随机森林的算法描述和 Python 代码实现。

作者感谢提供宝贵建议的贡献者，昆明理工大学计算机系吴霖老师经常与作者讨论机器学习问题，并在本书的内容选取方面提出了很多建设性建议，感谢吴霖老师做出的贡献。感谢清华大学出版社的编辑老师在出版方面提出的建设性意见和给予的无私帮助，感谢 QQ 群里的各位群友，他们中有老师、学生，还有已经参加工作的机器学习爱好者，他们的建议和帮助使得本书在内容上更加合理和完整。

作者在写作本书的过程中付出了艰辛的劳动，但限于学识、能力和精力，书中难免会存在一些缺陷。感谢读者购买本书，欢迎批评指正，你们的批评建议都会受到重视，并在将来的再版中改进。

袁梅宇
于昆明理工大学

目录

第 1 章 机器学习介绍

机器学习试图让机器像人类那样去理解数据，从大量的数据中发现规律并提取知识，不断地完善自我。机器学习是人工智能的一个重要的研究方向，研究如何从数据中提取一些潜在的有用模式的算法。

本章首先介绍机器学习的基本概念，然后介绍几个常用的示例数据集，最后介绍如何使用各种统计度量来描述数据分布特征。

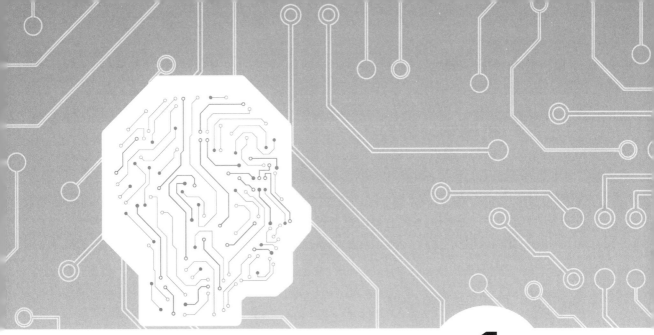

1.1 机器学习简介

机器学习是人工智能研究领域中极其重要的研究方向，也是发展最快的分支。每过一段时间，我们都能听到一些新的应用在各个领域大展宏图的消息，如谷歌 DeepMind 团队研发的人工智能程序 AlphaGo 战胜世界围棋名将李世石，最强最新 AlphaGo Zero 的横空出世，无人驾驶公交客车正式上路，等等。相比这些新闻，我们也许更关心其背后的支撑技术，机器学习就是 AlphaGo 和无人驾驶等背后的重要技术。

1.1.1 什么是机器学习

机器学习是一门多领域交叉学科，涉及概率论、统计学、优化理论、算法复杂度理论等多门学科，专门研究计算机怎样模拟或实现人类的学习行为，以获取新的知识或技能，重新组织已有的知识结构使之不断改善自身的性能。

至今，还没有统一的机器学习定义，而且也很难给出一个公认和准确的定义。一种经常引用的英文定义来自 Tom Mitchell 的《机器学习》一书，原文是：A computer program is said to learn from experience E with respect to some class of tasks T and performance measure P, if its performance at tasks in T, as measured by P, improves with experience E. 对应的中文译文是：如果用 P 来衡量计算机程序在任务 T 上的性能，根据经验 E 在任务 T 上获得性能改善，那么我们称该程序从经验 E 中学习。

不同于通过编程告诉计算机如何计算来完成特定任务，机器学习是一种数据驱动方法(data-driven approach)，意味着方法的核心是数据。也许读者对此有疑问，让我们举例进行说明。

普通意义上的学习是通过观察获得技能的过程，学习过程如图 1.1 所示。例如，某一天大人告诉小孩子前面那只深棕色的小动物是猫，小孩子通过观察认识猫的颜色和形态。过一天大人告诉小孩子前面那只白色的小动物也是猫，小孩子观察到尽管毛色不同，但猫的形态一样，学习到辨识猫的技能是不管毛色，只重形态。下次如果遇到一只黑猫，小孩子也能准确地辨认出猫。

图 1.1　普通学习过程

机器学习是通过数据来获取模式的过程，模式可以视为对象的组成成分或影响因素间存在的规律性关系。简单地说，模式相当于事物的规律。机器学习过程如图 1.2 所示。机器学习能够自动识别数据中的模式，然后使用已发现的模式去预测未来的数据，或者在不确定条件下进行某种决策。

图 1.2　机器学习过程

我们已经知道，使用计算机语言编程能够做很多事情，但是，如果要求编程实现在一堆照片中识别并标记猫或狗，我们却不知道该怎样做。技术难点在于我们不知道该怎样对猫和狗的照片进行建模，也就是说，我们无法通过数据直接归纳总结出一些模式。机器学习恰好能解决这类问题，我们将一些标记为猫和狗的照片让某个分类器(如神经网络)进行学习，分类器自动识别照片中猫和狗的模式，经过训练后，分类器分别得到猫和狗的模型，然后使用模型来识别未标记照片中是否有猫或狗。

机器学习的主要内容是研究如何从数据中构建模型的学习算法。有了学习算法之后，将已有数据(称为训练数据集)提供给它，算法就能根据这些数据构建模型，从而使用模型进行预测。因此，机器学习的一个核心内容就是研究学习算法。

1.1.2　机器学习与日常生活

日常生活离不开机器学习。人们或许每天都在不知不觉中使用了机器学习算法，网民经常使用谷歌、必应、百度等搜索引擎来搜索需要的内容，谷歌等公司使用网页排名(PageRank)算法来衡量特定网页的重要程度。网页排名的核心是机器学习。

人们经常阅读电子邮件，你也许不知道，垃圾邮件过滤器会帮助你过滤掉大量的垃圾邮件。垃圾邮件一度非常猖獗，使用机器学习技术协助识别垃圾邮件并进行过滤后，用户收件箱中的垃圾邮件越来越少。垃圾邮件过滤也是机器学习。

人们在日常生活中经常使用数码相机。你也许不知道，数码相机上的人脸检测技术也基于机器学习技术。

手机、手写板等手写字符识别使用机器学习；电子商务个性化推荐系统使用的协同过滤算法也是机器学习；跳棋、AlphaGo 也是机器学习；无人驾驶汽车也是机器学习……在我们的工作与生活中，机器学习的例子不胜枚举，很多智能技术都以机器学习为核心技术。

机器学习的应用领域非常广泛，以下列举出一些常见的应用。

- 文本分类，如上面提到的垃圾邮件分类；
- 光学字符识别(optical character recognition，OCR)，如手写识别、车牌识别；
- 计算机视觉，如图像识别、人脸检测；
- 自然语言处理，如词法分析、词性标注、统计句法分析和实体名识别；
- 欺诈检测，如信用卡欺诈、网络入侵检测；
- 推荐系统、搜索引擎、信息提取系统；
- 医疗诊断，如人工智能医生、大数据驱动的个性化诊断；
- 语音识别、语音合成、说话者验证；
- 游戏，如 AlphaGo。

1.1.3 如何学习机器学习

机器学习是一门理论与实践相结合的课程。学习机器学习课程有两种不同的方法：从理论角度出发和从技术角度出发，这两种方法都有其显而易见的优点和缺点。

从理论角度出发是传统的学习机器学习的途径，一般顺序为：掌握必要的数学(微积分、概率论、统计学、线性代数、优化理论等)背景知识，学习机器学习理论，使用编程语言实现算法，使用各种机器学习算法解决实际问题。从理论角度出发的优点是，能够从理论高度抽象出对机器学习本质问题的深入理解。缺点是这种方法的学习过程特别长，只是为学科前沿的学者设计，不适合只是想利用机器学习技术的实践者，对一般数学功底较差的爱好者学习难度较大；另一个缺点是辛苦学到的理论、公式不够实用，难以直接应用到手边的项目上。

从技术角度出发可以直接学习各类开源软件或机器学习函数库，如 TensorFlow、Scikit-Learn、PyTorch、WEKA、Apache Mahout 等，能够快速上手解决实际问题。缺点是只见树木不见森林，不知道如何从太多可选技术选择自己需要的技术，不了解工作原理难以得心应手地使用工具。

本书试图把理论和实践结合在一起。机器学习中有一些基本的哲学思想、关键理论和核心技术，是每一个机器学习爱好者需要了解的。但要完整而系统地学习所有的机器学习知识是不必要的。疯狂英语创始人李阳先生曾说过：“系统全面地学习语法只会系统全面地忘记，而且非常辛苦。”机器学习面临和英语一样的困境：应该系统地学习还是零敲碎打地学习。对于大部分机器学习爱好者，也许零敲碎打地学习更加符合他们的实际情况。鉴于此，本书的指导思想是：精心挑选出最常用的经典算法，详细讲解原理和实现方法，兼顾理论和实践，使读者能够快速入门；然后以点带面，逐步形成机器学习的整体概念，为进一步深造打下基础。

机器学习不可避免地要涉及一些数学推导过程，为了避免淹没在公式的海洋中，本书将必要的公式推导从正文中剔除，放到作业中，供读者有选择性地学习。

1.1.4 Python 的优势

本书所有示例都使用 Python 编程语言来实现机器学习算法，它是一种解释型、面向对象、动态数据类型的高级程序设计语言，其创始人为吉多·范罗苏姆(Guido van Rossum)。Python 已经成为最受欢迎的程序设计语言之一。

Python 由荷兰人范罗苏姆于 1989 年圣诞节期间创立，第一个公开发行版始于 1991 年。据说该编程语言的名称 Python 取自英国电视喜剧“蒙提·派森的飞行马戏团”(Monty Python’s Flying Circus)。自 2004 年开始，Python 深受欢迎并使用户增长很快，当前使用较多的是 Python 2 和 Python 3。由于官方于 2018 年 3 月宣布，自 2020 年 1 月 1 日开始停止更新 Python 2，且机器学习领域中 Python 3 的使用率逐渐增大，建议初学者直接学习 Python 3。Python 3 目前的最新版本为 2020 年 10 月 5 日发布的 Python 3.9.0。

由于 Python 语言的简洁性、易读性以及可扩展性，在国外用 Python 做科学计算的研究机构日益增多，一些知名大学已经采用 Python 来教授程序设计课程。

Python 的设计哲学是“优雅”“明确”和“简单”。虽然有人认为它是一种脚本语言，但更多的支持者乐于称它为一种高级动态编程语言，它完全支持面向对象的继承、重载、派生等特性，以增强源代码的可读性和复用性。一些人还把 Python 称为胶水语言，容易使用 Python 来集成和封装由其他语言编写的程序。

在机器学习领域，往往会涉及大量的计算，由于诸如 Python 和 MATLAB 的脚本语言不用编译直接运行的方便快捷特性，因此得到广泛的关注。Python 语言的最大优势就是完全免费，而不像商用软件 MATLAB 那样需要花钱购买许可证。Python 的另一个优势就是拥有丰富的科学计算扩展库，例如，经常使用如下三个经典的科学计算扩展库：NumPy、SciPy 和 Matplotlib，它们分别为 Python 提供基础的科学计算、高级科学计算及统计分析和绘图功能。Python 的第三个优势是拥有机器学习和深度学习的各种库，如谷歌的 TensorFlow 框架和脸书的 PyTorch。随着 Python 用户的增多，Python 在机器学习领域的生态环境将会越来越好。

为了更好地讲解算法，本书提供了若干算法的 Python+Numpy 实现，目的是让读者更好地了解算法。要特别说明的是，本书代码只是演示性质，只是为了让读者能够深入理解算法原理，没有对代码进行优化，也没有考虑让代码能够应用到所有可能的数据集。因此不建议也不鼓励直接将书中代码用于实际项目，除非项目实施者有很强的开发能力，能很好地整合代码。

1.2 基本概念

本节讲述机器学习的基本概念，包括机器学习的种类、有监督学习和无监督学习的区别、常见术语和预处理等。

1.2.1 机器学习的种类

机器学习主要可分为两种类型。第一种机器学习类型称为有监督学习，或称为预测学习，其目标是在给定一系列输入 $\boldsymbol{x}$ 和输出 y 实例所构成的数据集的条件下，学习输入 $\boldsymbol{x}$ 到输出 y 的映射关系。这里的数据集称为训练集，实例的个数 N 称为训练样本数。第二种机器学习类型称为无监督学习，或称为描述学习，其目标是在给定一系列仅由输入实例 $\boldsymbol{x}$ 构成的数据集的条件下，发现数据中的有趣模式。无监督学习有时候也称为知识发现，这类问题并没有明确定义，因为我们不知道需要寻找什么样的模式，也没有明显的误差度量可供使用。而对于给定的 $\boldsymbol{x}$，有监督学习可以对所观察到的值 y 与预测的值 $\hat{y}$ 进行比较，得到明确的误差值。

1.2.2 有监督学习

有监督学习主要分为分类(classification)与回归(regression)两种形式，是数据挖掘应用领域的重要技术。分类就是在已有数据的基础上学习出一个分类函数或构造出一个分类模型，这就是通常所说的分类器(classifier)。该函数或模型能够把数据集中的样本 $\boldsymbol{x}$ 映射到某个给定的类别 y，从而用于数据预测。分类和回归是预测的两种形式，分类预测的输出目标是离散值，而回归预测的输出目标是连续值。

在分类之前，先要将数据集划分为训练集和测试集两个部分。分类分两步：第一步，分析训练集的特点并构建分类模型。常用的分类模型有决策树、贝叶斯分类器、K-最近邻分类等。第二步，使用构建好的分类模型对测试集进行分类，评估分类模型的分类准确度等指标，选择满意的分类模型。

有监督学习的过程如图 1.3 所示。首先使用训练数据对机器学习算法进行训练，得到模型(若干假设)，然后使用所构建好的模型对测试数据进行预测，计算预测输出值和真实输出值的误差，从而得出模型的性能评估指标，再反馈给机器学习算法。

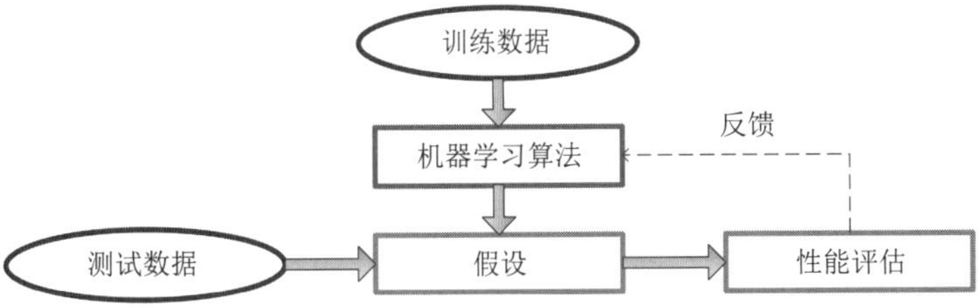

图 1.3　有监督学习

本书涉及的有监督学习算法有：线性回归、逻辑回归、高斯判别分析、朴素贝叶斯、决策树、神经网络、支持向量机和协同过滤等。

1.2.3　无监督学习

无监督学习主要分为聚类(clustering)和关联分析(association analysis)。聚类就是将数据集划分为由若干相似实例组成的簇(cluster)的过程，使得同一个簇中实例间的相似度最大化，不同簇中实例间的相似度最小化。也就是说，一个簇就是由彼此相似的一组对象所构成的集合，不同簇中的实例通常不相似或相似度很低。

聚类分析是数据挖掘和机器学习中十分重要的技术，应用领域极为广泛，如统计学、模式识别、生物学、空间数据库技术、电子商务等。

作为一种重要的数据挖掘技术，聚类主要依据样本间相似性的度量标准将数据集自动划分为几个簇。聚类中的簇不是预先定义的，而是根据实际数据的特征按照数据之间的相似性来定义的。聚类分析算法的输入是一组样本以及一个度量样本间相似度的标准，输出是簇的集合。聚类分析的另一个副产品是对每个簇的综合描述，这个结果对于进一步深入分析数据集的特性尤为重要。聚类方法适合用于讨论样本间的相互关联，从而能初步评价其样本结构。

机器学习关心聚类算法的如下特性：处理不同类型属性的能力、对大型数据集的可扩展性、处理高维数据的能力、发现任意形状簇的能力、处理孤立点或“噪声”数据的能力、对数据顺序的不敏感性、对先验知识和用户自定义参数的依赖性、聚类结果的可解释性和实用性、基于约束的聚类等。

关联分析方法用于发现隐藏在大型数据集中有意义的联系，这种联系可以用关联规则(association rule)进行表示。本书不涉及关联分析内容。

1.2.4 机器学习的术语

根据应用的不同，机器学习的对象可以是各种各样的数据，这些数据可以以诸如数据库、数据仓库、数据文件、流数据、多媒体、网页等形式进行存储。这些数据既可以集中存储，也可以分布在网络服务器上。

通常将数据集视为待处理的数据对象的集合，数据对象用于学习或评估。例如，在垃圾邮件分类问题中，数据对象是指用于学习和测试的电子邮件。由于历史原因，数据对象有多个别名，如记录、点、行、向量、案例、样本、观测等。

数据对象也是对象，因此可用刻画对象基本特征的属性来进行描述。属性也有多个别名，如变量、特征、字段、维、列等。例如，在电子邮件中，相关属性可包括邮件长度、发送者姓名、在正文出现的某些关键字，等等。

数据集一般类似于一个二维的电子表格或数据库表，每行为一个样本。在最简单的情形下，第 i 个训练样本 $x^{(i)}$ 是一个 D 维的数值向量，表示特定事物的一些特征，如人的身高、体重。Python 可以将数据集表示为 $N \times D$ 的矩阵或数组。有时 $x^{(i)}$ 也可以是复杂结构的对象，如图像、电子邮件、时间序列、语句等。

大部分数据集都以数据库表和数据文件的形式存在，Python 支持读取数据库表，也支持读取文本文件、gzip 和 bz2 格式的压缩文件等格式的数据文件。

属性可以分为四种类型：标称(nominal)、序数(ordinal)、区间(interval)和比率(ratio)。其中，标称属性的值仅仅是不同的名称，即标称值仅提供区分对象的足够信息，如性别(男、女)、衣服颜色(红、黄、蓝)、天气(阴、晴、雨、多云)等。序数属性的值可以提供确定对象的顺序的足够信息，如成绩等级(优、良、中、及格、不及格)、职称(初级、中级、高级)、学生(本科生、硕士生、博士生)等。序数属性相继值之间的度量值未知，如不关心本科生到硕士生、硕士生到博士生之间的差值是否相同。区间属性的值之间的差值是有意义的，即存在测量单位，如温度、日历日期等。比率属性的值之间的差和比值都是有意义的，如绝对温度、年龄、长度、成绩等。

标称属性和序数属性统称为分类的(categorical)或定性的(qualitative)属性，它们的取值为集合，即使使用数值来表示，也不具备数的大部分性质，因此，应该像对待符号一样对待；区间属性和比率属性统称为定量的(quantitative)或数值的(numeric)属性，定量属性采用数值来表示，具备数的大部分性质，可以使用整数值或连续实数值来表示。

标签是指样本的目标属性。在分类问题中，每个样本都有一个标称型的类别值，例如，正常邮件还是垃圾邮件。在回归问题中，标签是连续型的数值。

训练样本是用于训练机器学习算法的样本。在垃圾邮件问题中，每个训练样本由一封电子邮件正文、主题及其标签组成。

验证样本用于调节机器学习算法参数。学习算法通常有多个参数，验证样本为这些模型参数选择适当的值，使得学习算法的性能最佳。

测试样本用于评估机器学习算法的性能。测试样本与训练和验证数据分离，在学习阶段不允许“偷看”测试样本。在垃圾邮件问题中，每个测试样本由一封电子邮件组成，学习算法必须根据电子邮件的特征来预测其标签，然后将预测标签与测试样本的真实标签相比较，以评估算法的性能。

损失函数是能够度量预测标签与真实标签之间的差异(或损失)的函数，它是一个非负实值函数，损失函数值越小，表示模型的鲁棒性越好。损失函数也称为代价函数，常用的损失函数有 0-1 损失(0-1 loss)、Hinge 损失(Hinge loss)、Log 损失(log Loss)、平方损失(squared loss)和指数损失(exponential loss)等。

假设集可以是一组函数，它将特征向量 $\boldsymbol{x}$ 映射到标签 y，假设集可以是线性函数或非线性函数。例如，假设函数将电子邮件特性向量映射到离散的标称目标属性 $y = \{\text{spam, non-spam}\}$，也可以将电子邮件特征向量映射为实数，分数越高表示越有可能是垃圾邮件。

泛化能力指机器学习模型在训练时学习数据的本质，模型在预测学习时遇到未见过的样本时也表现良好。泛化能力就是机器学习算法对新样本的适应能力，我们期望机器学习模型可以很好地预测从未见过的数据，这称为泛化能力强。

欠拟合指模型没有很好地捕捉到数据的模式，不能很好地拟合训练数据的情形。简单地说，欠拟合没有学习到训练数据的规律，在训练数据上的性能表现不好，因此需要继续学习或者更换机器学习算法。

过拟合指模型把数据学习得太彻底，甚至学习到了噪声数据的情形。过拟合非常完美地拟合了训练数据，但却不能很好地预测未知的测试数据，也就是模型泛化能力太差。

1.2.5 预处理

机器学习从海量数据中挖掘潜在且有用的模式，因此，数据的质量直接影响到学习的效果。但是，由于种种原因，期望数据质量完美并不现实，人的错误、测量设备的限制以及数据收集过程中的漏洞都可能导致一些问题，如缺失值(由机械原因或人为原因造成的数据缺失)和离群值(数值与其他数值相比差异较大)。

由于无法在数据的源头控制质量，机器学习试图在学习之前对数据质量问题进行检测与纠正，以纠正一些质量问题，这个过程称为数据预处理。

数据预处理涉及的策略和技术非常广泛，主要技术是属性选择技术和主成分分析技术。属性选择是指从数据集中选择最具代表性的属性子集，删除冗余或不相关的属性，从而提高数据处理的效率，使模型更容易理解。主成分分析利用降维的思想，把给定的一组相关属性通过线性变换转换成另一组不相关的属性，这些新的属性按照方差依次递减的顺序进行排列。主成分分析将很多个复杂属性归结为少数几个主成分，将复杂问题简单化，便于分析和处理。

离散化(discretization)将连续的数值型数据切分为若干称为分箱(bin)的小段，是数据分析中常用的手段。离散化的实质就是将无限空间中有限的个体映射到有限的空间中去，其作用是提高算法的时空效率，有时也为了能够使用特定的机器学习算法而将数据离散化。Python 的 sklearn 工具提供 KBinsDiscretizer 函数将连续的数值型数据离散化。

有人将预处理称为特征工程(feature engineering)。特征工程使用专业背景知识和技巧处理数据，使得特征能在机器学习算法上发挥更好的作用。特征工程比较难、非常耗时，且需要较强的领域知识，因此很多机器学习竞赛的优胜者并没有使用很高深的算法，很多是在特征工程环节工作出色，使用一些常见的算法就能得到优异的成绩。

1.3 机器学习数据格式

MATLAB 擅长的工作是矩阵运算，因此对连续型数据类型的支持较好，直接使用矩阵即可。对于离散的、非数值型数据，MATLAB 为机器学习专门提供 nominal、ordinal 和 categorical 数据类型，目前 Python 还不支持。

1.3.1 标称数据

标称数据是没有自然顺序的离散、非数值型值。MATLAB 提供 nominal 类型，为标称数据提供了高效存储和方便操作的方式，同时还保持有意义的标签。

例如，假如要创建一个衣服颜色的矩阵，可以使用如下语句：

```
X = {'r' 'b' 'g';'g' 'r' 'b';'b' 'r' 'g'};
colors = nominal(X,{'蓝','绿','红'})
```

其中，nominal 后面括号中的第一个数组可以是字符串元包(cell)数组或整型数据，第二个数组为标签。本例中，类型有 r(red，红)、g(green，绿)和 b(blue，蓝)，按字典顺序排序后为 bgr，因此对应的标签为{'蓝','绿','红'}。输出为：

```
colors =

    红      蓝      绿
    绿      红      蓝
    蓝      红      绿
```

1.3.2 序数数据

序数数据是离散、非数值型值，但不同于标称数据，序数数据有自然顺序。MATLAB 提供 ordinal 数组对象来存储和操纵序数数据。

例如，假如要创建一个大学学生的矩阵，可以使用如下语句：

```
students = ordinal({'d','u','m';'m','u','d'},{'博士生','硕士生','本科生'})
```

其中，ordinal 括号中的第一个数组可以是字符串元包(cell)数组或整型数据，第二个数组为标签。本例中，类型有 u(undergraduate，本科生)、m(master candidate，硕士生)和 d(doctoral candidate，博士生)，按字典顺序排序后为 dmu，因此对应的标签为{'博士生','硕士生','本科生'}。输出为：

```
students =

    博士生      本科生      硕士生
    硕士生      本科生      博士生
```

再举一个例子，如下命令加载数据集并创建成绩等级：

```
load('examgrades')
grade = ordinal(grades,{'不及格','及格','中','良','优'},[],[0,60,70,80,90,100]);
```

其中，examgrades 是 MATLAB 自带数据集，加载的 grades 为 120×5 的 double 型数组。ordinal 括号中的最后一个数组称为 bin edges(箱边)，它对指定的数值数组进行分箱操作以创建一个序数数组；第二个数组为离散等级的标号。

注意，将来的 MATLAB 版本中可能会弃用 nominal 和 ordinal 数组数据类型。如果为将来版本兼容考虑，可以用 categorical 类型来替代 nominal 和 ordinal 类型。

1.3.3 分类数据

categorical 数据类型用于创建有限离散分类数据，该类型与 nominal 和 ordinal 的用法类似。

例如，对于前面的衣服颜色的矩阵，命令为：

```
A = {'r' 'b' 'g'; 'g' 'r' 'b'; 'b' 'r' 'g'};
B = categorical(A)
C = categorical(A, {'r' 'g' 'b'}, {'红','绿','蓝'})
```

在语句“C = categorical(A, {'r' 'g' 'b'}, {'红','绿','蓝'})”中，categorical 括号内的第二个数组为分类属性取值的集合，第三个数组为对应的分类属性的标号。输出为：

```
B =


    r     b     g
    g     r     b
    b     r     g

C =


    红     蓝     绿
    绿     红     蓝
    蓝     红     绿
```

1.4 示例数据集

为了便于和其他算法的性能进行比对，本书绝大部分示例都使用一些公开的数据集。下面对经常使用的数据集进行说明。

1.4.1 天气问题

天气问题的数据集很小，其数据纯属虚构，只是为了用来说明机器学习的方法。

天气问题有四个属性：天气趋势(outlook)、温度(temperature)、湿度(humidity)和刮风(windy)。还有一个目标属性(play)表示样本的类别，即在四个属性值确定的前提下得到是否可运动的结论。

天气问题仅有 14 个样本，表 1.1 所示为天气问题的简单形式，四个属性都采用离散的标称型来表示，而不采用连续型数值。其中，天气趋势的属性值有 sunny(晴)、overcast(多云)和 rainy(雨)；温度属性值有 hot(热)、mild(温暖)和 cool(凉爽)；湿度属性值有 high(高)和 normal(正常)；刮风属性值有 TRUE(真)和 FALSE(假)；是否可运动属性值有 yes(是)和 no(否)。

表 1.1　标称属性的天气问题

天气趋势 (outlook)	温度 (temperature)	湿度 (humidity)	刮风 (windy)	是否可运动 (play)
sunny	hot	high	FALSE	no
sunny	hot	high	TRUE	no
overcast	hot	high	FALSE	yes
rainy	mild	high	FALSE	yes
rainy	cool	normal	FALSE	yes
rainy	cool	normal	TRUE	no
overcast	cool	normal	TRUE	yes
sunny	mild	high	FALSE	no
sunny	cool	normal	FALSE	yes
rainy	mild	normal	FALSE	yes
sunny	mild	normal	TRUE	yes
overcast	mild	high	TRUE	yes
overcast	hot	normal	FALSE	yes
rainy	mild	high	TRUE	no

机器学习的一个目标就是要找出数据的内在模式，本例中，就是要得到在什么天气情况下可运动的规则。然后，根据这个规则，对给定新的天气情况，如：

```
outlook = sunny and humidity = high then play = ?
```

给出是否可玩的判断。

表 1.2 所示为天气问题的稍微复杂一点的形式。温度和湿度两个属性的数据类型由离散的标称型变为连续的数值型。如果全部属性都是数值型，就称为数值属性问题。但这里不是所有属性都是数值型，因此称为混合属性问题。

显然，如果包含了数值类型的属性，学习方案可能需要对此类属性建立不等式，因此，得到包含数值测试的规则有些复杂。例如，决策规则可能是这样的：

```
if outlook = sunny and humidity <= 75 then play = yes
```

表 1.2 混合属性的天气问题

天气趋势 (outlook)	温度 (temperature)	湿度 (humidity)	刮风 (windy)	是否可运动 (play)
sunny	85	85	FALSE	no
sunny	80	90	TRUE	no
overcast	83	86	FALSE	yes
rainy	70	96	FALSE	yes
rainy	68	80	FALSE	yes
rainy	65	70	TRUE	no
overcast	64	65	TRUE	yes
sunny	72	95	FALSE	no
sunny	69	70	FALSE	yes
rainy	75	80	FALSE	yes
sunny	75	70	TRUE	yes
overcast	72	90	TRUE	yes
overcast	81	75	FALSE	yes
rainy	71	91	TRUE	no

1.4.2 鸢尾花

鸢尾花(iris)是非常著名的用于模式识别的数据集，该数据集于 1936 年由 R. A. Fisher 创建，Fisher 的论文也成为经典，直到今天还经常被引用。鸢尾花原始数据集位于网站 http://archive.ics.uci.edu/ml/datasets/Iris。

本书附带代码的 data 子目录下有鸢尾花数据集 fisheriris.csv 文件，可使用如下语句加载。

```
# 加载鸢尾花数据
file_path = "../data/fisheriris.csv"
x, y = read_csv(file_path)
```

加载后，鸢尾花的类别属性放在 species 中，这是一个 150×1 的 cell 数组；4 个属性放在 meas 中，这是一个 150×4 的 double 型矩阵。其中，species 有三种取值，也就是鸢尾花的三个类别：setosa(山鸢尾)、versicolor(变色鸢尾)和 virginica(维吉尼亚鸢尾)，每个类别各有 50 个实例。meas 定义了如下 4 个属性：sepal length(花萼长)、sepal width(花萼宽)、petal length(花瓣长)、petal width(花瓣宽)。这些长宽属性都是数值类型，单位为 cm(厘米)。

表 1.3 摘录自鸢尾花数据集。该数据集就是要根据鸢尾花的花萼长宽和花瓣长宽数据，找出不同类别花的特点分布情况，揭示其中隐藏的规律性。

表 1.3　鸢尾花数据集

序号	花萼长(cm)	花萼宽(cm)	花瓣长(cm)	花瓣宽(cm)	类　别
1	5.1	3.5	1.4	0.2	setosa
2	4.9	3.0	1.4	0.2	setosa
3	4.7	3.2	1.3	0.2	setosa
4	4.6	3.1	1.5	0.2	setosa
5	5.0	3.6	1.4	0.2	setosa
…					
51	7.0	3.2	4.7	1.4	versicolor
52	6.4	3.2	4.5	1.5	versicolor
53	6.9	3.1	4.9	1.5	versicolor
54	5.5	2.3	4.0	1.3	versicolor
55	6.5	2.8	4.6	1.5	versicolor
…					
101	6.3	3.3	6.0	2.5	virginica
102	5.8	2.7	5.1	1.9	virginica
103	7.2	3.0	5.9	2.1	virginica
104	6.3	2.9	5.6	1.8	virginica
105	6.5	3.0	5.8	2.2	virginica
…					

1.4.3 其他数据集

本书还使用其他一些数据集，为了与各章上下文描述的问题相照应，分散在各章单独介绍。将这些数据集列示如下。

- 第 2 章介绍奥运会男子 100 米自由泳数据集和 CPU 数据集。
- 第 4 章介绍 UCI Spambase 数据集。
- 第 8 章介绍 MNIST 数据集。
- 第 11 章介绍 MovieLens 数据集。

1.5 了解你的数据

在应用机器学习算法之前，需要对手上的数据进行初步分析研究，以便更好地了解数据的性质。了解数据有助于选择适当的数据预处理和数据分析技术，甚至有可能通过对数据的直观检查来发现模式。

根据数据集中不同的数据类型，可以使用不同方法对其进行分析。对于连续的数值类型，一般使用各种统计度量(如最小值、最大值、均值、标准差)来描述数据分布特征，对于离散的分类类型，可以使用频度和众数来描述数据。此外，还可以使用散点图等可视化技术来获得对数据的直观认识。

1. 频率和众数

频率(frequency)刻画离散的分类属性的性质，统计属性中每个值出现的频率。值 v_i 的频率定义为取值为 v_i 的样本数除以样本总数。众数(mode)是频率最高的值。

Numpy 并没有提供求众数的函数，但 scipy.stats 模块提供 mode 函数，求出数组中最高频率的值。

2. 均值和中位数

连续数值属性常用的汇总统计是均值(mean)和中位数(median)。其中，均值反映一组数据的集中趋势，由一组数据中所有数据之和再除以这组数据的个数计算而得。中位数是按顺序排列的一组数据中居于中间位置的数，即，在该组数据中，有一半的数据比该数大，有一半的数据比该数小。如果数据个数为奇数，就将正中间的那个数作为中位数，否则取中间两个数的平均值作为中位数。

Numpy 提供 mean 函数和 median 函数来分别计算数组的均值和中位数。

3. 极差和方差

极差和方差用于表示统计数据的散布度量。其中，极差也称为全距，它是数据最大值与最小值之间的差距，即最大值减去最小值的数值。极差体现一组数据波动的范围。极差越大，散布程度越大；反之，散布程度越小。方差用于度量随机变量与数学期望(即均值)之间的偏离程度，方差是每个数值与均值之差的平方和的平均值。标准差(standard deviation)是方差的平方根。

Numpy 提供 ptp 函数、var 函数和 std 函数来分别计算数据的极差、方差和标准差。

4. 百分位数和箱线图

对于连续数值型属性，可以将该组数据从小到大排序，并计算相应的累计百分位，则某一个百分位所对应数据的值就称为该百分位的百分位数(percentile)。例如，处于 p%位置的值就称为第 p 百分位数。

Numpy 提供 percentile 函数计算数据集的百分位数。

箱线图(box plot)是一种用于显示一组数据分散情况资料的统计图，箱线图利用数据的五个百分位特征值——第 10 个百分位数、第 25 个百分位数、第 50 个百分位数、第 75 个百分位数、第 90 个百分位数来描述数据的图形，离群值用“+”表示，如图 1.4 所示。使用箱线图可以粗略地估计数据是否具有对称性，大致观察数据的分散程度。由于箱线图相对紧凑，可以将多个箱线图放在一起，对多组数据进行比较。

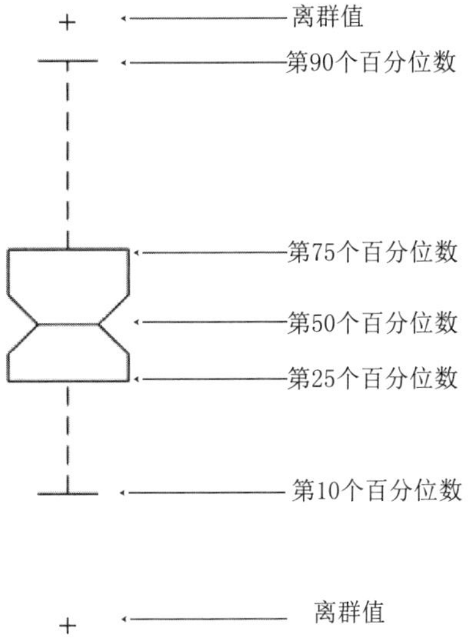

图 1.4　箱线图描述

matplotlib.pyplot 提供 boxplot 函数，可以方便地绘制箱线图。绘制鸢尾花数据箱线图的部分代码如代码 1.1 所示。

代码 1.1　绘制箱线图代码

```
# 加载鸢尾花数据
file_path = "../data/fisheriris.csv"
x, y = read_csv(file_path)
x = [float(f[0]) for f in x]
s1 = x[0: 50]
```

```
s2 = x[50: 100]
s3 = x[100: 150]
plt.figure()
plt.boxplot(np.column_stack((s1, s2, s3)), labels=['setosa', 'versicolor',
'virginica'], notch=True, sym='r+')
plt.show()
```

如图 1.5 所示的鸢尾花花萼长箱线图由 Python 脚本 percentiles.py 绘制，可以直观地看出三种鸢尾花的花萼长度统计数据的差别。

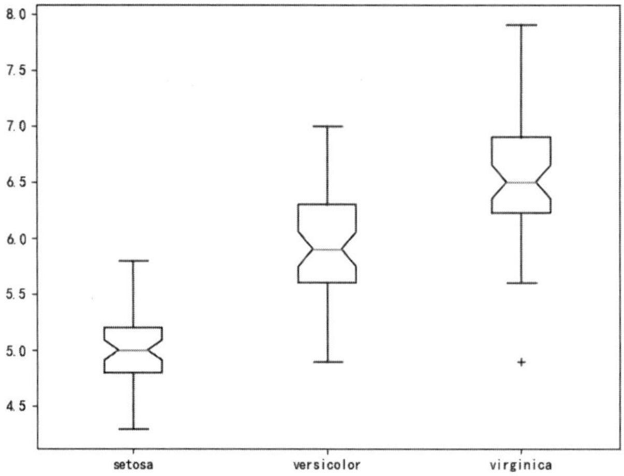

图 1.5　鸢尾花花萼长箱线图

5. 直方图和散点图

直方图(histogram)是一种统计报告图，由一系列高度不等的纵向长条表示数据分布的情况。直方图表示连续数值数据的分布，它将连续属性的值域划分为一系列的箱(bin)或间隔，并对每个箱中出现的值进行计数。

matplotlib.pyplot 提供 hist 函数来绘制直方图。

散点图是指数据点在直角坐标系平面上的分布图。散点图只能画出多维数据中的两组，考察坐标点的分布，判断所选取的任意两个变量之间是否存在某种关联或总结坐标点的分布模式。散点图的每个数据点由图中的位置表示，类别由不同形状或不同颜色的标记来表示。

matplotlib.pyplot 提供 scatter、plot 函数来绘制散点图，mpl_toolkits.mplot3d 提供 scatter 或 scatter3D 函数可绘制三维散点图。

Python 脚本 iris_scatter.py 绘制了鸢尾花数据集的直方图和散点图，如图 1.6 所示。鸢尾花数据集有四个变量，因此依次选取两个变量来绘制散点图。

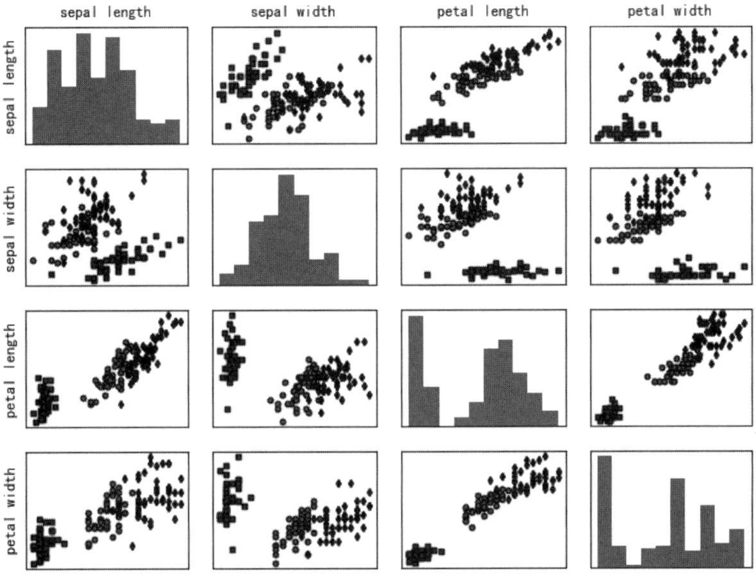

图 1.6　鸢尾花数据集的直方图和散点图

6. 离群点和缺失值

离群点(outlier，也称为离群值)是一个数据对象，它明显不同于其他数据对象，好像是不同的机制产生那样。离群点是相对于典型值来说不寻常的值，也称为异常(anomalous)对象。离群点可以是合法的数据对象，研究人员有时对离群点感兴趣。例如，在银行卡欺诈和网络攻击检测中，目标就是从大量正常对象或事件中找出不寻常的部分。

缺失值(missing)指一个数据对象遗漏一个或多个属性值的情形，这是由信息收集不全导致的。由于很多数据都是不完美的，很多时候的数据分析都需要考虑缺失值。处理缺失值的策略主要有三种。第一种策略是直接删除有缺失值的数据对象。这种方法简单有效，尤其是在数据集只有少量数据对象有缺失值的情形。但是，不完整的数据对象也包含有用的信息，如果很多数据对象都有缺失值，直接删除这些对象可能难以进行可靠的分析。第二种策略是用可能值插补缺失值，其指导思想是以最可能的值来插补缺失值比全部删除不完整数据造成的信息丢失要少。插补方法具体可分为均值插补、利用同类均值插补、极大似然估计(max likelihood，ML)和多重插补(multiple imputation，MI)。第三种策略是忽略缺失值。例如，在协同过滤算法中，未评分的缺失数据较多，处理方法是只使用没有缺失值的属性来计算物品或用户的相似度，忽略缺失数据。

习　题

1.1　Tom M. Mitchell 将机器学习定义为：如果用 P 来衡量计算机程序在任务 T 上的性能，根据经验 E 在任务 T 上获得性能改善，那么我们称该程序从经验 E 中学习。针对下棋和手写识别问题，说说任务 T、性能标准 P 和训练经验 E 分别是什么。

1.2　父亲教年幼儿子识别跑车，发现很难用语言表达清楚什么是跑车，于是就带儿子到天桥上以便用实例进行解释。当每辆跑车经过时，父亲就对儿子说："那是辆跑车"。十分钟过去后，父亲询问儿子是否学到东西，儿子回答："当然，这很简单"。下一辆旧的红色大众甲壳虫轿车经过时，儿子大叫："那是辆跑车"。受挫的父亲问为什么，儿子回答："因为所有跑车都是红色的"。

故事说明以下哪几条？(多选)

A. 这是一个有监督学习的案例

B. 机器无法学习

C. 模型欠拟合

D. 模型过拟合

E. 模型泛化能力差

1.3　讨论如下活动是否为机器学习的研究对象。

A. 按照性别来划分客户

B. 计算公司的总销售额

C. 预测投掷一枚正常硬币的结果

D. 根据某股票的历史信息预测将来的股票价格

E. 预测北冰洋的冰何时融化

F. 根据学生的答题历史预测学生是否能答对下一题

G. 检测是否信用卡欺诈

H. 让电脑阅读法律条文并解答法律问题

1.4　小王已毕业 3 年，在一家 IT 公司做技术工作，看见机器学习发展势头良好，想转行做机器学习，于是购买了若干数学和机器学习理论的书籍，准备大干一场。你有什么话对小王说？

第2章 线性回归

线性模型是最直观的机器学习模型，它通过学习属性与目标属性的线性关系来揭示数据的规律。

本章从单变量线性回归实例介绍其基本概念，然后介绍使用最小二乘法和梯度下降法求解线性回归问题，最后介绍多变量线性回归和多项式回归。

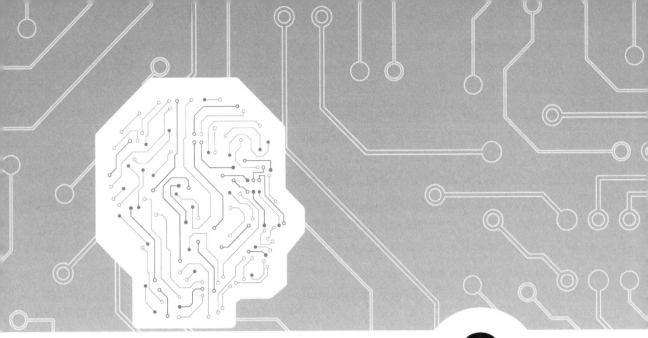

2.1 从一个实际例子说起

奥运会男子 100 米自由泳是激动人心的比赛项目，胜负就在瞬间决出。

假如给定历届奥运会的冠军纪录数据，能否从中发现一定规律？并预测出下一届奥运会冠军的取胜时间。也就是说，我们希望能够使用这些数据来学习并构建一个模型，能够拟合历史数据并预测未来的成绩。

如图 2.1 所示的历届奥运会男子 100 米自由泳冠军纪录由 Python 脚本 plot_data.py 绘制。从图中可以看到，自 1896 年开始到 2016 年为止，大趋势是随着时间的推移，奥运会成绩呈现越来越好的趋势。但从细节来看，成绩也会有所反复，也偶尔会出现下一届奥运会成绩不如上一届奥运会成绩的现象。在图中可以看到缺失几届奥运会数据，这是由于一些众所周知的原因——战争，致使 3 届(1916 年、1940 年和 1944 年)奥运会停办。另外，1900 年的巴黎奥运会没有设置该竞赛项目。

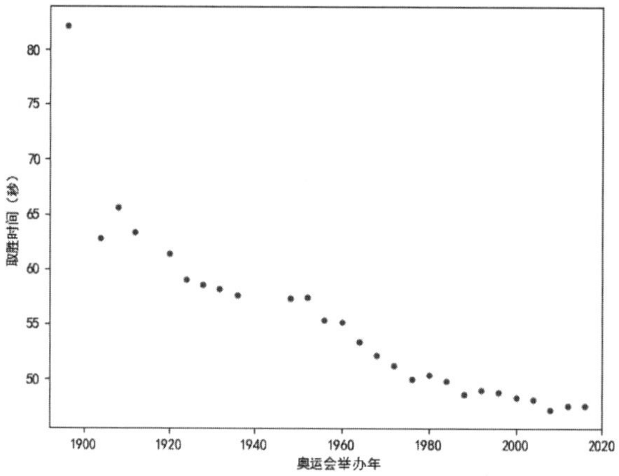

图 2.1 历届奥运会男子 100 米自由泳冠军纪录[①]

显然，举办年并不是影响选手获胜时间的唯一因素，也许再考虑诸如冠军候选参赛者的最近精神、身体、技术状态、伤病因素，就能构建更为合理的模型。但是，很多时候，由于种种原因，我们无法得到上述因素的全部真实资料。现实世界并不那么尽如人意，我们需要就存在一些不确定因素的条件下建模。

① 数据来源：http://www.olympic.org/

2.1.1 模型定义

线性回归的目标是找到一个函数，能将输入属性(这里是奥运会举办年)映射到输出属性或目标属性(这里是取胜时间)。该函数将x(奥运会举办年)作为输入，返回y(单位为秒的取胜时间)。即，y是x的函数。在数学上一般记为$y = f(x)$，但在机器学习领域，一般将假设函数记为h，h表示英文 hypothesis(假设)。为了与真实的奥运会成绩y有所区别，我们通常将模型预测的结果记为$\hat{y}$，读作 y hat，代码中往往写为 y_hat。因此，我们可将模型记为：

$$\hat{y} = h(x) \tag{2.1}$$

这里的x只含有一个输入变量(或特征)，因此这样的问题称为单变量线性回归问题。如果x是多个输入变量，一般用向量$\boldsymbol{x}$(粗体)表示多输入变量，称为多变量线性回归问题。

很多时候模型都需要一个参数的集合，一般用符号$\boldsymbol{\theta}$来表示参数集合，如后文的参数w_0和w_1，机器学习的任务就是从给定的数据集中通过学习得到最优的模型参数。如果要特别强调模型参数，可将公式(2.1)改写为：

$$\hat{y} = h_\theta(x)$$

或

$$\hat{y} = h(x;\boldsymbol{\theta}) \tag{2.2}$$

其中，分号前的x为自变量，$\hat{y}$为因变量，自变量是引起因变量发生变化的因素或条件。分号后的$\boldsymbol{\theta}$是参数集合，不是自变量，参数的学习过程就是根据训练集来确定$\boldsymbol{\theta}$的值，因此一般用分号加以区分。

2.1.2 模型假设

为了选择合适的模型，需要对模型做个假设。最直观的假设是：输入属性x与输出属性$\hat{y}$的关系是线性的。用公式可表示如下：

$$\hat{y} = h(x; w_0, w_1) = w_0 + w_1 x \tag{2.3}$$

显然，这里的$\boldsymbol{\theta}$就是(w_0, w_1)。由于历史原因，通常使用$w_i, i = 0,1,2,\cdots,D$来表示线性回归的参数，同时也使用$\boldsymbol{\theta}$表示参数集合，为避免误解，最好将w_i视为θ_i。

线性回归的学习任务就是用一条直线来拟合图 2.1 的数据。也就是说，通过学习，找到w_0和w_1的最合适的参数值。一般将参数w_0视为直线的纵截距，或简称截距，也称为偏置(bias①)，

① 这里偏置的英文与后文偏差的英文相同，但含义不同，读者容易从上下文分辨具体含义。

并将参数 w_1 视为直线的斜率。

2.1.3 模型评估

为了能够找到最好的 w_0 和 w_1 参数值，需要先定义什么是最好。常识告诉我们，最好就是 w_0 和 w_1 参数所决定的直线(模型)能够尽量与所有的数据点接近。一般采用损失函数(loss function，通常记为 $\mathcal{L}\left(y,h\left(x;w_0,w_1\right)\right)$)来评价一个数据点的真实值 y 与预测值 $h\left(x;w_0,w_1\right)$ 的接近程度，回归问题常采用平方损失函数，即 $\mathcal{L}\left(y,h\left(x;w_0,w_1\right)\right)=\left(h\left(x;w_0,w_1\right)-y\right)^2$，分类问题常使用对数损失函数、指数损失函数或 Hinge 损失函数。机器学习常使用代价函数(cost function，通常记为 $J(\boldsymbol{\theta})$)来衡量一个模型与一批数据点的接近程度，如果目标属性为数值型，一般使用均方误差的变体来表示代价函数。以奥运会男子 100 米自由泳为例，代价函数通常记为真实的取胜时间与模型预测的时间之间差的平方和的 1/2。如果用 $x^{(i)}$ 和 $y^{(i)}$ 分别表示第 i 届的奥运会举办年和取胜时间①，$J(\boldsymbol{\theta})$ 或 $J\left(w_0,w_1\right)$ 表示整个数据集的平均代价，代价函数公式可表示如下：

$$
\begin{aligned}
J\left(w_0,w_1\right)&=\frac{1}{2N}\sum_{i=1}^{N}\mathcal{L}\left(y^{(i)},h\left(x^{(i)};w_0,w_1\right)\right)\\
&=\frac{1}{2N}\sum_{i=1}^{N}\left(h\left(x^{(i)};w_0,w_1\right)-y^{(i)}\right)^2
\end{aligned}
\tag{2.4}
$$

显然，这里的代价 J 总是正数。代价越小，假设的模型 h 就越好地描述了数据。这里的代价函数就是要优化的目标函数(objective function)。

严格地说，损失函数、代价函数和目标函数是有区别的，损失函数定义为一个数据点的预测值和真实值的差别；代价函数含义更广，往往定义为一批数据点损失函数的均值，或者是整个训练集或一批数据上的损失函数的均值再加上模型复杂度惩罚项(正则化项)；目标函数是一个更广义的概念，可以是训练过程中要优化的任何函数，如这里需要极小化的代价函数，或者极大似然法中需要极大化的概率。

注意，公式(2.4)中的 $\frac{1}{2}$ 是为了方便求极值而设置的，如果对 J 求导，$\frac{1}{2}$ 就可以约去。$\frac{1}{N}$ 取平均是为了去除数据集样本数大小的影响。函数 J 的自变量只有 w_0 和 w_1(不包括 x、y 和 h)，改变这两个参数会直接影响代价 J 的取值。

---

① 本书已经使用 x_i 表示第 i 维数据，为了不造成歧义，才使用 $x^{(i)}$ 和 $y^{(i)}$ 表示法。注意 $x^{(i)}$ 的上标有括号，不要与 x^i (x 的 i 次幂)相混淆，后者没有括号。

因此，我们的目标就是通过调节 w_0 和 w_1 的取值，以产生最小的代价函数值。找到 w_0 和 w_1 的最佳取值可以用如下公式表述：

$$\underset{w_0, w_1}{\arg\min} \frac{1}{2N} \sum_{i=1}^{N} \left(h\left(x^{(i)}; w_0, w_1\right) - y^{(i)} \right)^2 \tag{2.5}$$

其中， $\arg\min$ 是一个机器学习中常用的函数，其含义是使后面的表达式取最小值时对应的参数取值，一般将待优化的参数写在 $\arg\min$ 的下面。 $\arg\max$ 与 $\arg\min$ 类似，区别是前者取最大值而后者取最小值。

2.2 最小二乘法

最小二乘法是一种常用的数学优化技术。它通过最小化误差的平方和来求取目标函数的最优值，以解决线性回归问题。

本节首先介绍最小二乘法原理，然后以奥运会男子 100 米自由泳为例，讲解如何使用最小二乘法来拟合参数及预测比赛结果。

2.2.1 最小二乘法求解参数

根据大学数学的知识，在代价函数 J 的最小值处，关于 w_0 和 w_1 的偏导数一定为 0。也就是说，解方程 $\frac{\partial J(\boldsymbol{\theta})}{\partial \boldsymbol{\theta}} = 0$ 可得到 $J(\boldsymbol{\theta})$ 的拐点。如果二阶偏导数 $\frac{\partial^2 J(\boldsymbol{\theta})}{\partial \boldsymbol{\theta}^2}$ 大于 0，则该拐点为最小值，否则为最大值。

通过对公式(2.4)分别求 w_0 和 w_1 的偏导数，并令其等于 0，解方程组(具体推导请参见习题)，得到如下解：

$$\hat{w}_0 = \overline{y} - w_1 \overline{x} \tag{2.6}$$

$$\hat{w}_1 = \frac{\overline{xy} - \overline{x}\,\overline{y}}{\overline{x^2} - \left(\overline{x}\right)^2} \tag{2.7}$$

注意，$\hat{w}_0$ 和 $\hat{w}_1$ 上面都有一个“ˆ”符号，表示对参数 w_0 和 w_1 的估计值。因为真实的参数值我们无法知道，唯一能做的就是根据已有数据对模型参数进行估计。$\overline{y}$ 和 $\overline{x}$ 上面都有一个“¯”符号，分别表示 y 和 x 的均值，用公式分别表示为：

$$\overline{y} = \frac{1}{N}\sum_{i=1}^{N} y^{(i)} \text{ 和 } \overline{x} = \frac{1}{N}\sum_{i=1}^{N} x^{(i)}$$

公式(2.6)和公式(2.7)很重要。如果重新排列公式(2.6)，得到公式 $\bar{y}=\hat{w}_0+w_1\bar{x}$ ，实质就是我们的线性模型，只不过将 y 和 x 换成了均值 $\bar{y}$ 和 $\bar{x}$， w_0 换成了 $\hat{w}_0$。如果考虑 N 个数据点的均值 $\bar{y}$，并且假设真实值 y 的期望与预测值 $h(x;w_0,w_1)$ 的期望相等，有下式成立。

$$\bar{y}=\frac{1}{N}\sum_{i=1}^{N}y^{(i)}=\frac{1}{N}\sum_{i=1}^{N}h(x^{(i)};w_0,w_1)=\frac{1}{N}\sum_{i=1}^{N}\left(w_0+w_1x^{(i)}\right)=w_0+w_1\bar{x}$$

也就是说，平均取胜时间 $\bar{y}$ 是奥运会平均举办年代的线性函数。截距 w_0 保证 $w_0+w_1\bar{x}$ 等于取胜时间 $\bar{y}$。

注意公式(2.7)的写法，$\overline{xy}$ 与 $\bar{x}\bar{y}$ 不同，前者是 x 与 y 乘积的均值，后者是 x 的均值与 y 的均值的乘积；$\overline{x^2}$ 与 $\left(\bar{x}\right)^2$ 也不同，前者是 x^2 的均值，后者为 x 均值的平方。

最小二乘法通过对已知数据进行计算，一步就得到线性回归的参数，给人的印象是没有经过学习，就直接得到结果。但是，应该看到，结果的计算是应用数学知识得到的，仍然属于机器学习的范畴。

最小二乘法适合求解单变量线性回归问题，如果存在多个特征(即多变量)时，再使用该方法来求解回归参数就非常麻烦，需要借助后文讲述的梯度下降和正规方程等方法。

2.2.2 用最小二乘法来拟合奥运会数据

Python 脚本 least_squares.py 直接使用公式(2.6)和公式(2.7)来拟合奥运会男子 100 米自由泳数据，关键代码如代码 2.1 所示。

代码 2.1 least_squares.py 关键代码

```
n = len(y)  # 样本数

# 计算均值
mu_x = np.sum(x) / n
mu_y = np.sum(y) / n
mu_xy = np.sum(np.multiply(y, x)) / n
mu_xx = np.sum(np.multiply(x, x)) / n

# 计算 w1(斜率)
w1 = (mu_xy - mu_x * mu_y) / (mu_xx - mu_x ** 2)
# 计算 w0(截距)
w0 = mu_y - w1 * mu_x
```

可以看到，代码 2.1 中主要是按照公式(2.6)和公式(2.7)进行计算，先计算均值，后计算斜率和截距。编码较为直观，几乎没有什么难度。

运行 least_squares.py 脚本，程序绘制的结果如图 2.2 所示。可以看到，线性回归是用一条直线来拟合数据，我们期望这条直线能够表示客观规律。但是，也要注意，随着时间的延伸，这条直线会与 X 轴相交，也就是说，人类会在将来某个时刻，100 米自由泳的取胜时间为 0 秒，这显然是不可能的。就当前数据而言，这条直线已经抓住了数据的主要规律。

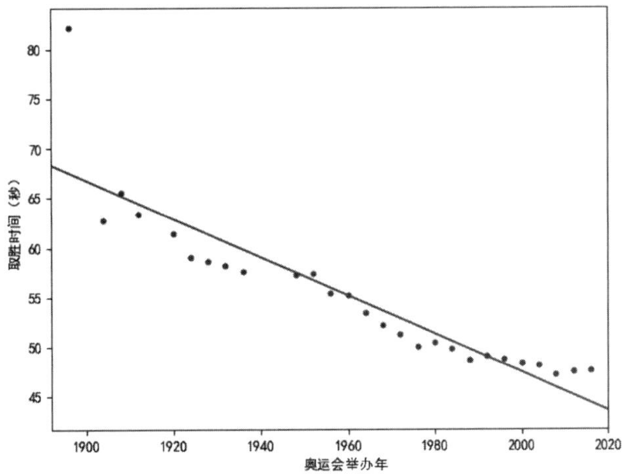

图 2.2　最小二乘法拟合奥运会数据的结果

2.2.3 预测比赛结果

到目前为止，我们已经有了一个将奥运会举办年和男子 100 米自由泳取胜时间进行映射的模型，并且能够使用最小二乘法计算出 $\widehat{w}_0$ 和 $\widehat{w}_1$。不难得到 $\widehat{w}_0$ 和 $\widehat{w}_1$ 分别约等于 433.6954866391926 和−0.19312940417217395，即，得到的模型如下：

$$y = h(x; w_0, w_1) = 433.6954866391926 - 0.19312940417217395x \tag{2.8}$$

如果想预测 2020 年和 2024 年奥运会的取胜时间，可以分别将 x=2020 和 x=2024 代入到公式(2.8)就可求出对应的 y。

图 2.3 是 Python 脚本 least_squares_prediction.py 绘制的预测结果。2020 年和 2024 年预测的取胜时间分别约为 43.57409021 秒和 42.80157259 秒。当然，我们的预测值已经精确到小数点后八位数，期望模型能达到如此高精度的结果是不切实际的，一般来说，我们只要求模型能够得出一定范围内的值。

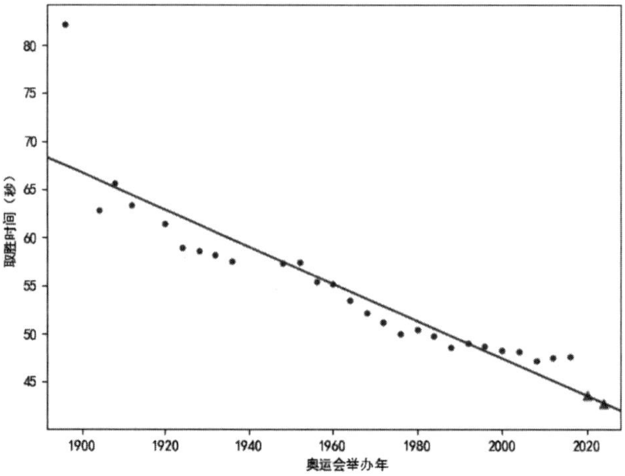

图 2.3　预测 2020 年和 2024 年奥运会的比赛结果

2.3　梯度下降

梯度下降算法常用于求函数极值，本节使用梯度下降算法来求解代价函数 J 的极小值。

2.3.1　基本思路

回顾前面的模型，我们期望用如下的线性函数形式来表示 x 与 $\hat{y}$ 的关系：

$$\hat{y} = h(x; w_0, w_1) = w_0 + w_1 x$$

关键问题是为模型选择合适的参数—— w_0 和 w_1，而这些参数决定了所得的直线与实际数据的吻合程度，通常用模型预测值与实际值的误差来度量这种程度。我们的目标就是选择出使均方误差最小的模型参数，即，使得代价函数 $J(w_0, w_1) = \frac{1}{2N}\sum_{i=1}^{N}\left(h\left(x^{(i)}; w_0, w_1\right) - y^{(i)}\right)^2$ 最小。

matplotlib.pyplot 可以调用 plot_surface 函数绘制奥运会男子 100 米自由泳问题的曲面图，也可以调用 contour 函数绘制等值线图，如图 2.4 所示，这两个图都使用 Python 脚本 univariate_gradient_descent.py 绘制。曲面图和等值线图都是表现参数 w_0 和 w_1 与代价函数 J 的关系，只不过表现形式不同，前者使用三维形式，后者使用二维形式。图中有两个坐标轴分别为 w_0 和 w_1，三维曲面或二维平面上的每个点对应一组 w_0 和 w_1 的值，代价函数 J 用三维的纵坐标或二维等值线表示。可以看到，优化问题就是找到曲面图的最低点或等值线中心的小叉，使得 $J(w_0, w_1)$ 最小。

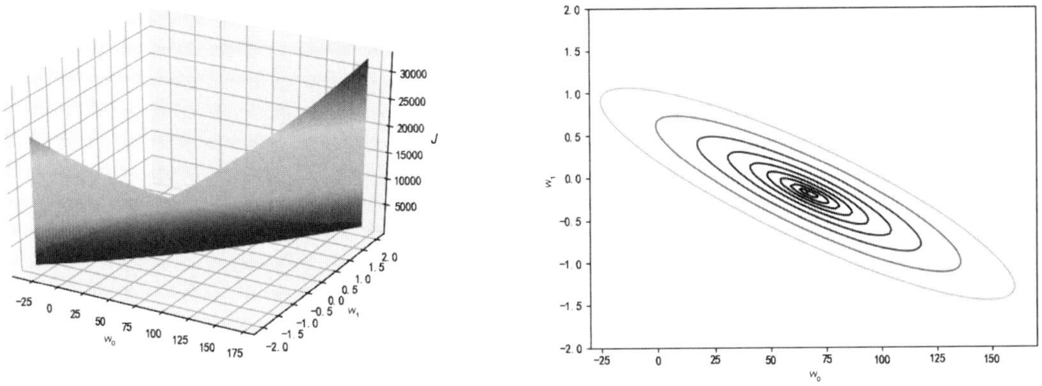

图 2.4　梯度下降优化问题的曲面图(左)和等值线图(右)

现实中，我们不太可能都通过编程把曲面图或等值线图画出来，然后人工读出最优点的位置。因为在很多情况下，待优化问题会更复杂、维度更高、参数更多，很难画出图来，迫切需要一种能够自动找出使代价函数 J 最小的参数值 $\boldsymbol{\theta}$ 的有效算法。所以我们需要一种程序化的方式，下一节将介绍梯度下降算法，能够自动完成这项任务。

2.3.2 梯度下降算法

梯度下降是一个用于求函数最小值的算法，线性回归可用梯度下降算法来求解代价函数 J 的最小值。另外，还有一个用于求函数最大值梯度上升算法，与梯度下降算法类似。

梯度下降算法的基本思想是：随机选取一组参数初值，计算代价，然后寻找能让代价在数值上下降最多的另一组参数，反复迭代，直到达到一个局部最优。由于没有尝试所有的参数组合，所以无法确定是否全局最优。如果选择不同的一组初始参数，可能找到不同的局部最优值。

梯度下降法通常也称为最速下降法，用下山的过程来类比最为恰当。想象一下正站在群山的某一点上，要最快达到最低点，会经历怎样的过程？首先要做的是环顾 360°，看看四周，哪个方向下降的坡度最大？然后按照自己的判断迈出一步。重复上述步骤，再迈出下一步，反复迭代，直到接近最低点为止。

梯度下降算法如算法 2.1 所示。

算法 2.1　梯度下降算法

```
函数：gradient_descent (θ, α)
输入：初始参数θ，学习率α
输出：最小化J(θ)的参数θ

do
    for 每一个参数θ_i do
    // 同时更新每一个θ_i
    θ_i = θ_i − α ∂/∂θ_i J(θ)
    end for
until 收敛
return θ
```

算法 2.1 也称为批量梯度下降，因为每一次迭代过程都需要用到全部的训练数据。α 为学习率，它决定每次迭代时沿着负梯度方向下降的步幅的大小。在每次下降中，同时让所有的参数都减去学习率与代价函数导数的乘积。

在实现中，还需要注意一个小问题，就是需要同时更新每个 θ_i，不能依次更新。以奥运会男子 100 米自由泳为例，如下伪代码片段是错误的：

$$w_0 = w_0 - \alpha \frac{\partial}{\partial w_0} J(\boldsymbol{\theta})$$

$$w_1 = w_1 - \alpha \frac{\partial}{\partial w_1} J(\boldsymbol{\theta})$$

上述代码片段实现的是依次更新，因为这里 $\boldsymbol{\theta}$ 就是 (w_0, w_1)，执行 $w_0 = w_0 - \alpha \frac{\partial}{\partial w_0} J(\boldsymbol{\theta})$ 时，已经更新了 w_0(部分的 $\boldsymbol{\theta}$)，等到执行 $w_1 = w_1 - \alpha \frac{\partial}{\partial w_1} J(\boldsymbol{\theta})$ 时，$J(\boldsymbol{\theta})$ 已经和刚才的不一样了。同时更新 w_0 和 w_1 的正确做法是使用临时变量，或者使用 Numpy 的矩阵运算。前一种方法的伪代码片段如下：

$$\text{temp0} = w_0 - \alpha \frac{\partial}{\partial w_0} J(\boldsymbol{\theta})$$

$$\text{temp1} = w_1 - \alpha \frac{\partial}{\partial w_1} J(\boldsymbol{\theta})$$

$$w_0 = \text{temp0}$$

$$w_1 = \text{temp1}$$

梯度下降需要手工设置学习率 α，如果 α 设置得过小，收敛会非常慢；如果 α 设置得过大，可能会跳过最低点，导致算法无法收敛，甚至发散。因此学习率的设置是一个实践问题，需要一些经验来调整。

像学习率这样需要人为设定的而不是通过模型训练学习得到的称为超参数(hyperparameter)，通常所说的“调参”就是通过反复试错来找到最合适的超参数。

2.3.3 梯度下降求解线性回归问题

回到奥运会男子 100 米自由泳的例子，只有一个变量 x，参数 $\boldsymbol{\theta}$ 就是 (w_0, w_1)。因此回归问题可以描述如下：

$$\hat{y} = h(x; w_0, w_1) = w_0 + w_1 x$$

$$J(w_0, w_1) = \frac{1}{2N}\sum_{j=1}^{N}\left(\hat{y}^{(j)} - y^{(j)}\right)^2 = \frac{1}{2N}\sum_{j=1}^{N}\left(h\left(x^{(j)}; w_0, w_1\right) - y^{(j)}\right)^2$$

梯度下降法的关键是求出代价函数 $J(\boldsymbol{\theta})$ 的导数，即

$$\frac{\partial}{\partial w_i} J(w_0, w_1) = \frac{\partial}{\partial w_i}\frac{1}{2N}\sum_{j=1}^{N}\left(h\left(x^{(j)}; w_0, w_1\right) - y^{(j)}\right)^2, \quad i = 0,1$$

当 $i = 0$ 时：

$$\frac{\partial}{\partial w_0} J(w_0, w_1) = \frac{1}{N}\sum_{j=1}^{N}\left(h\left(x^{(j)}; w_0, w_1\right) - y^{(j)}\right)$$

当 $i = 1$ 时：

$$\frac{\partial}{\partial w_1} J(w_0, w_1) = \frac{1}{N}\sum_{j=1}^{N}\left(\left(h\left(x^{(j)}; w_0, w_1\right) - y^{(j)}\right) \cdot x^{(j)}\right)$$

把 $\frac{\partial}{\partial w_0} J(w_0, w_1)$ 和 $\frac{\partial}{\partial w_1} J(w_0, w_1)$ 代入 $\theta_i = \theta_i - \alpha \frac{\partial}{\partial \theta_i} J(\boldsymbol{\theta})$，梯度下降算法就可以改写为：

do

$$w_0 = w_0 - \alpha \frac{1}{N}\sum_{j=1}^{N}\left(h\left(x^{(j)}; w_0, w_1\right) - y^{(j)}\right)$$

$$w_1 = w_1 - \alpha \frac{1}{N}\sum_{j=1}^{N}\left(\left(h\left(x^{(j)}; w_0, w_1\right) - y^{(j)}\right) \cdot x^{(j)}\right)$$

until 收敛

按照上述原理编写 Python 脚本 univariate_gradient_descent.py，用梯度下降法求出 w_0 和 w_1，关键的梯度下降函数如代码 2.2 所示。

代码 2.2　梯度下降函数

```
def gradient_descent(x, y, w, alpha, iters):
    """
    梯度下降函数，找到合适的参数
    输入参数
        x：输入，y：输出，w：截距和斜率参数，alpha：学习率，iters：迭代次数
    输出参数
        w：学习到的截距和斜率参数，j_history：迭代计算的 J 值历史
    """
    # 初始化
    n = len(y)  # 训练样本数
    j_history = np.zeros((iters,))

    it: int
    for it in range(iters):
        # 要求同时更新 w 参数，因此设置两个临时变量 temp0 和 temp1
        temp0 = w[0] - alpha / n * (np.dot(x[:, 0].T, np.dot(x, w) - y))
        temp1 = w[1] - alpha / n * (np.dot(x[:, 1].T, np.dot(x, w) - y))
        w[0] = temp0
        w[1] = temp1

        # 保存代价 J
        j_history[it] = compute_cost(x, y, w)
    return w, j_history
```

运行脚本 univariate_gradient_descent.py 找到的 w_0 和 w_1 分别为 66.207384 和−0.177491，得到的结果如图 2.5 和图 2.6 所示。注意到梯度下降得到的 w_0 和 w_1 与最小二乘法的值不同，是因为在程序的第 162 行，为方便数值运算，将原来的举办年减去第一届奥运会举办年(1896)。这使得图 2.5 的横坐标刻度值也稍有不同。

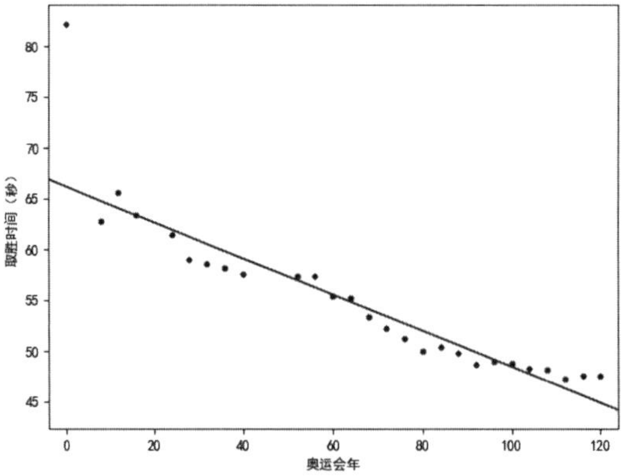

图 2.5　梯度下降结果

从图 2.6 可以看到，代价 J 下降很慢，大约经过 30000 次的迭代才收敛。如果初始参数 $\boldsymbol{\theta}$ 取得更合理些，估计会收敛快些。读者可自行修改脚本 univariate_gradient_descent.py 中的第 163 行、166 行和 167 行的参数初始值、迭代次数和学习率变量值，看能否找到一个更好的参数。

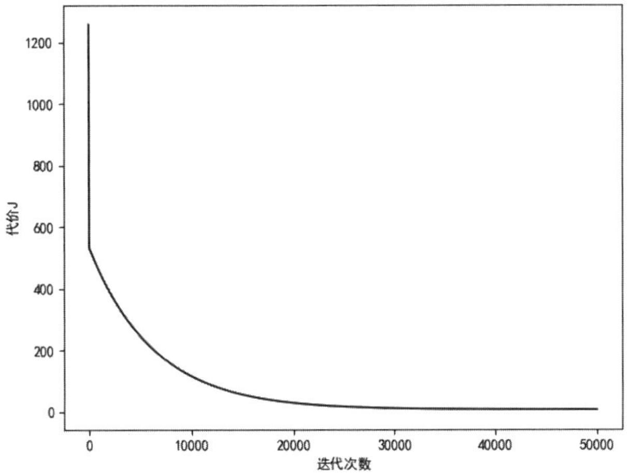

图 2.6　代价 J 的历史值

2.4 多变量线性回归

本节先以实例说明什么是多变量线性回归问题，然后使用梯度下降和正规方程来求解多变量线性回归。

2.4.1 多变量线性回归问题

到目前为止，我们讨论了单变量的回归模型，现在讨论含有多个变量的回归模型，模型有 D 个特征 $(x_1, x_2, \cdots, x_D)$，本书以公开数据集为例进行讨论。

计算机硬件数据集(computer hardware data set，以下简称 CPU 数据集)由 UCI 维护，网址为 http://archive.ics.uci.edu/ml/datasets/computer+Hardware。该数据集的属性和类别属性都是数值型，训练目标是学习 CPU 的几个相关属性与其处理能力的关联，总共有 209 条不同的 CPU 配置。网址提供的文件为 C4.5 文件格式，两个文件名分别为 machine.names 和 machine.data，前者是数据集的属性说明，后者只含有数据。

CPU 数据集一共 10 个属性。其中，vendor name 属性为厂商名，一共有 30 个厂商；Model Name 属性为型号名；MYCT 属性代表机器周期时间(单位为 ns)；MMIN 和 MMAX 属性分别是主存的最小值和最大值(单位为 KB)；CACH 属性是高速缓存 Cache(单位为 KB)；CHMIN 和 CHMAX 属性分别是通道(Channels)的最小值和最大值；PRP 属性是公布的相对性能，为目标属性；ERP 属性是估计的 CPU 相对性能。去除没有预测能力的 vendor name、Model Name 和 ERP 属性，得到 data\machine.csv 文件，如表 2.1 所示。

表 2.1　CPU 数据集

序号	MYCT	MMIN	MMAX	CACH	CHMIN	CHMAX	PRP
1	125	256	6000	256	16	128	198
2	29	8000	32000	32	8	32	269
3	29	8000	32000	32	8	32	220
4	29	8000	32000	32	8	32	172
5	29	8000	16000	32	8	16	132
…							
208	480	512	8000	32	0	0	67
209	480	1000	4000	0	0	0	45

本书使用 D 表示特征数量，N 表示实例数量。$\boldsymbol{x}^{(i)}$ 表示第 i 个实例，是数据集的第 i 行，为列向量。例如，对于 CPU 数据集，$\boldsymbol{x}^{(1)}=\begin{bmatrix}125 & 256 & 6000 & 256 & 16 & 128\end{bmatrix}^{\mathrm{T}}$。使用 $x_j^{(i)}$ 表示数据集中第 i 行第 j 列的属性值。例如，CPU 数据集的 $x_1^{(1)}=125$，$x_2^{(1)}=256$，等等。

参数集仍然用 $\boldsymbol{\theta}$ 表示，有 D 个变量，那么一共有 $D+1$ 个参数，即 $\boldsymbol{\theta}=\left(w_0, w_1, \cdots, w_D\right)$，那么，假设 h 可以表示为：

$$h(\boldsymbol{x};\boldsymbol{\theta})=w_0+w_1x_1+\cdots+w_Dx_D$$

为了简化运算，引入 $x_0=1$。这时，模型参数为 $D+1$ 维向量，每一个实例也是 $D+1$ 维向量。假设 h 的计算公式转换为：

$$h(\boldsymbol{x};\boldsymbol{\theta})=w_0x_0+w_1x_1+\cdots+w_Dx_D=\boldsymbol{\theta}^{\mathrm{T}}\boldsymbol{x}$$

其中，上标 T 表示向量转置。注意到 $\boldsymbol{x}$ 使用粗体表示向量。

显然，如果已知 $\boldsymbol{\theta}$ 和数据集特征矩阵 $\boldsymbol{X}$ (包含 $x_0=1$)，则估计的目标 $\hat{\boldsymbol{y}}$ 可由如下公式求出：

$$\hat{\boldsymbol{y}}=\boldsymbol{X}\boldsymbol{\theta} \tag{2.9}$$

其中，$\boldsymbol{X}$ 和 $\hat{\boldsymbol{y}}$ 的含义如下：

$$
\boldsymbol{X}=\begin{bmatrix} — & \left(\boldsymbol{x}^{(1)}\right)^{\mathrm{T}} & — \\ — & \left(\boldsymbol{x}^{(2)}\right)^{\mathrm{T}} & — \\ & \vdots & \\ — & \left(\boldsymbol{x}^{(N)}\right)^{\mathrm{T}} & — \end{bmatrix} \qquad \hat{\boldsymbol{y}}=\begin{bmatrix} \hat{y}^{(1)} \\ \hat{y}^{(2)} \\ \vdots \\ \hat{y}^{(N)} \end{bmatrix}
$$

Numpy 使用 column_stack 函数和 ones 函数很容易实现扩展一列全 1 特征矩阵，如代码 2.3 所示。

代码 2.3 Numpy 实现扩展一列全 1 矩阵的部分代码

```
n = len(y_data)  # 样本数

# 添加一列全 1，以扩展 x
x_data = np.column_stack((np.ones((n, 1)), x_data))
```

2.4.2 多变量梯度下降

多变量梯度下降比单变量梯度下降处理起来要麻烦一些，如果不使用特征缩放，梯度下降算法就不容易收敛。

1. 多变量梯度下降算法

多变量线性回归的方法与单变量线性回归类似，也需要构建一个代价函数 $J(\boldsymbol{\theta})$，该函数值为预测值与实际值之差的平方和的均值除以 2。多变量线性回归问题的代价函数可用式(2.10)表示：

$$
J(\boldsymbol{\theta})=\frac{1}{2N}\sum_{j=1}^{N}\left(h\left(\boldsymbol{x}^{(j)};\boldsymbol{\theta}\right)-y^{(j)}\right)^{2} \tag{2.10}
$$

其中，$h(\boldsymbol{x};\boldsymbol{\theta})=\boldsymbol{\theta}^{\mathrm{T}}\boldsymbol{x}$。

优化目标是找出使代价函数 $J(\boldsymbol{\theta})$ 最小的一组 $\boldsymbol{\theta}$ 参数值。

多变量线性回归仍然可以使用算法 2.1，不同点在于需要对多个参数求代价函数 $J(\boldsymbol{\theta})$ 的偏导数。

$$
\frac{\partial}{\partial w_i}J(\boldsymbol{\theta})=\frac{\partial}{\partial w_i}\frac{1}{2N}\sum_{j=1}^{N}\left(h\left(\boldsymbol{x}^{(j)};w_0,w_1,\cdots,w_N\right)-y^{(j)}\right)^{2}, \quad i=0,1,\cdots,N \tag{2.11}
$$

当 $i=0$ 时：

$$\begin{aligned}\frac{\partial}{\partial w_0}J(\boldsymbol{\theta})&=\frac{1}{N}\sum_{j=1}^{N}\left(h\left(\boldsymbol{x}^{(j)};\boldsymbol{\theta}\right)-y^{(j)}\right)\\&=\frac{1}{N}\sum_{j=1}^{N}\left(\left(h\left(\boldsymbol{x}^{(j)};\boldsymbol{\theta}\right)-y^{(j)}\right)\cdot x_0^{(j)}\right)\end{aligned}\tag{2.12}$$

当 $i\geqslant 1$ 时：

$$\frac{\partial}{\partial w_i}J(\boldsymbol{\theta})=\frac{1}{N}\sum_{j=1}^{N}\left(\left(h\left(\boldsymbol{x}^{(j)};\boldsymbol{\theta}\right)-y^{(j)}\right)\cdot x_i^{(j)}\right)\tag{2.13}$$

由于 $x_0=1$，式(2.12)和式(2.13)可统一写为：

当 $i\geqslant 0$ 时，代价函数 $J(\boldsymbol{\theta})$ 的偏导数的计算公式为：

$$\frac{\partial}{\partial w_i}J(\boldsymbol{\theta})=\frac{1}{N}\sum_{j=1}^{N}\left(\left(h\left(\boldsymbol{x}^{(j)};\boldsymbol{\theta}\right)-y^{(j)}\right)\cdot x_i^{(j)}\right)\tag{2.14}$$

把 $\frac{\partial}{\partial w_i}J(\boldsymbol{\theta})$ 代入 $\theta_i=\theta_i-\alpha\frac{\partial}{\partial\theta_i}J(\boldsymbol{\theta})$，梯度下降算法就可以改写为：

```
do
    for i = 0 to D do
    // 同时更新 w_i
    w_i = w_i - α (1/N) Σ_{j=1}^{N} ((h(x^(j);θ) - y^(j)) · x_i^(j))
    end for
until 收敛
```

是否已经收敛的判定依据是参数集 $\boldsymbol{\theta}$ 不再变化。实践中，也可规定一个最大循环次数，达到该次数后，不论是否收敛，都停止运算；也可以比较前后两次迭代的参数集 $\boldsymbol{\theta}$，根据差值是否小于某个预设阈值来判断是否收敛。

2. 特征缩放

解决多变量线性回归问题时，还需要保证这些变量(属性或特征)的取值范围具有相似的尺度，以帮助梯度下降算法收敛得更快。例如，对于 CPU 数据集，CHMIN 属性的最小值为 0，最大值为 52，而 MMAX 属性的最小值为 64，最大值为 64000。如果以这两个参数分别作为横坐标和纵坐标，绘制代价函数等值线图，就能看出图像很扁，梯度下降算法需要迭代很多次才会收敛。解决这个问题的方法是特征缩放，将不同尺度的数据转换为同一尺度。常用的方法有标准化(或规范化)和区间缩放法。

标准化的前提是特征值服从正态分布，通过平移和缩放数据变换，将每个属性都变换为均值为 0、方差为 1 的标准正态分布。标准化的变换公式如下：

$$\boldsymbol{x}_i' = \frac{\boldsymbol{x}_i - \mu_i}{s_i} \tag{2.15}$$

其中，$\boldsymbol{x}_i$ 是第 i 个属性原来的特征向量，$\boldsymbol{x}_i'$ 是变换后的特征向量，μ_i 是第 i 个属性的均值，s_i 是第 i 个属性的标准差。

按照上述概念对特征规范化的 Python 代码如代码 2.4 所示。

代码 2.4　规范化特征函数

```
def feature_normalize(x):
    """
    特征规范化
    将特征规范化为 0 均值 1 方差
    输入:
        x：要规范化的特征
    输出:
        normalized_x：已规范化的特征，mu：均值，sigma：方差
    """
    mu = np.mean(x, axis=0, keepdims=True)
    sigma = np.std(x, axis=0, keepdims=True)
    normalized_x = (x - mu) / sigma
    return normalized_x, mu, sigma
```

区间缩放法利用了边界值信息，将特征的取值区间缩放到某个特定的范围，例如[0, 1]等。常用的区间缩放法利用两个极值(最大值和最小值)进行缩放，用公式表达为：

$$\boldsymbol{x}_i' = \frac{\boldsymbol{x}_i - \min(\boldsymbol{x}_i)}{\max(\boldsymbol{x}_i) - \min(\boldsymbol{x}_i)} \tag{2.16}$$

其中，$\boldsymbol{x}_i$ 是第 i 个属性原来的特征向量，$\boldsymbol{x}_i'$ 是变换后的特征向量，$\max(.)$ 和 $\min(.)$ 分别是求最大值和最小值的函数。

3. 梯度下降实例

Python 脚本 multivariate_gradient_descent.py 展示如何使用梯度下降来解决 CPU 数据集的多变量回归问题。运行结果如下：

```
梯度下降结果，Theta 参数:
 [[100.44221179]
 [  8.68288137]
 [ 54.78045401]
 [ 60.4779597 ]
 [ 26.76002936]
```

```
[  8.23961594]
[ 33.64917542]]

RMSE:   59.92021535473683
```

其中，RMSE 是均方根误差，其计算公式为 $\sqrt{\frac{1}{N}\sum_{j=1}^{N}\left(h\left(x^{(j)};\boldsymbol{\theta}\right)-y^{(j)}\right)^{2}}$ 。

原则上，只要学习率足够小就可以保证收敛，学习率的值仅仅决定代价函数 $J(\boldsymbol{\theta})$ 收敛到最小值的速度，并不决定最小值的大小。如果学习率过大，迭代时可能会越过局部最小值，甚至会增加代价函数 $J(\boldsymbol{\theta})$ 的值，导致无法收敛。梯度下降算法收敛的迭代次数随着模型和数据的不同而变化，一般无法预知，只能根据经验通过试错法选取学习率。

实践中，常常通过绘制迭代次数与代价函数 J 的关系图表来观察梯度下降算法何时趋于收敛。图 2.7 所示为 CPU 数据集的代价 J 历史，由脚本 multivariate_gradient_descent.py 绘制。可以看到，代价 J 在迭代 150 次左右就大致收敛了，收敛速度较快。

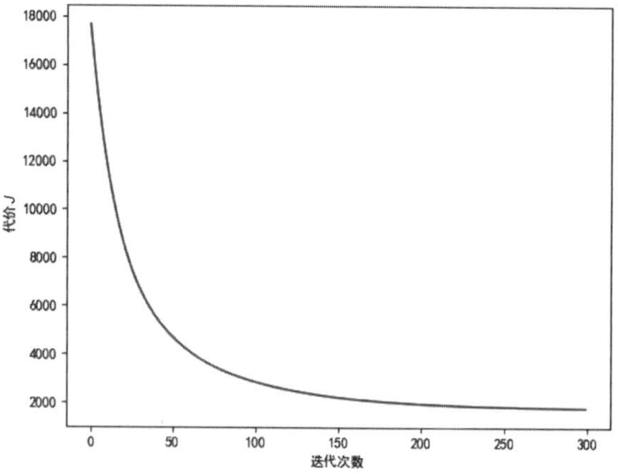

图 2.7 多变量梯度下降的代价 J 历史值

2.4.3 随机梯度下降

前面讲述的算法 2.1 称为批量梯度下降，如果训练数据集的规模较大，我们可以考虑使用随机梯度下降来替代批量梯度下降算法。随机梯度下降与批量梯度下降算法很相似，区别在于批量梯度下降算法的每一次更新参数集 $\boldsymbol{\theta}$ 的过程都需要用到全部的训练数据，而随机梯度下降算法每次只使用一条训练数据就可更新参数集 $\boldsymbol{\theta}$ 。

随机梯度下降算法的代价函数定义为一条训练数据的代价，计算公式如下：

$$J(\boldsymbol{\theta},i)=\frac{1}{2}\left(h\left(\boldsymbol{x}^{(i)};\boldsymbol{\theta}\right)-y^{(i)}\right)^2 \tag{2.17}$$

其中，i 为训练数据的索引，即根据第 i 条训练数据(第 i 个实例)就立即更新参数集。

随机梯度下降首先要对训练集数据进行随机置乱，避免数据顺序对算法结果造成影响。假如 x_data 为训练数据，y_data 为训练数据的标签，Python 进行随机置乱的代码片段如代码 2.5 所示。

代码 2.5　随机置乱代码片段

```
# 随机置乱
np.random.seed(1234)
idx = [i for i in range(n)]
np.random.shuffle(idx)
x_data = x_data[idx]
y_data = y_data[idx]
```

然后，调用随机梯度下降函数求出最优参数集 theta 和 J 历史值，如代码 2.6 所示。

代码 2.6　随机梯度下降函数

```
def stochastic_gradient_descent(x, y, theta, alpha, iters):
    """
    随机梯度下降函数，找到合适的参数
    输入参数
        x：输入，y：输出，theta：参数，alpha：学习率，iters：迭代次数
    输出参数
        theta：学习到的截距和斜率参数，j_history：迭代计算的 J 值历史
    """
    # 初始化
    n = len(y)  # 训练样本数
    j_history = np.zeros((iters * n,))

    it: int
    for it in range(iters):
        for j in range(n):
            # 用矩阵运算同时更新 w 参数
            xj = x[j].reshape(1, -1)
            yj = y[j].reshape(1, -1)
            theta = theta - alpha / n * (np.dot(xj.T, np.dot(xj, theta) - yj))
            # 保存代价 J
            j_history[it * n + j] = compute_cost(x, y, theta, j)
    return theta, j_history
```

Python 脚本 multivariate_stochastic_gradient_descent.py 使用随机梯度下降算法来解决 CPU 数据集的多变量回归问题。运行结果如下：

```
梯度下降结果，Theta 参数：
 [[105.61658077]
 [ 12.74949918]
 [ 61.71885803]
 [ 65.15864325]
 [ 19.78572085]
 [ -2.45692614]
 [ 35.36569596]]

RMSE:   59.46383881248815
```

随机梯度下降的代价 *J* 历史值如图 2.8 所示。

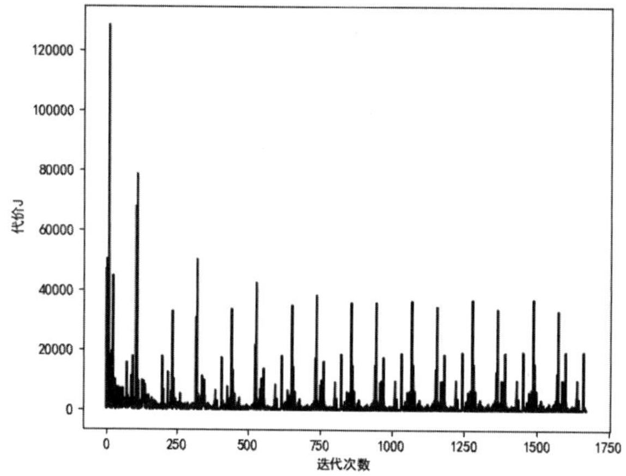

图 2.8　随机梯度下降的代价 *J* 历史值

随机梯度下降算法根据每一个训练实例就可更新参数集，并不需要计算完全部训练集才进行更新。因此计算速度较快，在批量梯度下降算法还没有完成一次迭代时，随机梯度下降算法就已经更新多次。但这种只根据一个训练实例更新参数的方法也存在一个问题，并不是每一次迭代的步伐都迈向“正确”的方向。因此算法虽然会逐步迈向局部最小值的位置，但可能只是在最小值位置附近徘徊，无法收敛到局部最小值那一点上。从图 2.8 也能看出这一点，代价 *J* 从整体上看在减小，但在局部不停反复呈不规则的剧烈波动，与图 2.7 的平滑曲线成鲜明对比。

介于批量梯度下降算法和随机梯度下降算法之间的是小批量梯度下降算法，根据给定数量(一般取值为 2~100 之间)的训练实例来更新参数集。

2.4.4 小批量梯度下降

小批量梯度下降兼顾了批量梯度下降收敛平稳以及随机梯度下降训练速度快的优点，克服批量梯度下降在训练样本数很大时训练过程慢的缺点和随机梯度下降不稳定的缺点，每次迭代使用 batch_size 个训练样本来对参数 $\boldsymbol{\theta}$ 进行更新。

小批量梯度下降算法的代价函数定义为 batch_size 条训练数据的代价，计算公式如下：

$$J(\boldsymbol{\theta},e,b)=\frac{1}{2b}\sum_{i=e\times b+0}^{(e+1)\times b-1}\left(h\left(x^{(i)};\boldsymbol{\theta}\right)-y^{(i)}\right)^2 \tag{2.18}$$

其中，e 为 epoch(轮次)，定义使用全部训练样本训练一次称为一个 epoch；b 是全部训练样本数除以 batch_size 得到的商，即训练样本数可分为 b 个小批量。如果存在不能整除的情况，最简单的处理方式是直接丢弃剩下的训练样本。

小批量梯度下降也要对训练集数据进行随机置乱，然后使用两重循环来迭代优化参数 $\boldsymbol{\theta}$，外循环迭代设定的训练轮次 epochs，内循环迭代一个 epoch 中的每一个小批量样本，如代码 2.7 所示。

代码 2.7 小批量梯度下降函数

```
def minibatch_gradient_descent(x, y, theta, alpha, epochs, batch_size):
    """
    梯度下降函数，找到合适的参数
    输入参数
        x：输入，y：输出，theta：参数，alpha：学习率，epochs：迭代轮数，
           batch_size：批大小
    输出参数
        theta：学习到的参数，j_history：迭代计算的 J 值历史
    """
    # 初始化
    n = len(y)  # 训练样本数
    batch = n // batch_size
    j_history = np.zeros((epochs * batch,))

    # 随机置乱
    np.random.seed(1234)
    idx = [i for i in range(n)]
    np.random.shuffle(idx)
    x = x[idx]
    y = y[idx]

    for epoch in range(epochs):
        for b in range(batch):
```

```
            batch_x = x[b * batch_size: (b + 1) * batch_size]
            batch_y = y[b * batch_size: (b + 1) * batch_size]
            # 用矩阵运算同时更新 theta 参数
            theta = theta - alpha / n * (np.dot(batch_x.T, np.dot(batch_x, theta)
               - batch_y))
            # 保存代价 J
            j_history[epoch] = compute_cost(batch_x, batch_y, theta)
    return theta, j_history
```

Python 脚本 multivariate_minibatch_gradient_descent.py 使用小批量梯度下降算法来解决 CPU 数据集的多变量回归问题。运行结果如下：

```
梯度下降结果，Theta 参数：
 [[91.63932049]
 [ 4.62112789]
 [53.03703518]
 [56.65743247]
 [26.15141622]
 [11.95259967]
 [31.28369087]]

RMSE:   62.309547931439056
```

小批量梯度下降的代价 *J* 历史值如图 2.9 所示。

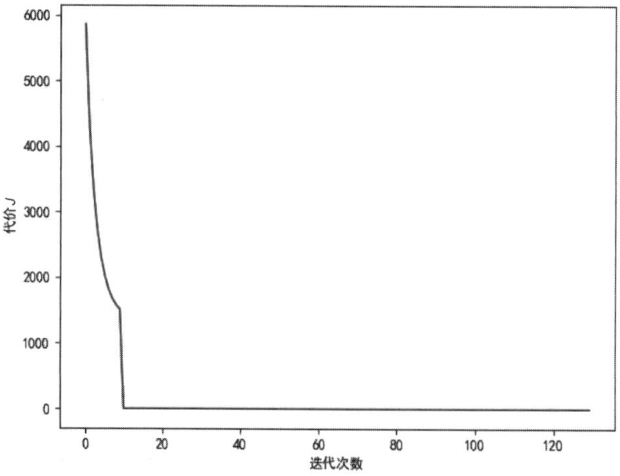

图 2.9　小批量梯度下降的代价 *J* 历史值

可以看到，小批量梯度下降算法保持了随机梯度下降算法计算速度较快的优点，但摒弃了随机梯度下降算法不容易收敛的缺点，适用于样本规模很大的应用。

2.4.5 正规方程

正规方程是最小二乘法的矩阵形式。梯度下降法是一种最小化代价函数 J 的迭代算法，而正规方程是利用数学知识对参数 θ_i 求导并令其等于 0，直接解出最小化 J 的参数集 $\boldsymbol{\theta}$ 的一种数学方法。

根据公式(2.9)($\hat{\boldsymbol{y}}=\boldsymbol{X}\boldsymbol{\theta}$)，可将代价函数 J 用矩阵方式改写为：

$$J(\boldsymbol{\theta})=\frac{1}{2N}\sum_{i=1}^{N}\left(h\left(\boldsymbol{x}^{(i)};\boldsymbol{\theta}\right)-y^{(i)}\right)^2=\frac{1}{2N}(\boldsymbol{X}\boldsymbol{\theta}-\boldsymbol{y})^{\mathrm{T}}(\boldsymbol{X}\boldsymbol{\theta}-\boldsymbol{y}) \tag{2.19}$$

对公式(2.19)的 $J(\boldsymbol{\theta})$ 化简，得：

$$\begin{aligned}J(\boldsymbol{\theta})&=\frac{1}{2N}(\boldsymbol{X}\boldsymbol{\theta}-\boldsymbol{y})^{\mathrm{T}}(\boldsymbol{X}\boldsymbol{\theta}-\boldsymbol{y})\\&=\frac{1}{2N}\left(\boldsymbol{\theta}^{\mathrm{T}}\boldsymbol{X}^{\mathrm{T}}-\boldsymbol{y}^{\mathrm{T}}\right)(\boldsymbol{X}\boldsymbol{\theta}-\boldsymbol{y})\\&=\frac{1}{2N}\boldsymbol{\theta}^{\mathrm{T}}\boldsymbol{X}^{\mathrm{T}}\boldsymbol{X}\boldsymbol{\theta}-\frac{1}{2N}\boldsymbol{\theta}^{\mathrm{T}}\boldsymbol{X}^{\mathrm{T}}\boldsymbol{y}-\frac{1}{2N}\boldsymbol{y}^{\mathrm{T}}\boldsymbol{X}\boldsymbol{\theta}+\frac{1}{2N}\boldsymbol{y}^{\mathrm{T}}\boldsymbol{y}\\&=\frac{1}{2N}\left(\boldsymbol{\theta}^{\mathrm{T}}\boldsymbol{X}^{\mathrm{T}}\boldsymbol{X}\boldsymbol{\theta}-2\boldsymbol{\theta}^{\mathrm{T}}\boldsymbol{X}^{\mathrm{T}}\boldsymbol{y}+\boldsymbol{y}^{\mathrm{T}}\boldsymbol{y}\right)\end{aligned} \tag{2.20}$$

注意到式(2.20)中的 $\boldsymbol{\theta}^{\mathrm{T}}\boldsymbol{X}^{\mathrm{T}}\boldsymbol{y}$ 和 $\boldsymbol{y}^{\mathrm{T}}\boldsymbol{X}\boldsymbol{\theta}$ 各自都是彼此的转置，且结果为标量(1×1的矩阵)，因此二者相等，可以合二为一。

为了求 $J(\boldsymbol{\theta})$ 的最小值，需要求 $J(\boldsymbol{\theta})$ 关于向量 $\boldsymbol{\theta}$ 的偏导数，并令其等于 0。为了不陷入更多数学讨论，我们使用如下 4 个实用公式：

$$\left.\begin{aligned}&\frac{\partial\boldsymbol{\theta}^{\mathrm{T}}\boldsymbol{X}}{\partial\boldsymbol{\theta}}=\boldsymbol{X}\\&\frac{\partial\boldsymbol{X}^{\mathrm{T}}\boldsymbol{\theta}}{\partial\boldsymbol{\theta}}=\boldsymbol{X}\\&\frac{\partial\boldsymbol{\theta}^{\mathrm{T}}\boldsymbol{\theta}}{\partial\boldsymbol{\theta}}=2\boldsymbol{\theta}\\&\frac{\partial\boldsymbol{\theta}^{\mathrm{T}}C\boldsymbol{\theta}}{\partial\boldsymbol{\theta}}=2C\boldsymbol{\theta}\end{aligned}\right\} \tag{2.21}$$

直接求得 $\dfrac{\partial J(\boldsymbol{\theta})}{\partial\boldsymbol{\theta}}$ 的结果如下。

$$\frac{\partial J(\boldsymbol{\theta})}{\partial\boldsymbol{\theta}}=\frac{1}{N}\boldsymbol{X}^{\mathrm{T}}\boldsymbol{X}\boldsymbol{\theta}-\frac{1}{N}\boldsymbol{X}^{\mathrm{T}}\boldsymbol{y}$$

令 $\frac{\partial J(\boldsymbol{\theta})}{\partial \boldsymbol{\theta}} = 0$ 可得

$$\boldsymbol{X}^{\mathrm{T}} \boldsymbol{X} \boldsymbol{\theta} = \boldsymbol{X}^{\mathrm{T}} \boldsymbol{y}$$

上式两边左乘 $\left(\boldsymbol{X}^{\mathrm{T}}\boldsymbol{X}\right)^{-1}$，得到

$$\boldsymbol{\theta} = \left(\boldsymbol{X}^{\mathrm{T}}\boldsymbol{X}\right)^{-1} \boldsymbol{X}^{\mathrm{T}} \boldsymbol{y}$$

一般使用 $\hat{\boldsymbol{\theta}}$ 来替换 $\boldsymbol{\theta}$，表示估计的参数值，有

$$\hat{\boldsymbol{\theta}} = \left(\boldsymbol{X}^{\mathrm{T}}\boldsymbol{X}\right)^{-1} \boldsymbol{X}^{\mathrm{T}} \boldsymbol{y} \tag{2.22}$$

公式(2.22)就是求解参数集 $\boldsymbol{\theta}$ 的正规方程。

如果 $\boldsymbol{X}^{\mathrm{T}}\boldsymbol{X}$ 可逆，Numpy 求解正规方程的语句可以写为：

```
np.dot(np.dot(np.linalg.inv(np.dot(x.T, x)), x.T), y)
```

其中，np.linalg.inv 是求逆的函数，x.T 是求矩阵 x 的转置，np.dot 函数是求两个矩阵的乘积。

但对于 $\boldsymbol{X}^{\mathrm{T}}\boldsymbol{X}$ 不可逆的情形，Numpy 可以使用伪逆 pinv 函数来替代 inv 函数，上述语句变为：

```
np.dot(np.dot(np.linalg.pinv(np.dot(x.T, x)), x.T), y)
```

pinv 函数与 inv 函数的区别在于，后者只能对非奇异方阵求逆，前者可对不可逆矩阵(奇异矩阵或非方阵)求伪逆。

使用正规方程求解线性回归问题非常简单，可作为梯度下降法的替代品。在两者之间选择时可参考如下法则：第一，梯度下降法需要选择学习率，且需要多次迭代运算，但正规方程不需要选择学习率，一次运算就可求得参数集。第二，正规方程需要计算 $\boldsymbol{X}^{\mathrm{T}}\boldsymbol{X}$ 的逆矩阵，这在特征数量较大时运算代价也很大，而梯度下降法没有这个限制。第三，正规方程只适合线性模型，不适合逻辑回归等其他模型，而梯度下降法没有这个限制。第四，梯度下降法一般需要特征缩放，但正规方程不需要。

Python 脚本 multivariate_normal_equations.py 展示了如何使用正规方程求解 CPU 数据集的参数，运行结果如下：

```
正规方程结果，Theta 参数：
 [[-5.58939336e+01]
 [ 4.88549001e-02]
 [ 1.52925719e-02]
 [ 5.57138973e-03]
 [ 6.41401427e-01]
 [-2.70357548e-01]
 [ 1.48247217e+00]]
```

```
RMSE:   58.97530564240728
```

上述运行结果的 Theta 参数与 0 梯度下降的差别较大，这是因为梯度下降法必须进行特征规范化，而正规方程不需要，因此运行结果有差别。

2.5 多项式回归

线性回归(一次模型)并不适合所有的数据。比如，如果用线性回归模型来拟合如图 2.10 (由脚本 polynomial_regression.py 绘制)所示的奥运会男子 100 米自由泳冠军纪录，这是一条斜率为负的直线。可以看到，最近的奥运会的成绩提升并不那么显著，也许直线不如曲线更为符合实际。

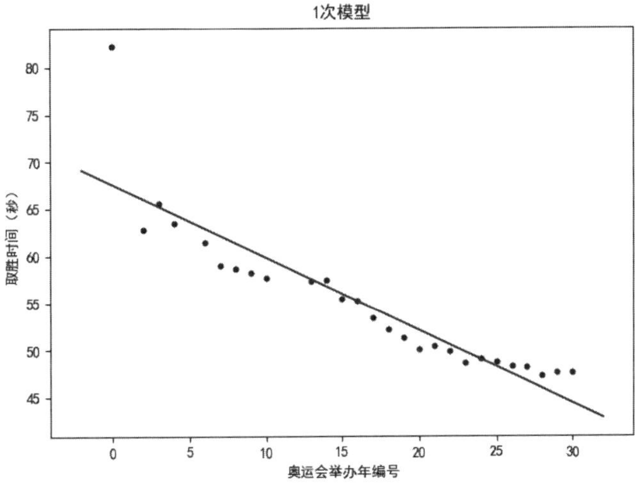

图 2.10　线性模型

2.5.1 多项式回归算法

线性回归模型使用的假设为：

$$h(x;\boldsymbol{\theta}) = w_0 + w_1 x \tag{2.23}$$

如果使用曲线来拟合数据，可能需要如下的二次模型：

$$h(x;\boldsymbol{\theta}) = w_0 + w_1 x + w_2 x^2 \tag{2.24}$$

或者如下的三次模型：

$$h(x;\boldsymbol{\theta}) = w_0 + w_1 x + w_2 x^2 + w_3 x^3 \tag{2.25}$$

如果面对的是单变量线性回归问题，可以先观察数据然后决定使用几次模型。

如果令 $x_1 = x$，$x_2 = x^2$，$x_3 = x^3$，很容易将三次模型转换为多变量线性模型。然后再使用梯度下降或正规方程来求解。

Python 脚本 polynomial_regression.py 展示如何使用多项式回归算法来求解奥运会男子 100 米自由泳问题，运行得到的 2 次模型、4 次模型和 8 次模型分别如图 2.11 至图 2.13 所示。

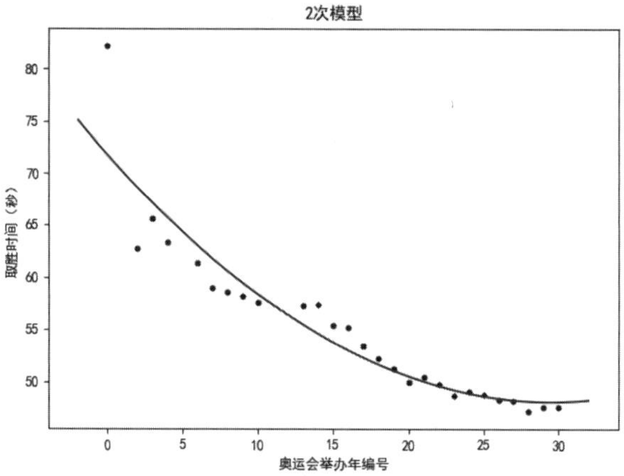

图 2.11　2 次模型

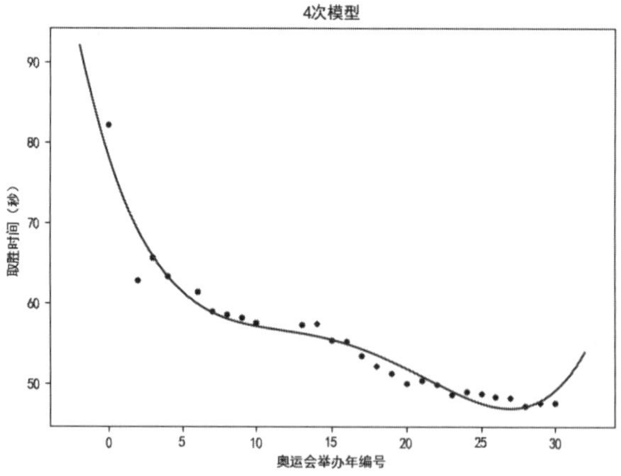

图 2.12　4 次模型

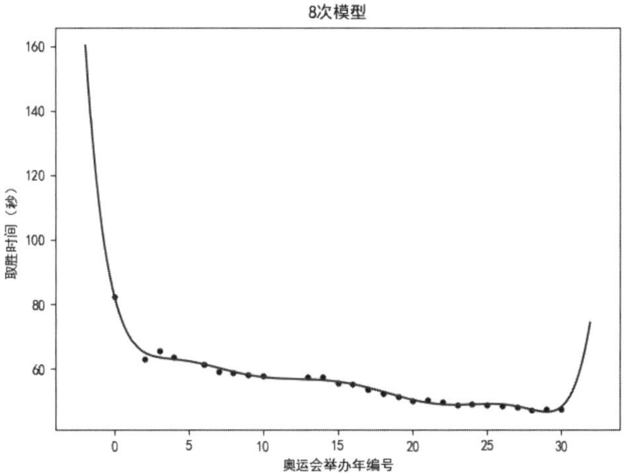

图 2.13　8 次模型

可以看到，随着模型阶次的提高，曲线呈现更为拟合训练数据的趋势。但是，对于训练数据之外的数据，似乎高阶次模型没有比低阶次模型更能抓住数据的本质。机器学习将这种把训练数据学得“太好”但在新数据上表现很差的现象称为“过拟合”(overfitting)。学习器在训练集上的误差称为训练误差，在新数据(新样本)上的误差称为泛化误差。我们希望得到的好学习器必须泛化误差小，得到的模型才具有较好的泛化能力。

为了更好地观察这个问题，我们将数据划分为训练集和验证集两个部分，分别用不同阶次的模型拟合训练数据，然后求出训练损失和验证损失，这里的两种损失都用均方误差来度量。

Python 脚本 polynomial_regression_validation.py 实现了上述功能，程序将 1984 年(第 23 届奥运会)之前的数据用于训练，之后的用于验证。本例不使用随机划分训练集和验证的常用方法，是因为预测将来的比赛成绩更有价值。

代码 2.8 是划分训练集和验证集部分代码，首先调用 index 函数查询到 1984 年纪录的位置 pos，然后将奥运会举办年转换为届，最后使用 x[pos:]得到 1984 年以后的纪录，使用 x[: pos]得到 1984 年以前的纪录。

代码 2.8　划分训练集和验证集部分代码

```
# 1984 年前的数据用于训练，之后用于验证
pos = x.index(1984)
# 转换为 Numpy 数组
x, y = np.array(x).reshape(-1, 1), np.array(y).reshape(-1, 1)
# 将奥运会举办年转换为届，避免数值计算问题
```

```
x -= x[0]
x /= 4

val_x = x[pos:]  # 将1984年之后的数据用于验证集
val_y = y[pos:]
train_x = x[: pos]
train_y = y[: pos]
```

拟合得到的模型如图 2.14 所示。

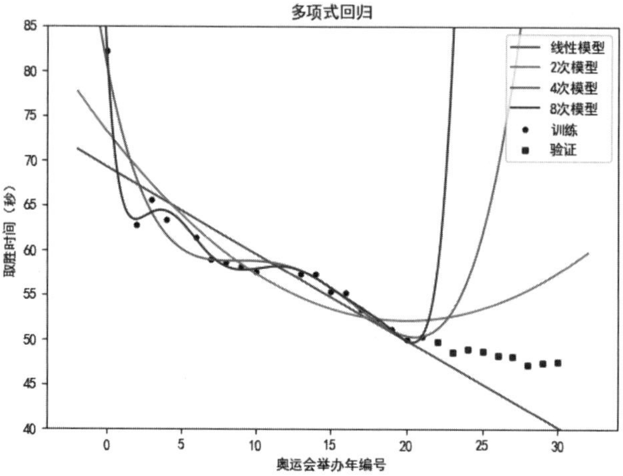

图 2.14　划分数据集的模型

程序的输出结果如下：

```
模型阶次： 1， 训练损失： 13.067580456378483，验证损失： 21.476938724831985
模型阶次： 2， 训练损失： 9.594626801940306，验证损失： 42.62032292304323
模型阶次： 4， 训练损失： 2.3123000209590927，验证损失： 1562.8114008099192
模型阶次： 8， 训练损失： 0.2704282226324756，验证损失： 5174879.404715646
```

容易看出，训练损失随着模型阶次的提高而降低，但验证损失随着模型阶次的提高而提高。这说明模型越复杂，过拟合的程度越高。怎样避免过拟合呢？一般可以采用收集更多数据的方法或正则化方法。有时往往因为条件有限，如人力、物力、财力的不足，不能收集到更多的数据，只能采用后述的正则化方法。

2.5.2　正则化

如果回归问题使用四次模型，则模型可以表达为：

$$h(\boldsymbol{x};\boldsymbol{\theta}) = w_0 + w_1 x + w_2 x^2 + w_3 x^3 + w_4 x^4 \tag{2.26}$$

其中，$\boldsymbol{\theta} = (w_0, w_1, w_2, w_3, w_4)$，常数项为 w_0，一次项为 $w_1 x$，依次类推。一般将未知数次数高于 2 的项称为高次项。从上节的实例可以看到，正是那些高次项导致了过拟合，因此考虑减小高次项的影响因素，把高次项的系数减少到接近 0，这样就能在拟合训练数据和保持较好泛化能力两方面达到一定的折中。

正则化的基本方法就是减小参数 $\boldsymbol{\theta}$ 的值，尤其是高次项系数。我们尝试将这些系数纳入代价函数，最小化代价时考虑选择较小的高次项系数。修改后的代价函数如下：

$$J(\boldsymbol{\theta}) = \frac{1}{2} \left[\frac{1}{N} \sum_{i=1}^{N} \left(h(\boldsymbol{x}^{(i)};\boldsymbol{\theta}) - y^{(i)} \right)^2 + \lambda \sum_{j=1}^{D} w_j^2 \right] \tag{2.27}$$

其中，λ 称为正则化参数，它的取值对模型影响很大，后面章节再讲述这个问题。由于 Python 语言的 lambda 是关键字，因此程序中修改为 my_lambda。这里假设参数 $\boldsymbol{\theta}$ 为 $D+1$ 维，一般只惩罚除 w_0 之外的所有参数。

如果使用梯度下降算法，需要求导并迭代求解最优参数。由于不需要对 w_0 正则化，因此可将梯度下降算法修改为：

do

    // 同时更新 $w_0 \sim w_D$

    $w_0 = w_0 - \alpha \dfrac{1}{N} \sum_{j=1}^{N} \left(\left(h(\boldsymbol{x}^{(j)};\boldsymbol{\theta}) - y^{(j)} \right) \cdot x_0^{(j)} \right)$

    for i = 1 **to** D **do**

        $w_i = w_i - \alpha \dfrac{1}{N} \sum_{j=1}^{N} \left(\left(h(\boldsymbol{x}^{(j)};\boldsymbol{\theta}) - y^{(j)} \right) \cdot x_i^{(j)} + \lambda w_i \right);$

    end for

until 收敛

Python 脚本 regularized_gradient_descent_poly_reg.py 使用多项式回归算法来求解奥运会男子 100 米自由泳问题，与前面不同的是使用正则化的梯度下降算法，运行结果如图 2.15 和图 2.16 所示。图 2.15 说明使用特征规范化后代价 J 下降较快，图 2.16 说明使用正则化以后，曲线不再追求拟合全部的训练数据，而更注重于捕捉数据的内在规律。因此训练误差比不使用正则化要大一些，换来的是模型泛化能力的增强。

如果选择的正则化参数 λ 取值过大，则会将所有的参数都最小化为趋近 0，导致模型几乎变成 $h(\boldsymbol{x}^{(i)};\boldsymbol{\theta}) = w_0$，也就是一条平行于横轴的直线，造成欠拟合。如果 λ 取值过小，则对参数几乎没有什么惩罚，得到的模型显然会过于拟合训练数据，造成过拟合。如果 λ 取值为 0，则不使用正则化。因此，正则化需要选取合理的 λ 值，才能在过拟合和欠拟合之间折中。

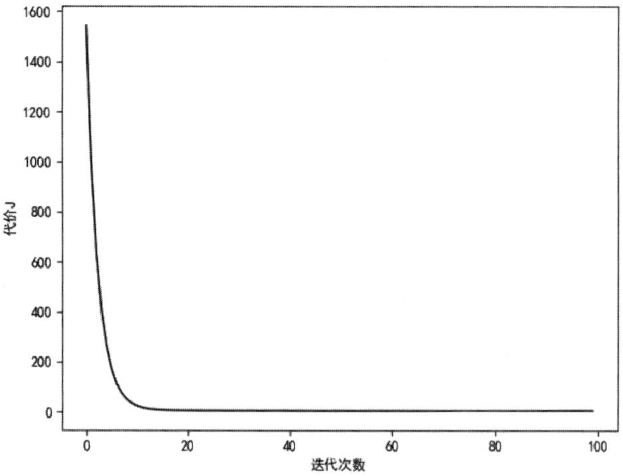

图 2.15　代价 J 历史值

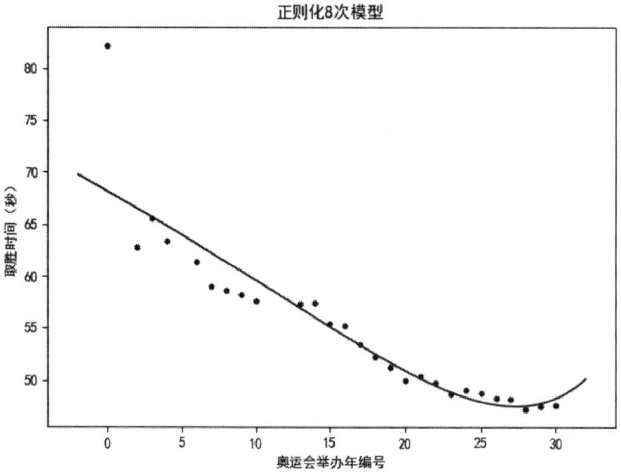

图 2.16　正则化后的 8 次模型

除使用梯度下降法外，还可以使用正规方程来求解正则化线性回归模型。求解参数集 $\boldsymbol{\theta}$ 的正规方程如下：

$$\hat{\boldsymbol{\theta}} = \left(\boldsymbol{X}^{\mathrm{T}}\boldsymbol{X} + \lambda\boldsymbol{A}\right)^{-1}\boldsymbol{X}^{\mathrm{T}}\boldsymbol{y} \tag{2.28}$$

其中，$\boldsymbol{A}$ 是 $D+1$ 行 $D+1$ 列的单位阵，只是第 1 行第 1 列为 0。

Python 脚本 regularized_normal_equations_poly_reg.py 使用正则化多项式回归拟合历届奥运会自由泳 100 米数据，只是使用正规方程求解，得到的模型如图 2.17 所示。

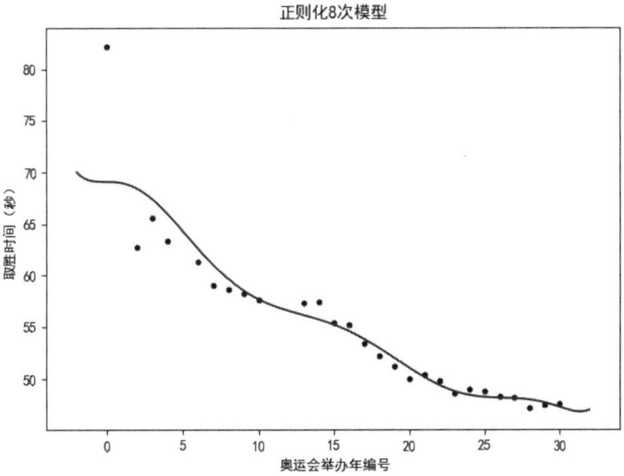

图 2.17　正则化正规方程的模型

细心的读者一定会注意到上述两个 Python 脚本的 λ(程序中为 my_lambda)取值不一样，这是因为使用梯度下降需要特征规范化，而正规方程不需要。

习　题

2.1　试推导最小二乘法里的 w_0 和 w_1 公式。

2.2　假设单变量梯度下降的目标函数 $J(\theta)$ 的输入和输出都是标量，试从数学角度来说明梯度下降能够逐步减小 $J(\theta)$ 的值。

2.3　对于虚构数据集，$\boldsymbol{x}=[1\quad 2\quad 3]^{\mathrm{T}}$，$\boldsymbol{y}=[1\quad 2\quad 3]^{\mathrm{T}}$。单变量线性回归使用 $h(x;w_0,w_1)=w_0+w_1x$，如果代价函数定义为 $J(w_0,w_1)=\dfrac{1}{2N}\sum_{i=1}^{N}\left(h\left(x^{(i)};w_0,w_1\right)-y^{(i)}\right)^2$，试计算 $J(0,0)$ 的值。

2.4　模型假设为 $h(x;w_0,w_1)=433.695-0.193x$，试预测 x=2028 的成绩。

2.5　使用梯度下降法求解单变量回归问题，以下哪些陈述正确？(多选)

A. 如果恰好将 w_0 和 w_1 初始化为局部最小值，第一次迭代不会改变参数值

B. 如果学习率 α 太小，梯度下降会很长时间才会收敛

C. 即便学习率 α 非常大，每次迭代后代价函数值都会减少

D. 不论 w_0 和 w_1 如何初始化，只要学习率 α 足够小，我们都可以确信梯度下降会收敛到

同一个最小值解

2.6 将学习率 α 设置为 0.05，迭代运行梯度下降法 15 次之后，发现代价函数 $J(\boldsymbol{\theta})$ 下降很慢。以下哪一个陈述正确？(多选)

A. 尝试使用更小的 α

B. 学习率已经很好，无须改变

C. 尝试使用更大的 α，如 0.1

2.7 单变量线性回归问题的目标是寻找参数组合 w_0 和 w_1，使得代价 $J(w_0,w_1)=0$。以下哪些陈述正确？(多选)

A. 梯度下降极有可能会陷入局部最小值而无法找到全局最小值

B. $J(w_0,w_1)=0$ 意味着对于每一个训练数据，都有 $y^{(i)}=0$，i 为训练数据索引

C. $J(w_0,w_1)=0$ 意味着 $w_0=0$ 和 $w_1=0$，使得 $h(x;w_0,w_1)=0$

D. 对于满足 $J(w_0,w_1)=0$ 的 w_0 和 w_1 值，每一个训练数据都必须满足 $h\left(x^{(i)};w_0,w_1\right)=y^{(i)}$

2.8 假设已有 20 个训练样本，有 4 个特征(不包括截距项和目标属性)，正规方程 $\boldsymbol{\theta}=\left(\boldsymbol{X}^{\mathrm{T}}\boldsymbol{X}\right)^{-1}\boldsymbol{X}^{\mathrm{T}}\boldsymbol{y}$ 中的 $\boldsymbol{\theta}$、$\boldsymbol{X}$ 和 $\boldsymbol{y}$ 的行列各为多少？

2.9 如果训练样本数为 500，每个样本有 20 个特征，且打算用多变量线性回归算法，用梯度下降算法好一些还是正规方程好一些？

2.10 运行脚本 regularized_gradient_descent_poly_reg.py 和 regularized_normal_equations_poly_reg.py，尝试修改正则化参数 λ 的取值，包括 0、很大值和其他值，说说如何才能选取合理的 λ 值。

2.11 试推导正规方程 $\hat{\boldsymbol{\theta}}=\left(\boldsymbol{X}^{\mathrm{T}}\boldsymbol{X}+\lambda\boldsymbol{A}\right)^{-1}\boldsymbol{X}^{\mathrm{T}}\boldsymbol{y}$，其中，$\boldsymbol{A}$ 是 $D+1$ 行 $D+1$ 列的单位阵，只是将第 1 行第 1 列的值由 1 改为 0。

2.12 为什么多变量线性回归需要使用规范化等特征缩放方法？

2.13 如果学习率 α 不取固定值，而是根据当前位置取不同值。比如，在远离局部最小值处 α 取值较大，在逼近局部最小值处 α 取值较小，这样就实现了快速收敛且不容易“过调”的优化。这种想法怎样？

第3章

逻辑回归

逻辑回归是一种常用的机器学习分类模型，由于其算法的简单高效，是目前应用最广的模型之一。本章首先介绍逻辑回归的概念和算法，然后将线性方法扩展到非线性逻辑回归，最后介绍如何将二元分类方法扩展到多元分类。

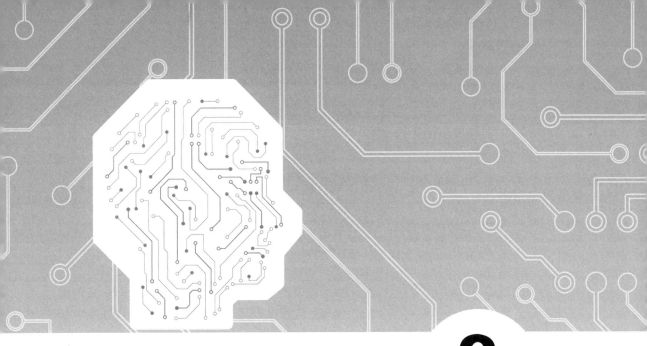

3.1 逻辑回归介绍

逻辑回归(logistic regression)也译作逻辑斯蒂回归，是一种使用最为广泛的学习算法。名称“逻辑回归”名不副实，“逻辑”只是音译，与通常所说的思维规律的逻辑没有联系，而是指其中应用的 Logistic 函数；“回归”也不是真正意义上的回归，而是一种分类算法，也就是目标属性不是连续的数值型，而是离散的标称型。

分类问题是机器学习的基础问题，常常将分类学习器称为分类器。分类器使用训练数据进行训练或学习，称为分类器构建。然后将训练好的分类器用来预测某个样本是否属于某个类别。典型的分类实例有：判断一封电子邮件是否是垃圾邮件；判断一次金融交易是否存在欺诈嫌疑；根据肿瘤大小判断肿瘤是恶性还是良性；等等。

逻辑回归常用于解决二元分类问题，也就是样本的类别标签只有两种，称为正例和负例。正例和负例一般分别用 1 和 0 来表示，有时也分别用+1 和−1 来表示。

如果样本的类别标签多于两种，就称为多元分类问题，如鸢尾花数据集就有三个类别：山鸢尾、变色鸢尾和维吉尼亚鸢尾。本章后面会介绍如何扩展逻辑回归算法来解决多元分类问题。

3.1.1 线性回归用于分类

假设二元分类问题采用 1 和 0 分别表示正例和负例，直觉是借用线性回归来求解分类问题，设定一个阈值，如 0.5，如果 $h(\boldsymbol{x};\boldsymbol{\theta}) \geqslant 0.5$，则预测 $y=1$，如果 $h(\boldsymbol{x};\boldsymbol{\theta}) < 0.5$，则预测 $y=0$。将这种思路用于求解假想的癌症问题的方案如图 3.1 所示。假定肿瘤大小决定肿瘤是恶性还是良性，使用小圆圈表示良性，使用小叉表示恶性，用线性回归得到的假设 $(\boldsymbol{x};\boldsymbol{\theta})$ 是一条直线，刚好能够在纵坐标为 0.5 的地方将良性肿瘤和恶性肿瘤分开，看起来效果不错。

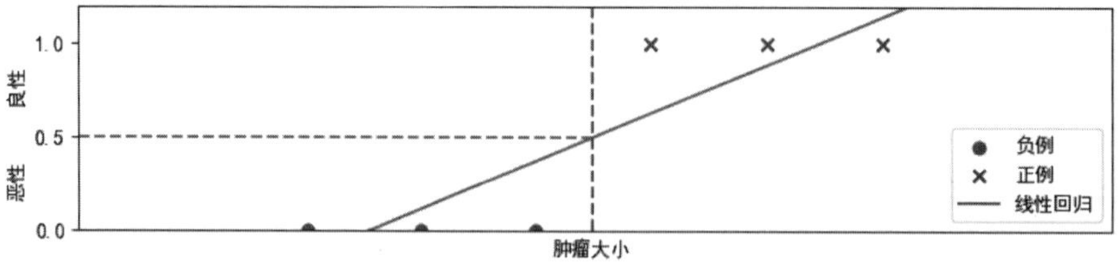

图 3.1　线性回归算法用于分类

但是，如果正例、负例在数量上差别非常大，即类别不平衡(class imbalance)，或者有少许样本较为远离分离点，就会造成模型偏向某个类别，从而会造成错分。图 3.2 展示了有一个样本远离分离点，而造成将两个正例错分为负例的情形。将线性回归算法用于分类的另一个问题就是预测值是连续的数值型，可以超出 $[0,1]$ 的范围，让人困惑。因此线性回归不适合解决分类问题。

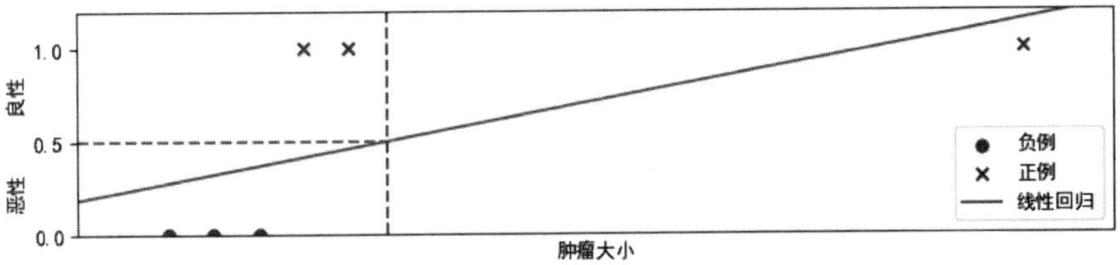

图 3.2　一个样本影响分类的例子

图 3.1 和图 3.2 都由 Python 脚本 linear_regression_classifier.py 绘制。

综合上述，线性回归的假设函数为 $\boldsymbol{w}^{\mathrm{T}}\boldsymbol{x}+w_0$ 的形式，试图用一条直线去拟合只有两种取值的离散样本，不适合分类问题。因此，我们需要找到一个假设函数，能够输出在 $[0,1]$ 范围内的值。

3.1.2 假设函数

分类问题的假设函数必须满足其预测值要在 0 到 1 之间，Sigmoid 函数很好地满足这一性质。

Sigmoid 函数简称 S 型函数，也称为 Logistic 函数，用公式表示为：

$$g(z)=\frac{1}{1+\mathrm{e}^{-z}} \tag{3.1}$$

其中，e^{-z} 也常写为 $\exp(-z)$。

图 3.3 的 S 型函数由脚本 plot_sigmoid.py 绘制。显然 S 型函数是对阶跃函数的一个很好的近似，当输入大于零时，输出趋近于 1；输入小于零时，输出趋近于 0；输入为 0 时，输出刚好为 0.5。

S 型函数很好地模拟了阶跃函数，不同点在于它连续且光滑，严格单调递增，还以 $(0,0.5)$ 中心点对称，容易求导，其导数为 $g'(z)=g(z)(1-g(z))$。

逻辑回归使用 S 型函数，通过函数 $g(z)$ 对表达式 $\boldsymbol{\theta}^{\mathrm{T}}\boldsymbol{x}$ 进行变换，即 $h(\boldsymbol{x};\boldsymbol{\theta})=g(\boldsymbol{\theta}^{\mathrm{T}}\boldsymbol{x})$，这样将 $\boldsymbol{\theta}^{\mathrm{T}}\boldsymbol{x}$ 的取值“挤压”到 $[0,1]$ 范围，因此可以将 $h(\boldsymbol{x};\boldsymbol{\theta})$ 视为概率。对于给定输入变量

$\boldsymbol{x}$，使用训练好的参数$\boldsymbol{\theta}$来计算输出变量为 1 的可能性。即，$h(\boldsymbol{x};\boldsymbol{\theta})=p(y=1|\boldsymbol{x};\boldsymbol{\theta})$。

由于$h(\boldsymbol{x};\boldsymbol{\theta})$为概率，应满足概率的性质，$0\leqslant h(\boldsymbol{x};\boldsymbol{\theta})\leqslant 1$，$p(y=1|\boldsymbol{x};\boldsymbol{\theta})+p(y=0|\boldsymbol{x};\boldsymbol{\theta})=1$。因此，如果计算得到正例的概率，容易根据正例的概率计算得到负例的概率。如果计算正例的概率大于等于 0.5，则预测为正例，否则为负例。

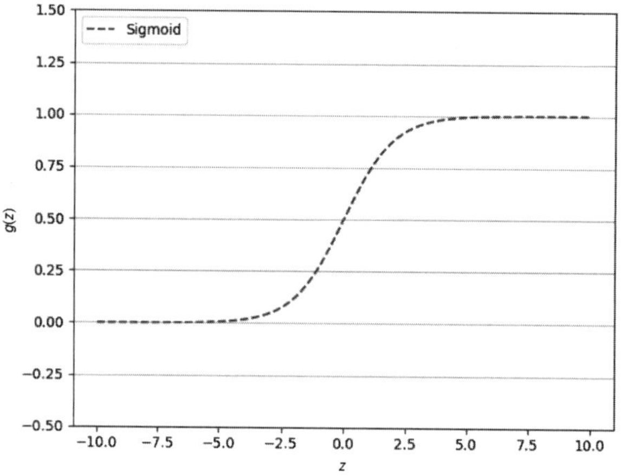

图 3.3　S 型函数

3.1.3　决策边界

决策边界能够帮助我们理解逻辑回归的假设函数的计算结果的用途。

我们已经知道：$h(\boldsymbol{x};\boldsymbol{\theta})=g(\boldsymbol{\theta}^{\mathrm{T}}\boldsymbol{x})$。

当$\boldsymbol{\theta}^{\mathrm{T}}\boldsymbol{x}\geqslant 0$时，$h(\boldsymbol{x};\boldsymbol{\theta})\geqslant 0.5$，预测样本$\boldsymbol{x}$为正例；

当$\boldsymbol{\theta}^{\mathrm{T}}\boldsymbol{x}<0$时，$h(\boldsymbol{x};\boldsymbol{\theta})<0.5$，预测样本$\boldsymbol{x}$为负例。

假如数据集有两个属性，使用如下逻辑回归模型：

$$h(\boldsymbol{x};\boldsymbol{\theta})=g(\boldsymbol{\theta}^{\mathrm{T}}\boldsymbol{x})=g(w_0+w_1x_1+w_2x_2) \tag{3.2}$$

由数学知识可知，$w_0+w_1x_1+w_2x_2=0$是一条直线，如图 3.4 所示，该图由脚本 binary_logistic_reg_demo.py 绘制。它将数据一分为二，直线上方的数据点为正例，这里是 Virginica，直线下方的数据点为负例，这里是 Versicolor。

对于数据分布更为复杂的情形，可以像线性回归中的多项式回归那样，采用更为复杂的模型，如

$$h(\boldsymbol{x};\boldsymbol{\theta})=g(\boldsymbol{\theta}^{\mathrm{T}}\boldsymbol{x})=g(w_0+w_1x_1+w_2x_2+w_3x_1^2+w_4x_2^2+w_5x_1x_2+w_6x_1x_2^2+\cdots) \tag{3.3}$$

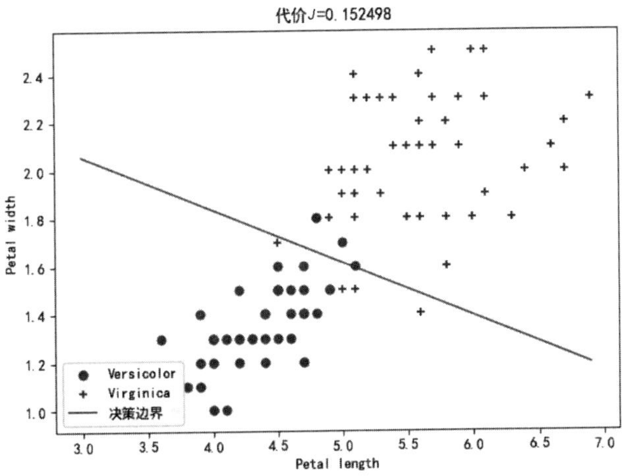

图 3.4　决策边界为直线的情形

这时，决策边界就变为曲线，形状非常复杂，如图 3.5 所示，只能使用相对复杂的模型来适应。该图由脚本 polynomial_logistic_reg_demo.py 绘制。

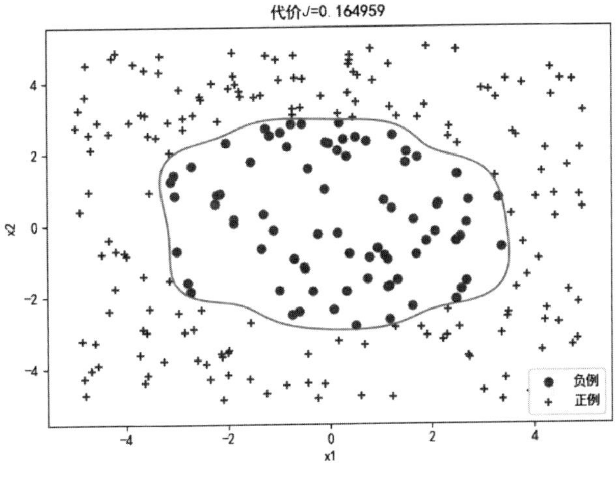

图 3.5　决策边界为曲线的情形

决策边界的形状由数据的维度来决定。如果是一维数据，决策边界退化为一个点；如果是二维数据，决策边界就是一条直线或曲线；如果是三维数据，决策边界就是一个平面或曲面；如果是更高维的数据，决策边界就是一个超平面。

逻辑回归算法就是想通过学习找出这么一个决策边界，能够将不同类别的数据分隔开来，并且具有一定的泛化能力。

3.2 逻辑回归算法

逻辑回归算法的关键问题就是寻找拟合参数集$\boldsymbol{\theta}$，因此逻辑回归算法都围绕参数集$\boldsymbol{\theta}$进行。为此，首先需要定义一个代价函数$J(\boldsymbol{\theta})$，这就是参数$\boldsymbol{\theta}$的优化目标，然后求得代价函数最小的$\hat{\boldsymbol{\theta}}$，即$\hat{\boldsymbol{\theta}}=\arg\min\limits_{\theta} J(\boldsymbol{\theta})$。

3.2.1 代价函数

在逻辑回归中，模型错分样本x的代价使用负对数似然代价函数表示，定义为：

$$\mathrm{cos}\,t\left(h(\boldsymbol{x};\boldsymbol{\theta}),y\right)=\begin{cases}-\log\left(h(\boldsymbol{x};\boldsymbol{\theta})\right), & y=1,\\ -\log\left(1-h(\boldsymbol{x};\boldsymbol{\theta})\right), & y=0.\end{cases} \tag{3.4}$$

其中，log表示自然对数。尽管数学中常用ln表示自然对数，但由于包括Numpy在内的很多软件都把log作为求自然对数的函数名，且很多机器学习领域的书籍也这样用，因此本书沿用这个习惯，不再赘述。

$h(\boldsymbol{x};\boldsymbol{\theta})$与$\mathrm{cos}\,t\left(h(\boldsymbol{x};\boldsymbol{\theta}),y\right)$之间的函数关系可用图3.6表示，该图由脚本plot_cost.py绘制。

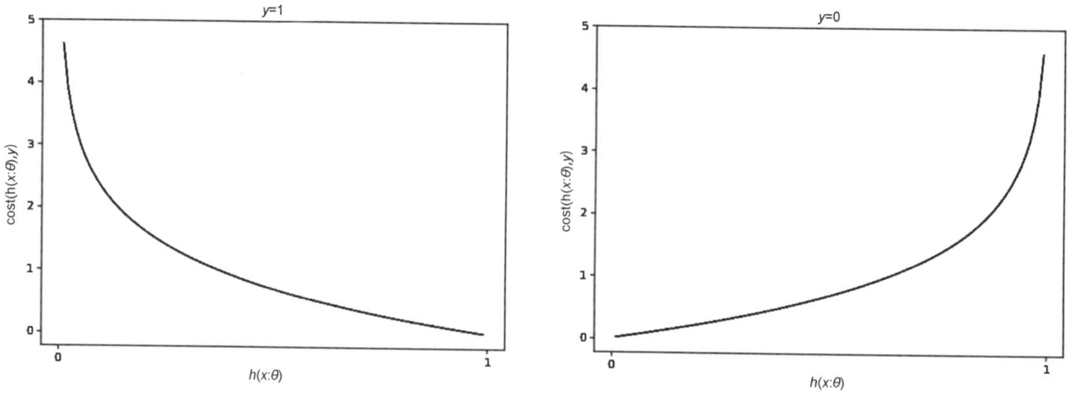

图3.6 真实类别标签y取不同值时的代价

$\mathrm{cos}\,t\left(h(\boldsymbol{x};\boldsymbol{\theta}),y\right)$的特性是，当真实的标签$y$为1时，如果假设$h(\boldsymbol{x};\boldsymbol{\theta})$也为1，则代价为0，否则代价随着$h(\boldsymbol{x};\boldsymbol{\theta})$的减小而增大。当真实的标签$y$为0时，如果假设$h(\boldsymbol{x};\boldsymbol{\theta})$也为

0，则代价为 0，否则代价随着 $h(\boldsymbol{x};\boldsymbol{\theta})$ 的增大而增大。

由于 y 只有两种取值——0 或 1，因此可将公式(3.4)合写为：

$$\cos t(h(\boldsymbol{x};\boldsymbol{\theta}),y)=-y\log(h(\boldsymbol{x};\boldsymbol{\theta}))-(1-y)\log(1-h(\boldsymbol{x};\boldsymbol{\theta})) \tag{3.5}$$

代价函数 $J(\boldsymbol{\theta})$ 就是 N 个样本的代价的均值，用公式表示为：

$$J(\boldsymbol{\theta})=-\frac{1}{N}\left[\sum_{j=1}^{N}y^{(j)}\log\left(h\left(\boldsymbol{x}^{(j)};\boldsymbol{\theta}\right)\right)+\left(1-y^{(j)}\right)\log\left(1-h\left(\boldsymbol{x}^{(j)};\boldsymbol{\theta}\right)\right)\right] \tag{3.6}$$

有了代价函数后，就可以使用梯度下降算法来迭代求解最优参数。

如果要实现正则化，需要限制参数的取值范围，惩罚取值较大的参数，这样，代价函数 $J(\boldsymbol{\theta})$ 可表示为：

$$J(\boldsymbol{\theta})=-\frac{1}{N}\left[\sum_{j=1}^{N}y^{(j)}\log\left(h\left(\boldsymbol{x}^{(j)};\boldsymbol{\theta}\right)\right)+\left(1-y^{(j)}\right)\log\left(1-h\left(\boldsymbol{x}^{(j)};\boldsymbol{\theta}\right)\right)\right]+\frac{\lambda}{2}\sum_{i=1}^{D}w_i^2 \tag{3.7}$$

3.2.2 梯度下降算法

逻辑回归不能像线性回归那样使用正规方程直接求得参数集 $\boldsymbol{\theta}$ 的最优解，只能使用诸如梯度下降算法的优化方法。梯度下降算法除代价函数 $J(\boldsymbol{\theta})$ 外，还需要求出 $\frac{\partial}{\partial\theta_i}J(\boldsymbol{\theta})$，后文直接写出求导结果，求导过程留作习题。

$$\frac{\partial}{\partial\theta_i}J(\boldsymbol{\theta})=\frac{1}{N}\sum_{j=1}^{N}\left(h\left(\boldsymbol{x}^{(j)};\boldsymbol{\theta}\right)-y^{(j)}\right)x_i^{(j)} \tag{3.8}$$

将 $\frac{\partial}{\partial\theta_i}J(\boldsymbol{\theta})$ 代入更新公式 $\theta_i=\theta_i-\alpha\frac{\partial}{\partial\theta_i}J(\boldsymbol{\theta})$，得：

$$\theta_i=\theta_i-\alpha\frac{1}{N}\sum_{j=1}^{N}\left(h\left(\boldsymbol{x}^{(j)};\boldsymbol{\theta}\right)-y^{(j)}\right)x_i^{(j)} \tag{3.9}$$

最终可以得到梯度下降算法更新 θ_i 的伪代码如下：

```
do
    for 每一个参数 θ_i do
        // 同时更新每一个 θ_i
        θ_i = θ_i - α (1/N) Σ_{j=1}^{N} (h(x^(j);θ) - y^(j)) x_i^(j) ;
    end for
until 收敛
```

从表面上看，逻辑回归梯度下降算法与线性回归的梯度下降算法一样。但是实质上存在不同，因为$h\left(\boldsymbol{x}^{(j)};\boldsymbol{\theta}\right)$的定义不一样，线性回归的$h\left(\boldsymbol{x}^{(j)};\boldsymbol{\theta}\right)$定义为$\boldsymbol{\theta}^{\mathrm{T}}\boldsymbol{x}^{(j)}$，而逻辑回归的$h\left(\boldsymbol{x}^{(j)};\boldsymbol{\theta}\right)$则定义为$g\left(\boldsymbol{\theta}^{\mathrm{T}}\boldsymbol{x}^{(j)}\right)$。另外，逻辑回归梯度下降算法也同样需要特征缩放，以加快收敛速度。

Python 脚本 binary_logistic_reg_demo.py 实现了逻辑回归梯度下降算法，算法的核心代码如代码 3.1 所示。代码中使用布尔变量 use_animation 来控制是否使用动画，通过动画能够直接观察随训练步数增加决策边界和代价函数 J 的变化。注意到 gradient_descent 函数对 theta 的更新方式，采用矩阵运算同时更新 theta。

代码 3.1　逻辑回归梯度下降算法核心代码

```
def gradient_descent(x, y, theta, alpha, iters):
    """
    梯度下降函数，找到合适的参数
    输入参数
        x：输入，y：输出，theta：参数，alpha：学习率，iters：迭代次数
    输出参数
        theta：学习到的参数，j_history：迭代计算的 J 值历史
    """
    # 初始化
    n = len(y)  # 训练样本数
    j_history = np.zeros((iters,))

    plt.figure()
    # 打开交互模式
    plt.ion()
    for it in range(iters):
        # 保存代价 J
        j_history[it], grad = compute_cost(x, y, theta)
        # 更新 theta 参数
        theta = theta - alpha / n * grad
        # 使用动画
        if (it % 20 == 0) and use_animation:
            plot_decision_boundary(x, y, theta, j_history[it])
    # 不使用动画
    if not use_animation:
        plot_decision_boundary(x, y, theta, j_history[-1])
    # 关闭交互模式
    plt.ioff()
    plt.show()

    return theta, j_history
```

运行得到的决策边界如图 3.4 所示，代价 J 历史如图 3.7 所示。可以看到，代价 J 下降

速度不算快，大约在迭代 1000 次前后下降速度有明显差异，之前较快，之后下降较慢。从前面的知识我们知道，增大学习率 α 已经缩放特征(特征规范化)可以加快下降速度，读者可自行修改源代码进行验证。

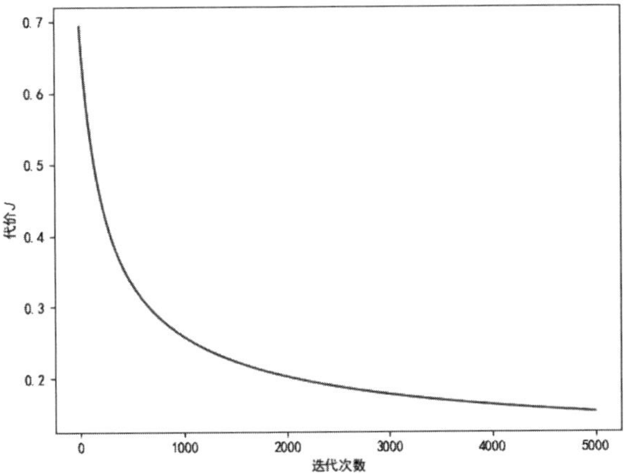

图 3.7　代价 *J* 历史值

绘制直线决策边界的代码片段如代码 3.2 所示。由于决策边界是一条直线，只需要选择两个端点的 x 坐标，y 坐标直接由公式 $\theta_0 + \theta_1 x + \theta_2 y = 0$ 计算出。

代码 3.2　绘制直线决策边界的代码片段

```
    # 绘制决策边界
    # 只需要两点便可以定义一条直线，选择两个端点
    plot_x = np.array([min(x[:, 1]), max(x[:, 1])])
    # 计算决策边界线，theta0 + theta1*x + theta2*y = 0
    # 已知 x，可计算 y
    plot_y = np.dot(np.divide(-1, theta[2][0]), (theta[0][0] +
np.dot(theta[1][0], plot_x)))
    lr, = plt.plot(plot_x, plot_y, 'g')  # 绘制拟合直线
```

3.2.3　SciPy 优化函数

尽管可以直接编程实现梯度下降算法，但 SciPy 还提供一些现成的优化函数供选用，这些函数都在 scipy.optimize 模块中。如 minimize 函数为 scipy.optimize 中的多变量标量函数提供了无约束和约束最小化算法的通用接口，linprog 函数可分别用于求解线性规划问题，等等。本节介绍如何使用 minimize 函数求解代价极小问题。

minimize 函数是专门用于求解极小问题的通用接口，相对于自己实现的梯度下降算法，minimize 函数不需要设置学习率 α，也不需要特征规范化。该函数的原型如下：

```
scipy.optimize.minimize(fun, x0, args=(), method=None, jac=None, hess=None, hessp=None, bounds=None, constraints=(), tol=None, callback=None, options=None)
```

其中，参数 fun 是求最小值的目标函数，必须满足 fun(x, *args) -> float 的形式，也就是目标函数的第一个参数必须是要优化的参数，对于逻辑回归问题，就必须将 theta 作为第一个参数，且只能返回一个 float 型的代价值；参数 x0 是变量的初始化值，要求必须是一维的 ndarray 类型；args 是传入给目标函数的额外参数，这里需要传入训练集数据。Python 脚本 binary_logistic_reg_demo1.py 实现了对两种鸢尾花的分类，其关键代码如代码 3.3 所示。按照要求，theta 初始化为一维 Numpy 向量，代价函数为 cost，额外参数为(x_data, y_data)。

代码 3.3　使用 minimize 函数寻优关键代码

```
theta = np.zeros(3)         # 参数初始值

res = opt.minimize(fun=cost, x0=theta, args=(x_data, y_data))
if not res.success:
   print("优化错误！")
   import sys
   sys.exit(1)
j_value = res.fun
theta = res.x.reshape(-1, 1)
plot_decision_boundary(x_data, y_data, theta, j_value)
```

程序的运行结果如图 3.8 所示。

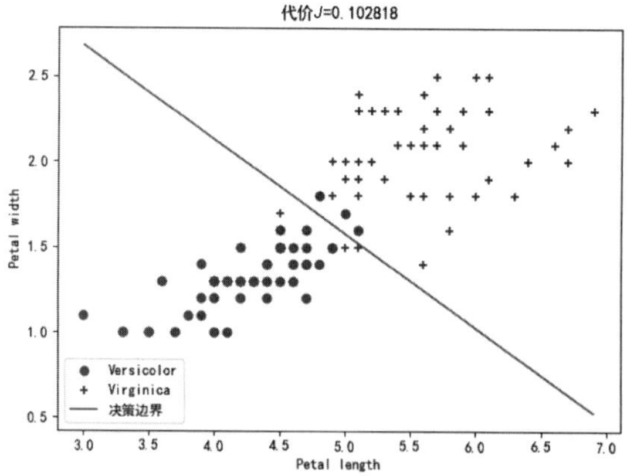

图 3.8　使用 minimize 函数的分类结果

3.2.4 多项式逻辑回归

如果决策边界非常复杂，无法用一条直线将不同类别分开，我们需要对原始数据进行多项式变换，加入高次项，然后使用正则化的逻辑回归方法。决策边界非常复杂的情形如图 3.9 所示。

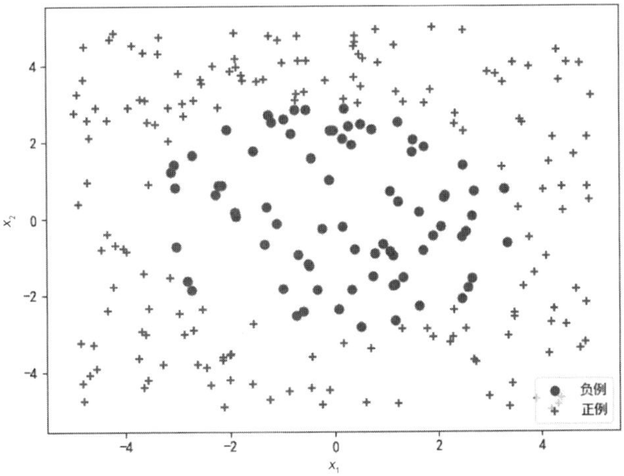

图 3.9 决策边界非常复杂的情形

假如数据集有两个属性，使用多项式变换将逻辑回归模型由下式：

$$h(\boldsymbol{x};\boldsymbol{\theta}) = g\left(w_0 + w_1 x_1 + w_2 x_2\right) \tag{3.10}$$

转换为：

$$h(\boldsymbol{x};\boldsymbol{\theta}) = g\left(w_0 + w_1 x_1 + w_2 x_2 + w_3 x_1^2 + w_4 x_2^2 + w_5 x_1 x_2 + w_6 x_1 x_2^2 + \cdots\right) \tag{3.11}$$

例如，代码 3.4 将两个特征转换为多项式特征。

代码 3.4 多项式转换函数

```
def poly_features(x1, x2):
    """
    将两个特征转换为多项式特征
    例如，将x1, x2转换为1, x1, x2, x1.^2, x2.^2, x1*x2, x1*x2.^2...
    输入
        x1, x2：两个特征都是N行1列
    输出
        x_data：转换后的多项式特征
    """
```

```
    degree = 8  # 阶次
    x_data = np.ones((len(x1), 1))  # 截距项
    for i in range(1, degree + 1):
        for j in range(i + 1):
            x_data = np.column_stack((x_data, np.multiply(np.power(x1, (i - j)),
np.power(x2, j))))

    return x_data
```

然后，在原来的代价函数中加入一个正则化表达式，得到新的代价函数。

$$J(\boldsymbol{\theta}) = -\frac{1}{N}\left[\sum_{j=1}^{N} y^{(j)}\log\left(h\left(\boldsymbol{x}^{(j)};\boldsymbol{\theta}\right)\right) + \left(1-y^{(j)}\right)\times\log\left(1-h\left(\boldsymbol{x}^{(j)};\boldsymbol{\theta}\right)\right)\right] + \frac{\lambda}{2}\sum_{i=1}^{D} w_i^2 \tag{3.12}$$

对代价函数 $J(\boldsymbol{\theta})$ 求导，得到如下结果。

$$\frac{\partial}{\partial\theta_i}J(\boldsymbol{\theta}) = \frac{1}{N}\sum_{j=1}^{N}\left(h\left(\boldsymbol{x}^{(j)};\boldsymbol{\theta}\right)-y^{(j)}\right)x_i^{(j)}, \quad 当 i=0$$

$$\frac{\partial}{\partial\theta_i}J(\boldsymbol{\theta}) = \frac{1}{N}\sum_{j=1}^{N}\left(h\left(\boldsymbol{x}^{(j)};\boldsymbol{\theta}\right)-y^{(j)}\right)x_i^{(j)} + \lambda\theta_i, \quad 当 i>0 \tag{3.13}$$

将 $\frac{\partial}{\partial\theta_i}J(\boldsymbol{\theta})$ 代入更新公式 $\theta_i = \theta_i - \alpha\frac{\partial}{\partial\theta_i}J(\boldsymbol{\theta})$，可以得到梯度下降算法更新 θ_i 的伪代码如下：

do

  for 每一个参数 θ_i **do**

    // 同时更新每一个 θ_i

    $\frac{\partial}{\partial\theta_i}J(\boldsymbol{\theta}) = \frac{1}{N}\sum_{j=1}^{N}\left(h\left(\boldsymbol{x}^{(j)};\boldsymbol{\theta}\right)-y^{(j)}\right)x_i^{(j)}$， 当 $i=0$

    $\frac{\partial}{\partial\theta_i}J(\boldsymbol{\theta}) = \frac{1}{N}\sum_{j=1}^{N}\left(h\left(\boldsymbol{x}^{(j)};\boldsymbol{\theta}\right)-y^{(j)}\right)x_i^{(j)} + \lambda\theta_i$， 当 $i>0$

  end for

until 收敛

Python 脚本 polynomial_logistic_reg_demo.py 实现了正则化的多项式逻辑回归算法，运行结果如图 3.5 所示。

由于多项式逻辑回归的决策边界是一条曲线而非直线，所以不能采用代码 3.2 的绘图方法，而需要使用代码 3.5 的绘图方法，先调用 np.meshgrid 函数生成网格数据，然后调用 poly_features 函数将两个特征转换为多项式特征，再乘以 $\boldsymbol{\theta}$ 得到预测结果 z。注意这里没有使用 sigmoid 函数，因此决策边界在 $z=0$ 的位置。如果使用 sigmoid 函数，决策边界就会在 $z=0.5$ 的位置。

代码 3.5　绘制曲线的决策边界代码片段

```
# 绘制决策边界
# 网格范围
u = np.linspace(min(x[:, 1]), max(x[:, 1]), 150)
v = np.linspace(min(x[:, 2]), max(x[:, 2]), 150)
uu, vv = np.meshgrid(u, v)  # 生成网格数据
z = np.dot(poly_features(uu.ravel(), vv.ravel()), theta)
# 保持维度一致
z = z.reshape(uu.shape)
# 画图
plt.contour(uu, vv, z, 0)
```

3.3 多元分类

最初的逻辑回归算法只用于二元分类，但可以将二元分类扩展为多元分类，解决多个类别的分类问题。扩展方法一般分为两种：一对多和一对一。这两种方法各有优缺点，但都会产生无法确定样本类别的模糊区域。本节最后介绍 Softmax 回归，它是逻辑回归算法在多元分类问题上的推广。

3.3.1 一对多

一对多方法的英文名称为 One vs All 或 One vs Rest。就是把 c 元分类问题转换为 c 个二元分类问题，训练时依次把某个类别的样本归为正例一类，其他样本归为负例一类，这样用 c 个类别的样本训练得到 c 个二元分类器。然后用这 c 个二元分类器同时预测新样本，将其分类为具有最大假设函数值的那个类别。一对多方法的缺点是，如果类别很多，一对多的样本分布就会很偏，类别数量上的不平衡容易造成二元分类器偏向样本数较多的那一个类别。

Python 脚本 one_vs_all_logistic_reg_demo.py 实现了一对多方法，对鸢尾花数据集进行分类。鸢尾花数据集有三个类别，如图 3.10 所示，需要构建三个二元分类器。

首先，把 Setosa 归为正例，把其余的 Versicolor 和 Virginica 归为负例，然后构建第一个二元分类器，如图 3.11 所示。

然后，分别以 Versicolor 和 Virginica 为正例，其余类别为负例，构建第二和第三个二元分类器，如图 3.12 和图 3.13 所示。

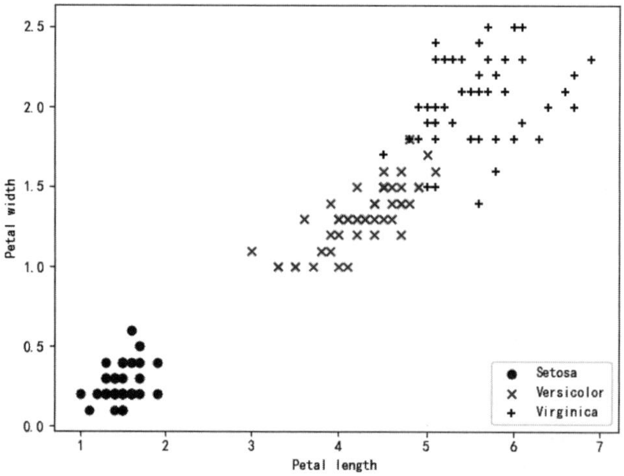

图 3.10　鸢尾花数据集分布

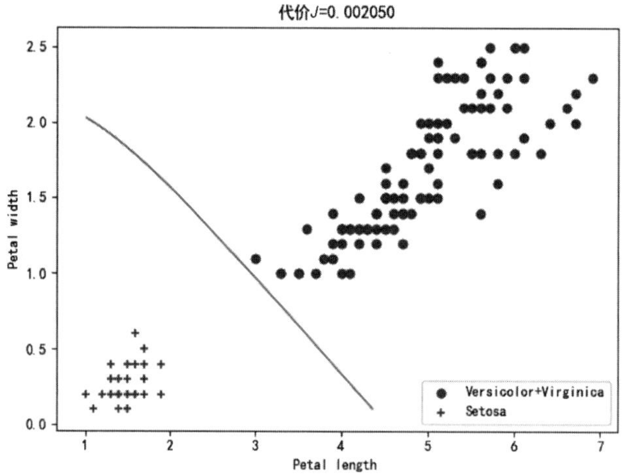

图 3.11　一对多的第一个二元分类器

构建好三个分类器之后，得到三个对应的参数集 $\boldsymbol{\theta}^{(1)}$、$\boldsymbol{\theta}^{(2)}$ 和 $\boldsymbol{\theta}^{(3)}$，就可以用假设函数对未知样本进行分类。用 $h^{(1)}\left(\boldsymbol{x};\boldsymbol{\theta}^{(1)}\right)$、$h^{(2)}\left(\boldsymbol{x};\boldsymbol{\theta}^{(2)}\right)$ 和 $h^{(3)}\left(\boldsymbol{x};\boldsymbol{\theta}^{(3)}\right)$ 分别计算样本 $\boldsymbol{x}$ 的假设函数值，将 $\boldsymbol{x}$ 分类为假设函数值最大的那一个类别，即 $i=\arg\max\limits_{i} h^{(i)}\left(\boldsymbol{x};\boldsymbol{\theta}^{(i)}\right)$。例如，如果 $h^{(1)}\left(\boldsymbol{x};\boldsymbol{\theta}^{(1)}\right)$ 为 0.4，$h^{(2)}\left(\boldsymbol{x};\boldsymbol{\theta}^{(2)}\right)$ 为 0.8，$h^{(3)}\left(\boldsymbol{x};\boldsymbol{\theta}^{(3)}\right)$ 为 0.5，就将样本 $\boldsymbol{x}$ 分类为第二个类别——Versicolor。

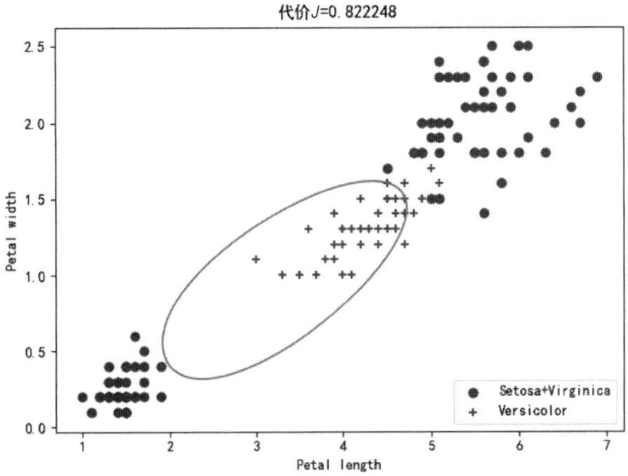

图 3.12　一对多的第二个二元分类器

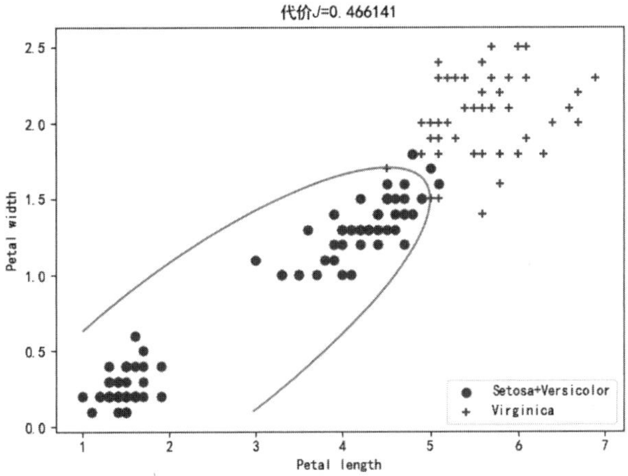

图 3.13　一对多的第三个二元分类器

如果多个假设函数值相等，则可以选择拒绝判定的策略或随机分配一个类别的策略。

代码 3.6 实现了一对多的预测函数，其中，theta 为 $\boldsymbol{\theta}^{(1)}$ 、$\boldsymbol{\theta}^{(2)}$ 和 $\boldsymbol{\theta}^{(3)}$ 组成的矩阵，pred 为同时使用这三个分类器的预测结果，np.argmax 函数从结果中选择假设函数值最大的类别。

代码 3.6　一对多的预测函数

```
def predict(theta, new_x):
    """
    使用学习到的逻辑回归参数 theta 来预测新样本 new_x 的标签
    输入参数:
```

```
    theta：逻辑回归参数，new_x：新样本集
返回：
    y_hat：预测的三种类别
"""
pred = sigmoid(np.dot(new_x, theta))
y_hat = np.argmax(pred, axis=1)
return y_hat.reshape(-1, 1)
```

3.3.2 一对一

一对一方法的英文名称为 One vs One。具体做法是一次只选取任意两个类别的样本，丢弃其余样本，在选取的样本之间构建一个二元分类器。因此 c 个类别的样本就需要构建 $\frac{1}{2}c(c-1)$ 个二元分类器。这些二元分类器使用投票方式预测未知样本 $\boldsymbol{x}$ 的类别，即全部二元分类器每个都有一张选票，它们将选票投给假设函数值最高的两个类别中的一个，汇总后将 $\boldsymbol{x}$ 预测为得票最多的类别。

一对一方法解决了一对多方法的不平衡问题，但是当类别很多时，需要构建 $\frac{1}{2}c(c-1)$ 个分类器，开销会很大。

Python 脚本 one_vs_one_logistic_reg_demo.py 实现了一对一方法，同样对鸢尾花数据集进行分类。需要构建三个二元分类器，第一个二元分类器只对 Setosa 和 Versicolor 进行分类，结果如图 3.14 所示。

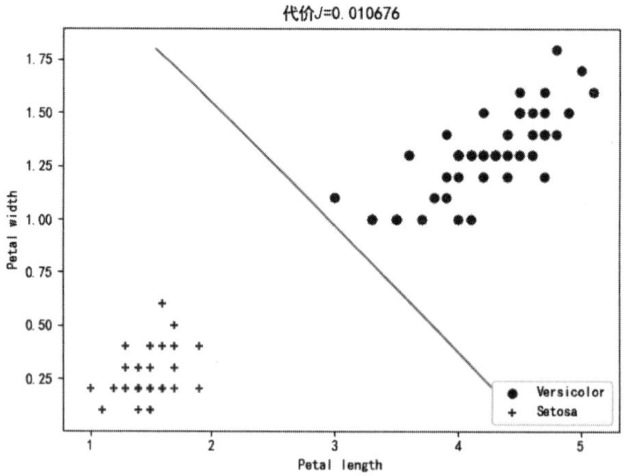

图 3.14　一对一的第一个二元分类器

第二个二元分类器只对 Setosa 和 Virginica 分类，结果如图 3.15 所示。

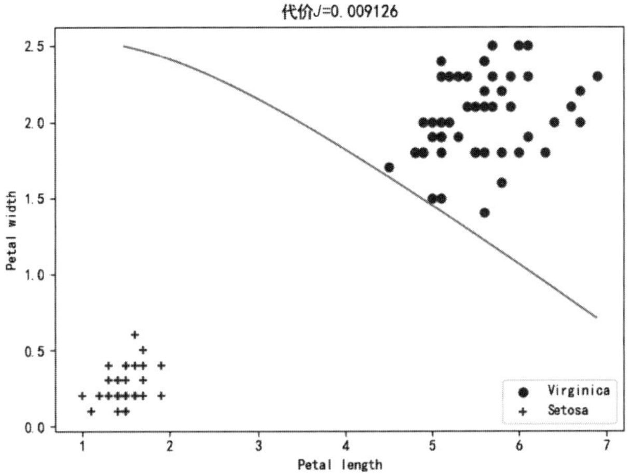

图 3.15 一对一的第二个二元分类器

第三个二元分类器只对 Versicolor 和 Virginica 分类，结果如图 3.16 所示。

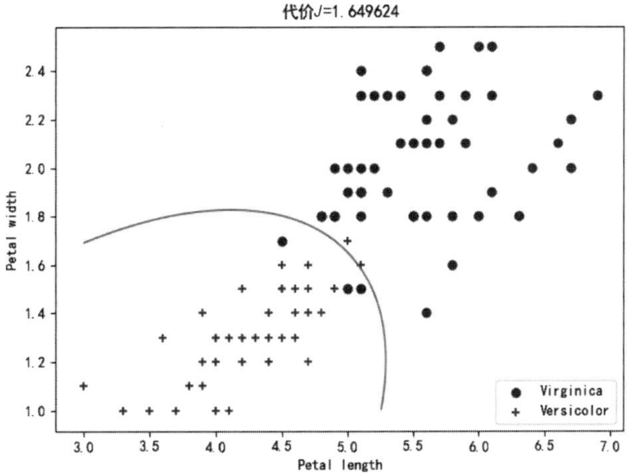

图 3.16 一对一的第三个二元分类器

构建好三个分类器之后，将训练得到的三个参数集 $\boldsymbol{\theta}^{(1)}$、$\boldsymbol{\theta}^{(2)}$ 和 $\boldsymbol{\theta}^{(3)}$ 代入假设函数，对未知样本进行分类。具体做法是，用分类器分别对样本 $\boldsymbol{x}$ 进行分类，将 $\boldsymbol{x}$ 分类为票数最多的那一个类别。例如，如果第一个和第二个分类器都认为样本 $\boldsymbol{x}$ 是 Setosa，只有第三个分类器认为是 Versicolor，就将样本 $\boldsymbol{x}$ 分类为 Setosa。

如果某个样本 $\boldsymbol{x}$ 的票数相等，可以选择拒绝判定或随机分配一个类别的策略。

代码 3.7 实现了一对一的预测函数，其中，theta 为 $\boldsymbol{\theta}^{(1)}$、$\boldsymbol{\theta}^{(2)}$ 和 $\boldsymbol{\theta}^{(3)}$ 组成的矩阵，投票过程是三个分类器同时对新样本进行分类；pred 为三个分类器对正例的预测结果，pred_not 等于 1-pred，为三个分类器对负例的预测结果。例如，$\boldsymbol{\theta}^{(1)}$ 对 Setosa 和 Versicolor 分类，pred 投票给 Setosa，则 pred_not 投票给 Versicolor。vote 变量统计投票结果，np.argmax 函数从结果中选择票数最多的类别。

代码 3.7　一对一的预测函数

```
def predict(theta, new_x):
    """
    使用学习到的逻辑回归参数 theta 来预测新样本 new_x 的标签
    输入参数:
        theta: 逻辑回归参数, new_x: 新样本集
    返回:
        y_hat: 预测的三种类别
    """
    n = len(new_x)
    pred = (sigmoid(np.dot(new_x, theta)) >= 0.5).astype(int)
    pred_not = 1 - pred
    vote = np.zeros((n, 3))
    # 统计投票
    vote[:, 0] = pred[:, 0] + pred[:, 1]
    vote[:, 1] = pred_not[:, 0] + pred[:, 2]
    vote[:, 2] = pred_not[:, 1] + pred_not[:, 2]
    y_hat = np.argmax(vote, axis=1)
    return y_hat.reshape(-1, 1)
```

3.3.3 Softmax 回归

Softmax 回归解决多元分类问题，目标属性 y 可以取 $k\,(k>2)$ 个不同的值。因此，对于训练集 $\left\{\left(\boldsymbol{x}^{(1)},y^{(1)}\right),\left(\boldsymbol{x}^{(2)},y^{(2)}\right),\cdots,\left(\boldsymbol{x}^{(N)},y^{(N)}\right)\right\}$，其中，$\boldsymbol{x}^{(i)}\in\mathbf{R}^D$，$y^{(i)}\in\{1,2,\cdots,k\}$。例如，在鸢尾花数据集中，有 $k=3$ 个不同类别。

对于任意输入样本 $\boldsymbol{x}\in\mathbf{R}^D$，模型用假设函数 h 计算出样本 $\boldsymbol{x}$ 属于每一个类别 j 的概率值 $p\left(y=j\,|\,\boldsymbol{x}\right)$，也就是，估计样本 $\boldsymbol{x}$ 的每一种类别出现的概率。为此，将假设函数设为能输出表示这 k 个概率值的 k 维向量，显然，k 维向量的元素之和为 1。假设函数 $h\left(\boldsymbol{x}^{(i)};\boldsymbol{\theta}\right)$ 可用下式表示：

$$h\left(\boldsymbol{x}^{(i)};\boldsymbol{\theta}\right)=\begin{bmatrix}p\left(\hat{y}^{(i)}=1\mid\boldsymbol{x};\boldsymbol{\theta}\right)\\p\left(\hat{y}^{(i)}=2\mid\boldsymbol{x};\boldsymbol{\theta}\right)\\\vdots\\p\left(\hat{y}^{(i)}=k\mid\boldsymbol{x};\boldsymbol{\theta}\right)\end{bmatrix}=\frac{1}{\sum_{j=1}^{k}\mathrm{e}^{\theta_j^{\mathrm{T}}\boldsymbol{x}^{(i)}}}\begin{bmatrix}\mathrm{e}^{\theta_1^{\mathrm{T}}\boldsymbol{x}^{(i)}}\\\mathrm{e}^{\theta_2^{\mathrm{T}}\boldsymbol{x}^{(i)}}\\\vdots\\\mathrm{e}^{\theta_k^{\mathrm{T}}\boldsymbol{x}^{(i)}}\end{bmatrix}\tag{3.14}$$

其中，$\theta_1,\theta_2,\cdots,\theta_k\in\mathbf{R}^{D+1}$ 是模型的参数，$\frac{1}{\sum_{j=1}^{k}\mathrm{e}^{\theta_j^{\mathrm{T}}\boldsymbol{x}^{(i)}}}$ 项对概率分布归一化，使 k 维向量的元素之和为 1。容易得到 $p\left(\hat{y}^{(i)}=j\mid\boldsymbol{x}^{(i)};\boldsymbol{\theta}\right)$ 的概率为：

$$p\left(\hat{y}^{(i)}=j\mid\boldsymbol{x}^{(i)};\boldsymbol{\theta}\right)=\frac{\mathrm{e}^{\theta_j^{\mathrm{T}}\boldsymbol{x}^{(i)}}}{\sum_{l=1}^{k}\mathrm{e}^{\theta_l^{\mathrm{T}}\boldsymbol{x}^{(i)}}}\tag{3.15}$$

为了方便计算，将 k 个 θ 组合为一个 $k\times(n+1)$ 矩阵，用矩阵符号 $\boldsymbol{\theta}$ 表示如下：

$$\boldsymbol{\theta}=\begin{bmatrix}\theta_1^{\mathrm{T}}\\\theta_2^{\mathrm{T}}\\\vdots\\\theta_k^{\mathrm{T}}\end{bmatrix}\tag{3.16}$$

Softmax 回归的代价函数可以写为：

$$J(\boldsymbol{\theta})=-\frac{1}{N}\left(\sum_{i=1}^{N}\sum_{j=1}^{k}I\left(y^{(i)}=j\right)\log\frac{\mathrm{e}^{\theta_j^{\mathrm{T}}\boldsymbol{x}^{(i)}}}{\sum_{l=1}^{k}\mathrm{e}^{\theta_l^{\mathrm{T}}\boldsymbol{x}^{(i)}}}\right)\tag{3.17}$$

其中，$I(.)$ 为指示函数。

与逻辑回归类似，一般使用梯度下降法等迭代的优化算法来求解代价函数 $J(\boldsymbol{\theta})$ 的最小化问题。对式(3.17)求导后，得到梯度公式如下：

$$\frac{\partial}{\partial\theta_j}J(\boldsymbol{\theta})=-\frac{1}{N}\sum_{i=1}^{N}\left(I\left(y^{(i)}=j\right)-P\left(\hat{y}^{(i)}=j\mid\boldsymbol{x}^{(i)};\boldsymbol{\theta}\right)\right)\tag{3.18}$$

将 $\frac{\partial}{\partial\theta_j}J(\boldsymbol{\theta})$ 代入梯度下降算法，就可迭代求解最小的 $J(\boldsymbol{\theta})$。每次迭代的更新公式为：$\theta_j=\theta_j-\alpha\frac{\partial}{\partial\theta_j}J(\boldsymbol{\theta})$。

Softmax 回归存在一个参数集“冗余”的问题，也就是，如果参数$(\theta_1,\theta_2,\cdots,\theta_k)$是代价函数$J(\boldsymbol{\theta})$的极小值点，那么对于任意向量$\psi$，$(\theta_1-\psi,\theta_2-\psi,\cdots,\theta_k-\psi)$同样也是$J(\boldsymbol{\theta})$的极小值点，因此$J(\boldsymbol{\theta})$的最优解不唯一。这是因为，假设从$\theta_j$中减去向量$\psi$，公式(3.15)变为：

$$P\left(\hat{y}^{(i)}=j\mid \boldsymbol{x}^{(i)};\boldsymbol{\theta}\right)=\frac{\mathrm{e}^{(\theta_j-\psi)^{\mathrm{T}}\boldsymbol{x}^{(i)}}}{\sum_{l=1}^{k}\mathrm{e}^{(\theta_l-\psi)^{\mathrm{T}}\boldsymbol{x}^{(i)}}}=\frac{\mathrm{e}^{\theta_j^{\mathrm{T}}\boldsymbol{x}^{(i)}}\mathrm{e}^{-\psi^{\mathrm{T}}\boldsymbol{x}^{(i)}}}{\sum_{l=1}^{k}\mathrm{e}^{\theta_l^{\mathrm{T}}\boldsymbol{x}^{(i)}}\mathrm{e}^{-\psi^{\mathrm{T}}\boldsymbol{x}^{(i)}}}=\frac{\mathrm{e}^{\theta_j^{\mathrm{T}}\boldsymbol{x}^{(i)}}}{\sum_{l=1}^{k}\mathrm{e}^{\theta_l^{\mathrm{T}}\boldsymbol{x}^{(i)}}}$$

因此，从θ_j中减去任意向量ψ不影响假设函数的预测结果。这表明 Softmax 回归存在冗余参数集。为了解决这个问题，采用正则化来限制参数的取值范围，惩罚取值较大的参数，这样，代价函数$J(\boldsymbol{\theta})$可表示为：

$$J(\boldsymbol{\theta})=-\frac{1}{N}\left(\sum_{i=1}^{N}\sum_{j=1}^{k}I\left(y^{(i)}=j\right)\log\frac{\mathrm{e}^{\theta_j^{\mathrm{T}}\boldsymbol{x}^{(i)}}}{\sum_{l=1}^{k}\mathrm{e}^{\theta_l^{\mathrm{T}}\boldsymbol{x}^{(i)}}}\right)+\frac{\lambda}{2}\sum_{i=1}^{k}\sum_{j=0}^{D}\theta_{ij}^2 \tag{3.19}$$

其中，θ_{ij}为公式(3.16)中$\boldsymbol{\theta}$矩阵的第i行第j列元素。

另外，为了避免在计算 Softmax 时产生数值溢出，可利用上述冗余原理，让每一个Z都减去一个最大值，如代码 3.8 所示。

代码 3.8　softmax 函数

```
def softmax(z):
    """
    Numpy 实现 Softmax 激活函数。每一个 z 减去一个 max 值是为了避免数值溢出
    输入参数：
        z：二维 Numpy 数组
    返回：
        a：softmax(z)输出，与 z 的 shape 一致
    """
    z_rescale = z - np.max(z, axis=1, keepdims=True)
    a = np.exp(z_rescale) / np.sum(np.exp(z_rescale), axis=1, keepdims=True)
    assert (a.shape == z.shape)
    return a
```

对公式(3.19)求导后，得到正则化后的梯度公式如下：

$$\frac{\partial}{\partial \theta_j} J(\boldsymbol{\theta}) = -\frac{1}{N}\sum_{i=1}^{N}\left(I\left(y^{(i)}=j\right)-p\left(y^{(i)}=j \mid \boldsymbol{x}^{(i)};\boldsymbol{\theta}\right)\right)+\lambda\theta_j \tag{3.20}$$

Python 脚本 softmax_reg_demo.py 实现 Softmax 回归模型，使用鸢尾花数据集训练模型，在训练集上的分类正确率为 96.67%，代价 J 历史如图 3.17 所示。

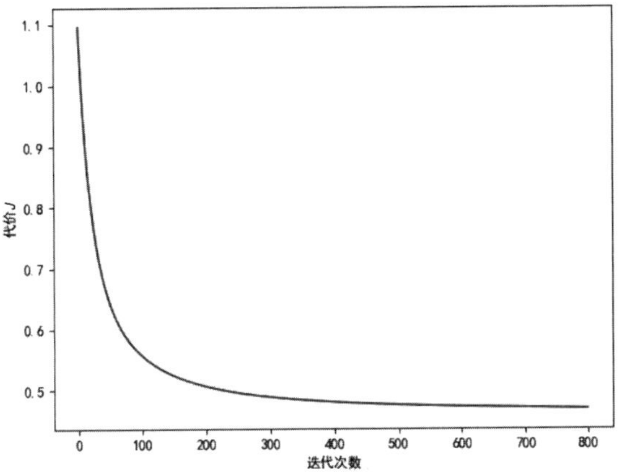

图 3.17　Softmax 回归模型的代价 J 历史值

习　题

3.1　求 $\frac{\partial}{\partial \theta_i} h\left(\boldsymbol{x}^{(j)};\boldsymbol{\theta}\right)$。

3.2　对函数 $J(\boldsymbol{\theta}) = -\frac{1}{N}\left[\sum_{j=1}^{N} y^{(j)}\log\left(h\left(\boldsymbol{x}^{(j)};\boldsymbol{\theta}\right)\right)+\left(1-y^{(j)}\right)\log\left(1-h\left(\boldsymbol{x}^{(j)};\boldsymbol{\theta}\right)\right)\right]$ 求偏导数 $\frac{\partial}{\partial \theta_i} J(\boldsymbol{\theta})$。

3.3　假如逻辑回归分类器对某一测试样本 $\boldsymbol{x}$ 的假设 $h(\boldsymbol{x};\boldsymbol{\theta})=0.7$，其含义是什么？(多选)

A. $p(y=1 \mid \boldsymbol{x};\boldsymbol{\theta})$ 的估计为 0.7

B. $p(y=0 \mid \boldsymbol{x};\boldsymbol{\theta})$ 的估计为 0.7

C. $p(y=1 \mid \boldsymbol{x};\boldsymbol{\theta})$ 的估计为 0.3

D. $p(y=0|\boldsymbol{x};\boldsymbol{\theta})$ 的估计为 0.3

3.4 假定逻辑回归的假设函数 $h(\boldsymbol{x};\boldsymbol{\theta})=g(w_0+w_1x_1+w_2x_2)$，如果训练后得到 $w_0=-5$、$w_1=1$ 和 $w_2=1$，分类器的决策边界是什么？

3.5 简述在逻辑回归中，正则化参数 λ 对模型的影响。

3.6 假设 Softmax 回归使用的交叉熵代价函数为 $J=-\sum_i y_i \log s_i$，试证明 $\frac{\partial J}{\partial z_i}=s_i-y_i$。

第4章 贝叶斯分类器

贝叶斯分类器是一种基于统计的分类器，其分类原理是，确定某样本的先验概率，利用贝叶斯公式计算出其后验概率，即该对象属于某一类的概率，选择具有最大后验概率的类别作为样本的所属类别。本章首先介绍判别模型和生成模型的概念，然后介绍极大似然估计，最后讲述高斯判别分析和朴素贝叶斯算法，并以文本分类为例讲解朴素贝叶斯算法的应用。

4.1 简介

本节讲述贝叶斯定理、判别模型和生成模型的概念、极大似然估计。

4.1.1 概述

贝叶斯定理表明，对于一个分类问题，样本 $\boldsymbol{x}$ 属于类别 y 的概率为：

$$p(y\mid\boldsymbol{x})=\frac{p(\boldsymbol{x}\mid y)p(y)}{p(\boldsymbol{x})} \tag{4.1}$$

其中，$p(y)$ 表示没有使用数据来训练分类器之前 y 的初始概率，称为先验(prior)概率。$p(\boldsymbol{x}\mid y)$ 是样本 $\boldsymbol{x}$ 相对于类别 y 的类条件概率(class-conditional probability)，常称为似然(likelihood)。$p(y\mid\boldsymbol{x})$ 是给定 $\boldsymbol{x}$ 时 y 成立的概率，称为后验概率(posterior probability)。$p(\boldsymbol{x})$ 是归一化的证据因子。对给定样本 $\boldsymbol{x}$，证据因子 $p(\boldsymbol{x})$ 与类别 y 的取值无关。因此，分类问题的重点是估计先验概率 $p(y)$ 和似然 $p(\boldsymbol{x}\mid y)$。

在分类问题中，我们通常假设数据符合某种概率分布，只是不知道概率分布的参数，这通常称为参数化方法(parametric approach)，实际上，模型的训练过程就是参数估计(parameter estimation)的过程。假设概率分布依赖于参数 θ 或参数向量 $\boldsymbol{\theta}=\begin{bmatrix}\theta_1 & \theta_2 & \cdots & \theta_k\end{bmatrix}^{\mathrm{T}}$，可以将公式(4.1)改写为：

$$p(y\mid\boldsymbol{x};\theta)=\frac{p(\boldsymbol{x}\mid y;\theta)p(y;\theta)}{p(\boldsymbol{x};\theta)} \tag{4.2}$$

注意上述公式参数 θ 前的英文分号，这表明 θ 不是随机变量，这是频率学派(Frequentist)的写法，该学派认为尽管参数未知，却是客观存在的固定值。与此对立的是贝叶斯学派(Bayesian)认为，参数是未观察到的随机变量，本身也有概率分布。

本节稍后介绍频率学派的极大似然估计(maximum likelihood estimation，MLE)。

4.1.2 判别模型和生成模型

第 3 章讲述的逻辑回归模型是判别模型，它根据特征向量 $\boldsymbol{x}$ 来求目标 y 的概率，模型为 $h(\boldsymbol{x};\boldsymbol{\theta})=g(\boldsymbol{\theta}^{\mathrm{T}}\boldsymbol{x})$，其中 g 为 S 型函数。逻辑回归模型可以形式化表示为 $p(y\mid\boldsymbol{x};\boldsymbol{\theta})$，其含义是在已知参数集 $\boldsymbol{\theta}$ 的情形下，求解条件概率 $p(y\mid\boldsymbol{x})$。

考虑一个根据一些动物的特征来学习分辨黄牛($y=1$)和水牛($y=0$)的分类问题，判别模型尝试像逻辑回归那样寻找一条直线(决策边界)将给定训练集里的黄牛和水牛分开，然后，根据新样本位于决策边界的哪一边，预测新样本的类别。

生成模型的方法完全不同于判别模型。首先，根据黄牛的特征构建一个黄牛模型；然后根据水牛的特征构建一个水牛模型；最后对新样本(一头牛)进行分类，计算新样本在黄牛模型中的概率和在水牛模型中的概率，哪个概率大就说明新样本更符合哪个模型。

生成式学习算法就是试图学习 $p(\boldsymbol{x}|y)$ 和 $p(y)$ 的模型。例如，如果 y 表示一个样本是属于黄牛(1)还是水牛(0)，则 $p(\boldsymbol{x}|y=1)$ 表示黄牛特征的概率分布，$p(\boldsymbol{x}|y=0)$ 则表示水牛特征的分布。

完成构建 $p(\boldsymbol{x}|y)$ 和 $p(y)$ 的模型之后，应用贝叶斯公式就可以推出给定 $\boldsymbol{x}$ 后 y 的后验分布。在公式(4.1)中，归一化因子为分母 $p(\boldsymbol{x})$，$p(\boldsymbol{x})=p(\boldsymbol{x}|y=1)p(y=1)+p(\boldsymbol{x}|y=0)p(y=0)$，该因子只是让 $p(\boldsymbol{x}|y)$ 符合概率特性的一个定值，我们只需要关注不同类别的分子哪一个的数值更大(也就是黄牛和水牛哪一个的概率更大)即可，并不关心具体的概率值。因此通常不计算分母 $p(\boldsymbol{x})$，按照如下公式可判别样本 $\boldsymbol{x}$ 的类别：

$$\begin{aligned}\arg\max_y p(y|\boldsymbol{x}) &= \arg\max_y \frac{p(\boldsymbol{x}|y)p(y)}{p(\boldsymbol{x})} \\ &= \arg\max_y p(\boldsymbol{x}|y)p(y)\end{aligned} \tag{4.3}$$

由于 $p(\boldsymbol{x}|y)p(y)=p(\boldsymbol{x},y)$，因此有时说生成模型是求联合概率，而判别模型是求条件概率。常见的生成模型有朴素贝叶斯模型、混合高斯模型和隐马尔科夫模型等，常见的判别模型有逻辑回归、支持向量机、神经网络等。

4.1.3 极大似然估计

极大似然估计方法主要用于确定最有可能生成观测数据 $\boldsymbol{x}$ 的参数 θ 的值。通常将似然看作 θ 的函数，因此记为 $\mathcal{L}(\theta|\boldsymbol{x},y)$，如果非监督学习则没有 y，可写为 $\mathcal{L}(\theta|\boldsymbol{x})$，或者直接写为 $\mathcal{L}(\theta)$。

$$\mathcal{L}(\theta)=p(\boldsymbol{x},y;\theta)=\prod_{i=1}^{N}p\left(\boldsymbol{x}^{(i)},y^{(i)};\theta\right) \tag{4.4}$$

一般将极大似然估计记为：

$$\theta_{\text{MLE}}=\max\mathcal{L}(\theta)=\max\prod_{i=1}^{N}p\left(\boldsymbol{x}^{(i)},y^{(i)};\theta\right) \tag{4.5}$$

由于 $\mathcal{L}(\theta)$ 与其自然对数 $\log\mathcal{L}(\theta)$ (对数似然，记为 $\ell(\theta)$)单调上升，因此最大化 $\mathcal{L}(\theta)$ 与

最大化$\ell(\theta)$一致，有：

$$\theta_{\text{MLE}}=\max\log\mathcal{L}(\theta)=\max\ell(\theta)=\max\sum_{i=1}^{N}\log p\left(\boldsymbol{x}^{(i)},\ y^{(i)};\theta\right) \tag{4.6}$$

以下使用极大似然估计对几个最为常见的分布参数进行估计。

1. 伯努利分布

伯努利分布又称为两点分布或 0-1 分布，离散型随机变量只能取 0 或 1，参数θ为取 1 的概率，其值在 0~1 范围内。

$$\mathcal{L}(\theta\mid\boldsymbol{x})=p(\boldsymbol{x};\theta)=\prod_{i=1}^{N}p\left(\boldsymbol{x}^{(i)};\theta\right)=\prod_{i=1}^{N}\theta^{\boldsymbol{x}^{(i)}}(1-\theta)^{1-\boldsymbol{x}^{(i)}} \tag{4.7}$$

对上述似然函数求自然对数，得：

$$\ell(\theta\mid\boldsymbol{x})=\log(\theta)\left(\sum_{i=1}^{N}\boldsymbol{x}^{(i)}\right)+\log(1-\theta)\left(N-\sum_{i=1}^{N}\boldsymbol{x}^{(i)}\right) \tag{4.8}$$

对$\ell(\theta\mid\boldsymbol{x})$求关于$\theta$的导数并令其等于 0，可得：

$$\theta_{\text{MLE}}=\frac{\sum_{i=1}^{N}x^{(i)}}{N}=\overline{x^{(i)}} \tag{4.9}$$

2. 高斯分布

高斯分布也称为正态分布，随机变量x为连续型，参数$\theta=\left(\mu,\sigma^2\right)$。只有一个变量的高斯分布称为单变量高斯分布，多个变量的高斯分布称为多元高斯分布，下节介绍多元高斯分布。

$$\begin{aligned}\mathcal{L}(\theta\mid\boldsymbol{x})=\mathcal{N}\left(\boldsymbol{x};\mu,\sigma^2\right)&=\prod_{i=1}^{N}\frac{1}{\sqrt{2\pi\sigma^2}}\exp\left(-\frac{\left(x^{(i)}-\mu\right)^2}{2\sigma^2}\right)\\&=\frac{1}{\left(2\pi\sigma^2\right)^{\frac{N}{2}}}\exp\left(-\frac{1}{2\sigma^2}\sum_{i=1}^{N}\left(x^{(i)}-\mu\right)^2\right)\end{aligned} \tag{4.10}$$

对上述似然函数求自然对数，得对数似然函数如下：

$$\ell(\theta\mid\boldsymbol{x})=-\frac{N}{2}\log(2\pi)-\frac{N}{2}\log\sigma^2-\frac{1}{2\sigma^2}\sum_{i=1}^{N}\left(x^{(i)}-\mu\right)^2 \tag{4.11}$$

其中，$-\infty<\mu<\infty$，$\sigma^2\geqslant 0$。需要对上述对数似然函数关于参数μ和σ^2进行优化。

首先求对数似然函数关于参数μ的偏导数并令其等于 0，有：

$$\frac{\partial \ell(\theta \mid \boldsymbol{x})}{\partial \mu} = \frac{1}{\sigma^2}\sum_{i=1}^{N}\left(x^{(i)} - \mu\right) = 0 \tag{4.12}$$

解得：

$$\mu_{\text{MLE}} = \frac{1}{N}\sum_{i=1}^{N} x^{(i)} = \overline{x^{(i)}} \tag{4.13}$$

然后，求对数似然函数关于 σ^2 的偏导数并令其等于 0，有：

$$\frac{\partial \ell(\theta \mid \boldsymbol{x})}{\partial \sigma^2} = -\frac{N}{2\sigma^2} + \frac{1}{2\left(\sigma^2\right)^2}\sum_{i=1}^{N}\left(x^{(i)} - \mu\right)^2 = 0 \tag{4.14}$$

将 $\mu = \overline{x^{(i)}}$ 代入式(4.14)，解得：

$$\sigma^2{}_{\text{MLE}} = \frac{1}{N}\sum_{i=1}^{N}\left(x^{(i)} - \mu\right)^2 \tag{4.15}$$

3. 多项分布

多项分布问题是：某随机实验如果有 k 个可能的结果，其出现次数分别为 n_1、n_2、…、n_k，对应的概率分布分别是 θ_1、θ_2、…、θ_k，所有数据的似然函数可记为：

$$\mathcal{L}(\theta \mid \boldsymbol{x}) = p\left(\boldsymbol{x};\theta_1,\theta_2,\cdots,\theta_k\right) = n!\prod_{i=1}^{k}\frac{\theta_i^{n_i}}{n_i!} \tag{4.16}$$

其中，$n = \sum_{i=1}^{k} n_i$。

对上述似然函数求自然对数，得：

$$\ell(\theta \mid \boldsymbol{x}) = \log(n!) + \sum_{i=1}^{k} n_i \log\theta_i - \sum_{i=1}^{k}\log\left(\theta_i!\right) \tag{4.17}$$

注意到约束 $\sum_{i=1}^{k}\theta_i = 1$，使用拉格朗日乘子，对下式求关于 θ_i 的偏导数：

$$\log(n!) + \sum_{i=1}^{k} n_i \log\theta_i - \sum_{i=1}^{k}\log\left(\theta_i!\right) + \lambda\left(\sum_{i=1}^{k}\theta_i - 1\right) \tag{4.18}$$

并令偏导数等于 0，有：

$$\theta_i = \frac{n_i}{\lambda}$$

利用 $\sum_{i=1}^{k}\theta_i = 1$，有 $\sum_{i=1}^{k}\theta_i = \sum_{i=1}^{k}\frac{n_i}{\lambda} = \frac{n}{\lambda} = 1$，因此 $\lambda = n$。最终得到：

$$\theta_{i\,\text{MLE}} = \frac{n_i}{n} \tag{4.19}$$

4.2 高斯判别分析

高斯判别分析(Gaussian discriminant analysis，GDA)是一种生成式学习算法。假设在给定 y 的情况下，$\boldsymbol{x}$ 服从混合高斯分布(正态分布)。高斯判别分析通过训练确定模型参数，进行预测时，先计算出新样本隶属于不同类别的概率，然后选取概率最大的作为新样本的类别。

4.2.1 多元高斯分布

多元高斯分布描述 D 维随机变量的分布。不同于单变量高斯分布 $\mathcal{N}\left(\mu,\sigma^2\right)$，期望 μ 变成了均值向量 $\boldsymbol{\mu}\in\mathbf{R}^D$，方差 σ^2 也变成了协方差矩阵 $\boldsymbol{\Sigma}\in\mathbf{R}^{D\times D}$，且 $\boldsymbol{\Sigma}$ 为对称半正定矩阵。多元高斯分布记为 $\mathcal{N}\left(\boldsymbol{\mu},\boldsymbol{\Sigma}\right)$，其概率密度由下式给出。

$$p\left(\boldsymbol{x};\boldsymbol{\mu},\boldsymbol{\Sigma}\right)=\frac{1}{\left(2\pi\right)^{D/2}\left|\boldsymbol{\Sigma}\right|^{1/2}}\exp\left(-\frac{1}{2}\left(\boldsymbol{x}-\boldsymbol{\mu}\right)^{\mathrm{T}}\boldsymbol{\Sigma}^{-1}\left(\boldsymbol{x}-\boldsymbol{\mu}\right)\right) \tag{4.20}$$

其中，$\boldsymbol{\Sigma}$ 为协方差矩阵，$\left|\boldsymbol{\Sigma}\right|$ 为 $\boldsymbol{\Sigma}$ 的行列式。

为了更好地理解参数 $\boldsymbol{\mu}$ 和 $\boldsymbol{\Sigma}$ 对 $\mathcal{N}\left(\boldsymbol{\mu},\boldsymbol{\Sigma}\right)$ 的影响，编写脚本 plot_gaussian_pdf.py 绘制 8 个二维的高斯分布，如图 4.1 所示。

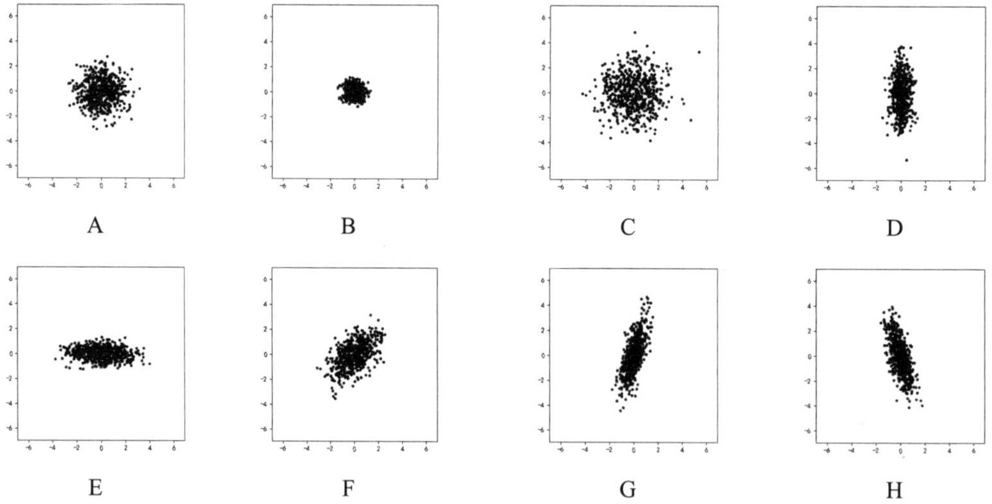

图 4.1　$\boldsymbol{\mu}$ 和 $\boldsymbol{\Sigma}$ 对高斯分布的影响

容易看出，参数 $\boldsymbol{\mu}$ 决定分布的中心位置，参数 $\boldsymbol{\Sigma}=\begin{bmatrix}\sigma_1^2 & \sigma_{12}\\ \sigma_{21} & \sigma_2^2\end{bmatrix}$ 决定分布的形状，参数 $\boldsymbol{\mu}$ 和 $\boldsymbol{\Sigma}$ 的取值及影响如表 4.1 所示。

表 4.1　二维高斯分布参数的影响

序号	高斯分布参数	影　响
A	$\boldsymbol{\mu}=\begin{bmatrix}0\\0\end{bmatrix}$，$\boldsymbol{\Sigma}=\begin{bmatrix}1 & 0\\0 & 1\end{bmatrix}$	零均值，单位协方差，这是标准的高斯分布
B	$\boldsymbol{\mu}=\begin{bmatrix}0\\0\end{bmatrix}$，$\boldsymbol{\Sigma}=\begin{bmatrix}0.2 & 0\\0 & 0.2\end{bmatrix}$	零均值，$\sigma_1^2=\sigma_2^2$ 较小，$\sigma_{12}=\sigma_{21}=0$，数据较集中
C	$\boldsymbol{\mu}=\begin{bmatrix}0\\0\end{bmatrix}$，$\boldsymbol{\Sigma}=\begin{bmatrix}2 & 0\\0 & 2\end{bmatrix}$	零均值，$\sigma_1^2=\sigma_2^2$ 较大，$\sigma_{12}=\sigma_{21}=0$，数据较分散
D	$\boldsymbol{\mu}=\begin{bmatrix}0\\0\end{bmatrix}$，$\boldsymbol{\Sigma}=\begin{bmatrix}0.2 & 0\\0 & 2\end{bmatrix}$	零均值，$\sigma_{12}=\sigma_{21}=0$，$\sigma_1^2<\sigma_2^2$，较大方差对应纵轴，沿纵轴扩散
E	$\boldsymbol{\mu}=\begin{bmatrix}0\\0\end{bmatrix}$，$\boldsymbol{\Sigma}=\begin{bmatrix}2 & 0\\0 & 0.2\end{bmatrix}$	零均值，$\sigma_{12}=\sigma_{21}=0$，$\sigma_1^2>\sigma_2^2$，较大方差对应横轴，沿横轴扩散
F	$\boldsymbol{\mu}=\begin{bmatrix}0\\0\end{bmatrix}$，$\boldsymbol{\Sigma}=\begin{bmatrix}1 & 0.5\\0.5 & 1\end{bmatrix}$	零均值，$\sigma_1^2=\sigma_2^2=1$，$\sigma_{12}=\sigma_{21}=0.5$，$x_1$ 和 x_2 正相关，形状不平行于坐标轴，呈 45° 方向倾斜
G	$\boldsymbol{\mu}=\begin{bmatrix}0\\0\end{bmatrix}$，$\boldsymbol{\Sigma}=\begin{bmatrix}0.3 & 0.5\\0.5 & 2\end{bmatrix}$	零均值，$\sigma_1^2<\sigma_2^2$，$\sigma_{12}=\sigma_{21}=0.5$，$x_1$ 和 x_2 正相关，沿纵轴扩散，形状不平行于坐标轴
H	$\boldsymbol{\mu}=\begin{bmatrix}0\\0\end{bmatrix}$，$\boldsymbol{\Sigma}=\begin{bmatrix}0.3 & -0.5\\-0.5 & 2\end{bmatrix}$	零均值，$\sigma_1^2<\sigma_2^2$，$\sigma_{12}=\sigma_{21}=-0.5$，$x_1$ 和 x_2 负相关，沿纵轴扩散，形状不平行于坐标轴

4.2.2 高斯判别模型

高斯判别模型要求输入特征 $\boldsymbol{x}$ 为连续型随机变量，模型假设输出 y 服从伯努利分布，在给定输出时 $p(\boldsymbol{x}\mid y)$ 为高斯分布。二元分类问题可用公式表达为：

$$
\begin{aligned}
p(y)&=\phi^y(1-\phi)^{1-y}\\
p(\boldsymbol{x}\mid y=0)&=\frac{1}{(2\pi)^{D/2}|\boldsymbol{\Sigma}|^{1/2}}\exp\left(-\frac{1}{2}(\boldsymbol{x}-\boldsymbol{\mu}_0)^{\mathrm{T}}\boldsymbol{\Sigma}^{-1}(\boldsymbol{x}-\boldsymbol{\mu}_0)\right)\\
p(\boldsymbol{x}\mid y=1)&=\frac{1}{(2\pi)^{D/2}|\boldsymbol{\Sigma}|^{1/2}}\exp\left(-\frac{1}{2}(\boldsymbol{x}-\boldsymbol{\mu}_1)^{\mathrm{T}}\boldsymbol{\Sigma}^{-1}(\boldsymbol{x}-\boldsymbol{\mu}_1)\right)
\end{aligned}
\tag{4.21}
$$

对数极大似然用下式表示：

$$
\begin{aligned}
\ell\left(\phi,\boldsymbol{\mu}_0,\boldsymbol{\mu}_1,\boldsymbol{\Sigma}\right) &= \log\prod_{i=1}^{N} p\left(\boldsymbol{x}^{(i)},y^{(i)};\phi,\boldsymbol{\mu}_0,\boldsymbol{\mu}_1,\boldsymbol{\Sigma}\right) \\
&= \log\prod_{i=1}^{N} p\left(\boldsymbol{x}^{(i)} \mid y^{(i)};\phi,\boldsymbol{\mu}_0,\boldsymbol{\mu}_1,\boldsymbol{\Sigma}\right)p\left(y^{(i)};\phi\right)
\end{aligned} \tag{4.22}
$$

其中，有两个均值向量 $\boldsymbol{\mu}_0$ 和 $\boldsymbol{\mu}_1$，只有一个协方差 $\boldsymbol{\Sigma}$，这表示在不同的输出下，特征均值不相同，但假设协方差相同。也就是，不同模型(y 不同)的中心位置不同，但形状相同，这样就可以用直线来分割判别不同模型。

对公式(4.3)求偏导数，并令其等于 0，可得到如下的参数估计公式：

$$
\begin{aligned}
\phi &= \frac{1}{N}\sum_{i=1}^{N} I\left(y^{(i)}=1\right) \\
\boldsymbol{\mu}_0 &= \frac{\sum_{i=1}^{N} I\left(y^{(i)}=0\right)\boldsymbol{x}^{(i)}}{\sum_{i=1}^{N} I\left(y^{(i)}=0\right)} \\
\boldsymbol{\mu}_1 &= \frac{\sum_{i=1}^{N} I\left(y^{(i)}=1\right)\boldsymbol{x}^{(i)}}{\sum_{i=1}^{N} I\left(y^{(i)}=1\right)} \\
\boldsymbol{\Sigma} &= \frac{1}{N}\sum_{i=1}^{N}\left(\boldsymbol{x}^{(i)}-\boldsymbol{\mu}_{y^{(i)}}\right)\left(\boldsymbol{x}^{(i)}-\boldsymbol{\mu}_{y^{(i)}}\right)^{\mathrm{T}}
\end{aligned} \tag{4.23}
$$

其中，$I(.)$ 为指示函数。详细证明请参见习题。

Python 脚本 gda_demo.py 实现了高斯判别分析，核心代码如代码 4.1 所示，运行结果如图 4.2 所示。正例和负例分布从两个高斯分布中随机抽样得到，本来两个协方差矩阵不同，但由于 GDA 共享同一个协方差 $\boldsymbol{\Sigma}$，因此两个高斯分布的形状相同。图中的直线是决策边界，它将两个类别的实例分割开来。从原理上讲，假设两个高斯分布的协方差矩阵不相同，应该会更加合理，而且也不难推出类似的参数估计结果。但是，如果使用不同的协方差矩阵，最终的决策边界就不是线性的，因此假设协方差矩阵相同是合理的简化。

代码 4.1　高斯判别分析核心代码片段

```
# 估计参数
neg_idx = np.squeeze(np.where(y[:, 0] == 0))
pos_idx = np.squeeze(np.where(y[:, 0] == 1))
phi = len(pos_idx) / n

mu = np.zeros((2, 2))
```

```
mu[0] = np.sum(x[neg_idx], axis=0) / len(neg_idx)
mu[1] = np.sum(x[pos_idx], axis=0) / len(pos_idx)
sigma = np.zeros((k, k))
for i in range(n):
   x_i = (x[i] - mu[int(y[i, 0])]).reshape(1, -1)
   sigma += np.dot(x_i.T, x_i)
sigma /= n

print('估计出来的参数：\n')
print(f'phi: {phi}\n')
print(f'mu0: {mu[0]}\n')
print(f'mu1: {mu[1]}\n')
print(f'sigma: {sigma}\n')
```

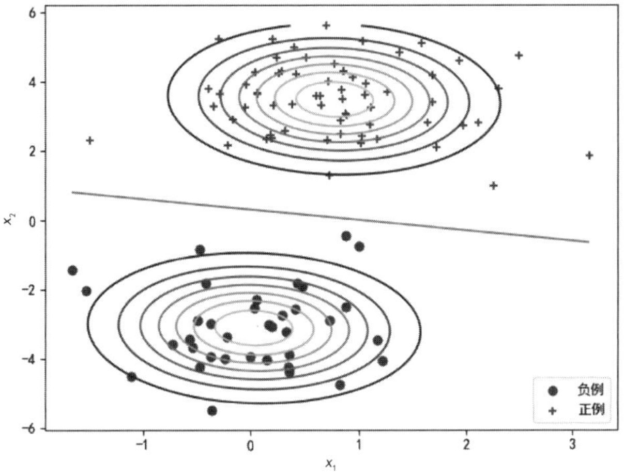

图 4.2　高斯判别分析结果

在决策边界上，$p(y=1|\boldsymbol{x})=0.5$ 成立，gda_demo.py 程序根据两个高斯的概率密度相等画出边界。在边界的一边，我们预测 $y=1$ 的可能性较大；在另一边，预测 $y=0$ 的可能性较大。

可以将高斯判别分析用条件概率方式来表述如下：

$$p(y=1|\boldsymbol{x};\phi,\boldsymbol{\mu}_0,\boldsymbol{\mu}_1,\boldsymbol{\Sigma}) \tag{4.24}$$

其中，y 为 $\boldsymbol{x}$ 的函数，ϕ、$\boldsymbol{\mu}_0$、$\boldsymbol{\mu}_1$ 和 $\boldsymbol{\Sigma}$ 都是参数。

可以推导出(具体推导过程请参见习题)如下公式：

$$p(y=1|\boldsymbol{x};\phi,\boldsymbol{\mu}_0,\boldsymbol{\mu}_1,\boldsymbol{\Sigma})=\frac{1}{1+\exp(-\boldsymbol{w}^{\mathrm{T}}\boldsymbol{x})} \tag{4.25}$$

这就是逻辑回归的形式。其中，$\boldsymbol{w}$ 为ϕ、$\boldsymbol{\mu}_0$、$\boldsymbol{\mu}_1$和$\boldsymbol{\Sigma}$的函数。

如果$p(\boldsymbol{x}|y)$为多元高斯分布，那么$p(y|\boldsymbol{x})$符合逻辑回归模型。反之，则一定不成立，这是因为高斯判别分析有更强的条件约束。如果训练数据满足多元高斯分布，那么 GDA 是训练集上最好的模型，但一般这样的假设不成立。逻辑回归的条件约束弱于 GDA，因此更多时候采用逻辑回归是更好的选择。

4.3 朴素贝叶斯

朴素贝叶斯是一种基于贝叶斯定理与特征条件独立假设的分类方法。朴素贝叶斯分类器(Naive Bayes Classifier，NBC)需要估计的参数较少，算法也比较简单。朴素贝叶斯假设给定目标值时属性之间相互条件独立，尽管该假设在实际中往往不成立，但朴素贝叶斯在实际应用中性能非常好，因此得到广泛的应用。

4.3.1 朴素贝叶斯算法

我们已经知道，贝叶斯分类器首先要求出似然函数$p(\boldsymbol{x}|y)$，然后计算后验概率$p(y|\boldsymbol{x})$。但是，$p(\boldsymbol{x}|y)=p(x_1,x_2,\cdots,x_D|y)$并不容易计算，因此做了一个称为朴素贝叶斯假设的简单化处理，假设$\boldsymbol{x}$中的特征是条件独立的。例如，如果一封邮件为垃圾邮件($y=1$)，并且这封邮件中是否出现单词 A 与是否出现单词 B 无关，那么 A 与 B 就是条件独立的。

具体应用到似然函数中，条件独立可表示为：

$$
\begin{aligned}
p(\boldsymbol{x}|y)&=p(x_1,x_2,\cdots,x_D|y)\\
&=p(x_1|y)p(x_2|y)\cdots p(x_D|y)\\
&=\prod_{i=1}^{D}p(x_i|y)
\end{aligned}
$$

下面以天气问题来讲解朴素贝叶斯算法。

1. 朴素贝叶斯求解天气问题

使用第 1 章的天气问题数据集，我们假设全部属性都对决策有着相同的重要性，且相互条件独立。因此，按照训练样本的类别统计了每个属性的取值次数，并填入表 4.2 中。例如，outlook 取值为 sunny 的一共有 5 个样本，其中的 2 个样本对应 play 为 yes，3 个样本对应 play 为 no，因此第 3 行的第 2 列和第 3 列的值分别为 2 和 3。最后两列为 play 属性，有

9 个样本类别为 yes，5 个样本类别为 no。

表 4.2 天气问题各属性取值次数统计

outlook			temperature			humidity			windy			play	
	yes	no		yes	no		yes	no		yes	no	yes	no
sunny	2	3	hot	2	2	high	3	4	FALSE	6	2	9	5
overcast	4	0	mild	4	2	normal	6	1	TRUE	3	3		
rainy	3	2	cool	3	1								

如果要计算概率，显然对于 play 属性为 yes 且 outlook 属性为 sunny 的概率可按下式计算：

$$p(\text{outlook}=\text{sunny}\mid\text{play}=\text{yes})=\frac{2}{9}$$

其中，分母 9 是 play 属性为 yes 的样本数。

朴素贝叶斯通过计算样本的似然来预测样本所属类别。例如，假设一个新样本的属性值分别为 sunny、cool、high 和 TRUE，要预测是否可运动(play=yes)，我们可以先计算出 play 为 yes 的似然：

$$\begin{aligned}\text{yes的似然}&=p(\text{sunny}\mid\text{yes})\times p(\text{cool}\mid\text{yes})\times p(\text{high}\mid\text{yes})\times p(\text{TRUE}\mid\text{yes})\times p(\text{yes})\\&=\frac{2}{9}\times\frac{3}{9}\times\frac{3}{9}\times\frac{3}{9}\times\frac{9}{14}\approx 0.005291\end{aligned}$$

按照同样的方法，可以计算出 play 为 no 的似然：

$$\begin{aligned}\text{no的似然}&=p(\text{sunny}\mid\text{no})\times p(\text{cool}\mid\text{no})\times p(\text{high}\mid\text{no})\times p(\text{TRUE}\mid\text{no})\times p(\text{no})\\&=\frac{3}{5}\times\frac{1}{5}\times\frac{4}{5}\times\frac{3}{5}\times\frac{5}{14}\approx 0.020571\end{aligned}$$

可以看到，no 的似然约为 yes 的似然的 4 倍，因此将新样本的类别预测为 no。为了更直观地进行比较，可以使用规范化方法将似然转换为概率，这样 yes 和 no 的概率相加等于 1。规范化计算新实例类别为 yes 的概率如下：

$$p(\text{yes}\mid\text{sunny},\text{cool},\text{high},\text{TRUE})=\frac{\text{yes的似然}}{\text{yes的似然}+\text{no的似然}}$$

$$=\frac{0.005291}{0.005291+0.020571}\approx 0.204583$$

同样，新实例类别为 no 的概率按下式计算：

$$p(\text{no} \mid \text{sunny}, \text{cool}, \text{high}, \text{TRUE}) = \frac{\text{no的似然}}{\text{yes的似然} + \text{no的似然}}$$

$$= \frac{0.020571}{0.005291 + 0.020571} \approx 0.795417$$

朴素贝叶斯分类器给出 play 为 no 的概率约为 80%，因此不可运动。

Python 脚本 naive_bayes_demo.py 实现了天气问题的朴素贝叶斯分类器，读者可对照手算和程序的结果是否一致。

朴素贝叶斯算法有对缺失值不敏感的优点。例如，假设一个新样本没有 outlook 属性，只有三个属性值——cool、high 和 TRUE，这并不影响计算。

$$\text{yes的似然} = p(\text{cool} \mid \text{yes}) \times p(\text{high} \mid \text{yes}) \times p(\text{TRUE} \mid \text{yes}) \times p(\text{yes})$$

$$= \frac{3}{9} \times \frac{3}{9} \times \frac{3}{9} \times \frac{9}{14} \approx 0.023810$$

$$\text{no的似然} = p(\text{cool} \mid \text{no}) \times p(\text{high} \mid \text{no}) \times p(\text{TRUE} \mid \text{no}) \times p(\text{no})$$

$$= \frac{1}{5} \times \frac{4}{5} \times \frac{3}{5} \times \frac{5}{14} \approx 0.034286$$

$$p(\text{yes} \mid \text{cool}, \text{high}, \text{TRUE}) = \frac{\text{yes的似然}}{\text{yes的似然} + \text{no的似然}}$$

$$= \frac{0.023810}{0.023810 + 0.034286} \approx 0.409839$$

结果同样是不可运动。

2. 拉普拉斯平滑

朴素贝叶斯算法需要解决一个计算问题：如果训练集中有一个属性值一次都没有出现，就会出现怪异的结果。例如，对于表 4.2 的统计数据，在 play 属性为 no 时，outlook 属性为 overcast 的训练样本一次也没有出现，也就是 $p(\text{outlook} = \text{overcast} \mid \text{play} = \text{no})$ 为 0，由于计算 no 的似然时，其他属性都需要乘以该 0 值，导致不管其他数值的概率有多大，最终乘积都是 0。这是不合理的，不能因为没有观察到某个事件就武断地认定该事件出现的概率为 0。如果在训练集中，$p(\text{outlook} = \text{overcast} \mid \text{play} = \text{no})$ 和 $p(\text{outlook} = \text{overcast} \mid \text{play} = \text{yes})$ 同时为 0，情况变得更难处理，因为在计算概率时分母($\text{yes的似然} + \text{no的似然}$)为 0，会产生 0 除错误。

拉普拉斯平滑(Laplace smoothing)专门用于处理这类情形。例如，表 4.2 表明，当 play 为 no 时，outlook 为 sunny 有 3 个样本，为 overcast 有 0 个样本，为 rainy 有 2 个样本，这三个事件的概率分别为 3/5、0/5 和 2/5。拉普拉斯平滑就是在分子上都加 1，同时在分母上加 3 个 1，将原来的概率分别变为 4/8、1/8 和 3/8，这样就避免了出现为 0 的概率。拉普拉斯平滑实质就是让属性的每种取值都预先设定为 1，也就是每个事件都出现过 1 次。

尽管拉普拉斯平滑在实践中效果很好，但是却没有特别的理由非要对次数加 1，我们也可以选择一个很小的常数 ξ，上述三个概率就变为：$\frac{3+\xi/3}{5+\xi}$、$\frac{0+\xi/3}{5+\xi}$ 和 $\frac{2+\xi/3}{5+\xi}$。

常数 ξ 的取值决定属性值出现次数相对于先验的重要程度。ξ 值大，说明相对于训练集样本的属性取值次数，先验更为重要；ξ 值小则说明先验不很重要。当然，概率的分子也没必要一定要均分 ξ，也可以按照如下形式进行平滑处理：$\frac{3+\xi p_1}{5+\xi}$、$\frac{0+\xi p_2}{5+\xi}$ 和 $\frac{2+\xi p_3}{5+\xi}$，只要满足 $p_1+p_2+p_3=1$ 约束就行。

3. 数值类型的处理

有的数据集除了有离散的标称属性以外，还有连续的数值属性，这就是混合问题。朴素贝叶斯一般有两种处理数值属性的方式，第一种是离散化，将数值类型转换为标称类型，然后应用朴素贝叶斯算法；第二种是假设数值属性符合高斯分布，根据训练样本计算出高斯分布的参数，然后计算测试样本某个数值属性出现的概率。

表 4.3 为含有数值属性的天气问题的统计数据。可以看到，标称属性还是沿用前面的处理方式，数值属性首先按照所属类别分割开来，然后分别计算均值 μ 和标准差 σ。其中，$\mu=\frac{1}{N}\sum_{i=1}^{N}x^{(i)}$，$\sigma=\sqrt{\frac{1}{N-1}\sum_{i=1}^{N}\left(x^{(i)}-\mu\right)^2}$。例如，对于 temperature 属性，先根据类别 play 值为 yes 还是 no 将样本分开，为 yes 的有 9 个样本，为 no 的有 5 个样本，然后分别计算这两组数据的均值和标准差，并填入表中，训练完成。

下一步是预测。假设新样本的属性值为：outlook=sunny、temperature=66、humidity=90、windy=TRUE，要预测 play=?

均值 μ 和标准差 σ 已知的高斯分布的概率密度函数按下式计算：

$$f(x)=\frac{1}{\sqrt{2\pi}\sigma}\exp\left(-\frac{(x-\mu)^2}{2\sigma^2}\right) \tag{4.26}$$

要计算 $f(\text{temperature}=66\,|\,\text{yes})$ 的概率密度，需要将 x=66、μ=73 和 σ=6.2 代入式(4.26)，可得：

$$f(\text{temperature}=66\,|\,\text{yes})=\frac{1}{\sqrt{2\pi}\times 6.2}\exp\left(-\frac{(66-73)^2}{2\times 6.2^2}\right)\approx 0.0340$$

同理，可得：

$$f(\text{temperature}=66\,|\,\text{no})\approx 0.0279$$
$$f(\text{humidity}=90\,|\,\text{yes})\approx 0.0221$$
$$f(\text{humidity}=90\,|\,\text{no})\approx 0.0380$$

表 4.3　混合问题的统计数据

outlook			temperature			humidity			windy			play	
	yes	no		yes	no		yes	no		yes	no	yes	no
sunny	2	3		83	85		86	85	FALSE	6	2	9	5
overcast	4	0		70	80		96	90	TRUE	3	3		
rainy	3	2		68	65		80	70					
				64	72		65	95					
				69	71		70	91					
				75			80						
				75			70						
				72			90						
				81			75						
sunny	2/9	3/5	μ	73	74.6	μ	79.1	86.2	FALSE	6/9	2/5	9/14	5/14
overcast	4/9	0/5	σ	6.2	7.9	σ	10.2	9.7	TRUE	3/9	3/5		
rainy	3/9	2/5											

但是，我们这里求出的是概率密度，而非概率，概率密度和概率有着本质的区别。比如，温度正好为 66 的概率密度约为 0.0340，但概率却为 0，因为连续型属性在任意点上的概率都为 0。概率密度函数 $f(x)$ 在 x 附近(如 $x-\frac{\varepsilon}{2}$ 与 $x+\frac{\varepsilon}{2}$ 之间)的概率为 $\varepsilon\times f(x)$，但是我们不需要在概率密度值上乘以 ε，因为如果 yes 或 no 的似然都乘以 ε 后，分子分母都有 ε 项，最终会消去 ε。因此，在实际运算中，可直接使用概率密度值替换概率值。

把表 4.3 的统计数据代入，可得：

$$\begin{aligned}\text{yes的似然}&=P(\text{sunny}\,|\,\text{yes})\times f(\text{temperature}=66\,|\,\text{yes})\times f(\text{humidity}=90\,|\,\text{yes})\times P(\text{TRUE}\,|\,\text{yes})\times P(\text{yes})\\&=\frac{2}{9}\times 0.0340\times 0.0221\times\frac{3}{9}\times\frac{9}{14}\approx 0.000036\end{aligned}$$

$$\begin{aligned}\text{no的似然}&=P(\text{sunny}\,|\,\text{no})\times f(\text{temperature}=66\,|\,\text{no})\times f(\text{humidity}=90\,|\,\text{no})\times P(\text{TRUE}\,|\,\text{no})\times P(\text{no})\\&=\frac{3}{5}\times 0.0279\times 0.0381\times\frac{3}{5}\times\frac{5}{14}\approx 0.000136\end{aligned}$$

最终可计算出运动的概率为：

$$P(\text{yes}\,|\,\text{sunny},66,90,\text{TRUE})=\frac{\text{yes的似然}}{\text{yes的似然}+\text{no的似然}}=\frac{0.000036}{0.000036+0.000136}\approx 0.2079$$

新实例类别为 no 的概率按下式计算：

$$P(\text{no}\,|\,\text{sunny},66,90,\text{TRUE})=\frac{\text{no的似然}}{\text{yes的似然}+\text{no的似然}}=\frac{0.000136}{0.000036+0.000136}\approx 0.7921$$

朴素贝叶斯分类器给出 play 为 no 的概率约为 80%，因此还是不可运动。

Python 脚本 naive_bayes_demo2.py 实现了混合属性天气问题的朴素贝叶斯分类器，读者可对照验证。

4.3.2 文本分类

机器学习的一个重要领域是文本分类。文本分类中的每一个实例都是一个文本，实例的类别是文本的主题。例如，文本可以是新闻，主题可以是国内新闻或国外新闻；文本也可以是电子邮件，主题为正常邮件或垃圾邮件，这就是垃圾邮件分类。由于朴素贝叶斯算法运行快速且很准确，所以成为文本分类的主要技术。

1. 数据集描述

垃圾邮件的泛滥严重地干扰了人们的正常工作和生活，让计算机自动对邮件进行分类，过滤垃圾邮件无疑具有很好的应用价值。

本节使用公开的 UCI Spambase 数据集作为朴素贝叶斯算法的研究对象，网址为 http://archive.ics.uci.edu/ml/datasets/Spambase。下载的 spambase.zip 包含如下 3 个文件。

spambase.DOCUMENTATION 为 Spambase 数据集的说明文档，包括标题、来源和数据集属性说明。spambase.names 是 Spambase 数据集的属性说明，使用 C4.5 文件的.names 格式。spambase.data 是真正的数据集文件，包含 4601 个电子邮件，每个邮件都经过预处理，成为数据集的一个实例，其中有 1813 个实例为垃圾邮件，占 39.4%。数据集有 58 个属性，其中，有 57 个连续的数值型属性和 1 个标称型类别属性。类别属性为 1 表示垃圾邮件，为 0 表示正常邮件。

2. 垃圾邮件分类

垃圾邮件分类是文本分类的一种应用，其目的是自动区分垃圾邮件和正常邮件。

最简单的文本分类朴素贝叶斯模型称为多值伯努利事件模型(Multivariate Bernoulli Event Model)。该模型将每个单词的出现与否作为一个特征，称为词集模型(set-of-words model)。这种模型的优点就是简单，只记录单词是否出现，不记录单词出现的顺序和次数，缺点是无法表示单词在文档中出现的次数所包含的信息。

具体做法是，首先要根据训练集文本构造一个词典，将邮件所有可能出现的单词全部都列举出来。然后将每封邮件表示成一个向量 $\boldsymbol{x}$，向量的长度就是词典的长度 $|V|$，向量中的一个元素对应词典中的单词，元素取值非 0 即 1，1 表示该词在邮件中出现过，0 表示没有出现。

例如，一封邮件中出现了“address”和“free”，但没有出现“all”，用向量 $\boldsymbol{x}$ 表示为如图 4.3 所示的形式。

$$\boldsymbol{x}=\begin{bmatrix}1\\0\\\vdots\\1\\\vdots\end{bmatrix}\begin{matrix}\text{address}\\\text{all}\\\vdots\\\text{free}\\\vdots\end{matrix}$$

图 4.3　词典示意

假如词典有 2000 个词，那么 $\boldsymbol{x}$ 就可以表示为一个 2000 维的向量，词典长度 $|V|=2000$。

垃圾邮件分类的目标是 $p(y\mid\boldsymbol{x})$，根据生成模型可以转换为求 $p(\boldsymbol{x}\mid y)$ 和 $p(y)$。假定朴素贝叶斯假设成立，就有下式：

$$\begin{aligned}p(\boldsymbol{x}\mid y)&=p\left(x_1,x_2,\cdots,x_{|V|}\mid y\right)\\&=p(x_1\mid y)p(x_2\mid y)\cdots p\left(x_{|V|}\mid y\right)\\&=\prod_{j=1}^{|V|}p\left(x_j\mid y\right)\end{aligned}\tag{4.27}$$

上述模型的参数有：$\phi_y=p(y=1)$、$\phi_{j|y=1}=p\left(x_j=1\mid y=1\right)$ 和 $\phi_{j|y=0}=p\left(x_j=1\mid y=0\right)$，其中，$j=1,2,\cdots,|V|$。为了简单起见，将这些参数用符号 Θ 来表示。给定训练集 $\left\{\left(\boldsymbol{x}^{(i)},y^{(i)}\right)\right\}$，$i=1,2,\cdots,N$，可构建如下模型：

$$
\begin{aligned}
p(y) &= (\phi_y)^y (1-\phi_y)^{1-y} \\
p(\boldsymbol{x} \mid y=0) &= \prod_{j=1}^{|V|} p(x_j \mid y=0) \\
&= \prod_{j=1}^{|V|} (\phi_{j|y=0})^{x_j} (1-\phi_{j|y=0})^{1-x_j} \\
p(\boldsymbol{x} \mid y=1) &= \prod_{j=1}^{|V|} p(x_j \mid y=1) \\
&= \prod_{j=1}^{|V|} (\phi_{j|y=1})^{x_j} (1-\phi_{j|y=1})^{1-x_j}
\end{aligned}
\tag{4.28}
$$

可以证明，具体推导过程参见习题。对数似然函数 $\ell(\Theta) = \log\prod_{i=1}^{N} p\left(\boldsymbol{x}^{(i)}, y^{(i)};\Theta\right)$ 可以表示为：

$$
\ell(\Theta) = \sum_{i=1}^{N}\left(y^{(i)} \log\phi_y + \left(1-y^{(i)}\right)\log\left(1-\phi_y\right) + \sum_{j=1}^{|V|}\left(x_j^{(i)} \log\phi_{j|y^{(i)}} + \left(1-x_j^{(i)}\right)\log\left(1-\phi_{j|y^{(i)}}\right)\right)\right) \tag{4.29}
$$

极大化关于 ϕ_y 、$\phi_{j|y=0}$ 和 $\phi_{j|y=1}$ 的对数似然，可得如下极大化似然估计(具体推导过程参见习题)：

$$
\begin{aligned}
\phi_{j|y=1} &= \frac{\sum_{i=1}^{N} I\left(x_j^{(i)}=1 \wedge y^{(i)}=1\right)}{\sum_{i=1}^{N} I\left(y^{(i)}=1\right)} \\
\phi_{j|y=0} &= \frac{\sum_{i=1}^{N} I\left(x_j^{(i)}=1 \wedge y^{(i)}=0\right)}{\sum_{i=1}^{N} I\left(y^{(i)}=0\right)} \\
\phi_y &= \frac{\sum_{i=1}^{N} I\left(y^{(i)}=1\right)}{N}
\end{aligned}
\tag{4.30}
$$

得到上述参数之后，就可以根据如下公式计算新样本 $\boldsymbol{x}$ 为垃圾邮件的概率，从而预测是否为垃圾邮件。

$$p\left(y=1 \mid \boldsymbol{x}\right)=\frac{p\left(\boldsymbol{x} \mid y=1\right) p\left(y=1\right)}{p\left(\boldsymbol{x}\right)}$$
$$=\frac{\left(\prod_{j=1}^{|V|} p(x_j \mid y=1)\right) p\left(y=1\right)}{\left(\prod_{j=1}^{|V|} p(x_j \mid y=1)\right) p\left(y=1\right)+\left(\prod_{j=1}^{|V|} p(x_j \mid y=0)\right) p\left(y=0\right)} \tag{4.31}$$

当然，式(4.31)可以只计算分子，分母只是归一化常数，计算形式对于 $y=0$ 和 $y=1$ 都相同。

如果使用拉普拉斯平滑，需要将公式(4.30)修改为：

$$\phi_{j|y=1}=\frac{\sum_{i=1}^{N} I\left(x_j^{(i)}=1 \wedge y^{(i)}=1\right)+1}{\sum_{i=1}^{N} I\left(y^{(i)}=1\right)+2}$$
$$\phi_{j|y=0}=\frac{\sum_{i=1}^{N} I\left(x_j^{(i)}=1 \wedge y^{(i)}=0\right)+1}{\sum_{i=1}^{N} I\left(y^{(i)}=0\right)+2} \tag{4.32}$$
$$\phi_y=\frac{\sum_{i=1}^{N} I\left(y^{(i)}=1\right)}{N}$$

注意到拉普拉斯平滑不影响先验 ϕ_y 。

Python 脚本 spam_demo.py 实现了垃圾邮件分类，程序加载 spambase.data 文件，将 70%样本划分为训练集，其余为测试集。加载数据集和划分训练集和测试集的关键代码如代码 4.2 所示。

代码 4.2　加载数据集和划分训练集和测试集的关键代码

```
# 加载数据
data = load_dataset("../data/spambase/spambase.data")
n, d = data.shape
np.random.seed(1234)

# 划分训练集测试集
# 随机置乱
np.random.shuffle(data)
train_size = round(0.7 * n)
train_x = data[0: train_size, 0: d - 1]
train_y = data[0: train_size, d - 1]
```

```
test_x = data[train_size:, 0: d - 1]
test_y = data[train_size:, d - 1]
```

然后，在训练集上训练多值伯努利事件模型，最后打印出测试集的分类正确率如下。

```
垃圾邮件问题结果:
测试集上的分类正确率: 91.88%
```

3. 文本分类的多项式事件模型

多值伯努利事件模型只考虑词典中的各个单词是否在文档中出现，并不考虑单词出现次数这一有助于判断文档类别的重要信息。如果要考虑单词的出现次数，则可以将一个文档视为一个“词袋”(a bag of words)，也就是包含文档中所有单词的集合。词袋不同于数学的集合(set)概念，集合每个元素只能出现一次，但词袋可以多次包含同一个单词。这种考虑单词出现频率(简称词频)的模型称为多项式事件模型(multinomial event model)，也称为词袋模型(bag-of-words model)或多项式朴素贝叶斯。

假设 N 个样本的训练集为 $\left\{\left(\boldsymbol{x}^{(i)}, y^{(i)}\right); i=1,2,\cdots,N\right\}$，其中，第 i 个样本共有 n_i 个单词，第 j 个单词在词典中的编号为 $x_j^{(i)}$，即：

$$\boldsymbol{x}^{(i)} = \left(x_1^{(i)}, x_2^{(i)}, \cdots, x_{n_i}^{(i)}\right)$$

按照朴素贝叶斯方法得到似然函数为：

$$\begin{aligned}\mathcal{L}\left(\phi_y, \phi_{j|y=0}, \phi_{j|y=1}\right) &= \prod_{i=1}^{N} p\left(\boldsymbol{x}^{(i)}, y^{(i)}\right) \\ &= \prod_{i=1}^{N}\left(\prod_{j=1}^{n_i} p\left(\boldsymbol{x}^{(i)} \mid y^{(i)}; \phi_{j|y=0}, \phi_{j|y=1}\right)\right) p(y^{(i)} \mid \phi_y)\end{aligned}$$

极大化关于 ϕ_y 、 $\phi_{j|y=0}$ 和 $\phi_{j|y=1}$ 的似然，得到如下极大化似然估计：

$$\begin{aligned}\phi_{j|y=1} &= \frac{\sum_{i=1}^{N}\sum_{k=1}^{n_i} I\left(x_k^{(i)} = j \wedge y^{(i)} = 1\right)}{\sum_{i=1}^{N} I\left(y^{(i)} = 1\right) n_i} \\ \phi_{j|y=0} &= \frac{\sum_{i=1}^{N}\sum_{k=1}^{n_i} I\left(x_k^{(i)} = j \wedge y^{(i)} = 0\right)}{\sum_{i=1}^{N} I\left(y^{(i)} = 0\right) n_i} \\ \phi_y &= \frac{\sum_{i=1}^{N} I\left(y^{(i)} = 1\right)}{N}\end{aligned} \tag{4.33}$$

如果使用拉普拉斯平滑，式(4.32)的前两个公式可修改为：

$$\phi_{j|y=1}=\frac{\sum_{i=1}^{N}\sum_{k=1}^{n_i}I\left(x_k^{(i)}=j\wedge y^{(i)}=1\right)+1}{\sum_{i=1}^{N}I\left(y^{(i)}=1\right)n_i+2}$$

$$\phi_{j|y=0}=\frac{\sum_{i=1}^{N}\sum_{k=1}^{n_i}I\left(x_k^{(i)}=j\wedge y^{(i)}=0\right)+1}{\sum_{i=1}^{N}I\left(y^{(i)}=0\right)n_i+2}$$

计算出ϕ_y、$\phi_{j|y=0}$和$\phi_{j|y=1}$之后，可以使用多项式分布来预测新样本为垃圾邮件的概率$p\left(\boldsymbol{x}\mid y=1\right)$，计算公式如下：

$$p\left(\boldsymbol{x}\mid y=1\right)=N_m!\prod_{j=1}^{k}\frac{\left(\phi_{j|y=1}\right)^{n_j}}{n_i!} \tag{4.34}$$

其中，n_j为新样本中词典第j个单词出现的次数。

例如，假设词典只有两个单词a和b，垃圾邮件中$p\left(a\mid y=1\right)=0.75$，$p\left(b\mid y=1\right)=0.25$。假设一封电子邮件只有3个单词，那么，不计单词出现的顺序，一共有4种可能的组合。其中，一种组合为$\{a\quad a\quad a\}$，按照公式(4.34)，可计算其出现的概率为：

$$p\left(\{a\quad a\quad a\}\mid y=1\right)=3!\times\frac{0.75^3}{3!}\times\frac{0.25^0}{0!}=\frac{27}{64}$$

同理，其余三种组合出现的概率分别为：

$$p\left(\{b\quad b\quad b\}\mid y=1\right)=3!\times\frac{0.75^0}{0!}\times\frac{0.25^3}{3!}=\frac{1}{64}$$

$$p\left(\{a\quad a\quad b\}\mid y=1\right)=3!\times\frac{0.75^2}{2!}\times\frac{0.25^1}{1!}=\frac{27}{64}$$

$$p\left(\{a\quad b\quad b\}\mid y=1\right)=3!\times\frac{0.75^1}{1!}\times\frac{0.25^2}{2!}=\frac{9}{64}$$

实际计算时，一般不用计算公式(4.34)中的阶乘，因为对每一种类别都是一样的，在归一化处理时都会约去。要注意的是，公式(4.34)中的多项小概率值的连乘，对于大文本来说可能会产生下溢，可以使用概率的对数来避免这种情况。

Python 脚本 spam_demo2.py 实现了垃圾邮件分类的多项式模型，运行后得到测试集的分类正确率如下。

```
垃圾邮件问题结果：
测试集上的分类正确率： 75.43%
```

多项式模型不仅仅采用统计单词是否在文档中出现的方法，还要考虑单词出现的次数。多项式模型通常比多值伯努利事件模型的效果好，尤其是在词典很大的情况下。但在本例中，多项式模型远比多值伯努利事件模型的效果差。

习 题

4.1 证明高斯判别分析的参数估计公式。

4.2 试证明：$p\left(y=1|\boldsymbol{x};\phi,\boldsymbol{\mu}_0,\boldsymbol{\mu}_1,\boldsymbol{\Sigma}\right)=\dfrac{1}{1+\exp\left(-\boldsymbol{w}^{\mathrm{T}}\boldsymbol{x}\right)}$。

4.3 如果数据集存在冗余属性，会对朴素贝叶斯算法带来什么影响？

4.4 朴素贝叶斯算法在计算似然时，多个概率值相乘的乘积会非常小，可能会造成下溢。如何解决？

4.5 试证明多值伯努利事件模型的对数似然可表示为：

$$\ell\left(\Theta\right)=\sum_{i=1}^{N}\left(y^{(i)}\log\phi_y+\left(1-y^{(i)}\right)\log\left(1-\phi_y\right)+\sum_{j=1}^{|V|}\left(x_j^{(i)}\log\phi_{j|y^{(i)}}+\left(1-x_j^{(i)}\right)\log\left(1-\phi_{j|y^{(i)}}\right)\right)\right)$$

4.6 试证明多值伯努利事件模型参数的极大化似然估计公式。

4.7 根据贝叶斯公式：

$$p\left(\text{yes}|\text{sunny,cool,high,TRUE}\right)=\frac{p\left(\text{sunny,cool,high,TRUE,yes}\right)}{p\left(\text{sunny,cool,high,TRUE}\right)}$$

分子按照书中计算，分母这样计算：

$$p\left(\text{sunny,cool,high,TRUE}\right)=p\left(\text{sunny}\right)\times p\left(\text{cool}\right)\times p\left(\text{high}\right)\times p\left(\text{TRUE}\right)$$

$$=\frac{5}{14}\times\frac{4}{14}\times\frac{7}{14}\times\frac{6}{14}\approx 0.021866$$

结果与书上的分母 $0.005291+0.020571=0.025862$ 不一致。请说明原因。

第5章 模型评估与选择

模型评估与选择是机器学习的关键问题，对于一个学习问题，可以选择不同的模型。比如回归问题，可以使用线性回归，也可以使用多项式回归。再如分类问题，可以选择逻辑回归、支持向量机、神经网络等模型。核心问题是：对于特定的数据集，到底使用哪一种模型好些，能够更好地预测未见过的样本，也就是具有好的泛化能力？

本章首先介绍模型选择的概念，然后介绍模型评估方法和性能度量，最后介绍偏差与方差折中。

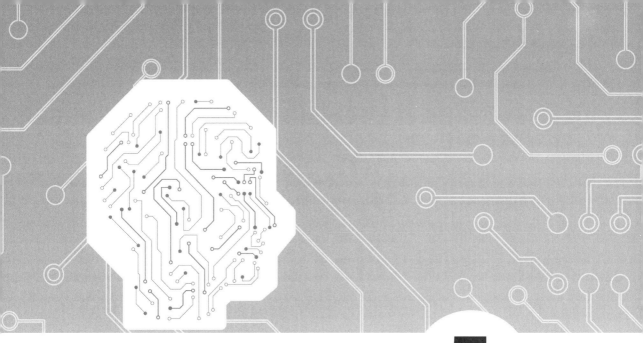

5.1 简介

有很多现成的和将有的算法可以解决机器学习问题，要判断哪种方法更好，不是第一眼看上去那么简单，需要系统地评估不同方法的工作方式以便相互比较。

本节介绍偏差和方差、经验误差、过拟合和欠拟合的概念。

5.1.1 训练误差与泛化误差

我们已经知道，误差是目标属性的预测值 $\hat{y}$ 与真实值 y 之差。目标属性的数据类型有离散型和连续型之分，使得对应的学习算法可分为分类和回归两类。为了简单起见，只讨论二元分类问题，即 $y \in \{0,1\}$。

假设一个给定的训练集 $S=\left\{\left(\boldsymbol{x}^{(i)}, y^{(i)}\right); i=1,2,\cdots,N\right\}$，各个训练样本 $\left(\boldsymbol{x}^{(i)}, y^{(i)}\right)$ 独立同分布，都是由某个未知的特定分布 D 生成。对于假设函数 h，定义训练误差(training error)为：

$$\hat{\varepsilon}(h)=\frac{1}{N}\sum_{i=1}^{N} I\left(h\left(\boldsymbol{x}^{(i)}\right) \neq y^{(i)}\right) \tag{5.1}$$

如果强调假设函数 h 为参数 θ 的函数，可将 $h\left(\boldsymbol{x}^{(i)}\right)$ 写为 $h\left(\boldsymbol{x}^{(i)};\theta\right)$。

训练误差也称为经验风险(empirical risk)或经验误差(empirical error)，是模型在训练集中错误分类样本数占总体的比例。

定义泛化误差(generalization error)如下：

$$\varepsilon(h)=P_{(\boldsymbol{x},y)\sim D}\left(h(\boldsymbol{x}) \neq y\right) \tag{5.2}$$

其中，$(\boldsymbol{x},y)\sim D$ 表示样本 $(\boldsymbol{x},y)$ 服从分布 D。泛化误差是一个概率，表示特定分布 D 生成的样本 $(\boldsymbol{x},y)$ 中的真实值 y 与通过假设函数 $h(\boldsymbol{x})$ 生成的预测值 $\hat{y}$ 不等的概率。

注意，这里假设训练集数据通过某种未知分布 D 生成，以此为依据来衡量假设函数，有时将这样的假设称为 PAC(probably approximately correct，大概近似正确)假设。

在线性分类中，模型训练就是求得假设函数 $h(\boldsymbol{x};\theta)=I\left(\theta^{\mathrm{T}}\boldsymbol{x} \geqslant 0\right)$ 中的参数 θ。一种常用的方法是调整参数 θ 使训练误差 $\hat{\varepsilon}(h(\theta))$ 最小，即：

$$\hat{\theta}=\arg\min_{\theta} \hat{\varepsilon}(h(\theta)) \tag{5.3}$$

这种最小化训练误差的方法称为经验风险最小化(empirical risk minimization，ERM)，基于 ERM 原则的算法可视作最基本的学习算法，线性回归和逻辑回归都是 ERM 算法。

定义假设类集合 $\mathcal{H}$ 为全部假设函数的集合。例如，在线性分类问题中，$\mathcal{H}=\left\{h(\theta):h(\theta)=1,\theta^{\mathrm{T}}\boldsymbol{x}\geqslant 0\right\}$，是全部输入 $\mathcal{X}$ 的线性决策边界。因此，可以认为 ERM 是一组分类器集合中训练误差最小的那个分类器，即：

$$\hat{h}=\arg\min_{h\in H}\hat{\varepsilon}\left(h(\theta)\right) \tag{5.4}$$

5.1.2 偏差和方差

在第 2 章讨论线性回归时，我们使用线性模型、2 次模型、4 次模型和 8 次模型分别对训练样本进行拟合，得到的结果如图 5.1 所示。可以看到，随着模型阶次的提高，模型更加“完美”地拟合了更多的训练样本，使得训练误差越发减小。这里的训练误差是指模型在训练数据上的预测值 $\hat{y}$ 与真实值 y 之差。

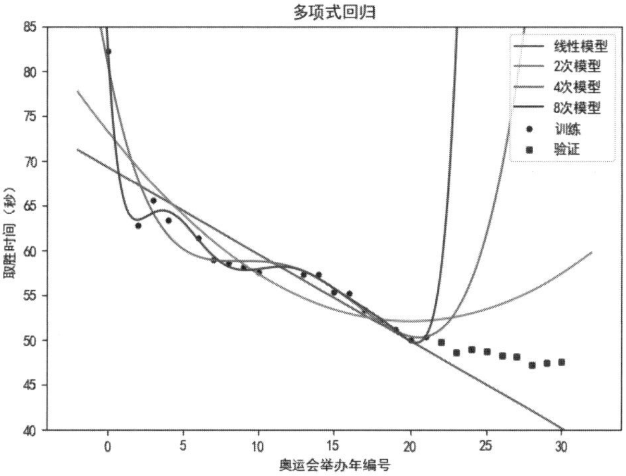

图 5.1　多种回归模型

在 8 次模型中，如果仅使用训练数据，模型通过 $\boldsymbol{x}$ 可以很好地预测 y，但是，模型却不能很好地预测训练数据以外的数据。换言之，在训练集上表现良好的模型并不一定能够精确地获取到训练数据集中潜在的模式，模型的泛化能力不强。由此可见，模型的泛化误差(generalization error)不仅包括该模型在训练集上的误差，还应包括在测试样本上的期望误差。图 5.1 中的四种模型各自都有自己的问题，它们的误差原因各不相同。由于 $\boldsymbol{x}$ 和 y 的关系并非线性，线性模型不能很好地捕捉到训练集数据的模式，称之为有较大的偏差(bias)，也就是模型欠拟合(underfitting)训练数据。非正式地，我们将模型的偏差定义为拟合非常大的训练集时所期望的泛化误差。4 次模型和 8 次模型很好地拟合了训练样本，偏差较小，然而不能很好地预测训练集以外的数据，这称为有较大的方差(variance)，也叫过拟合(overfitting)。

通常，偏差和方差有这样一种规律：如果模型过于简单，就具有大的偏差；反之，如果模型过于复杂，就有大的方差。偏差和方差与模型复杂度的关系如图 5.2 所示，偏差和方差共同构成总误差(即泛化误差)，我们的目标是使总误差最小化。因此，如何调整模型的复杂度，建立适当的误差模型，就变得非常重要。

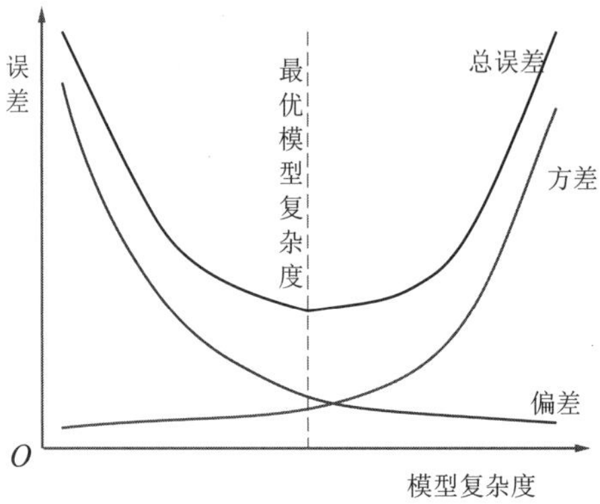

图 5.2　偏差和方差与模型复杂度

一般来说，模型越复杂，越能拟合训练数据，但是，模型复杂度超出某一定值，就容易过拟合，从而影响预测。因此，通过实验确定最优的模型复杂度，使得模型的泛化能力强而且不产生过拟合是非常有挑战性的工作，这也称为偏差-方差折中(bias-variance tradeoff)。

5.2 评估方法

在第 2 章，我们曾经讨论过线性模型还是 8 次多项式模型哪个更好。我们已经知道，8 次多项式模型比 1 次线性模型更多地把注意力集中在训练集上，更好地拟合了训练数据，但在预测新数据上表现很差，也就是模型过拟合。与过拟合对应的是欠拟合，指没有学习到训练数据的基本性质。注意到我们建模的初衷是为了预测，因此最好模型的评价标准应该是是否能最准确地预测新样本，而不是拟合训练数据的程度。好的模型一定具有好的泛化能力，能够将在训练集中学习到的规律推广到从未见过的数据中去。因此，评估方法应该着眼于估计模型的泛化能力，不能使用在训练模型时用过的训练集，而要从训练集中划分一部分样本出来，单独用于评估模型的性能。

5.2.1 训练集、验证集和测试集划分

我们已经知道，训练集主要用于训练模型，比如，训练线性回归模型的权重参数。如果将全部训练数据都用于训练学习算法模型，那么除得到训练误差外，无法知道模型的泛化误差，也就不了解模型的泛化能力。另外，一般挖掘者都会准备多个候选模型，通过实验从中选取一个性能最佳的模型。因此，为了模型评估和估计泛化误差，要将原始的训练数据集划分为三个较小的子集，如图 5.3 所示，第一个子集(还是称为训练集)用于训练模型，第二个子集(称为验证集)用于评估和选择最好的模型，最后一个子集(称为测试集)用于估计所选定模型的泛化误差，即无偏估计算法的性能。这种验证方式又称为 Holdout 验证，验证集往往还可用于调节学习算法的超参数，如神经网络中的隐藏层数目和单元数等。传统的最佳实践是将训练集、验证集和测试集按照 60%、20%和 20%的比例进行划分，这种划分方法适合原始训练样本数在数万以内的情形，一般来说，验证集和测试集数据占原始训练样本的比例不宜太高，以避免训练样本不足。对于原始训练样本数非常大的情形，验证集和测试集所占比例应该趋于更小，可只占原训练集的 10%以下。例如，对于百万级别的数据量，1%的数据已经有 1 万个样本，用于验证和评估都绰绰有余。因此，具体怎样划分，还要具体问题具体分析。

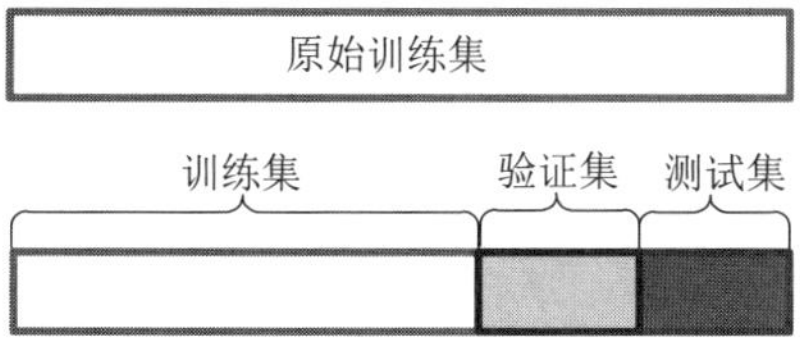

图 5.3 训练集、验证集和测试集划分原理

训练集、验证集和测试集必须不重复地独立选取，一般先要对原始训练集随机置乱，然后进行划分。验证集必须不同于训练集，才能在模型评估和选择阶段获得好的性能，测试集也不能与验证集和训练集相同，才能获得真实错误率的可靠估计。

如果数据不很多，有一个小技巧可以帮助复用数据。一旦使用验证集数据选择出最佳模型之后，就可将验证数据合并到训练数据中，一起训练学习算法，以最大限度地利用数据。一旦估计出真实的错误率之后，就可将测试数据合并到训练数据中，一起训练出实际预测所使用的新模型。这种方法没有什么问题，它只是一种最大限度地利用数据来训练模

型的方法。

要注意的是，测试集只是为了估计泛化误差，任何时候都不应该寻找种种理由去“偷看”测试集数据，以免最终结果过于乐观。

最后，有些划分不考虑测试集。这是因为设置测试集的目的是对最终选定的学习算法作无偏估计，如果不需要无偏估计，可以不设置测试集。这样，要完成的工作变为：尝试不同模型框架在训练集上训练模型，然后在验证集上评估这些模型，迭代选取最佳的模型。一般来说，训练集和验证集可以按照各占 2/3 和 1/3 的比例进行划分。训练集和验证集划分原理如图 5.4 所示。

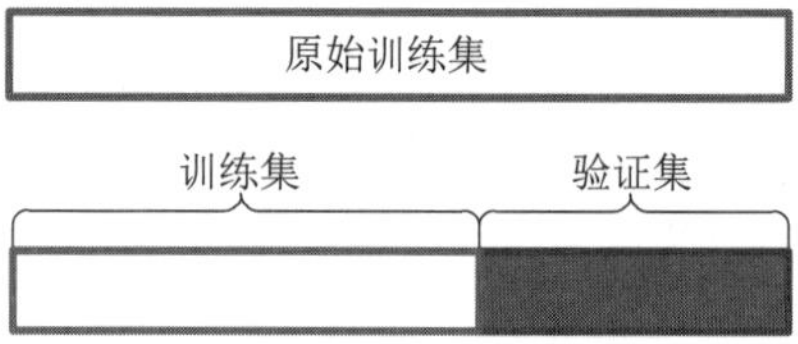

图 5.4　训练集和验证集划分原理

要说明的是，由于历史的原因，人们往往把训练集和验证集划分中的验证集称为测试集，但实际上只是将测试集当成验证集来使用，并没有用到测试集获取无偏估计的功能。混淆验证集和测试集并不是错误，而只是习惯。因此，读者有时需要根据上下文来判断文献中所说的测试集到底是真的测试集还是验证集。

如果原始训练集很大，适合采用训练集、验证集和测试集划分的方式。否则，将原本很小的训练集划分一部分作为测试集，就会对模型训练产生影响，这时应采用后文所述的交叉验证方式。

5.2.2　交叉验证

交叉验证(cross validation，CV)是一种将样本划分成较小子集的评估方法，在已有的给定训练样本中，划分出大部分样本用于构建模型，留出少部分样本来验证已建立模型的性能，得到验证误差，作为评价模型的性能指标。一般将原始训练分为 K 等份，称为 K 折交叉验证(K-fold cross-validation)，K 常取 5 或 10，取 10 时称为十折交叉验证。将原始训练集划分成 K 折子集之后，顺序选取保留一折子集作为验证数据集，其余 $K-1$ 折子集用作训练集。交叉验证会重复迭代 K 次，每折子集都会验证一次，对 K 次结果平均或者直接累加预测错误的样本数后再除以总样本数，得到错误率及其他评估指标。图 5.5 展示十折交叉验证的原理，最终错误率 E 取 10 次迭代错误率的平均值。

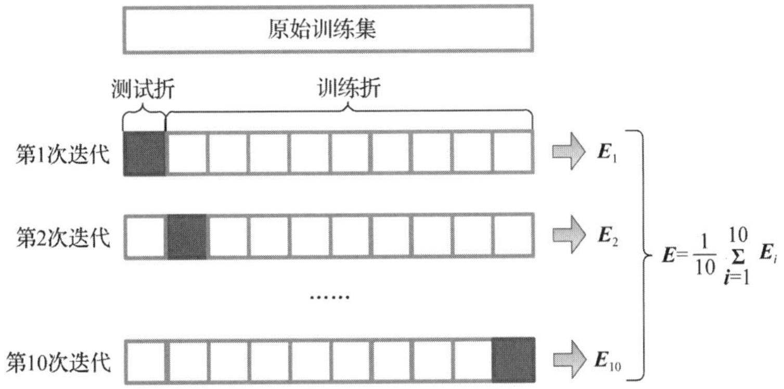

图 5.5　十折交叉验证原理

交叉验证的优势在于，在训练样本不足的情况下，最大限度地有效重复使用各个样本进行训练和验证，避免训练集或测试集样本不足而得到评估指标偏差大的问题。如果想得到更客观的评价结果，可先对原始数据随机置乱，然后划分 K 折，还可以做 10 次十折交叉验证。

当把折数 K 取值为等于原始训练集的样本数 N 时，称为留一法交叉验证(leave-one-out cross validation，LOOCV)，即每个样本单独作为测试集，其余 N−1 个样本作为训练集，因此一次 LOOCV 需要建立 N 个模型。LOOCV 每次验证中几乎全部样本都用于训练模型，最大限度地利用了训练样本，估计的泛化误差比较可靠。LOOCV 的缺点是计算成本高。

Python 脚本 cv_demo.py 实现了交叉验证，数据集随机产生，x 为−5~5 范围，目标属性 y 由下式产生：$y=-x^2+2x+100+\text{noise}$，noise 为随机噪声。交叉验证的核心代码如代码 5.1 所示。

代码 5.1　交叉验证核心代码

```
def cv_train(x, y, ind_x, ind_y):
    """
    交叉验证训练
    输入
      x，y：特征矩阵和目标属性，ind_x，ind_y：独立验证集的特征矩阵和目标属性
    输出
      cv_loss：交叉验证误差，ind_loss：独立验证误差，train_loss：训练误差
    """
    # 按模型顺序运行交叉验证
    max_order = 7  # 最多为 7 阶多项式
    k = 10  # K 折交叉验证
    n = len(y)
    sizes = np.tile(np.floor(n / k), k)  # sizes 为一维向量，每个单元对应每折的样本数
```

```
    sizes[-1] = sizes[-1] + n - np.sum(sizes)  # 如果不能均分，将多出数据放至最后一
个单元
    c_sizes = np.cumsum(sizes)  # c_sizes 为累积和
    c_sizes = np.insert(c_sizes, 0, 0).astype(int)

    # 注意一般在交叉验证前需要打乱数据次序。这里的 x 是随机产生的，因此不必要做这一步

    # 交叉验证误差
    cv_loss = np.zeros((max_order, k))
    # 独立测试集误差
    ind_loss = np.zeros((max_order, k))
    # 训练误差
    train_loss = np.zeros((max_order, k))

    for order in range(max_order):
        # 构建训练集和测试集矩阵
        poly_x = poly_features(x, order + 1)
        poly_ind_x = poly_features(ind_x, order + 1)

        for fold in range(k):
            # 划分数据
            # fold_x 仅包含一折数据，为测试折
            # train_x 包含其他折数据，为训练折
            fold_x = poly_x[c_sizes[fold]: c_sizes[fold + 1]]
            fold_y = y[c_sizes[fold]: c_sizes[fold + 1]]
            if fold == 0:
                train_x = poly_x[c_sizes[fold + 1]:]
                train_y = y[c_sizes[fold + 1]:]
            elif fold == k - 1:
                train_x = poly_x[: c_sizes[fold]]
                train_y = y[: c_sizes[fold]]
            else:
                train_x = np.row_stack((poly_x[: c_sizes[fold]], poly_x[c_sizes[fold
+ 1]:]))
                train_y = np.row_stack((y[: c_sizes[fold]], y[c_sizes[fold + 1]:]))

            theta = normal_equation(train_x, train_y)
            # 预测
            fold_pred = np.dot(fold_x, theta)
            cv_loss[order, fold] = np.mean(np.square(fold_pred - fold_y))
            ind_pred = np.dot(poly_ind_x, theta)
            ind_loss[order, fold] = np.mean(np.square(ind_pred - ind_y))
            train_pred = np.dot(train_x, theta)
            train_loss[order, fold] = np.mean(np.square(train_pred - train_y))

    return cv_loss.mean(axis=1), ind_loss.mean(axis=1), train_loss.mean(axis=1)
```

程序运行结果如图 5.6 所示。可以看到，随着模型阶次的增大，训练误差随之持续减少，但交叉验证损失和独立测试集损失都陡然减小后再增大，损失最小值约在阶次为 2 的位置，说明模型复杂度与产生数据的真实模型相符合时损失最小，模型复杂度过大或过小都不好。

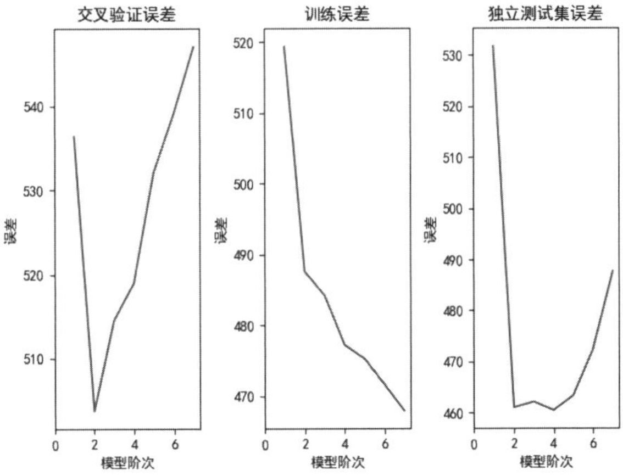

图 5.6　交叉验证运行结果

5.3　性能度量

一般来说，分类模型有如下评估标准。

(1)　预测的准确率：模型正确地预测新的或先前没见过的样本的类别标签的能力。

(2)　速度：产生和使用模型的计算开销。

(3)　强壮性：对于有噪声或具有缺失值的样本，模型能正确预测的能力。

(4)　可伸缩性：给定大量的数据集，能有效地构造模型的能力。

(5)　可解释性：模型能提供的理解和解释的层次。

很难构建能全部满足以上标准的模型，一般根据实际要求予以取舍。

5.3.1　常用性能度量

当训练好模型之后，预测准确率(accuracy)是评价模型性能的重要指标，对于样本数为 N 的测试集，准确率 ACC 定义为：

$$\text{ACC} = \frac{\sum_{i=1}^{N} I\left(\hat{y}^{(i)} = y^{(i)}\right)}{N} \tag{5.5}$$

其中，$I(.)$ 为指示函数，$\hat{y}^{(i)}$ 为预测样本 i 的标签，$y^{(i)}$ 为真实样本 i 的标签。ACC 就是预测准确的样本占总体样本的比例。

准确率只适用于分类问题，回归问题一般采用均方代价来评估模型性能，例如线性回归中的代价函数。分类问题常使用 0/1 损失(0/1 loss)来评估分类模型的性能，对于任意一个测试样本，根据模型预测是否正确，损失只能是 0 或 1。因此，错误率 E 可定义为：

$$E = \frac{\sum_{i=1}^{N} I\left(\hat{y}^{(i)} \neq y^{(i)}\right)}{N} \tag{5.6}$$

错误率 E 是预测错误的样本占总体样本的比例。可以推断，$\text{ACC} + E = 1$。

对于正例和负例在数量上差别很大的不平衡数据，要慎用准确率指标。例如，在癌症诊断应用中，患癌症的病人数量很少，患者与健康人士的比例非常不平衡，如果模型将全部样本都判定为健康人士，准确率肯定会很高，但这样的模型没有什么用处。我们希望能用其他指标来解决这个问题。

想象一个二元分类的疾病诊断问题，类别 $y = 0$ 表示健康，$y = 1$ 表示患病。模型预测可能产生如下的四种不同结果。

- 真阳性(true positive，TP)：预测类别和真实类别都等于 1，正确分类的样本数。
- 真阴性(true negative，TN)：预测类别和真实类别都等于 0，正确分类的样本数。
- 假阳性(false positive，FP)：预测类别为 1 而实际类别为 0 的样本数。
- 假阴性(false negative，FN)：预测类别为 0 而实际类别为 1 的样本数。

二元分类预测的不同结果如表 5.1 所示。

表 5.1　二元分类预测的不同结果

		预测类别	
		1	0
真实类别	1	真阳性(TP)	假阴性(FN)
	0	假阳性(FP)	真阴性(TN)

表 5.1 称为二维混淆矩阵(confusion matrix)，常用来展示对测试集的预测结果。可以将二维混淆矩阵推广至多元分类的问题，只不过增加一些行和列，真实类别对应矩阵行，预测类别对应矩阵列，矩阵单元则显示对应的测试样本数目。也有文献将真实类别对应矩阵

列，预测类别对应矩阵行，只是将行列对调，并没有实质的区别。好的测试结果应该是在主对角线上的数值要大，而非主对角线上单元的数值要小。

Python 脚本 conf_matrix_demo.py 实现了鸢尾花数据集三元分类的混淆矩阵计算，运行结果如图 5.7 所示。可以看到，类别 1 没有错分，类别 2 有 3 个样本错分为类别 3，类别 3 有 2 个样本错分为类别 2。

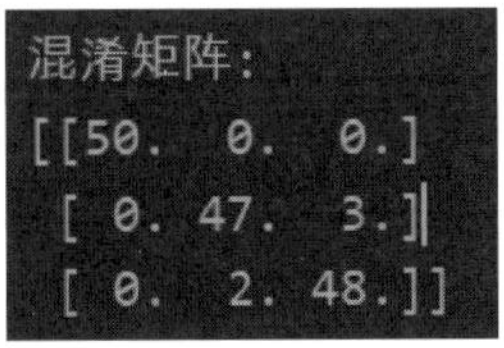

图 5.7 混淆矩阵输出

5.3.2 查准率和查全率

TP、TN、FP 和 FN 可以组合为一些性能度量指标。其中，查全率(recall，也称为召回率，简称 r)和查准率(precision，简称 p)是两个使用广泛的度量，其定义为：

$$p = \frac{\mathrm{TP}}{\mathrm{TP} + \mathrm{FP}} \tag{5.7}$$

$$r = \frac{\mathrm{TP}}{\mathrm{TP} + \mathrm{FN}} \tag{5.8}$$

查准率确定分类模型判断为正例的那部分样本中实际为正例的样本所占的比例。查准率越高，分类器的假阳性率 FP 就越低。查全率用于度量分类模型正确预测正例的比例，如果分类器的查全率高，则模型很少会将正例误分为负例。查准率和查全率是一对矛盾的指标，需要在两者间进行折中。使用癌症诊断的场景进行说明，如果使用某种机器学习算法来进行诊断，并且要提高查准率，只能将算法非常确信为阳性的样本判定为癌症患者，这样会漏掉很多潜在的患者，即查全率很低；反之，如果要检出大部分患者(查全率高)，势必又会将很多无辜的健康人士错误判定为患者，从而降低了查准率。

实际上，查全率的值等于真阳性率(true positive rate，TPR)，又称敏感度(sensitivity，缩写为 Se)。

$$\mathrm{TPR} = \mathrm{Se} = \frac{\mathrm{TP}}{\mathrm{TP} + \mathrm{FN}} \tag{5.9}$$

真阳性率就是真阳性占被模型判定为阳性样本的百分比，反映模型发现真阳性样本的能力。

分类算法的主要任务之一就是构建一个能最大化查全率和查准率的模型。可以将查全率和查准率合并成一个称为 F_1 的度量。

$$F_1 = \frac{2rp}{r+p} = \frac{2\times \mathrm{TP}}{2\times \mathrm{TP}+\mathrm{FP}+\mathrm{FN}} \tag{5.10}$$

F_1 表示查全率和查准率的调和均值。可以把式(5.10)改写为:

$$F_1 = \frac{2}{\frac{1}{r}+\frac{1}{p}} \tag{5.11}$$

由于两个数的调和均值趋向于接近较小的值，因此 F_1 度量值高可以确保查全率和查准率都比较高。

另一个指标是特异度(Specificity，缩写为 Sp)，它反映了真阴性占被模型判定为阴性样本的百分比，反映模型发现真阴性样本的能力。

$$\mathrm{Sp} = \frac{\mathrm{TN}}{\mathrm{TN}+\mathrm{FP}} \tag{5.12}$$

假阳性率(False Positive Rate，FPR)反映假阳性占实际为阴性的样本的百分比，定义为:

$$\mathrm{FPR} = \frac{\mathrm{FP}}{\mathrm{FP}+\mathrm{TN}} \tag{5.13}$$

可以推出 $\mathrm{FPR} = 1-\mathrm{Sp}$ 。

5.3.3 ROC 和 AUC

很多分类算法都提供一个实数输出值，表示模型预测为正例的确信度。例如，逻辑回归和贝叶斯分类器都提供预测正例 $p(y=1)$ 的概率，支持向量机则提供 0 值的分类边界。实际应用中，往往还需要指定一个阈值，用于将实数输出值进行二值化。例如，逻辑回归通常指定阈值为 0.5，当实数输出值大于等于 0.5 时，判定为正例，否则判定为负例；支持向量机也可以将阈值设为非 0 值，使得决策边界偏向一侧，更容易将新样本判断为正例(或负例)。

ROC(Receiver Operating Characteristic，接受者操作特征)曲线能够让我们检查改变阈值对模型性能造成的影响，ROC 曲线是显示分类器真阳性率(TPR)和假阳性率(FPR)之间折中的一种图形化方法，我们的目标是让 ROC 曲线中 TPR 尽可能大，FPR 尽可能小。ROC 曲线的横轴为假阳性率，纵轴为真阳性率，曲线的每个点对应某个分类器归纳的模型，如图 5.8 所示，该图由 Python 脚本 roc_demo.py 绘制。

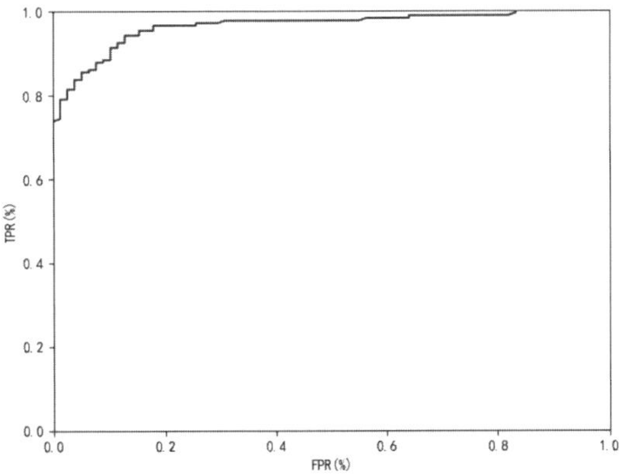

图 5.8　ROC 曲线

ROC 曲线有几个关键点，公认的解释如下。

(TPR=0，FPR=0)：把每个实例都预测为负例的模型。

(TPR=1，FPR=1)：把每个实例都预测为正例的模型。

(TPR=1，FPR=0)：理想模型。

好的分类模型应该尽可能靠近 ROC 图的左上角，随机猜测的模型应位于连接点(TPR=0，FPR=0)和点(TPR=1，FPR=1)的主对角线上。

AUC(Area Under the Curve，ROC 曲线下方的面积)提供了另一种评估模型的平均性能的方法。如果模型是完美的，则它的 ROC 曲线下方的面积等于 1；如果模型是随机猜测的，则它的 ROC 曲线下方的面积等于 0.5；如果一个模型比另一个模型好，则它的 ROC 曲线下方的面积较大。

Python 脚本 roc_demo.py 实现了绘制 ROC 曲线和计算 AUC 面积，核心代码如代码 5.2 所示。通过设定从小到大的阈值，得到每一个阈值对应的一组 FPR 和 TPR 值，就是 ROC 对应的坐标点。开始时阈值设得很大，只有模型非常确信的少部分样本才会判定为正例，这时，TPR 较大而 FPR 较小。随着阈值的减少，更多的样本被判定为正例，但这些正例中也掺杂着实际为负例的样本，因此 FPR 和 TPR 都会增加。绘制的 ROC 曲线参见图 5.8，AUC 面积计算为 0.9644454382826476，可见分类器模型的性能很好。

代码 5.2　**ROC 和 AUC 核心代码**

```
# 运行 ROC 分析
# 阈值
threshold = np.linspace(min(y_pred), max(y_pred), 1000)
tpr = np.zeros(len(threshold))
```

```
    fpr = np.zeros(len(threshold))
    for i in range(len(threshold)):
        binary_pred = y_pred >= threshold[i]
        # 计算真阳性、假阳性、真阴性、假阴性
        tp = np.sum((binary_pred == 1) & (y_real == 1))
        fp = np.sum((binary_pred == 1) & (y_real == 0))
        tn = np.sum((binary_pred == 0) & (y_real == 0))
        fn = np.sum((binary_pred == 0) & (y_real == 1))
        # 计算 TPR 和 FPR
        tpr[i] = tp / (tp + fn)
        fpr[i] = fp / (tn + fp)

    # 绘制 ROC 曲线
    plt.figure()
    plt.plot(fpr, tpr, 'r')
    plt.xlim((0, 1))
    plt.ylim((0, 1))
    plt.xlabel('FPR(%)')
    plt.ylabel('TPR(%)')
    plt.show()

    # 计算 AUC
    auc = np.sum(-0.5 * (tpr[1:] + tpr[:-1]) * (fpr[1:] - fpr[:-1]))
    print(f'\nAUC: {auc}')
```

在大多数应用中，AUC 面积在评估模型性能上比 0/1 损失优越，这是因为，AUC 通过使用 TPR 和 FPR，综合考虑了类别不均衡的影响。AUC 的缺点是不能推广到多元分类的情形，一种间接使用 AUC 的方式是将多元分类问题转换为多个二元分类问题。例如，对于三元分类问题，可以转换为三个一对多或一对一的二元分类问题，从而得出三个 ROC 曲线和 AUC 面积，这无疑会对分析每个二元分类器的性能提供有用信息，但如何组合三个 AUC 值仍然是一个技术难题，也许更适合使用混淆矩阵来对多元分类进行评估。

5.4 偏差与方差折中

前文已经讲述了偏差和方差的概念。偏差描述预测值(估计值)的期望值与真实值之间的差距。偏差越大，越偏离真实数据。方差描述预测值的变化范围或离散程度，也就是离期望值的距离。方差越大，数据分布越分散。

偏差和方差的高低有四种组合，可用图 5.9 来表示。低偏差意味着瞄得准，高偏差意味着瞄得不准；低方差意味着数据越集中，高方差意味着数据越分散。

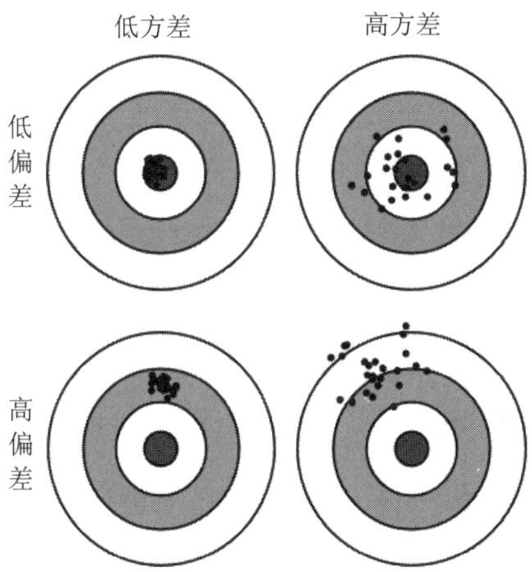

图 5.9 偏差和方差的图形化表示

我们期望模型尽量低偏差、低方差。但是，很多时候模型的低偏差往往伴随着过拟合，从而导致高方差，为此，需要采用正则化等方法，不再要求偏差达到最小值，这样可以减小方差，也就是在偏差和方差之间进行折中。

5.4.1 偏差方差诊断

如果某机器学习算法的性能不理想，常见的问题是：偏差较大或方差较大，对应的训练问题是欠拟合和过拟合。正确判断出现的问题是两种情况中的哪一种，对搞清楚如何去改进学习算法的性能非常重要，才可以沿着最有效的途径去改进算法。

高偏差和高方差的问题大致表现为欠拟合和过拟合问题。通常将模型复杂度作为横坐标，误差作为纵坐标，分别画出训练误差和验证误差随着模型复杂度变化的曲线，Python 脚本 bias_variance.py 绘制了如图 5.10 所示的曲线，这里的模型阶次代表模型的复杂度。可以看到，当模型复杂度较低时，模型拟合训练数据的程度较低，训练误差较大；随着模型复杂度的提高，模型拟合训练数据的程度也同时提高，训练误差减小。对于验证数据集，当模型复杂度较低时，验证误差较大；随着模型复杂度的提高，验证误差呈现先减小后增大的趋势，当模型拟合训练数据的时候，训练误差和验证误差都很小。

假如学习算法的性能比预料的差，一般可以这样来判断到底是偏差问题还是方差问题：如果训练误差较大，且验证误差与训练误差接近，则是高偏差或欠拟合问题；如果训练误差较小，且验证误差远大于训练误差，则是高方差或过拟合问题。

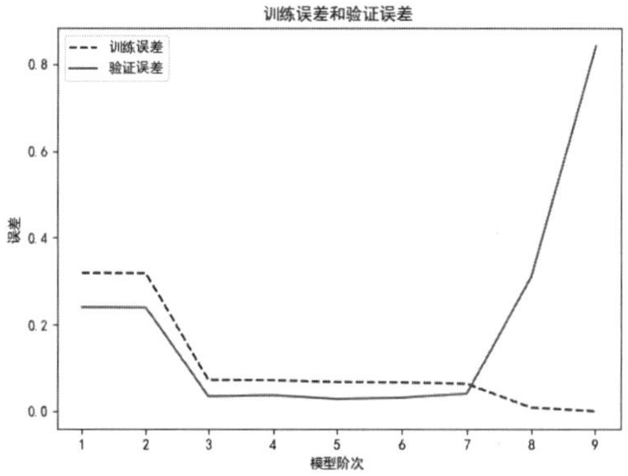

图 5.10 模型复杂度与误差的关系

如果已经能够判断学习算法到底是偏差还是方差问题，我们可以使用相应的方法来改善学习算法的效果。

解决高偏差问题的主要手段有：尝试获取更多的特征、尝试增加多项式特征、尝试减少正则化参数 λ 。

解决高方差问题的主要手段有：获得更多的训练实例、尝试降低数据维度、尝试增加正则化参数 λ 。

5.4.2 正则化与偏差和方差

在训练模型的过程中，常常使用正则化方法来防止过拟合。这就需要考虑如何选择正则化参数 λ，它决定正则化的程度，选择 λ 的问题与多项式阶次问题类似。

以前在选取正则化参数时，通常使用试错法，试着选取合适的 λ 值。我们也可以使用图形化的方式帮助选择最佳 λ 值，步骤是，首先按照从小到大的顺序来选取一定数量的 λ 值，然后用不同的 λ 值训练出多个模型，计算对应的训练误差和验证误差，并将两种误差与 λ 值的关系绘制在一张二维图表上。按照上述步骤，MATLAB 脚本 RegularizationBV.m 绘制出如图 5.11 所示的训练误差和验证误差曲线。

当 λ 值较小时，极端地，当 λ 值取 0 值时，相当于没有采用正则化，训练误差较小而验证误差较大，模型过拟合和高方差。随着 λ 值的增大，训练误差逐渐增加，模型向欠拟合方向发展，而验证误差先减小后增加，在验证误差最小的位置，得到最佳的 λ 值，对应模型的低偏差和低方差。当 λ 值增大到非常大的时候，模型严厉惩罚高阶的多项式系数，导致欠拟合和高方差。

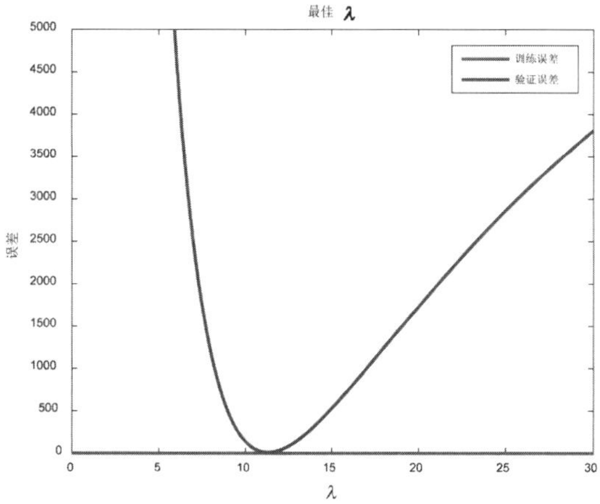

图 5.11　寻找正则化参数

5.4.3　学习曲线

学习曲线用于判断所选择的学习算法是否存在偏差或方差问题，学习曲线将训练集大小作为横坐标，误差作为纵坐标，绘制训练误差和验证误差曲线，以此来检验学习算法的合理性。

例如，对于多项式回归问题，首先从只有一个训练样本开始，逐渐使用更多样本训练回归算法。在只有少量样本的时候，训练得到的模型能够完美拟合较少的训练数据，但是却无法很好地拟合未见过的验证集数据。随着训练样本数的增加，如果使用非常高的多项式模型，且正则化参数很小，模型性能会随着训练样本的增多而得到提升。

MATLAB 脚本 LearningCurves.m 实现了多项式回归，绘制的学习曲线如图 5.12 所示。当只使用 2 次模型时，因无法拟合更高阶的训练数据，尽管随着训练集的增大，训练误差与验证误差很接近，解决高方差问题，但偏差依然很大。如果使用 3 次模型，且训练集较小时，模型有高方差问题，增大训练集后模型较好地拟合训练数据，因此当 N 大于 20 以后，方差和偏差都很小，模型性能较好。

一般来说，获取更多的训练样本可以有效地改善模型性能，但代价较大，有时尝试其他代价较小的方法(更换算法、降维、改变 λ 值等)也许会事半功倍。绘制学习曲线也有利于帮助我们深入了解某种算法是否有用，通过什么样的尝试才能有效改进算法的效果。

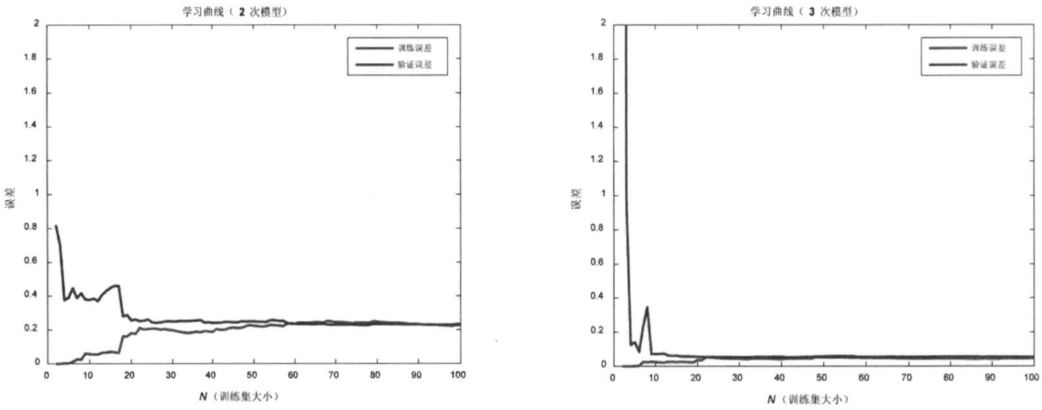

图 5.12　学习曲线

习　题

5.1　如果你发现验证误差很大，尝试绘制如图 5.13 所示的学习曲线。学习算法是高偏差、高方差，还是两者？

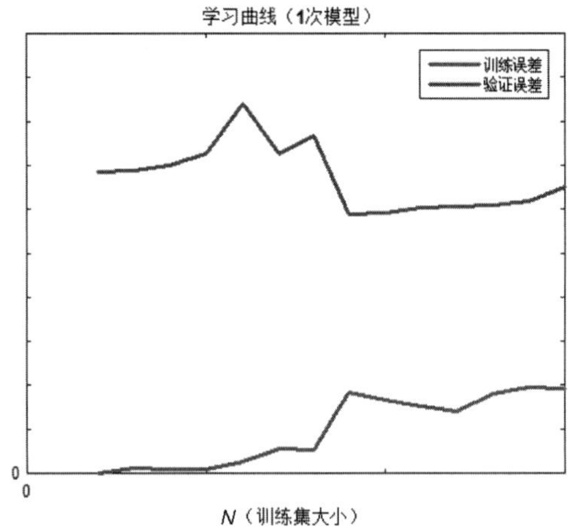

图 5.13　学习曲线

5.2　假定你实现了一个逻辑回归算法，算法的训练误差不大，但预测新样本的误差较大。你会采取如下的哪些步骤？(多选)

A. 尝试增大正则化参数λ

B. 尝试使用交叉验证，而非训练集、测试集划分

C. 尝试增加多项式特征

D. 获取更多的样本

5.3 假如你实现了一个正则化逻辑回归算法，发现在训练集和验证集上的表现都很差。你会采取如下的哪些步骤？(多选)

A. 尝试获取并使用更多特征

B. 尝试减少正则化参数λ

C. 尝试使用更少的特征

D. 尝试增大正则化参数λ

E. 尝试使用交叉验证，而非训练集、验证集划分

5.4 只是想办法增加训练样本就能解决模型高偏差或高方差问题。这句话对吗？

5.5 假如你用逻辑回归训练分类模型，如下哪些陈述正确？(多选)

A. 模型引入正则化以后，在训练集上的性能总是等于或好于原来未引入时的性能

B. 模型引入正则化以后，在训练集以外的样本上的性能总是等于或好于原来未引入时的性能

C. 在模型中新增一个特征以后，在训练集以外的样本上的性能总是等于或好于原来未引入时的性能

D. 在模型中新增多个特征以后，模型更有可能过拟合训练集

5.6 模型参数使用训练集数据训练而得，我们还可以使用测试集数据来选择正则化参数λ，以便能够让模型泛化能力最大化。这句话对吗？

5.7 假设你正在分类癌症患者，患者为正例(y=1)，健康人士为负例(y=0)。训练集中只有1%为正例，其余为负例。如下哪些陈述正确？(多选)

A. 如果模型总是预测正例，输出y=1，则查全率为100%，查准率1%

B. 如果模型总是预测正例，输出y=1，则查全率为0%，查准率99%

C. 好的分类器应当在验证集上有高的查全率和查准率

D. 如果模型总是预测负例，输出y=0，则在训练集上的准确率为99%，在验证集上也很有可能得到相似的性能

5.8 逻辑回归分类器的输出为$h(\boldsymbol{x};\boldsymbol{\theta})$，一般设置阈值默认为0.5，当$h(\boldsymbol{x};\boldsymbol{\theta})\geqslant$阈值时预测$y=1$，当$h(\boldsymbol{x};\boldsymbol{\theta})<$阈值时预测$y=0$。现在把阈值由0.5减小到0.3。如下哪些陈述正

确？(多选)

A. 分类器的查准率提升

B. 分类器的查准率下降

C. 分类器的查全率和查准率不变，但准确率提升

D. 分类器的查全率提升

第6章

K-均值算法和EM算法

本章介绍两个相关算法，K-均值算法和EM算法。K-均值算法可以视为一种硬分配的EM算法。这两者都可用于聚类，后者译为期望最大化算法(expectation maximization algorithm，EM算法)，在机器学习中占有重要地位，是一种迭代算法，主要用于在含有隐变量(latent variable)的概率模型中寻找参数最大似然估计或者最大后验估计。EM算法的最大优点是简单和稳定，但可能陷入局部最优。

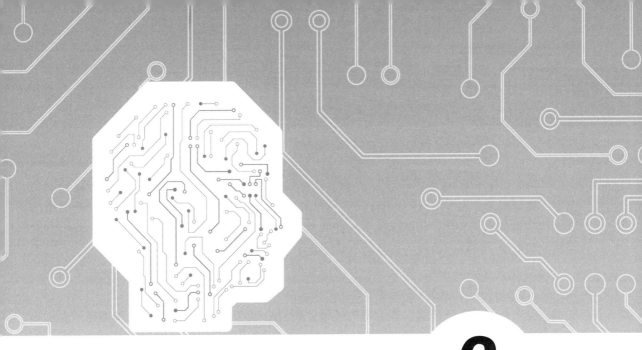

6.1 聚类分析

聚类分析(clustering analysis)是一种探查数据结构的工具，其核心是聚类。聚类(clustering)就是将数据集划分为多个簇(clusters)的过程，每个簇由若干相似样本组成，满足同一个簇中样本间的相似度最大化，不同簇的样本间的相似度最小化的要求。换句话说，一个簇就是由彼此相似的一组样本构成的集合，不同簇的样本相似度很低。

与分类学习方法不同，聚类是一种无监督的学习方法。聚类不需要预先标定样本的类别，而是依据样本间的相似度度量标准将数据集划分为若干个簇(或分组)，使同一个簇内的样本之间的相似度尽可能高，不同簇的样本之间的相似度尽可能低。聚类的簇不是预先定义的，而是根据样本的特征按照其相似度来定义的。

6.1.1 K-means 算法

K-means 算法也称为 K-均值算法，它解决多维空间中数据点的聚类问题。

假设有一个数据集$\left\{\boldsymbol{x}^{(1)},\boldsymbol{x}^{(2)},\cdots,\boldsymbol{x}^{(N)}\right\}$，由$D$维欧氏空间的随机变量$\boldsymbol{x}$的$N$次观测组成。注意到此处没有目标属性$y$，因为无监督学习不需要目标属性。K-均值算法的目标是将数据划分为K个簇，假定K值已经给定。由于同一个簇内数据点之间的距离应该小于数据点与簇外数据点的距离，引入一个D维向量$\boldsymbol{\mu}_k$，$k=1,2,\cdots,K$，$\boldsymbol{\mu}_k$代表第k个簇，可以认为$\boldsymbol{\mu}_k$是第k个簇的中心，称为质心。K-means 算法的目标是找到这样一组向量$\left\{\boldsymbol{\mu}_k\right\}$，将每个数据点分配给离自己最近的质心代表的簇，并使每个数据点与所属簇中心的向量$\boldsymbol{\mu}_k$之间的距离的累加和最小。

对于每一个数据点$\boldsymbol{x}^{(i)}$，引入一组对应的二值变量$r_{ik}\in\{0,1\}$，其中$i=1,2,\cdots,N$，$k=1,2,\cdots,K$，表示$\boldsymbol{x}^{(i)}$属于K个簇中的某个簇。如果数据点$\boldsymbol{x}^{(i)}$分配给簇k，则$r_{ik}=1$，且对于其他任意的簇$j\neq k$，有$r_{ij}=0$。

我们可以定义一个目标函数J如下：

$$J=\sum_{i=1}^{N}\sum_{k=1}^{K}r_{ik}\left\|\boldsymbol{x}^{(i)}-\boldsymbol{\mu}_k\right\|^2 \tag{6.1}$$

式(6.1)中的J表示每个数据点$\boldsymbol{x}^{(i)}$与所属簇的代表$\boldsymbol{\mu}_k$之间的距离的累加和。优化的目标是找到$\left\{r_{ik}\right\}$和$\left\{\boldsymbol{\mu}_k\right\}$的合适值，使得$J$达到最小。K-means 算法使用迭代方法进行优化，将每次迭代划分为两个连续的步骤，分别对应最优化r_{ik}和最优化$\boldsymbol{\mu}_k$。首先，随机选择$\boldsymbol{\mu}_k$的初始值。然后，在第一阶段，保持 $\boldsymbol{\mu}_k$ 固定，调整 r_{ik} 以最优化 J。在第二阶段，保持 r_{ik} 固定，调整 $\boldsymbol{\mu}_k$ 以最优化 J。不断重复这两个阶段进行优化直到收敛。调整 r_{ik} 和调整 $\boldsymbol{\mu}_k$ 这两个阶段分别对应 EM 算法的 E 步骤(E-step)和 M 步骤(M-step)，因此也可以使用 E 步骤和 M 步骤的说法。

首先考虑 E 步骤。由于固定 $\boldsymbol{\mu}_k$ 时目标函数 J 是 r_{ik} 的线性函数，不同的 i 对应的 r_{ik} 项是独立的，因此可以分别对每个数据点 $\boldsymbol{x}^{(i)}$ 进行最优化，只要选取合适的 k 值使得 $\left\|\boldsymbol{x}^{(i)}-\boldsymbol{\mu}_k\right\|^2$ 最小化，就令 r_{ik} 等于 1。也就是简单地将每个数据点所属的簇设为最近的质心即可，r_{ik} 取值可形式化表述为：

$$r_{ik}=\begin{cases}1, & \text{当} k=\arg\min_j\left\|\boldsymbol{x}^{(i)}-\boldsymbol{\mu}_j\right\|^2 \\ 0, & \text{其他}\end{cases} \tag{6.2}$$

然后考虑 M 步骤。由于固定 r_{ik} 时目标函数 J 是 $\boldsymbol{\mu}_k$ 的二次函数，令 J 关于 $\boldsymbol{\mu}_k$ 的导数等于零，可求得最小值，即

$$2\sum_{i=1}^{N} r_{ik}\left(\boldsymbol{x}^{(i)}-\boldsymbol{\mu}_k\right)=0 \tag{6.3}$$

求解 $\boldsymbol{\mu}_k$，结果为

$$\boldsymbol{\mu}_k=\frac{\sum_{i=1}^{N} r_{ik}\boldsymbol{x}^{(i)}}{\sum_{i=1}^{N} r_{ik}} \tag{6.4}$$

式(6.4)的分母为属于簇 k 的数据点的数量，分子为属于簇 k 的数据点的累加和，因此 $\boldsymbol{\mu}_k$ 实质上等于隶属簇 k 的所有数据点的均值，这就是 K-均值算法名称的由来。

迭代执行上述 E 步骤和 M 步骤，直到质心不再改变或迭代次数超过预设的最大迭代次数为止。由于每个阶段都减小了目标函数 J 的值，保证了算法的收敛性。但是，算法有可能收敛到 J 的某个局部最优值而非全局最优值，更改 $\boldsymbol{\mu}_k$ 的随机初始值并多次运行 K-均值算法可以避免局部最优解。

K-均值算法的伪代码如算法 6.1 所示。

算法 6.1　K-均值算法

输入：数据集 DS=$\left\{\boldsymbol{x}^{(1)},\cdots,\boldsymbol{x}^{(N)}\right\}$

　　　簇数 K

输出：簇质心位置

```
while (not 收敛 or 没有达到最大迭代次数) do
    for i = 1 to N do
        r[i] = 距离 x^(i) 最近的簇的索引
    end for
    for k = 1 to K do
        μ[k] = 分配给簇 k 的所有数据点的均值
    end for
end while
```

在实践中，通常将 r 定义为一个 N 维向量，其元素取值为 1 到 K 之间的整数，如果 $\boldsymbol{x}^{(i)}$ 距离第 k 个簇最近，就将 $r[i]$ 设置为 k，以此类推；也可以将 r 定义为 $N\times K$ 的独热码矩阵，如果 $\boldsymbol{x}^{(i)}$ 距离第 k 个簇最近，就将 $\boldsymbol{\mu}$ 定义为 $K\times D$ 的矩阵，这样 $\boldsymbol{\mu}[k]$ 就是隶属簇 k 的所有数据点的均值。

K-means 算法的迭代过程如图 6.1 所示，这是运行 Python 脚本 kmeans_demo1.py 绘制的。其中，数据点使用小圆圈表示，质心使用小叉表示。在迭代次数为 1 时，随机选取两个质心位置，然后执行 E 步骤，即通过调整 r_{ik} 重新分配数据点所属的簇以最优化 J。在迭代次数为 2 时，先执行 M 步骤，即重新计算上一步得到的簇的质心，然后执行 E 步骤。如此反复迭代执行，直至达到预设迭代次数为止。注意，本例故意选择了较差的质心初始值，从而更好地观察算法的收敛过程。

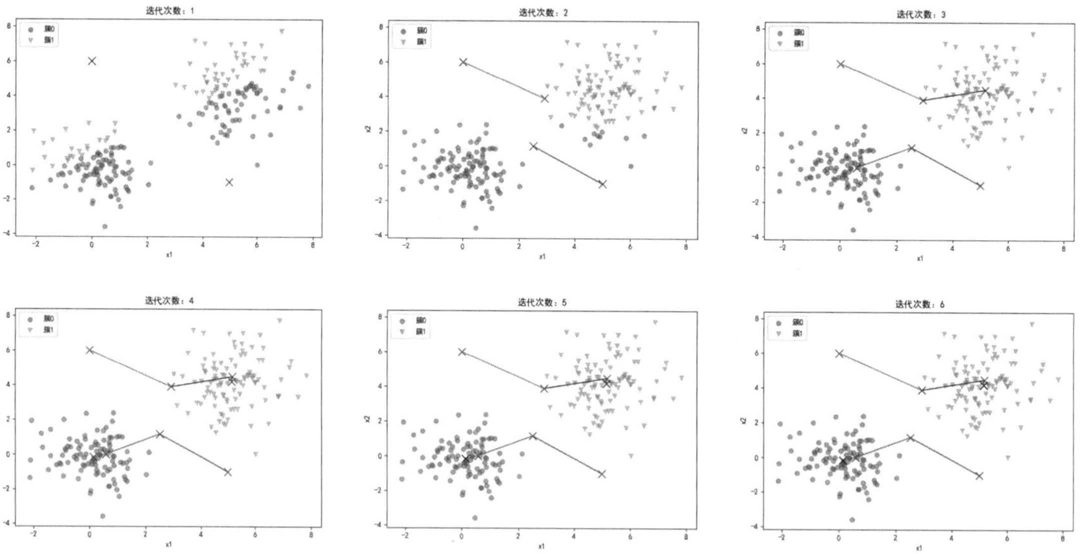

图 6.1　K-means 算法的迭代过程

在迭代运行中，可以保留迭代中每次计算得到的 J 值，并画出目标函数 J 的历史轨迹，如图 6.2 所示。可以看到，K-means 算法收敛很快，经过 3 次迭代就逼近收敛，第四次迭代就收敛至最优解。

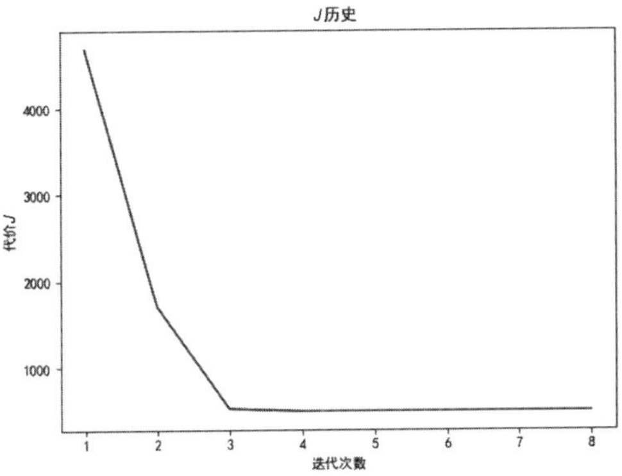

图 6.2　kmeans_demo1.py 脚本绘制的目标函数 J 的历史轨迹

虽然经过有限迭代次数后 K-均值算法会很快收敛，但是每次的迭代会非常慢，尤其是数据量很大的情况下算法更是慢得出奇。这是因为在每个 E 步骤中，必须计算出每个质心与每个数据点之间的距离，而在 M 步骤中，必须重新计算每个簇的均值。有学者提出一些对 K 均值算法加速的方法，具体可参考相关文献。

6.1.2　K-means 算法的应用

可以使用 K-均值聚类算法的结果压缩图像数据。与无损压缩不同，这里的压缩是有损压缩，从压缩数据表示中无法精确地重构原始图像。根据压缩率的不同，压缩后的图像与原始图像的差异程度也不同，压缩率越高，压缩图像与原始图像的差异越大。

K-均值聚类算法压缩图像数据的原理是，通常选取簇数 K 远小于像素数量 N，将图像中的每个像素都作为一个数据点，应用 K-均值算法对其进行聚类，得到质心位置 $\{\boldsymbol{\mu}_k\}$，$k=1,2,\cdots,K$，并存储这 K 个质心 $\boldsymbol{\mu}_k$ 的值。然后，对于每个像素，只需要存储它所属簇的索引，通常这可以压缩掉很多数据，即每个数据点都根据离它最近的质心 $\boldsymbol{\mu}_k$ 来确定。

Python 脚本 kmeans_demo2.py 演示了 K-均值算法在图像压缩上的应用，原始图像取自微软研究院 Christopher M. Bishop 的经典书籍 *Pattern Recognition and Machine Learning* 第 429 页的照片。读者可自行设置簇数 K 值，与原书的压缩图像进行对照。K=3(3 色)的压缩图像如图 6.3 所示。

图 6.3 图像压缩示例

下面通过计算来对压缩效果进行定量说明。假设原始图像有 N 个像素，每个像素由{红,绿,蓝}三原色组成，三原色的每个值各占 8 比特。那么，直接存储原始图像需要 $24N$ 比特。如果先进行 K-均值聚类压缩，由于向量 $\boldsymbol{\mu}_k$ 的元素个数为 K，每个像素的索引值需要有 $\log_2 K$ 比特，一共 $N\log_2 K$ 比特。此外，还需要存储 K 个质心 $\boldsymbol{\mu}_k$ 的值，需要 $24K$ 比特。因此，压缩图像的比特总数为 $24K + N\log_2 K$ 比特。

例如，图 6.3 的原始图像的分辨率为 207×276，也就是 N=207×276=57132 个像素，共需 24×57132=1371168 比特。如果 K=3，$\log_2 K \approx 1.58$。压缩后的图像需 $24K + N\log_2 K \approx 24\times3 + 57132\times1.58 \approx 90340$ 比特，压缩率约为 6.6%。当然，由于 png 图像格式还有文件头等其他开销，还使用调色板，实际图像文件大小与上述结果有一定出入，原始图像文件实际占 135677 字节，压缩图像文件占 6017 字节，因此实际的压缩率约为 4.4%。

6.1.3 注意事项

K-means 算法要注意以下两个事项。

1. 随机初始化

在运行 K-means 算法之前，首先要随机初始化所有的聚类质心位置，一般需注意如下两条。

第一，应该选择小于训练集实例总数 N 的簇数 K，即 $K < N$。

第二，初始化往往随机选择 K 个训练实例，并将这 K 个训练实例作为 K 个簇的质心。

K-means 算法潜在的问题是：有可能会终止于局部最优处，这取决于初始化的质心位置。为此，通常需要多次运行 K-means 算法，每次都重新进行随机初始化，最后比较多次运行的结果，选择代价函数最小的结果。这种方法在 K 较小时(小于 10)可行，但在 K 较大时，并不一定有改善作用。

2. *K* 值的选择

K-means 算法难以决断的是 K 值的选取，一般没有最好的 K 值，通常需要根据不同问题，手工选取 K 值。选择时最好先思考运用 K-means 算法聚类的动机，然后选择能最好地服务该目标的 K 值。

显然，取不同的 K 值，目标函数 J 的值肯定会不同，自然地想到利用 J 来选择 K。显然，随着 K 值的增大，J 值会相应减小。极端地，当簇数 K 等于训练集实例总数 N 时，J 会减小至 0。

Python 脚本 kmeans_demo3.py 研究簇数 K 与目标函数 J 的关系，在程序中，从小到大改变簇数 K 值，使用 K-means 聚类算法，然后计算目标函数 J，绘制的 K 与 J 的关系如图 6.4 所示。

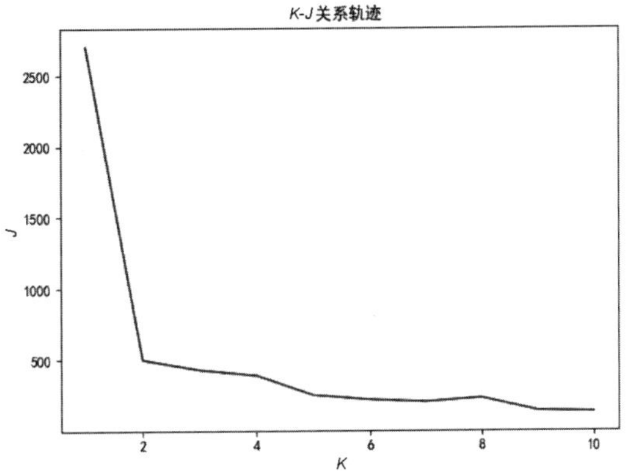

图 6.4　*K-J* 关系

可以看到，*K-J* 关系曲线类似于人的肘部，这就称为“肘部法则”。图 6.4 中，当 K 值为 1 时，J 值很大。当 K 值为 2 时，J 值迅速下降并达到肘的位置，此后，随着 K 值的增加，J 值下降非常慢。按照“肘部法则”，可选取 K 值等于 2，这是选取簇数 K 的合理方法。

6.2 EM 算法

期望最大化(expectation maximization，EM)是一种广泛应用于在概率模型中寻找参数最大似然估计或者最大后验估计的迭代计算方法，也常应用于处理含有无法观测的隐藏变量的不完全数据(incomplete data)问题。EM 算法有一些突出的优点，包括数值计算的稳定性、实现的简单性。缺点是迭代速度慢、次数多、容易陷入局部最优。EM 算法已经有很多的应用，最广泛的就是混合高斯模型、聚类、HMM 等。

6.2.1 基本 EM 算法

本节首先介绍极大似然估计问题，然后介绍 EM 算法的基本形式。

1. 极大似然估计问题

在第 4 章已经学习过极大似然估计问题，该问题可以表述为，已经有了一个概率密度函数 $p(\boldsymbol{x}|\theta)$，其中 θ 为参数集。这里假设概率密度函数的形式已知，未知的只是参数。例如，对于高斯分布，p 为高斯概率密度函数，θ 为均值和方差。假定我们已有从分布 p 中抽取出的长度为 N 的数据，即 $\boldsymbol{X}=\left\{\boldsymbol{x}^{(1)},\boldsymbol{x}^{(2)},\cdots,\boldsymbol{x}^{(N)}\right\}$。如果这些数据都是独立同分布，其概率密度由下式给出。

$$p(\boldsymbol{X}|\theta)=\prod_{i=1}^{N}p\left(x^{(i)}|\theta\right)=\mathcal{L}(\theta|\boldsymbol{X}) \tag{6.5}$$

函数 $\mathcal{L}(\theta|\boldsymbol{X})$ 称为给定数据的参数似然，或称为似然函数。可将似然看作是数据 $\boldsymbol{X}$ 固定后，参数 θ 的函数。在极大似然估计问题中，目标是选择能最大化 $\mathcal{L}$ 的 θ。也就是，希望找到满足下式的 θ^*。

$$\theta^*=\arg\max_{\theta}\mathcal{L}(\theta|\boldsymbol{X}) \tag{6.6}$$

为了方便计算和分析，通常也最大化 $\mathcal{L}(\theta|\boldsymbol{X})$ 的对数，即 $\log(\mathcal{L}(\theta|\boldsymbol{X}))$，称为对数似然，记为 $\ell(\theta)$。

极大似然估计问题的难易程度取决于 $p(\boldsymbol{x}|\theta)$ 的形式。例如，如果 $p(\boldsymbol{x}|\theta)$ 只是单变量高斯分布，那么 $\theta=(\mu,\sigma^2)$，运用数学知识，可以对 $\log(\mathcal{L}(\theta|\boldsymbol{X}))$ 求导并令其等于 0，直接可以解出 μ 和 σ^2。然而，对于很多问题，几乎不可能这样去求解，只能借助诸如 EM 的更巧妙的算法。

2. EM 算法的基本形式

EM 算法是一种通用方法，用于从含有不完全数据或有缺失数据的给定数据集中，搜寻潜在概率分布参数的极大似然估计。

EM 算法有两种主要应用，第一种是数据由于测量技术的限制或其他原因导致有缺失值；第二种是当优化似然函数分析上困难，但如果假设存在缺失(隐含)的参数后，可以简化似然函数，这一种在应用上更为普遍。

6.2.2 EM 算法的一般形式

本节介绍 EM 算法的一般形式及其公式推导过程。

1. Jensen 不等式

先定义凸函数的概念。假设 f 为定义域为实数的函数，如果对于所有的实数 x，都有二阶导数 $f''(x)\geqslant 0$，则 f 为凸函数[①]。对于向量 $\boldsymbol{x}$，如果其 Hessian 矩阵(二阶偏导数构成的方阵) $\boldsymbol{H}$ 是半正定的，即 $\boldsymbol{H}\geqslant 0$，则 f 为凸函数。如果 $f''(x)>0$ 或 $H>0$，则称 f 为严格凸函数。

Jensen 不等式可表述为：

如果 f 为凸函数，X 为随机变量，则 $\mathcal{E}\left[f(X)\right]\geqslant f(\mathcal{E}X)$。

为简化书写，将 $f\left(\mathcal{E}\left[X\right]\right)$ 简写为 $f(\mathcal{E}X)$。

特别地，如果 f 为严格凸函数，则，当且仅当 $p\left(x=\mathcal{E}\left[X\right]\right)=1$，即 X 为常量时，有 $\mathcal{E}\left[f(X)\right]=f(\mathcal{E}X)$。

Jensen 不等式用图来表示更为清晰。如图 6.5 所示，曲线 f 为凸函数，X 为随机变量，p_1 的概率为 x_1，$p_2=1-p_1$ 的概率为 x_2。X 的期望 $\mathcal{E}\left[X\right]$ 就在 x_1 和 x_2 之间，且 $\mathcal{E}\left[X\right]=p_1x_1+p_2x_2$，$f(\mathcal{E}X)$ 位于凸函数 f 上，$\mathcal{E}\left[f(X)\right]$ 就在 $f(x_1)$ 和 $f(x_2)$ 连线上，且 $\mathcal{E}\left[f(X)\right]=p_1f(x_1)+p_2f(x_2)$。可以看到，$\mathcal{E}\left[f(X)\right]\geqslant f(\mathcal{E}X)$ 成立。

图 6.5 的 $\mathcal{E}\left[f(X)\right]\geqslant f(\mathcal{E}X)$ 可写为：

$$p_1f(x_1)+p_2f(x_2)\geqslant f(p_1x_1+p_2x_2) \tag{6.7}$$

---

① 注意：凹凸函数在国际上的定义刚好与国内（如同济大学《高等数学》）的定义相反，本书使用国际上的定义。

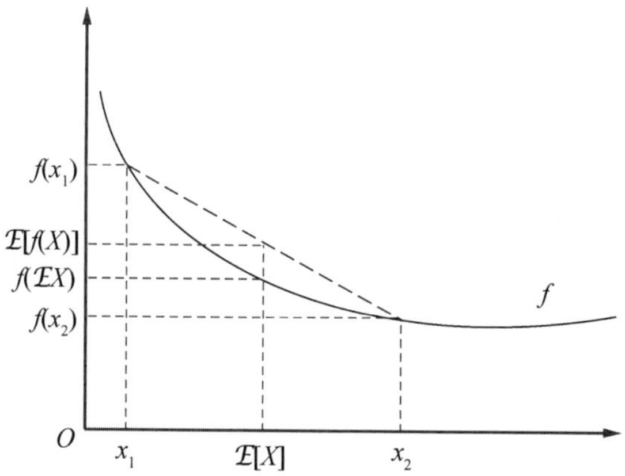

图 6.5 图解 Jensen 不等式

可将式(6.7)推广至更一般的形式。如果满足 $\sum_{i=1}^{n} p_i = 1$，则

$$p_1 f(x_1) + p_2 f(x_2) + \cdots + p_n f(x_n) \geqslant f(p_1 x_1 + p_2 x_2 + \cdots + p_n x_n) \tag{6.8}$$

即

$$\sum_{i=1}^{n} p_i f(x_i) \geqslant f\left(\sum_{i=1}^{n} p_i x_i\right) \tag{6.9}$$

如果使用 $g(x_i)$ 来替换 x_i，可得：

$$\sum_{i=1}^{n} p_i f(g(x_i)) \geqslant f\left(\sum_{i=1}^{n} p_i g(x_i)\right) \tag{6.10}$$

将 Jensen 不等式应用于凹函数时，不等号方向与凸函数相反，即 $\mathcal{E}\left[f(X)\right] \leqslant f(\mathcal{E}X)$。

2. EM 算法的推导

对于 N 个训练样本 $\left\{\boldsymbol{x}^{(1)}, \boldsymbol{x}^{(2)}, \cdots, \boldsymbol{x}^{(N)}\right\}$，每个样本 $\boldsymbol{x}^{(i)}$ 都对应一个隐含的类别 $z^{(i)}$。我们的目标是找到隐变量 $z^{(i)}$，使得 $p(\boldsymbol{x}, z)$ 最大，其极大似然估计为：

$$\begin{aligned} \ell(\theta) &= \sum_{i=1}^{N} \log p\left(\boldsymbol{x}^{(i)}; \theta\right) \\ &= \sum_{i=1}^{N} \log \sum_{z^{(i)}} p\left(\boldsymbol{x}^{(i)}, z^{(i)}; \theta\right) \end{aligned} \tag{6.11}$$

其中，$\ell(\theta)$ 为对数似然函数。由于对数 log 内有求和运算，并且有隐变量 $z^{(i)}$，直接求解对数似然比较困难。如果能够确定 $z^{(i)}$，求解就变得相对容易。

EM 算法适合解决含有隐变量的优化问题，基本思路是：既然无法直接极大化 $\ell(\theta)$，可以使用E步骤来不断建立$\ell(\theta)$的下界，然后用M步骤来优化$\ell(\theta)$的下界。

对于任意的第i个样本$\boldsymbol{x}^{(i)}$，用q_i来表示该样本的隐变量$z^{(i)}$的某种分布，q_i必须满足的条件为$\sum_{z^{(i)}} q_i\left(z^{(i)}\right)=1$和$q_i \geqslant 0$。这里假设$z^{(i)}$为离散型，如果$z^{(i)}$为连续型，那么$q_i$应为概率密度函数，需要将求和符号相应改为积分符号。对数似然函数可以表示为：

$$\begin{aligned}\sum_{i=1}^{N} \log p\left(\boldsymbol{x}^{(i)};\theta\right) &= \sum_{i=1}^{N} \log \sum_{z^{(i)}} p\left(\boldsymbol{x}^{(i)}, z^{(i)};\theta\right) \\ &= \sum_{i=1}^{N} \log \sum_{z^{(i)}} q_i\left(z^{(i)}\right) \frac{p\left(\boldsymbol{x}^{(i)}, z^{(i)};\theta\right)}{q_i\left(z^{(i)}\right)} \\ &\geqslant \sum_{i=1}^{N} \sum_{z^{(i)}} q_i\left(z^{(i)}\right) \log \frac{p\left(\boldsymbol{x}^{(i)}, z^{(i)};\theta\right)}{q_i\left(z^{(i)}\right)}\end{aligned} \tag{6.12}$$

其中，式(6.12)利用了Jensen不等式。由于$\log(x)$的二阶导数为$-1/x^2$，小于0，因此为凹函数，且$\sum_{z^{(i)}} q_i\left(z^{(i)}\right) \frac{p\left(\boldsymbol{x}^{(i)}, z^{(i)};\theta\right)}{q_i\left(z^{(i)}\right)}$为$\frac{p\left(\boldsymbol{x}^{(i)}, z^{(i)};\theta\right)}{q_i\left(z^{(i)}\right)}$的期望，根据凹函数的Jensen不等式，有：

$$f\left(\mathcal{E}_{z^{(i)} \sim q_i} \frac{p\left(\boldsymbol{x}^{(i)}, z^{(i)};\theta\right)}{q_i\left(z^{(i)}\right)}\right) \geqslant \mathcal{E}_{z^{(i)} \sim q_i} f\left(\frac{p\left(\boldsymbol{x}^{(i)}, z^{(i)};\theta\right)}{q_i\left(z^{(i)}\right)}\right) \tag{6.13}$$

即可得到式(6.12)。

上述过程可以看作是对$\ell(\theta)$求下界。分布q_i有多种可能的选择，需要选择更好的q_i。假设θ已知，$\ell(\theta)$的值就由$q_i\left(z^{(i)}\right)$和$p\left(\boldsymbol{x}^{(i)}, z^{(i)};\theta\right)$决定，可以通过迭代调整这两个概率使下界不断增大，以逼近$\ell(\theta)$的真实值。至于迭代何时结束，需要当不等式变成等式，说明计算的值能够等价于$\ell(\theta)$。根据Jensen不等式，要让等式成立，需要将随机变量变成常数，即：

$$\frac{p\left(\boldsymbol{x}^{(i)}, z^{(i)};\theta\right)}{q_i\left(z^{(i)}\right)} = c \tag{6.14}$$

其中，c为常数。对不依赖于$z^{(i)}$的常数c，选择$q_i\left(z^{(i)}\right) \propto p\left(\boldsymbol{x}^{(i)}, z^{(i)};\theta\right)$就能让式(6.14)成立。

我们已经知道$q_i\left(z^{(i)}\right)$是一种分布，满足$\sum_{z^{(i)}} q_i\left(z^{(i)}\right)=1$，可推出式(6.15)。

$$q_i\left(z^{(i)}\right)=\frac{p\left(\boldsymbol{x}^{(i)},z^{(i)};\theta\right)}{\sum_z p\left(\boldsymbol{x}^{(i)},z^{(i)};\theta\right)}=\frac{p\left(\boldsymbol{x}^{(i)},z^{(i)};\theta\right)}{p\left(\boldsymbol{x}^{(i)};\theta\right)}=p\left(z^{(i)}\mid\boldsymbol{x}^{(i)};\theta\right)\tag{6.15}$$

这样，就可以简单设置q_i为给定$\boldsymbol{x}^{(i)}$和参数θ后$z^{(i)}$的后验分布。

至此，我们已经知道如何设置q_i，这就是E步骤，它建立了$\ell(\theta)$的下界。下面的M步骤就是在给定q_i后，调整参数θ来极大化$\ell(\theta)$的下界。重复执行上述两个步骤就能得到如算法6.2所示的EM算法。

算法 6.2　EM 算法

```
while (not 收敛) do
    // E 步骤
    for i = 1 to N do
        q_i(z^(i)) = p(z^(i) | x^(i); θ);
    end for
    // M步骤
    θ = argmax_θ Σ_{i=1}^{N} Σ_{z^(i)} q_i(z^(i)) log [ p(x^(i), z^(i); θ) / q_i(z^(i)) ];
end while
```

还有一个问题，究竟如何确保EM算法会收敛？

假设$\theta^{(t)}$和$\theta^{(t+1)}$分别是EM算法的第t次和第t+1次迭代后得到的参数，如果能够证明$\ell\left(\theta^{(t)}\right)\leqslant\ell\left(\theta^{(t+1)}\right)$，即极大似然估计单调递增，最终肯定会达到最大值。具体证明请参见习题。

6.2.3 混合高斯模型

本节介绍EM算法的一个应用，使用EM算法进行密度估计。

1. 混合高斯模型的概念

和 K-means 算法一样，EM 算法也可以用于聚类。假设给定的训练样本是$\left\{\boldsymbol{x}^{(1)},\boldsymbol{x}^{(2)},\cdots,\boldsymbol{x}^{(N)}\right\}$，并且这些样本是由$K$个高斯分布混合而成。由于聚类是无监督学习，训

练样本没有明确的类别标签，只有隐含的类别标签，将这个隐含的随机变量用 $z^{(i)}$ 表示。

与 K-means 算法的硬指定不同，这里认为 $z^{(i)}$ 满足某个概率分布，例如多项式分布，即 $p\left(z^{(i)}\right)=\text{Multinomial}(\pi)$，其中，$p\left(z^{(i)}=k\right)=\pi_k$，且有 $\pi_k \geqslant 0, \sum_{k=1}^{K}\pi_k=1$，$z^{(i)}$ 从集合 $\{1,2,\cdots,K\}$ 中随机抽取。在给定 $z^{(i)}=k$ 之后，$\boldsymbol{x}^{(i)}$ 从 K 个高斯分布中的第 k 个分布中进行抽取，即 $p\left(\boldsymbol{x}^{(i)} \mid z^{(i)}=k\right)=\mathcal{N}\left(\boldsymbol{\mu}_k,\boldsymbol{\Sigma}_k\right)$。这就称为混合高斯模型，注意到 $z^{(i)}$ 为隐含的随机变量，也就是它们不可观测，这就是密度估计问题较难解决的原因。

Python 脚本 mixtureGaussiansGen.m 从混合高斯中生成数据，结果如图 6.6 所示。可以看到，这是从两个二维高斯密度函数中抽样而生成的，但我们假装不知道这两个高斯密度函数的参数，需要用 EM 算法进行估计。

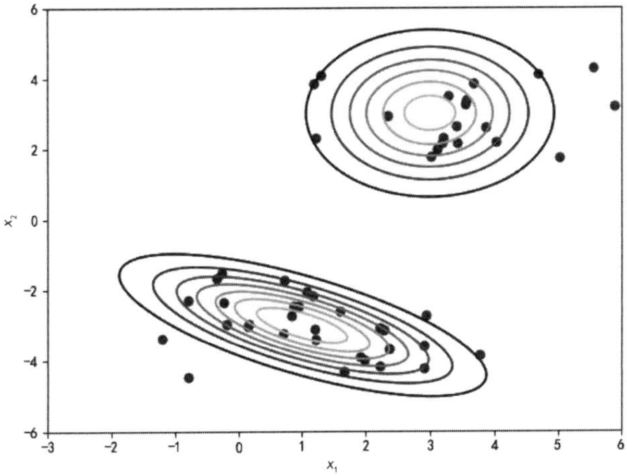

图 6.6　从两个高斯分布中生成数据

抽样数据点 $\boldsymbol{x}^{(i)}$ 过程分为两步。

第一步，随机选择两个高斯分布中的一个。

第二步，从选中的高斯密度函数中抽样 $\boldsymbol{x}^{(i)}$。

第一步是从一个离散集合中选择一个元素，这里 K 为 2，相当于投掷一枚硬币。为此，需要定义硬币两面的出现概率，我们已知这个概率用 π_k 表示，且有约束 $\sum_{k=1}^{K}\pi_k=1$。选中一个高斯，实际上就是确定 $z^{(i)}$。在程序中，设置 $p\left(z^{(i)}=1\right)=\pi_1=0.4$，$p\left(z^{(i)}=2\right)=\pi_2=0.6$。确定 $z^{(i)}$ 的值为 k 以后，选中的高斯就用均值 $\boldsymbol{\mu}_k$ 和协方差 $\boldsymbol{\Sigma}_k$ 来表示，也就是：

$$p\left(\boldsymbol{x}^{(i)} \mid z^{(i)}=k\right)=\mathcal{N}\left(\boldsymbol{\mu}_k, \boldsymbol{\Sigma}_k\right) \tag{6.16}$$

图 6.6 程序使用的参数为：

$$\boldsymbol{\mu}_1=\begin{bmatrix}3 & 3\end{bmatrix}^{\mathrm{T}} \quad \boldsymbol{\Sigma}_1=\begin{bmatrix}1 & 0\\ 0 & 0.5\end{bmatrix}$$

$$\boldsymbol{\mu}_2=\begin{bmatrix}1 & -3\end{bmatrix}^{\mathrm{T}} \quad \boldsymbol{\Sigma}_2=\begin{bmatrix}2 & -1\\ -1 & 1\end{bmatrix}$$

2. EM 算法求解混合高斯模型

为了推导EM算法的步骤，首先需要表示一个样本 $\boldsymbol{x}^{(i)}$ 的似然，即 $p\left(\boldsymbol{x}^{(i)} \mid z^{(i)}=k, \boldsymbol{\mu}_k, \boldsymbol{\Sigma}_k\right)$，其中，$\boldsymbol{\mu}_k$ 和 $\boldsymbol{\Sigma}_k$ 为第 k 个高斯分布的参数。注意到 EM 算法不只适用于高斯分布，其他分布也可适用，只是用其他参数来替换 $\boldsymbol{\mu}_k$ 和 $\boldsymbol{\Sigma}_k$。为了方便，这里使用符号 $\boldsymbol{\mu}$ 和 $\boldsymbol{\Sigma}$ 表示混合模型的各个高斯分布的参数集合，假设有 K 个高斯，有 $\boldsymbol{\mu}=\left\{\mu_1, \mu_2, \cdots, \mu_K\right\}$，$\boldsymbol{\Sigma}=\left\{\Sigma_1, \Sigma_2, \cdots, \Sigma_K\right\}$。另外，通常将各个 π_k 也合写为集合形式 $\boldsymbol{\pi}=\left\{\pi_1, \pi_2, \cdots, \pi_K\right\}$。

我们需要求得混合高斯模型下一个样本 $\boldsymbol{x}^{(i)}$ 的似然 $p\left(\boldsymbol{x}^{(i)} \mid \boldsymbol{\pi}, \boldsymbol{\mu}, \boldsymbol{\Sigma}\right)$。不失一般性，假设样本 $\boldsymbol{x}^{(i)}$ 是从第 k 个高斯中抽取的，即 $z^{(i)}=k$。因此有：

$$p\left(\boldsymbol{x}^{(i)} \mid z^{(i)}=k, \boldsymbol{\mu}, \boldsymbol{\Sigma}\right)=p\left(\boldsymbol{x}^{(i)} \mid \boldsymbol{\mu}_k, \boldsymbol{\Sigma}_k\right) \tag{6.17}$$

为了得到 $p\left(\boldsymbol{x}^{(i)} \mid \boldsymbol{\pi}, \boldsymbol{\mu}, \boldsymbol{\Sigma}\right)$，需要消去 $z^{(i)}$。为此，在式(6.17)两端同乘 $p\left(z^{(i)}=k\right)$，其值等于 π_k，得：

$$\begin{aligned}
&p\left(\boldsymbol{x}^{(i)} \mid z^{(i)}=k, \boldsymbol{\mu}, \boldsymbol{\Sigma}\right) p\left(z^{(i)}=k\right)=p\left(\boldsymbol{x}^{(i)} \mid \boldsymbol{\mu}_k, \boldsymbol{\Sigma}_k\right) p\left(z^{(i)}=k\right)\\
&\Rightarrow p\left(\boldsymbol{x}^{(i)}, z^{(i)}=k \mid \boldsymbol{\mu}, \boldsymbol{\Sigma}\right)=p\left(\boldsymbol{x}^{(i)} \mid \boldsymbol{\mu}_k, \boldsymbol{\Sigma}_k\right) \pi_k
\end{aligned} \tag{6.18}$$

将式(6.18)两边都对 k 求累加和，利用概率的加法规则(sum rule) $p(X)=\sum_Y p(X, Y)$，得：

$$\begin{aligned}
&\sum_{k=1}^K p\left(\boldsymbol{x}^{(i)}, z^{(i)}=k \mid \boldsymbol{\mu}, \boldsymbol{\Sigma}\right)=\sum_{k=1}^K p\left(\boldsymbol{x}^{(i)} \mid \boldsymbol{\mu}_k, \boldsymbol{\Sigma}_k\right) \pi_k\\
&\Rightarrow p\left(\boldsymbol{x}^{(i)} \mid \boldsymbol{\pi}, \boldsymbol{\mu}, \boldsymbol{\Sigma}\right)=\sum_{k=1}^K \pi_k p\left(\boldsymbol{x}^{(i)} \mid \boldsymbol{\mu}_k, \boldsymbol{\Sigma}_k\right)
\end{aligned} \tag{6.19}$$

假设每个样本都独立同分布，可将式(6.19)扩展至全部 N 个样本 $\boldsymbol{X}$ 的似然。

$$p(\boldsymbol{X} \mid \boldsymbol{\pi}, \boldsymbol{\mu}, \boldsymbol{\Sigma})=\prod_{i=1}^N \sum_{k=1}^K \pi_k p\left(\boldsymbol{x}^{(i)} \mid \boldsymbol{\mu}_k, \boldsymbol{\Sigma}_k\right) \tag{6.20}$$

以上似然函数的参数有 $\boldsymbol{\pi}$、$\boldsymbol{\mu}$ 和 $\boldsymbol{\Sigma}$，为了估计这些参数，将数据集的对数似然表述如下：

$$\begin{aligned}\mathcal{L}\left(\boldsymbol{\pi},\boldsymbol{\mu},\boldsymbol{\Sigma}\right)&=\log p\left(\boldsymbol{X}\mid\boldsymbol{\pi},\boldsymbol{\mu},\boldsymbol{\Sigma}\right)\\&=\sum_{i=1}^{N}\log\sum_{k=1}^{K}\pi_k p\left(\boldsymbol{x}^{(i)}|\boldsymbol{\mu}_k,\boldsymbol{\Sigma}_k\right)\end{aligned}\tag{6.21}$$

因为式(6.21)对数 log 运算中有求和运算，不能使用直接求导并令其等于零的方法来求得参数的极大似然估计的闭式解。应用 EM 算法，不直接求取对数似然 $\mathcal{L}$ 的最大值，而是使用最大化其下界的方法来迭代计算。

利用 Jensen 不等式，并注意到对数 log 为凹函数，有：

$$\log\left(\mathcal{E}X\right)\geqslant\mathcal{E}[\log(X)]\tag{6.22}$$

为了将 $\mathcal{L}$ 套用到 Jensen 不等式，需要对式(6.21)进行改写。引入一个新的变量 q_{ik}，q_{ik} 为第 i 个样本属于 K 个组件的某个概率分布，满足 $q_{ik}\geqslant0$ 且 $\sum_{k=1}^{K}q_{ik}=1$。

$$\begin{aligned}\mathcal{L}\left(\boldsymbol{\pi},\boldsymbol{\mu},\boldsymbol{\Sigma}\right)&=\sum_{i=1}^{N}\log q_{ik}\frac{\sum_{k=1}^{K}\pi_k p\left(\boldsymbol{x}^{(i)}|\boldsymbol{\mu}_k,\boldsymbol{\Sigma}_k\right)}{q_{ik}}\\&=\sum_{i=1}^{N}\log\mathcal{E}_{q_{ik}}\left(\frac{\pi_k p\left(\boldsymbol{x}^{(i)}|\boldsymbol{\mu}_k,\boldsymbol{\Sigma}_k\right)}{q_{ik}}\right)\end{aligned}\tag{6.23}$$

应用 Jensen 不等式，得：

$$\begin{aligned}\mathcal{L}\left(\boldsymbol{\pi},\boldsymbol{\mu},\boldsymbol{\Sigma}\right)&=\sum_{i=1}^{N}\log\mathcal{E}_{q_{ik}}\left(\frac{\pi_k p\left(\boldsymbol{x}^{(i)}|\boldsymbol{\mu}_k,\boldsymbol{\Sigma}_k\right)}{q_{ik}}\right)\\&\geqslant\sum_{i=1}^{N}\mathcal{E}_{q_{ik}}\left(\log\frac{\pi_k p\left(\boldsymbol{x}^{(i)}|\boldsymbol{\mu}_k,\boldsymbol{\Sigma}_k\right)}{q_{ik}}\right)\end{aligned}\tag{6.24}$$

式(6.24)的右式表达式为下界，它是优化的目标，使用符号 $\mathcal{B}$ 来表示。

$$\begin{aligned}\mathcal{B}&=\sum_{i=1}^{N}\mathcal{E}_{q_{ik}}\left(\log\frac{\pi_k p\left(\boldsymbol{x}^{(i)}|\boldsymbol{\mu}_k,\boldsymbol{\Sigma}_k\right)}{q_{ik}}\right)\\&=\sum_{i=1}^{N}\sum_{k=1}^{K}q_{ik}\left(\log\frac{\pi_k p\left(\boldsymbol{x}^{(i)}|\boldsymbol{\mu}_k,\boldsymbol{\Sigma}_k\right)}{q_{ik}}\right)\\&=\sum_{i=1}^{N}\sum_{k=1}^{K}q_{ik}\log\pi_k+\sum_{i=1}^{N}\sum_{k=1}^{K}q_{ik}p\left(\boldsymbol{x}^{(i)}|\boldsymbol{\mu}_k,\boldsymbol{\Sigma}_k\right)-\sum_{i=1}^{N}\sum_{k=1}^{K}q_{ik}\log q_{ik}\end{aligned}\tag{6.25}$$

式(6.25)中，参数 q_{ik}、$\boldsymbol{\pi}$、$\boldsymbol{\mu}_k$ 和 $\boldsymbol{\Sigma}_k$ 的取值对应下界的局部最优，也对应对数似然 $\mathcal{L}$ 的局

部最优。如果将 $p\left(\boldsymbol{x}^{(i)}|\boldsymbol{\mu}_k,\boldsymbol{\Sigma}_k\right)$ 用高斯密度函数 $\frac{1}{(2\pi)^{d/2}\left|\boldsymbol{\Sigma}_k\right|^{1/2}}\exp\left(-\frac{1}{2}\left(\boldsymbol{x}^{(i)}-\boldsymbol{\mu}_k\right)^{\mathrm{T}}\boldsymbol{\Sigma}_k^{-1}\left(\boldsymbol{x}^{(i)}-\boldsymbol{\mu}_k\right)\right)$ 来替代，可以推导出如下四个更新公式，公式的具体推导过程请参见习题。

$$
\begin{aligned}
\pi_k &= \frac{1}{N}\sum_{i=1}^{N} q_{ik} \\
\boldsymbol{\mu}_k &= \frac{\sum_{i=1}^{N} q_{ik} x^{(i)}}{\sum_{i=1}^{N} q_{ik}} \\
\boldsymbol{\Sigma}_k &= \frac{\sum_{i=1}^{N} q_{ik}\left(\boldsymbol{x}^{(i)}-\boldsymbol{\mu}_k\right)\left(\boldsymbol{x}^{(i)}-\boldsymbol{\mu}_k\right)^{\mathrm{T}}}{\sum_{i=1}^{N} q_{ik}} \\
q_{ik} &= \frac{\pi_k p\left(\boldsymbol{x}^{(i)} \mid \boldsymbol{\mu}_k,\boldsymbol{\Sigma}_k\right)}{\sum_{j=1}^{K}\pi_j p\left(\boldsymbol{x}^{(i)} \mid \boldsymbol{\mu}_j,\boldsymbol{\Sigma}_j\right)}
\end{aligned} \tag{6.26}
$$

混合高斯的 EM 算法如算法 6.3 所示。

算法 6.3　混合高斯的 EM 算法

while （**not** 收敛） **do**

　　// E 步骤

　　for i = 1 **to** N **do**

$$q_{ik} = \frac{\pi_k p\left(\boldsymbol{x}^{(i)} \mid \boldsymbol{\mu}_k,\boldsymbol{\Sigma}_k\right)}{\sum_{j=1}^{K}\pi_j p\left(\boldsymbol{x}^{(i)} \mid \boldsymbol{\mu}_j,\boldsymbol{\Sigma}_j\right)};$$

　　end for

　　// M 步骤

$$\pi_k = \frac{1}{N}\sum_{i=1}^{N} q_{ik};$$

$$\boldsymbol{\mu}_k = \frac{\sum_{i=1}^{N} q_{ik}\boldsymbol{x}^{(i)}}{\sum_{i=1}^{N} q_{ik}};$$

$$\boldsymbol{\Sigma}_k = \frac{\sum_{i=1}^{N} q_{ik}\left(\boldsymbol{x}^{(i)}-\boldsymbol{\mu}_k\right)\left(\boldsymbol{x}^{(i)}-\boldsymbol{\mu}_k\right)^{\mathrm{T}}}{\sum_{i=1}^{N} q_{ik}};$$

end while

Python 脚本 gaussMixtureDemo.m 实现了混合高斯 EM 算法。结果如图 6.7 和图 6.8 所示。可以看到，经过 18 次迭代后，EM 算法收敛。

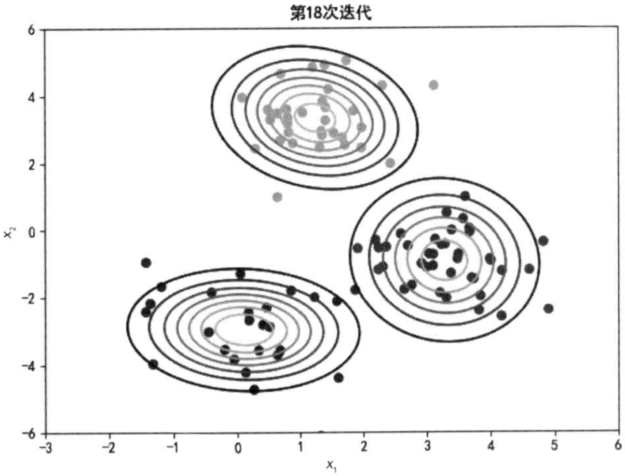

图 6.7　EM 算法的执行结果

图 6.8 展示了下界与迭代次数关系，在第 18 次迭代时，下界达到最优。

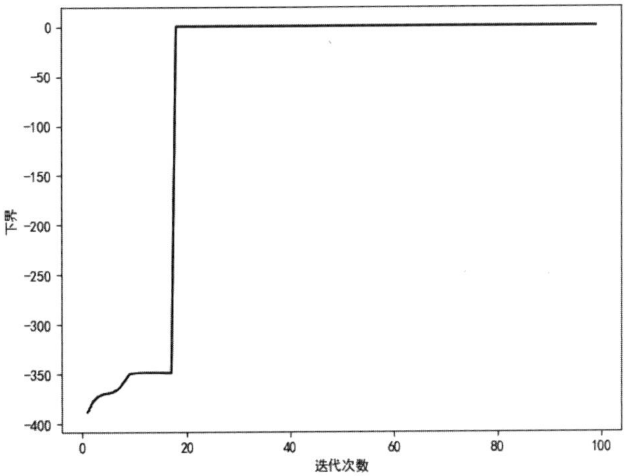

图 6.8　下界与迭代次数关系

以下列出真实参数与 EM 估计的参数。

```
真实的均值:
[[ 0.  -3.2]
```

```
 [ 1.   3.5]
 [ 3.  -1. ]]

真实的协方差:
[[[ 0.58 -0.05]
  [-0.05  1.55]]

 [[ 0.65 -0.15]
  [-0.15  1.12]]

 [[ 0.8  -0.05]
  [-0.05  0.8 ]]]

真实的先验:
[0.3 0.3 0.4]

估计的均值:
[[ 3.28048584 -0.92176725]
 [ 1.24295971  3.33519174]
 [ 0.11216296 -2.9618921 ]]

估计的协方差:
[[[ 0.54809912 -0.0927842 ]
  [-0.0927842   0.64470603]]

 [[ 0.42257322  0.06068842]
  [ 0.06068842  0.74595691]]

 [[ 0.80896673 -0.36035031]
  [-0.36035031  1.41022882]]]

估计的先验:
[0.41070528 0.33931925 0.24997547]
```

习 题

6.1 假设三个簇的质心为 $\boldsymbol{\mu}_1=\begin{bmatrix}2\\1\end{bmatrix}$、$\boldsymbol{\mu}_2=\begin{bmatrix}0\\-3\end{bmatrix}$ 和 $\boldsymbol{\mu}_3=\begin{bmatrix}2\\5\end{bmatrix}$，并且有一个训练样本 $\boldsymbol{x}^{(i)}=\begin{bmatrix}2\\-2\end{bmatrix}$。在 M 步骤中，需要将数据点 $\boldsymbol{x}^{(i)}$ 所属的簇设为最近的质心，问 $r_{ik}=1$ 的 k 应为多少？

6.2 K-means 是一个迭代算法，内层循环中需要做如下哪两个步骤？

A. 随机初始化簇的质心

B. 更新质心 $\boldsymbol{\mu}_k$

C. 更新参数 r_{ik}

D. 在交叉验证集中测试

6.3 K-means 聚类算法适合完成如下哪些任务？(多选)

A. 根据某地区的天气历史数据，预测明天的天气

B. 根据某超市大量产品的销售历史数据，找出哪些产品趋向于形成一起购买的一致的群体，将这些产品放在相近的货架上

C. 根据大量已标定为是否垃圾邮件的电邮，判断新邮件是否为垃圾邮件

D. 根据一个用户信息的数据库，自动将用户进行分组

6.4 试证明：$\mathcal{L}\left(\theta^{(t)}\right) \leqslant \mathcal{L}\left(\theta^{(t+1)}\right)$。

6.5 试证明：$\pi_k = \dfrac{1}{N}\sum_{i=1}^{N} q_{ik}$。

6.6 试证明：$\boldsymbol{\mu}_k = \dfrac{\sum_{i=1}^{N} q_{ik}\boldsymbol{x}^{(i)}}{\sum_{i=1}^{N} q_{ik}}$。

6.7 试证明：$\boldsymbol{\Sigma}_k = \dfrac{\sum_{i=1}^{N} q_{ik}\left(\boldsymbol{x}^{(i)} - \boldsymbol{\mu}_k\right)\left(\boldsymbol{x}^{(i)} - \boldsymbol{\mu}_k\right)^{\mathrm{T}}}{\sum_{i=1}^{N} q_{ik}}$。

6.8 试证明：$q_{ik} = \dfrac{\pi_k p\left(\boldsymbol{x}^{(i)} \mid \boldsymbol{\mu}_k, \boldsymbol{\Sigma}_k\right)}{\sum_{j=1}^{K} \pi_j p\left(\boldsymbol{x}^{(i)} \mid \boldsymbol{\mu}_j, \boldsymbol{\Sigma}_j\right)}$。

第7章 决策树

决策树(decision tree)又称为分类和回归树(classification and regression tree)，它是一种类似于流程图的树结构，以一种直观的方式展现分类过程。分类树(classification tree)用于处理目标属性为离散的标称类型的情形，回归树(regression tree)用于处理目标属性为连续的数值类型的情形。决策树模型具有容易解释的特点，只要通过观察就能理解预测的推导过程，甚至还可以将其转换为一系列 if–then 语句。这是其他分类器(如朴素贝叶斯分类器和神经网络)不具备的优点。

本章主要介绍 ID3 算法、C4.5 算法和 CART 算法的原理及 Python 实现。

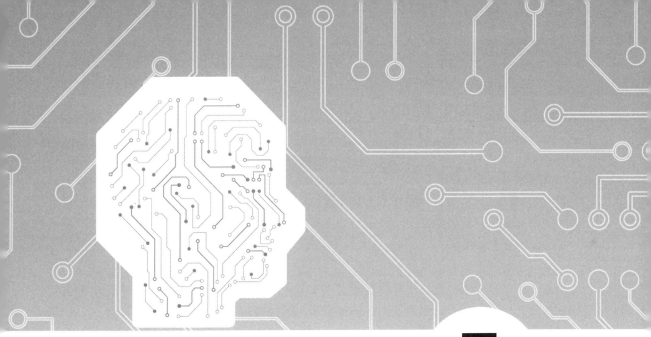

7.1 决策树介绍

决策树是一种预测模型，它包括决策节点、分支和叶节点三个部分。其中，决策节点代表一个测试，通常为待分类样本的某个属性，在该属性上的不同测试结果成为该节点下的一个个分支；分支表示某个决策节点的不同取值；每个叶节点存放某个类别标签，表示一种可能的分类结果。

使用决策树算法和训练集来训练模型，经过训练之后，得到的模型为类似于图 7.1 的树形结构。该图是天气问题的决策树模型，决策节点用椭圆形表示，节点内的字符串为决策属性；分支用直线表示，直线上的字符串表示决策属性的取值；叶节点用方形表示，叶节点括号内的数字表示到达该叶节点的实例数。构建好决策树模型之后，可以对未知样本进行分类，分类过程是：根据未知样本的属性取值，自决策树根节点开始，自上向下沿某个分支搜索，直至到达叶节点，叶节点的类别标签就是该未知样本的类别。

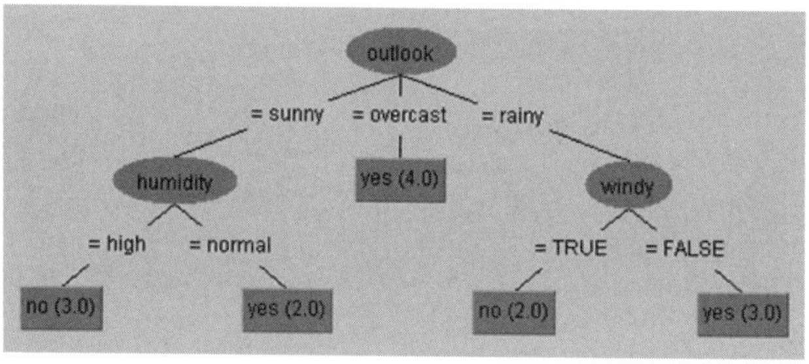

图 7.1 决策树示例①

对于如图 7.1 所示的决策树，假如有一个新的未知样本，属性值如下：

```
outlook = rainy, temperature = cool, humidity = high, windy = FALSE
```

问：是否能 play？

按照决策树的分类过程，自根节点 outlook 开始，由于 outlook=rainy，因此应该沿着最右边的分支向下搜索，下一个节点是 windy，由于 windy=FALSE，因此再次沿着最右边的分支向下搜索，遇到类别标签为 yes 的叶节点，推断未知样本的类别标签是 yes，即可以 play。

决策树算法通过将训练集划分为较纯的子集，以递归的方式建立决策树。有多种决策

① 本图使用 Weka 3.7.13 工具的 J48 算法得到。

树算法，下面介绍使用广泛的 ID3、C4.5 和 CART 算法。

7.2 ID3 算法

ID3 的英文名称是迭代两分器(iterative dichotomiser)版本 3 的字首缩写，该算法由 Quinlan 于 1986 年提出，它是一种根据数据来构建决策树的递归过程，使用信息增益(information gain)作为选择划分节点的标准。

7.2.1 信息熵

信息论(information theory)是概率论和数理统计的一个分支，用于处理信息和信息熵、通信系统等课题。信息论之父香农使用普通二进制位流来确定通信信道的容量。

熵(entropy)也称为信息熵，原来是热力学的概念，随后为信息论借用。决策树中的熵用来度量一个属性的信息量。

假设 S 为原训练集，先将全部 S 作为根节点熵的计算依据，其目标属性 y 有 c 个可能的取值(类别标签)，即 $y=\{y_1,y_2,\cdots,y_c\}$。假设 S 中 y_i 出现的概率为 p_i，$i=1,2,\cdots,c$。则 S 的信息熵 $H(S)$ 定义为：

$$H(S)=H(p_1,p_2,\cdots,p_c)=-\sum_{i=1}^{c}p_i\log_2 p_i \tag{7.1}$$

式(7.1) $\sum$ 前面的负号是因为分数 p_1、p_2、…、p_c 的对数为负，所以熵实际为正。

熵越小表示样本在目标属性上的分布越纯，熵为 0 表示所有样本的目标属性取值都相同。相反，熵越大则表示样本在目标属性上的分布越混乱。特别地，如果 S 中不同类别的样本数相等时，熵为最大值 $\log_2 c$，c 为类别数，当 c 为 2(二元分类)时，熵为 1。

例如，对于第 1 章的天气问题，天气数据集 S 的样本数为 14，目标属性 play 有 2 个取值 $\{y_1=\text{yes},y_2=\text{no}\}$。由于 14 个样本中，有 9 个 yes 和 5 个 no，因此对应的 $p_1=\frac{9}{14}$，$p_2=\frac{5}{14}$。按照信息熵的计算公式，数据集 S 的熵为：

$$H(S)=H(p_1,p_2)=-\frac{9}{14}\log_2\frac{9}{14}-\frac{5}{14}\log_2\frac{5}{14}=0.9403$$

7.2.2 信息增益计算示例

信息增益定义为数据集在划分前的信息熵与划分后的信息熵的差值。假设划分前数据集为S，并使用属性A来对S进行划分，则按属性A来划分S的信息增益$\mathrm{IG}(S,A)$为数据集S的熵$H(S)$减去按属性A划分后的子集的熵$H_A(S)$，公式如下：

$$\mathrm{IG}(S,A)=H(S)-H_A(S) \tag{7.2}$$

按属性A来划分S后的熵定义为：假如属性A有k个不同取值，因此将S划分为k个子集$\{S_1,S_2,\cdots,S_k\}$，划分信息熵定义为：

$$H_A(S)=\sum_{i=1}^{k}\frac{|S_i|}{|S|}H(S_i) \tag{7.3}$$

其中，$|S_i|$为子集S_i中的样本数，$|S|$为集合S中的样本数。

选择划分属性的标准是：信息增益$\mathrm{IG}(S,A)$越大，说明使用属性A进行划分的子集越纯，越利于将不同样本分开。

下面以天气数据集为例，说明如何选择划分属性。图 7.2 所示为分别按照 outlook、temperature、humidity 和 windy 四个属性进行划分的情形，要求根据信息增益，计算出按照哪一个属性进行划分的性能最好。

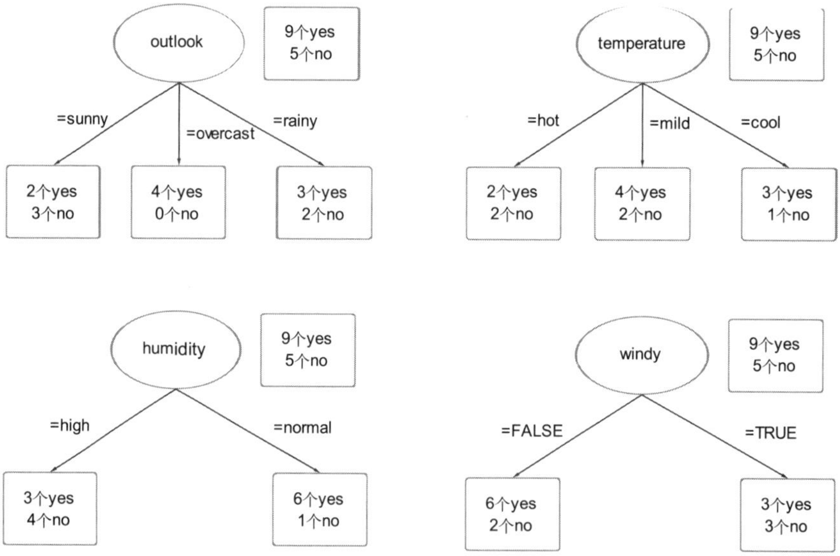

图 7.2 分别按照四个属性进行划分的情形

由前例已知$H(S)$=0.9403，先计算按照属性 outlook 进行划分的信息增益。

首先，属性 outlook 有 3 个可能的取值{sunny,overcast,rainy}，将S划分为 3 个子集，S_1是取值为 sunny 的样本子集，共有 5 个样本；S_2是取值为 overcast 的样本子集，共有 4 个样本；S_3是取值为rainy的样本子集，共有5个样本。下面计算S_1、S_2和S_3的熵。

对于S_1，play为yes的有2个样本，为no的有3个样本，因此

$$H(S_1)=H\left(\frac{2}{5},\frac{3}{5}\right)=-\frac{2}{5}\log_2\frac{2}{5}-\frac{3}{5}\log_2\frac{3}{5}=0.9710$$

同理可得

$$H(S_2)=H\left(\frac{4}{4},\frac{0}{4}\right)=-\frac{4}{4}\log_2\frac{4}{4}-\frac{0}{4}\log_2\frac{0}{4}=0$$

$$H(S_3)=H\left(\frac{3}{5},\frac{2}{5}\right)=-\frac{3}{5}\log_2\frac{3}{5}-\frac{2}{5}\log_2\frac{2}{5}=0.9710$$

按属性outlook来划分S后的熵为：

$$H_{\text{outlook}}(S)=\sum_{i=1}^{k}\frac{|S_i|}{|S|}H(S_i)=\frac{|S_1|}{|S|}H(S_1)+\frac{|S_2|}{|S|}H(S_2)+\frac{|S_3|}{|S|}H(S_3)$$
$$=\frac{5}{14}\times 0.9710+\frac{4}{14}\times 0+\frac{5}{14}\times 0.9710=0.6936$$

$$\text{IG}(S,\text{outlook})=H(S)-H_{\text{outlook}}(S)=0.9403-0.6936=0.2467$$

同理，可以计算出按属性temperature、humidity和windy来划分S后的熵和信息增益分别为：

$$H_{\text{temperature}}(S)=\frac{4}{14}H\left(\frac{2}{4},\frac{2}{4}\right)+\frac{6}{14}H\left(\frac{4}{6},\frac{2}{6}\right)+\frac{4}{14}H\left(\frac{3}{4},\frac{1}{4}\right)=0.9111$$

$$\text{IG}(S,\text{temperature})=H(S)-H_{\text{temperature}}(S)=0.9403-0.9111=0.0292$$

$$H_{\text{humidity}}(S)=\frac{7}{14}H\left(\frac{3}{7},\frac{4}{7}\right)+\frac{7}{14}H\left(\frac{6}{7},\frac{1}{7}\right)=0.7885$$

$$\text{IG}(S,\text{humidity})=H(S)-H_{\text{humidity}}(S)=0.9403-0.7885=0.1518$$

$$H_{\text{windy}}(S)=\frac{8}{14}H\left(\frac{6}{8},\frac{2}{8}\right)+\frac{6}{14}H\left(\frac{3}{6},\frac{3}{6}\right)=0.8922$$

$$\text{IG}(S,\text{windy})=H(S)-H_{\text{windy}}(S)=0.9403-0.8922=0.0481$$

可见，按outlook属性来划分获得的信息增益最大，因此选择outlook属性作为树的根节点的划分属性。这时，有一个子节点是纯的，这使得outlook属性优于其他属性。humidity属性是次佳的选择，它有一个子节点几乎是纯的。

下一步是递归进行选择。显然，再次使用outlook属性进一步划分并不会产生新的结果，因此只需要考虑其他三个属性。图7.3展示了继续按照其他三个属性对左边分支进行划分的情形。

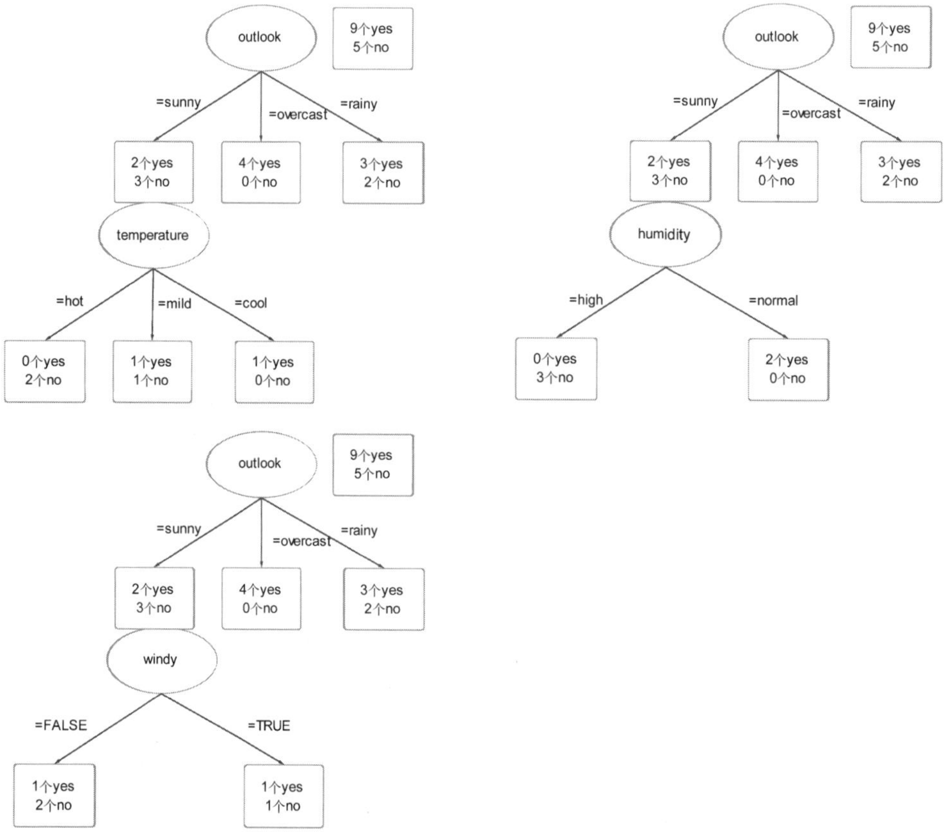

图 7.3　按照其他三个属性对左边分支进行划分

下面利用前面计算得到的 $H(S_1)$=0.9710 的结论，计算按照其他三个属性划分 S_1 后的熵和信息增益。

$$H_{\text{temperature}}(S_1)=\frac{2}{5}H\left(\frac{0}{2},\frac{2}{2}\right)+\frac{2}{5}H\left(\frac{1}{2},\frac{1}{2}\right)+\frac{1}{5}H\left(\frac{1}{1},\frac{0}{1}\right)=0.4000$$

$$\text{IG}(S_1,\text{temperature})=H(S_1)-H_{\text{temperature}}(S_1)=0.9710-0.4000=0.5710$$

$$H_{\text{humidity}}(S_1)=\frac{3}{5}H\left(\frac{0}{3},\frac{3}{3}\right)+\frac{2}{5}H\left(\frac{2}{2},\frac{0}{2}\right)=0.0000$$

$$\text{IG}(S_1,\text{humidity})=H(S_1)-H_{\text{humidity}}(S_1)=0.9710-0.0000=0.9710$$

$$H_{\text{windy}}(S_1)=\frac{3}{5}H\left(\frac{1}{3},\frac{2}{3}\right)+\frac{2}{5}H\left(\frac{1}{2},\frac{1}{2}\right)=0.9510$$

$$\text{IG}(S_1,\text{windy})=H(S_1)-H_{\text{windy}}(S_1)=0.9710-0.9510=0.0200$$

可以看到，按照 humidity 属性进行划分的信息增益最大，这与图 7.3 的结果一致，按照 humidity 属性划分得到的子节点完全是纯的，因此，决策树左边分支选择 humidity 作为划分属性，并且不再需要继续划分节点。

由于中间按照 overcast 属性划分后的子节点已经是纯的，因此不再需要继续划分节点。

按照同样的方式，利用前面得到的 $H(S_3)$=0.9710 的结论，计算按照其他三个属性划分 S_3 的熵和信息增益。划分情形如图 7.4 所示。

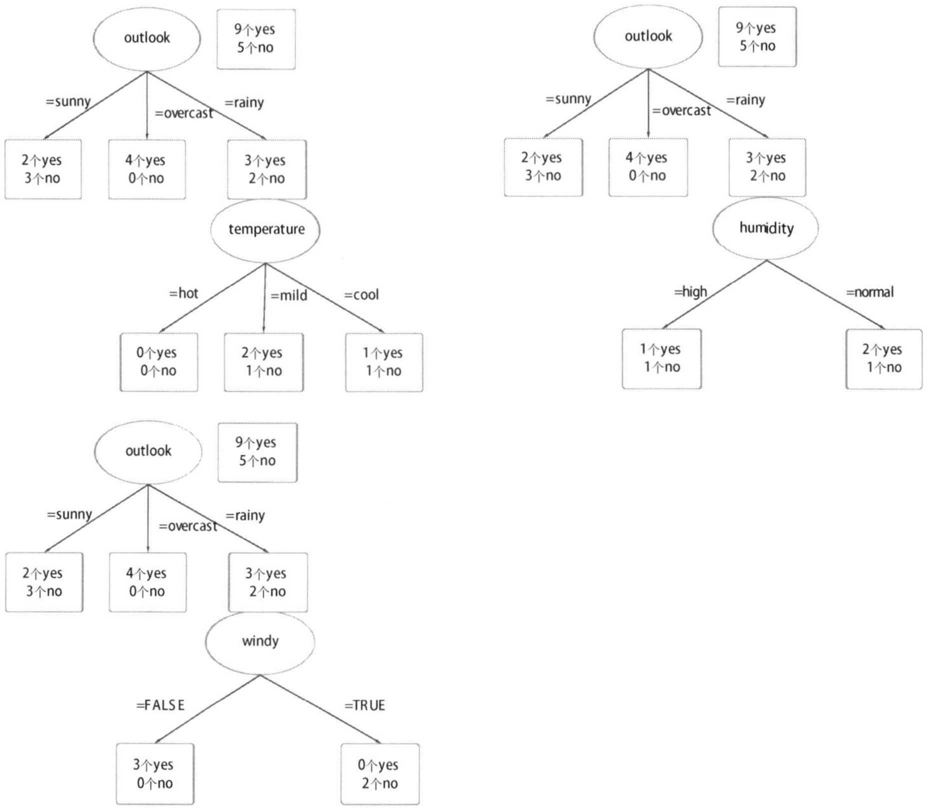

图 7.4　按照三个属性对右边分支进行划分

$$H_{\text{temperature}}(S_3)=\frac{3}{5}H\left(\frac{2}{3},\frac{1}{3}\right)+\frac{2}{5}H\left(\frac{1}{2},\frac{1}{2}\right)=0.9510$$

$$\text{IG}(S_3,\text{temperature})=H(S_3)-H_{\text{temperature}}(S_3)=0.9710-0.9510=0.0200$$

$$H_{\text{humidity}}(S_3)=\frac{2}{5}H\left(\frac{1}{2},\frac{1}{2}\right)+\frac{3}{5}H\left(\frac{2}{3},\frac{1}{3}\right)=0.9510$$

$$\mathrm{IG}(S_3,\text{humidity}) = H(S_3) - H_{\text{humidity}}(S_3) = 0.9710 - 0.9510 = 0.0200$$

$$H_{\text{windy}}(S_3) = \frac{3}{5}H\left(\frac{3}{3},\frac{0}{3}\right) + \frac{2}{5}H\left(\frac{0}{2},\frac{2}{2}\right) = 0.0000$$

$$\mathrm{IG}(S_3,\text{windy}) = H(S_3) - H_{\text{windy}}(S_3) = 0.9710 - 0.0000 = 0.9710$$

可以看到，按照 windy 属性划分得到的子节点完全是纯的，因此，决策树右边分支选择 windy 作为划分属性，并且不再需要继续划分节点。

得到最终的决策树如图 7.5 所示，与 Weka 软件得到的图 7.1 一致。

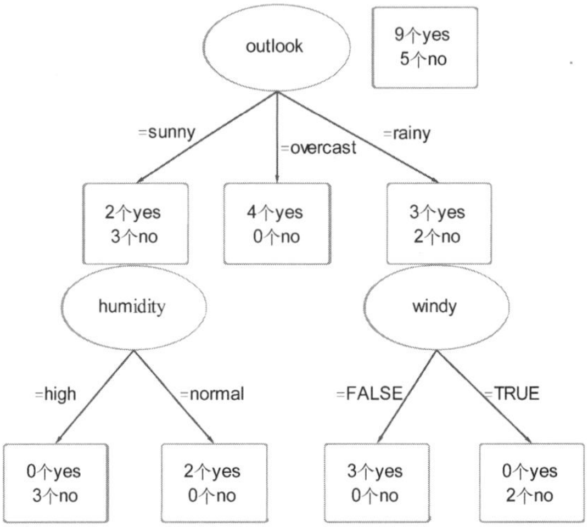

图 7.5　最终的决策树

7.2.3　ID3 算法描述

ID3 算法可分为如下四个步骤。

步骤 1：使用数据集 S 计算按照每个属性划分后的信息熵和信息增益。

步骤 2：使用上一步信息增益最大的属性，将数据集 S 划分为多个子集。

步骤 3：将该属性作为决策树的节点。

步骤 4：在子节点上使用剩余属性递归执行步骤 1 至步骤 3。

ID3 算法的核心是在决策树每个决策节点中选择属性，使用信息增益作为属性选择的标准，选择信息增益最大的属性作为决策节点，使用该属性将数据集分成样本子集后，信息熵值最小。

ID3 算法使用过某一个属性之后，不会考虑再次使用该属性。例如，训练集数据属性集

合为 F，当使用属性 A 作为决策节点以后，可供选择的属性集合将变为 F 减去属性 A，即 $F-\{A\}$。

ID3 生成树算法的伪代码如算法 7.1 所示。

算法 7.1　ID3 生成树算法

```
函数：ID3 (S, F)
输入：训练集数据 S，训练集数据属性集合 F
输出：ID3 决策树

if 没有训练样本 then
    raise exception(传入值异常)
end if
if 样本太少 or 样本 S 全部属于同一个类别 or 没有可用属性 then
    创建一个叶节点，并标记为样本中最多的类别值
    return
else
    循环计算属性集 F 中每一个属性的信息增益，得到信息增益最大的属性 A
    创建决策节点，取属性 A 为该节点的决策属性
    for 属性 A 的每个可能的取值 v_i do
        在决策节点下添加一个新的分支，假设属性 A 取值为 v_i 的样本子集为 S_v
        递归调用 ID3 （S_v， F−{A}），为该分支创建子树
    end for
end if
```

构建决策树模型之后，很容易对未知类别的样本进行分类。ID3 分类算法如算法 7.2 所示。

算法 7.2　ID3 分类算法

```
函数：ID3classify (T, test)
输入：决策树模型 T，测试样本 test
输出：样本类别

while 没有到达 T 的叶节点 do
    获取决策树根的决策属性 A;
    for 属性 A 的每个可能的取值 v_i do
        if test 的属性 A 取值等于 v_i then
            T = T 的 v_i 子树
            break
        end if
    end for
end while
return 叶节点的类别标签
```

7.2.4 ID3 算法实现

实现决策树算法需要选用一种数据结构来存储树的信息，本书直接使用 Python 字典变量来存储决策树，如下是图 7.6 的 Python 字典表示，冒号前为决策属性名称或决策属性取值，冒号后为叶节点名称或子树的 Python 字典。

```
{'outlook': {'overcast': 'yes', 'rainy': {'windy': {'FALSE': 'yes', 'TRUE': 'no'}}, 'sunny': {'humidity': {'high': 'no', 'normal': 'yes'}}}}
```

后文的 C4.5 和 CART 树都使用同样的表示方法。

Python 脚本 id3.py 实现了 ID3 决策树，id3_demo.py 脚本读入数据集并调用 id3.py 的函数构建决策树模型，然后对测试样本进行分类。图 7.6 所示为运行 Python 脚本 id3_demo.py 绘制的 ID3 决策树，如果与图 7.1 对照，可以发现除了节点位置稍有不同外，两个决策树是一样的。

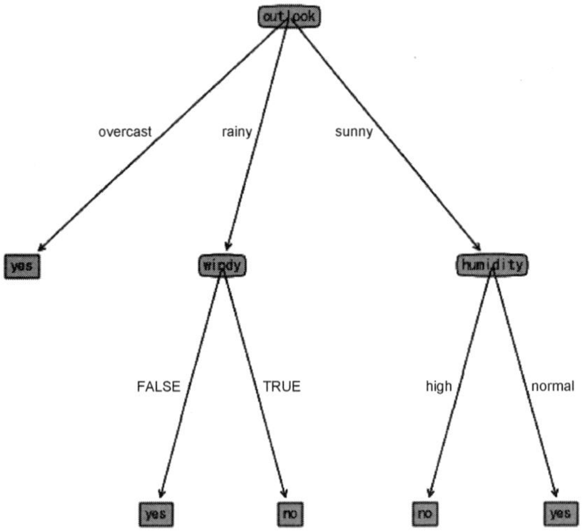

图 7.6　ID3 生成树结果

ID3 算法实现不算太难，比较困难的是绘制决策树。Matplotlib 没有提供绘制树的函数，只提供 text 函数和 annotate 函数来标注文本以及绘制节点和分支。因此，主要任务就是根据生成的决策树模型，计算树的宽度和深度，以及各个节点的位置，然后调用 annotate 函数来绘制节点和分支，并调用 text 函数在节点和分支上标出决策属性和分支取值。

7.3 C4.5 算法

ID3 算法只能处理离散型的标称属性数据，无法处理连续型数据。ID3 算法使用信息增益作为决策节点选择的标准，导致 ID3 算法偏向选择具有较多分支的属性，不剪枝容易导致过拟合。

C4.5 算法是澳大利亚悉尼大学 Ross Quinlan 教授于 1993 年对早先的 ID3 算法进行改进而提出来的。C4.5 算法主要在以下几个方面对 ID3 算法进行改进。

(1) 能够处理连续型属性和离散型属性的数据。

(2) 使用信息增益率作为决策树的属性选择标准。

(3) 对生成树进行剪枝，降低过拟合。

7.3.1 基本概念

C4.5 算法是对 ID3 算法的改进，因此沿用 ID3 算法中信息熵、划分信息熵、信息增益的计算公式。不同的是，C4.5 以信息增益率作为选择划分属性的标准，不仅考虑信息增益的大小，还兼顾考虑信息增益所付出的“代价”。

1. 高分支属性的影响

当数据集中存在某个属性有大量可能性时，会导致很多子节点的多分支出现，使用信息增益来选择划分属性就会倾向于选择这些高分支的属性，从而出现问题。

现在考虑一个极端的例子，假如天气数据集中新增一个标识属性，该属性对数据集的每一个实例都取不同值。修改后的数据集如表 7.1 所示。

表 7.1　修改后的天气问题

标识 (ID)	天气趋势 (outlook)	温度 (temperature)	湿度 (humidity)	刮风 (windy)	是否可运动 (play)
a	sunny	hot	high	FALSE	no
b	sunny	hot	high	TRUE	no
c	overcast	hot	high	FALSE	yes
d	rainy	mild	high	FALSE	yes
e	rainy	cool	normal	FALSE	yes

续表

标识 (ID)	天气趋势 (outlook)	温度 (temperature)	湿度 (humidity)	刮风 (windy)	是否可运动 (play)
f	rainy	cool	normal	TRUE	no
g	overcast	cool	normal	TRUE	yes
h	sunny	mild	high	FALSE	no
i	sunny	cool	normal	FALSE	yes
j	rainy	mild	normal	FALSE	yes
k	sunny	mild	normal	TRUE	yes
l	overcast	mild	high	TRUE	yes
m	overcast	hot	normal	FALSE	yes
n	rainy	mild	high	TRUE	no

使用前文划分信息熵的计算公式进行计算，按照 ID 属性划分数据集的信息熵为：

$$H_{\mathrm{ID}}\left(S\right)=\sum_{i=1}^{14}\frac{\left|S_i\right|}{\left|S\right|}H\left(S_i\right)=\sum_{i=1}^{14}\frac{1}{14}\left(-\frac{1}{1}\log_2\frac{1}{1}-\frac{0}{1}\log_2\frac{0}{1}\right)=0 \tag{7.4}$$

以上公式得到的结果并不奇怪，ID 属性能够无二义地确定每个训练实例的目标属性值。因此，该属性对应的信息增益就是根节点的信息熵 $H\left(S\right)$=0.9403。它大于任何其他属性的信息增益，因此 ID3 算法必然选择 ID 属性作为划分属性。但是，ID 属性对于预测未知实例的类别毫无帮助，因此需要对 ID3 算法进行改进，改进方法是引入分裂信息来对信息增益进行调节。

总体来说，信息增益倾向于选择具有大量可能值的属性，补偿方式是还要兼顾考虑划分数据集后子节点的数量。

2. 分裂信息

C4.5 引入属性的分裂信息来调节信息增益，计算公式如下：

$$\mathrm{Split}E\left(A\right)=-\sum_{i=1}^{k}\frac{\left|S_i\right|}{\left|S\right|}\log_2\frac{\left|S_i\right|}{\left|S\right|} \tag{7.5}$$

例如，标识 ID 属性的分裂信息为：

$$\mathrm{Split}E\left(\mathrm{ID}\right)=-\sum_{i=1}^{14}\frac{1}{14}\log_2\frac{1}{14}=\log_2 14=3.8074$$

因为分裂信息确定每个实例指派到某个分支所需要的位数，分支越多，该值越大。

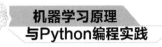

3. 信息增益率

信息增益率将分裂信息作为分母，属性取值数目越大，分裂信息值越大，从而部分抵消了属性取值数目所带来的影响。

信息增益率计算公式如下：

$$\text{IGRatio}(A)=\frac{\text{IG}(S,A)}{\text{Split}E(A)} \tag{7.6}$$

例如，对于天气数据集，如果按照 ID 属性进行划分，那么

$$\text{IG}(S,\text{ID})=H(S)-H_{\text{ID}}(S)=0.9403-0=0.9403$$

$$\text{IGRatio}(\text{ID})=\frac{\text{IG}(S,\text{ID})}{\text{Split}E(\text{ID})}=\frac{0.9403}{3.8074}=0.2470$$

如果按照 outlook 属性进行划分，前文已经得到 $\text{IG}(S,\text{outlook})=0.2467$，那么

$$\text{Split}E(\text{outlook})=-\frac{5}{14}\log_2\frac{5}{14}-\frac{4}{14}\log_2\frac{4}{14}-\frac{5}{14}\log_2\frac{5}{14}=1.5774$$

$$\text{IGRatio}(\text{outlook})=\frac{\text{IG}(S,\text{outlook})}{\text{Split}E(\text{outlook})}=\frac{0.2467}{1.5774}=0.1564$$

继续对剩余三个属性进行计算，前文已经得到如下计算结果：

$$\text{IG}(S,\text{temperature})=0.0292$$

$$\text{IG}(S,\text{humidity})=0.1518$$

$$\text{IG}(S,\text{windy})=0.0481$$

只需计算分裂信息和信息增益率即可：

$$\text{Split}E(\text{temperature})=-\frac{4}{14}\log_2\frac{4}{14}-\frac{6}{14}\log_2\frac{6}{14}-\frac{4}{14}\log_2\frac{4}{14}=1.5774$$

$$\text{IGRatio}(\text{temperature})=\frac{\text{IG}(S,\text{temperature})}{\text{Split}E(\text{temperature})}=\frac{0.0292}{1.5774}=0.0185$$

$$\text{Split}E(\text{humidity})=-\frac{7}{14}\log_2\frac{7}{14}-\frac{7}{14}\log_2\frac{7}{14}=1.0000$$

$$\text{IGRatio}(\text{humidity})=\frac{\text{IG}(S,\text{humidity})}{\text{Split}E(\text{humidity})}=\frac{0.1518}{1}=0.1518$$

$$\text{Split}E(\text{windy})=-\frac{8}{14}\log_2\frac{8}{14}-\frac{6}{14}\log_2\frac{6}{14}=0.9852$$

$$\text{IGRatio}(\text{windy})=\frac{\text{IG}(S,\text{windy})}{\text{Split}E(\text{windy})}=\frac{0.0481}{0.9852}=0.0488$$

从以上计算结果可以看到，除标识 ID 属性之外，使用 outlook 属性的信息增益率仍然最大，效果最好，但 humidity 属性成了很强的竞争者，因为它将数据划分成了两个子集，而 outlook 属性划分为三个子集。本例中，假想的 ID 属性的信息增益率为 0.2470，仍然比这四个属性好。然而其优势已经大大降低。

C4.5 算法使用分裂信息进行补偿，抵消因属性取值数目大带来的影响。但事物都有两面性，有时可能会因补偿过度导致优先选择低分支的属性。较好的折中思路是增加选择条件：选择信息增益率最大的属性，但要求该属性的信息增益不低于所有属性的平均信息增益。

4. 连续属性

如果划分属性 A 是连续型数据，其处理方式与离散型数据有所不同。先将属性 A 的取值按照递增顺序进行排序，将每个取值视为可能的分裂点，对所有的分裂点计算信息熵，公式如下：

$$H_A(S)=\frac{|S_\mathrm{L}|}{|S|}H(S_\mathrm{L})+\frac{|S_\mathrm{R}|}{|S|}H(S_\mathrm{R}) \tag{7.7}$$

其中，S_L 和 S_R 为分裂点划分的左右样本子集，即，S_L 是小于等于分裂点的样本子集，S_R 是大于分裂点的样本子集。选择 $H_A(S)$ 值最小的分裂点作为属性 A 的最佳分裂点，并将该分裂点的划分信息熵作为按照属性 A 划分 S 的熵。

注意，连续属性只能进行二分支。每次我们只考虑取一个属性值将数据集左右分开，不考虑分为多个区间的复杂问题。这就带来处理连续属性和离散属性的重要区别：一旦按照某个离散属性进行划分，就已经用完了该属性能提供的全部信息。因此，从决策树的根到叶节点的任意路径中，一个离散属性最多只需要使用一次。但连续属性可以使用多次，导致所生成的树杂乱而不易理解，因为一个连续属性可能散布在路径的多个位置。

下面举例说明连续属性的处理方法。

混合属性的天气问题中，temperature 和 humidity 都是连续数值属性。本例仅以 temperature 为例进行说明。首先对属性 temperature 进行递增排序，然后将每对相邻值的左值视为可能的分裂点，对每个可能的分裂点计算其分裂信息熵。处理结果如表 7.2 所示。

注意到数据集 temperature 属性有两次出现重复值，72 和 75 各出现两次，重复值中间不能划分，因此表 7.2 直接将重复值合并。可能的分裂点的数目为训练集样本数减一，即 $N-1$，因此表 7.2 的最下面的两行最末都少了一个元素，使用“-”符号填充。

表 7.2 连续属性 temperature 划分节点的熵计算过程

play	yes	no	yes	yes	yes	no	no	yes	yes	yes	no	yes	yes	no
temperature	64	65	68	69	70	71	72		75		80	81	83	85
$H_{\text{tempetature}}(S)$	0.8926	0.9300	0.9398	0.9253	0.8950	0.9389	0.9389		0.9152		0.9398	0.9300	0.8269	-
IGRatio	0.1245	0.0174	0.0007	0.0173	0.0482	0.0014	0.0014		0.0291		0.0007	0.0174	0.3055	-

例如，考虑分裂点值为 71 的情形，左子集 S_L (temperature≤71)有 4 个 yes 和 2 个 no，右子集 S_R (temperature>71)有 5 个 yes 和 3 个 no。因此，该值的分裂信息熵为：

$$H_{\text{temperature}}(S)=\frac{6}{14}H\left(\frac{4}{6},\frac{2}{6}\right)+\frac{8}{14}H\left(\frac{5}{8},\frac{3}{8}\right)=0.9389$$

$$\text{Split}E(\text{temperature})=-\frac{6}{14}\log_2\frac{6}{14}-\frac{8}{14}\log_2\frac{8}{14}=0.9852$$

$$\text{IGRatio}(\text{temperature})=\frac{\text{IG}(S,\text{temperature})}{\text{Split}E(\text{temperature})}=\frac{0.9403-0.9389}{0.9852}=0.0014$$

按照上述方式进行计算，可以得到每个分裂点对应的 $H_{\text{temperature}}(S)$ 和 $\text{IGRatio}(\text{temperature})$，并填入表 7.2。

可以看到，当属性取值为 83 时，得到的信息增益率 0.3055 为最大，是否应该取该值为属性 temperature 的最佳分裂点？答案是否定的，原因是，S_R 集合只有一个元素，容易造成过拟合。在实践中，通常设置一个阈值，要求每个叶节点的样本数应大于该阈值。如果取阈值为 2，则按照 temperature 属性的分裂点不能取值为 64 和 83，最佳分裂点变更为 70，对应的信息增益率为 0.0482，小于 outlook 属性的信息增益率 0.1564，因此首选的决策节点的属性仍为 outlook。

7.3.2 剪枝处理

C4.5 采用递归划分训练集的算法得到决策树模型。随着树的生长，最佳分裂点的选择基于越来越小的样本来进行，较低层次的分裂选择通常会变得在统计上不可靠。完全生长的决策树常常包含不必要的结构，尽管训练误差在持续降低，但认为能将训练误差估计泛化到未知的测试样本上显然过于乐观，这就是过拟合。这里过拟合的含义是决策树捕获了训练样本的规律，但没有捕获到所有样本的总体规律。这就引出了对决策树进行剪枝(pruning)处理以消除过拟合影响的方案。

一般将剪枝视为优先选择简单的模型，不应该视为改善预测误差的统计手段，因为剪枝对于大量的独立的检验样本而言，肯定会降低预测准确率。

剪枝的原则是去除预测准确率低的子树，建立复杂度较低且容易理解的决策树。有两种基本的剪枝方法，一种是在进一步划分变得不可靠的时候停止树生长，称为预剪枝(prepruning)或先剪枝(forward pruning)。另一种是对完全生长后的树进行剪枝，称为后剪枝(postpruning 或 backward pruning)。预剪枝比后剪枝有明显的计算优势，可以较早地停止树的生长，避免费时生长子树之后再对子树剪枝。因此，在十分关注运行时间的情形下应优先选择预剪枝。但是，过早停止树的生长有可能只得到次最优树，因此避免过拟合的较好方法是后剪枝。

后剪枝主要采用两种方法：子树置换(subtree replacement)和子树提升(subtree raising)。子树置换是主要的剪枝操作，其基本思想是选择某些子树，并用单个叶节点来置换它们。例如，图 7.7 的左图有 B 和 C 两个内部节点和 4 个叶节点，子树置换算法的操作顺序是从叶节点返回至根节点。操作步骤有两步，先考虑将 C 节点下的三个子节点置换为一个叶节点，该叶节点的类别显然是 no。然后，新置换的叶节点 no 成为 B 节点的子节点，与原来的叶节点 no 合并，将节点 B 置换为一个单独的叶节点，最终结果如图 7.7 的右图所示。

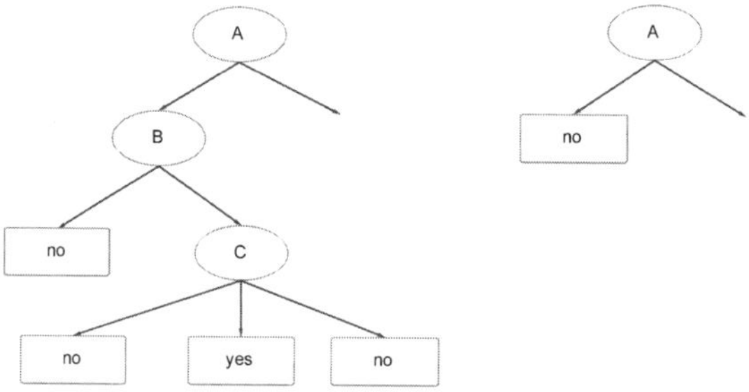

图 7.7　子树置换

第二种剪枝操作子树提升则更为复杂。考虑对图 7.8 的左图进行子树提升，提升节点 C 以下的整个子树以替换 B 子树。注意，尽管 B 和 C 的子树在图中显示为叶节点，但也可以是整棵子树。另外，进行提升操作必须将 4 和 5 节点中的实例重新分配到 C 节点以下的新子树中。因此，C 的子节点用 1′、2′和 3′标记，目的是与原来的 1、2 和 3 相区别，新节点包含原来 4 和 5 节点的实例。

子树提升是一种潜在的耗时操作。实际实现时，一般只考虑提升最普遍的分支。例如，在图 7.8 的例子中，假如从 B 到 C 分支的训练实例比 B 到 4 和 5 的训练实例多，就考虑提升操作。如果节点 4 的实例数更多，就考虑提升节点 4 来置换 B，并将 C 和 5 节点之下的实例重新分配到新节点。

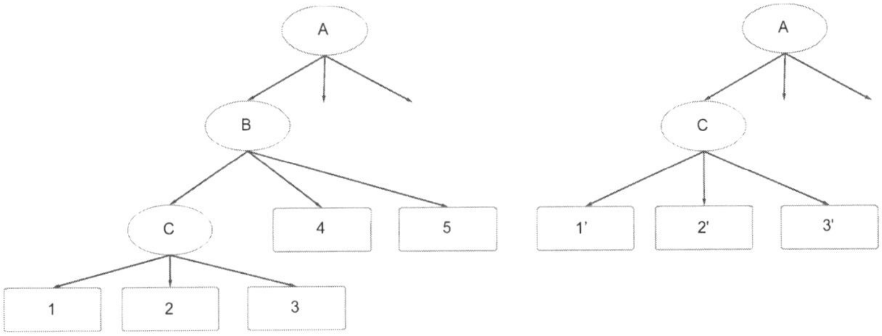

图 7.8　子树提升

7.3.3　C4.5 算法描述

C4.5 算法对 ID3 算法进行了改进，可分为如下五个步骤。

步骤 1：使用数据集 S 计算按照每个属性划分后的信息熵、分裂信息和信息增益率。

步骤 2：使用上一步信息增益率最大的属性，将数据集 S 划分为多个子集。

步骤 3：将该属性作为决策树的节点。

步骤 4：在子节点上使用剩余属性递归执行步骤 1 至步骤 3。

步骤 5：对生成的决策树进行剪枝处理。

C4.5 算法以不同的方式来处理离散属性和连续属性，第一个不同是计算信息熵的公式不同，可参见前文。第二个不同是，使用过一个离散属性之后，不会考虑再次使用该属性。但使用过一个连续属性之后，仍有可能继续使用该属性。这些使得 C4.5 生成树算法比 ID3 复杂。

C4.5 生成树算法的伪代码如算法 7.3 所示。

算法 7.3　C4.5 生成树算法

```
函数：C45 (S, F)
输入：训练集数据 S，训练集数据属性集合 F
输出：C4.5 决策树

if 没有训练样本 then
    raise exception(传入值异常)
end if
if 样本太少 or 样本 S 全部属于同一个类别 or 没有可用属性 then
    创建一个叶节点，并标记为样本中最多的类别值
    return;
else
    循环计算属性集 F 中每一个属性的信息增益率，得到信息增益率最大的属性 A
```

```
    创建决策节点，取属性 A 为该节点的决策属性
    if A 为连续属性 then
        在决策节点下添加一个左分支，假设属性 A 小于等于分裂点的样本子集为 S_L
        递归调用 C45 (S_L, F)，为该分支创建左子树
        在决策节点下添加一个左分支，假设属性 A 大于分裂点的样本子集为 S_R
        递归调用 C45 (S_R, F)，为该分支创建右子树
    else
        for 属性 A 的每个可能的取值 v_i do
            在决策节点下添加一个新的分支，假设属性 A 取值为 v_i 的样本子集为 S_v
            递归调用 C45 (S_v, F−{A})，为该分支创建子树
        end for
    end if
end if
```

构建决策树模型之后，很容易对未知类别的样本进行分类。C4.5 分类算法如算法 7.4 所示。

算法 7.4　C4.5 分类算法

```
函数：C45classify (T, test)
输入：决策树模型 T，测试样本 test
输出：样本类别

while 没有到达叶节点 do
    获取决策树根的决策属性 A
    if A 是连续属性 then
        if test 的属性 A 取值小于等于分裂点 then
            T = T 的左子树
        else
            T = T 的右子树
        end if
    else
        for 属性 A 的每个可能的取值 v_i do
            if test 的属性 A 取值等于 v_i then
                T = T 的 v_i 子树
                break
            end if
        end for
    end if
end while
return 叶节点的类别标签
```

7.3.4 C4.5 算法实现

由于 C4.5 算法既要处理离散属性又要处理连续属性，且计算公式和处理方式不同，因此 C4.5 算法实现起来比 ID3 算法要困难一些。

Python 脚本 c45.py 实现了 C4.5 算法，脚本 c45_demo.py 分别打开混合天气数据集和鸢尾花数据集，然后训练决策树。

为了可视化决策树时正确显示节点名称，需要为属性指定名称。如下代码片段加载天气数据集，并使用一个 feature_list 列表记录四个属性的名称。

```
# 加载天气数据
data = load_dataset("../data/weather_numeric.csv")
feature_list = ['outlook', 'temperature', 'humidity', 'windy']
# 构建决策树
my_tree = c45.build_c45_tree(data, feature_list)
```

同样，如下代码片段加载鸢尾花数据集，使用一个 feature_list 列表记录四个属性的名称。

```
# 加载鸢尾花数据
data = load_dataset("../data/fisheriris.csv")
data = data[1:, :]
feature_list = ['sepal length', 'sepal width', 'petal length', 'petal width']
```

加载的 CSV 文件并没有说明哪些属性是离散属性，哪些属性是连续属性，因此使用 Python 编写一个 is_discrete_feature 函数来判断指定的属性是否是离散属性，以便使用不同方法来计算对应的信息增益率，如代码 7.1 所示。

代码 7.1 判断是否是离散属性

```
def is_discrete_feature(data_set, feat_idx):
    """
    测试是否是离散属性
    输入参数
        data_set：数据集，feat_idx：给定的特征序号
    输出参数
        is_str_feat：是否为离散属性
    """
    is_str_feat = False
    try:
        _ = data_set[:, feat_idx].astype(float)
    except ValueError:
```

```
        is_str_feat = True

    return is_str_feat
```

图 7.9 和图 7.10 是运行 Python 脚本 c45_demo.py 绘制的决策树。图 7.9 是混合属性天气问题的 C4.5 决策树，其中既有连续属性又有离散属性；图 7.10 是鸢尾花数据集的 C4.5 决策树，只有连续属性。

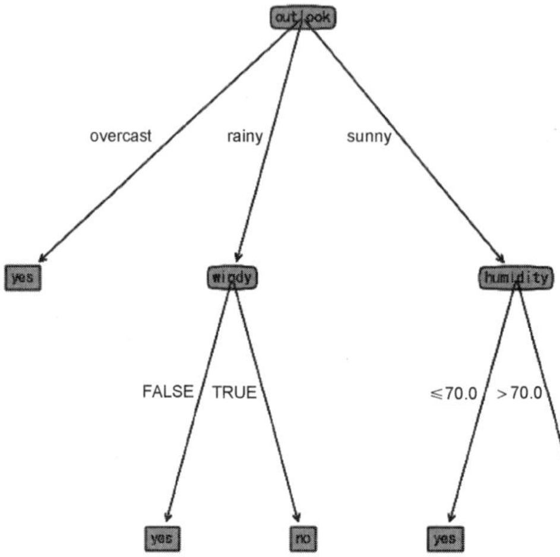

图 7.9　混合属性天气问题的 C4.5 决策树

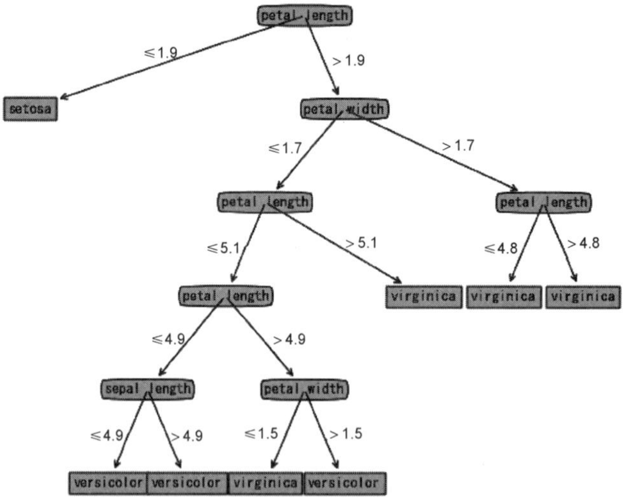

图 7.10　鸢尾花数据集的 C4.5 决策树

7.4 CART 算法

CART(classification and regression tree，分类及回归树)算法是由美国斯坦福大学和加州大学伯克利分校的 Leo Breiman、Jerome Friedman、Richard Olshen 和 Charles Stone 于 1984 年开发的决策树软件的核心。CART 决策树采用二叉递归划分方法，能够处理属性(输入变量)和目标属性(输出变量)为连续型属性和标称型属性的情形。当目标属性为标称型数据时，所建立的决策树称为分类树，用于预测离散型标称类别。当目标属性为数值型数据时，所建立的决策树称为回归树，用于预测连续型数值类别。本书仅介绍 CART 分类树。

7.4.1 CART 算法介绍

CART 算法与 C4.5 决策树算法类似，不同的是，CART 为二叉分支，而 C4.5 可以为多叉分支；CART 的输入变量和输出变量都可以是标称型或数值型，而 C4.5 的输出变量只能是标称型；CART 使用 Gini 系数(Gini index)作为不纯度量，而 C4.5 使用信息增益率；另外，两者对决策树的剪枝方法不同。

1. Gini 系数

Gini 系数是一种不等性度量，是 20 世纪初由意大利统计学家 Corrado Gini 提出，是国际上用来综合考察居民内部收入分配差异状况的一个重要分析指标。Gini 系数的取值范围为 0～1，其中，0 对应完全相等(每个人的收入都相同)，1 对应完全不相等(一个人占据全部收入，其他人的收入都为零)。Gini 系数的一个修订形式度量节点的不纯度，在目标属性为标称型时使用。其最小值为 0，最大值为$1-1/k$，其中k为目标属性的取值数目。

CART 算法使用 Gini 系数来度量对某个属性测试输出的两组取值的差异性，理想的划分应该尽量使两组中样本输出变量取值的差异性总和达到最小，即“纯度”最大，也就是使两组输出变量取值的差异性下降最快，“纯度”增加最快。

设t为分类树中的一个节点，Gini 系数计算公式为：

$$\mathrm{Gini}(t)=1-\sum_{j=1}^{k}p^2(j|t) \tag{7.8}$$

其中，k为当前属性下测试输出的类别数；$p(j|t)$为节点t中样本测试输出取类别j的概率。

设t为一个决策节点，$s\in S$是所有可能的划分集S中的一个具体划分，该分支条件将节点t中的样本分别划分到左分支S_{L}和右分支S_{R}中，称下式为在分支条件s下节点t的差异性损失。

$$\mathrm{Gini}_{\mathrm{split}}(s,t)=\mathrm{Gini}(t)-\frac{|S_{\mathrm{L}}|}{|S_{\mathrm{L}}|+|S_{\mathrm{R}}|}\mathrm{Gini}(t_{\mathrm{L}})-\frac{|S_{\mathrm{R}}|}{|S_{\mathrm{L}}|+|S_{\mathrm{R}}|}\mathrm{Gini}(t_{\mathrm{R}}) \tag{7.9}$$

其中，$\mathrm{Gini}(t)$为划分前测试输出的 Gini 系数；$|S_{\mathrm{L}}|$和$|S_{\mathrm{R}}|$分别为划分后左右分支的样本个数。为使节点t尽可能纯，需选择某个属性分支条件s使该节点的差异性损失尽可能大，即最大化$\mathrm{Gini}_{\mathrm{split}}(s,t)$的值。选择分支条件的公式为：

$$s^{*}=\underset{s\in S}{\operatorname{argmax}}\,\mathrm{Gini}_{\mathrm{split}}(s,t) \tag{7.10}$$

对于节点t上的任意划分s，因为$\mathrm{Gini}(t)$为常量，所以也可以选择最小化$\mathrm{Gain}(s,t)=\frac{|S_{\mathrm{L}}|}{|S_{\mathrm{L}}|+|S_{\mathrm{R}}|}\mathrm{Gini}(t_{\mathrm{L}})+\frac{|S_{\mathrm{R}}|}{|S_{\mathrm{L}}|+|S_{\mathrm{R}}|}\mathrm{Gini}(t_{\mathrm{R}})$的划分$s$的值。

和 C4.5 算法类似，CART 分类树也需要选择最佳的属性划分。对于离散型和连续型这两种不同的属性类型，CART 与 C4.5 的处理方法有所不同。对于离散型属性，由于 CART 只能建立二叉树，如果属性变量取值多于 2 个，需要将多个取值合并成两个类别，形成“超类”，然后计算两“超类”下样本测试输出取值的差异性。这里需要计算“超类”的所有可能组合，因此处理起来比 C4.5 更为麻烦。另外，C4.5 使用过一个离散属性后就不会再次使用该属性，但 CART 没有这个限制；对于连续型属性，处理方法与 C4.5 类似，将数据按升序排序，然后从小到大依次将每个取值视为可能的分裂点，将样本分为两组，并计算所得组中样本测试输出取值的差异性。

2. Gini 系数计算示例

下面以混合属性的天气问题为例，介绍如何使用 Gini 系数构建分类树。属性 outlook 和 windy 都是离散型，windy 属性只有两个取值，不用考虑合并，但 outlook 属性有三个取值，必须考虑将多个取值合并成两个超类。

首先计算根节点r的 Gini 系数。有 9 个样本$\mathrm{play}=\mathrm{yes}$，5 个$\mathrm{play}=\mathrm{no}$，因此有：

$$\mathrm{Gini}(r)=1-\left(\frac{9}{14}\right)^{2}-\left(\frac{5}{14}\right)^{2}=0.4592$$

然后计算 outlook 属性的差异性损失。outlook 属性有三个取值{sunny, overcast, rainy}，分别计算划分后的超类{sunny}|{overcast, rainy}、{overcast}|{sunny, rainy}和{rainy}|{sunny, overcast}的差异性损失。

当划分为{overcast}|{sunny, rainy}时，S_{L}表示 outlook 取值为 overcast 的样本，S_{R}表示 outlook 取值为 sunny 或 rainy 的样本，此时按 outlook 划分的差异性损失结果为：

$$\text{Gini}_{\text{split}}(s,r)=\text{Gini}(r)-\frac{|S_L|}{|S_L|+|S_R|}\text{Gini}(t_L)-\frac{|S_R|}{|S_L|+|S_R|}\text{Gini}(t_R)$$

$$=0.4592-\frac{4}{14}\times\left(1-\left(\frac{4}{4}\right)^2-\left(\frac{0}{4}\right)^2\right)-\frac{10}{14}\times\left(1-\left(\frac{5}{10}\right)^2-\left(\frac{5}{10}\right)^2\right)=0.1021$$

按照上述计算过程，计算按 outlook 划分的差异性损失结果并填入表 7.3 中。可以看到，outlook 属性划分为{overcast}|{sunny, rainy}的差异性损失最大，因此作为 outlook 属性的最佳划分。

表 7.3　outlook 属性取值组合的差异性损失

划分	{sunny}|{overcast, rainy}		{overcast}|{sunny, rainy}		{rainy}|{sunny, overcast}	
超类	S_L	S_R	S_L	S_R	S_L	S_R
yes	2	7	4	5	3	6
no	3	2	0	5	2	3
$\text{Gini}_{\text{split}}$	0.0655		0.1021		0.0020	

下面以连续数值属性 temperature 为例说明差异性损失计算过程。首先对属性 temperature 进行递增排序，然后将每对相邻值的左值视为可能的分裂点，对每个可能的分裂点计算其差异性损失。处理结果如表 7.4 所示。

表 7.4　连续属性 temperature 划分节点的差异性损失计算过程

play	yes	no	yes	yes	yes	no	no	yes	yes	yes	no	yes	yes	no
temperature	64	65	68	69	70	71	72		75		80	81	83	85
$\text{Gini}_{\text{split}}(s,r)$	0.0196	0.0068	0.0003	0.0092	0.0274	0.0009	0.0009		0.0163		0.0003	0.0068	0.0636	-

例如，考虑分裂点值为 70 的情形，左子集 S_L (temperature≤70)有 4 个 yes 和 1 个 no，右子集 S_R (temperature>70)有 5 个 yes 和 4 个 no。因此，该值的差异性损失为：

$$\text{Gini}_{\text{split}}(s,r)=\text{Gini}(r)-\frac{|S_L|}{|S_L|+|S_R|}\text{Gini}(t_L)-\frac{|S_R|}{|S_L|+|S_R|}\text{Gini}(t_R)$$

$$=0.4592-\frac{5}{14}\times\left(1-\left(\frac{4}{5}\right)^2-\left(\frac{1}{5}\right)^2\right)-\frac{9}{14}\times\left(1-\left(\frac{5}{9}\right)^2-\left(\frac{4}{9}\right)^2\right)=0.0274$$

按照上述方式进行计算，可以得到每个分裂点对应的 $\text{Gini}_{\text{split}}(s,r)$，并填入表 7.4。

与 C4.5 算法的处理方式一样，通常设置一个叶节点的最少样本数阈值。如果取阈值为 2，则按照 temperature 属性的分裂点不能取值为 64 和 83，因此最佳分裂点变更为 70，对应的差异性损失为 0.0274。

连续数值属性 humidity 的处理方式与 temperature 一致。计算结果如表 7.5 所示，最佳分裂点为 75，对应的差异性损失为 0.0274。

表 7.5　连续属性 humidity 划分节点的差异性损失计算过程

play	yes	no	yes	yes	yes	yes	yes	no	yes	no	yes	no	no	yes
humidity	65	70			75	80		85	86	90		91	95	96
$Gini_{split}(s,r)$	0.0196	0.0092			0.0274	0.0918		0.0306	0.0655	0.0523		0.0068	0.0196	-

第四个属性为 windy，该离散型属性只有两个取值，因此不需要合并为超类。

$$\begin{aligned}\mathrm{Gini}_{\mathrm{split}}(s,r)&=\mathrm{Gini}(r)-\frac{|S_{\mathrm{L}}|}{|S_{\mathrm{L}}|+|S_{\mathrm{R}}|}\mathrm{Gini}(t_{\mathrm{L}})-\frac{|S_{\mathrm{R}}|}{|S_{\mathrm{L}}|+|S_{\mathrm{R}}|}\mathrm{Gini}(t_{\mathrm{R}})\\&=0.4592-\frac{6}{14}\times\left(1-\left(\frac{3}{6}\right)^2-\left(\frac{3}{6}\right)^2\right)-\frac{8}{14}\times\left(1-\left(\frac{6}{8}\right)^2-\left(\frac{2}{8}\right)^2\right)=0.0306\end{aligned}$$

比较上述结果，outlook 属性划分为{overcast}|{sunny, rainy}的差异性损失 0.1021 最大，因此取 outlook 属性作为根节点 r 的决策属性，得到第一次划分，结果如图 7.11 所示。

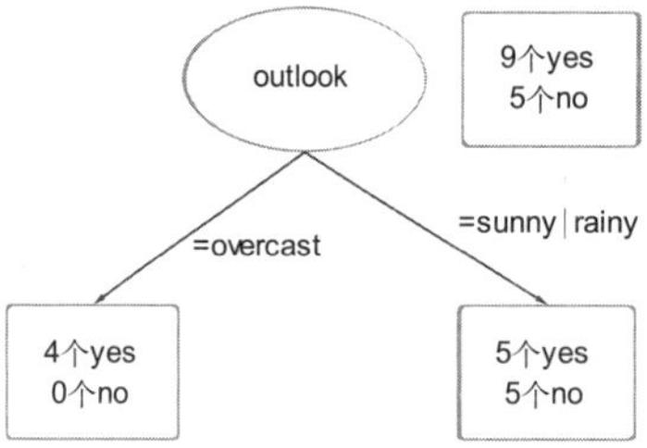

图 7.11　CART 第一次划分结果

可以看到，左子树已经是纯的叶节点，不需要继续划分，但右子树还需要继续划分。读者可按照同样的方法继续对右子树进行划分，将此任务留作习题。

7.4.2　CART 算法描述

CART 分类树的选择决策节点的处理方法与属性数据类型密切相关。对于离散型属性，由于 CART 只能建立二叉树，如果属性取值多于 2 个，需要将多个取值合并成两个超类，然后计算两个超类下样本测试的差异性损失。对于连续型属性，先将该属性的数据按升序排序，然后从小到大依次取每对相邻值的左值视为可能的分裂点，将样本分为两组，计算差异性损失。

CART 生成树算法的伪代码如算法 7.5 所示。

算法 7.5　CART 生成树算法

```
函数：CART (S, F)
输入：训练集数据 S，训练集数据属性集合 F
输出：CART 决策树

if 没有训练样本 then
    raise exception(传入值异常)
end if
if 样本太少 or 样本 S 全部属于同一个类别 then
    创建一个叶节点，并标记为样本中最多的类别值
    return
else
    循环计算属性集 F 中每一个属性划分的差异性损失，得到损失最大的属性 A
    创建决策节点，取属性 A 为该节点的决策属性
    if A 为连续属性 then
        在决策节点下添加一个左分支，假设属性 A 小于等于分裂点的样本子集为 S_L
        递归调用 CART(S_L , F)，为该分支创建左子树
        在决策节点下添加一个右分支，假设属性 A 大于分裂点的样本子集为 S_R
        递归调用 CART (S_R , F)，为该分支创建右子树
    else
        将属性 A 合并为两个超类，得到 S_1 和 S_2 两个样本子集
        递归调用 CART(S_1 , F)，为该分支创建左子树
        递归调用 CART (S_2 , F)，为该分支创建右子树
    end if
end if
```

构建决策树模型之后，很容易对未知类别的样本进行分类。CART 分类算法如算法 7.6 所示。

算法 7.6　CART 分类算法

```
函数：CARTclassify (T, test)
输入：决策树模型 T，测试样本 test
输出：样本类别

while 没有到达叶节点 do
    获取决策树根的决策属性 A;
    if A 是连续属性 then
        if test 的属性 A 取值小于等于分裂点 then
            T = T 的左子树
```

```
            else
                T = T的右子树
            end if
        else
            if test的属性A取值∈超类1 then
                T = T的左子树
            else
                T = T的右子树
            end if
        end if
    end while
    return 叶节点的类别标签
```

7.4.3 CART 算法实现

Python 脚本 cart.py 实现了 CART 算法，cart_demo.py 读入数据集并调用 cart.py 的 build_cart_tree 函数构建决策树模型，然后对测试样本进行分类。程序分别使用天气问题数据集和鸢尾花数据集构建了两个 CART 决策树，并计算了决策树的性能。混合属性天气问题的 CART 分类树如图 7.12 所示。

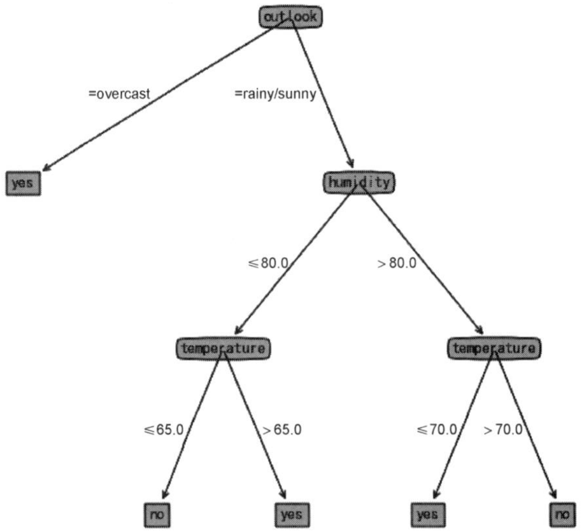

图 7.12 混合属性天气问题的 CART 分类树

鸢尾花数据集的 CART 分类树如图 7.13 所示。

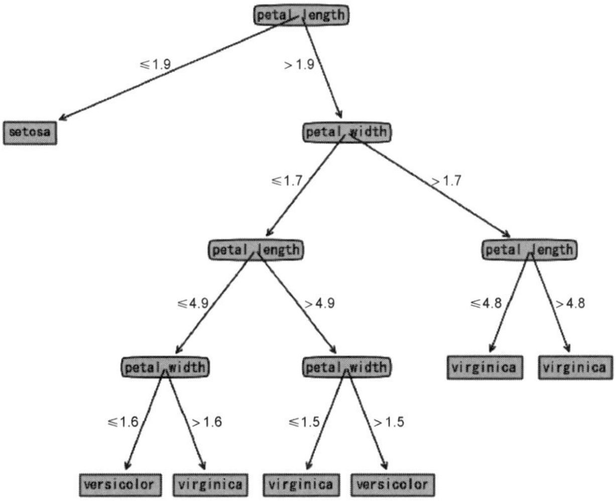

图 7.13　鸢尾花数据集的 CART 分类树

习　题

7.1　查阅 Matplotlib 的 text 函数和 annotate 函数文档，了解如何使用 Annotations 函数来绘制树的节点、连线和文本。

7.2　以天气数据集为例，说明如何根据信息增益来构建一个 ID3 决策树模型。

7.3　以混合属性的天气问题为例，说明如何根据信息增益率来构建一个 C4.5 决策树模型。

7.4　剪枝的原则是什么？简述两种基本的剪枝方法。

7.5　对于 Gini 系数计算公式 $\text{Gini}(t)=1-\sum_{j=1}^{k}p^2(j|t)$。假如 $k=2$，且 $\mu=\dfrac{N_1}{N}$，其中，N 为训练集样本总数，N_1 为 $y^{(i)}=1$ 的样本数，试计算 $\text{Gini}(t)$。

7.6　正文已经讲述了 CART 对天气数据集第一次划分的结果，请按照同样的方法继续对右子树进行划分。

7.7　编程绘制二元分类数据集的信息熵和 Gini 系数图形。

注：为便于比对，将信息熵的值减半，称为“熵之半”。

7.8　决策树通常设置一个叶节点的最少样本数阈值，如果取阈值为 2，试说明应该将样本数为 3 的节点作为叶节点还是决策节点。

第8章

神经网络

神经网络是由大量神经元互相连接而成的网络，对生物的神经系统进行了抽象、简化和模拟，是人工智能、模式识别、机器学习领域的研究热点。

本章首先介绍神经元、神经网络结构等概念，然后介绍神经网络的学习，重点介绍代价函数、反向传播算法以及 Python+Numpy 实现，最后以神经网络实例说明如何解决手写数字的识别问题。

8.1 神经网络介绍

神经网络(neural network，NN)是人工神经网络(artificial neural network，ANN)的简称，它是一种模仿生物神经网络的结构和功能的数学模型或计算模型。神经网络由大量的节点(或称“神经元”，或“单元”)和节点之间按照一定规律相互连接而构成，每个节点代表一种特定的输出函数，称为激励函数(activation function)。每两个节点间的连接都代表一个对通过该连接信号的加权值，称之为权重 w，这相当于人工神经网络的记忆。给定输入后，网络的连接方式、权重值和激励函数决定了网络的输出。

8.1.1 从一个实例说起

手写字符识别一直是备受关注的实际应用，纽约大学柯朗研究所(Courant Institute of New York University)的研究员 Yann LeCun、Google 纽约实验室(Google Labs, New York)的 Corinna Cortes 和微软研究院(Microsoft Research, Redmond)的 Christopher J. C. Burges 一起建立了一个被称为 MNIST(Modified National Institute of Standards and Technology)数据库的手写数字数据集，网址为 http://yann.lecun.com/exdb/mnist/，用于识别手写数字字符图像算法的性能评估。从该网址可以下载样本数为 60000 的训练集和样本数为 10000 的测试集，训练集有 train-images.idx3-ubyte 和 train-labels.idx1-ubyte 两个文件，测试集有 t10k-images.idx3-ubyte 和 t10k-labels.idx1-ubyte 两个文件，后缀为 idx3-ubyte 的文件是字符图像文件，后缀为 idx1-ubyte 的文件是类别标签，这两者都是自定义格式的文件，原网址有文件格式说明。每个字符图像尺寸为 28 像素×28 像素，每个像素用一个字节(取值范围为 0～255)表示，标签为数字 0～9。

MNIST 数据集随机抽样的一些字符如图 8.1 所示，该图由 mnist_logistic_reg_demo.py 脚本绘制。

mnist_logistic_reg_demo.py 脚本使用一对多的逻辑回归算法，没有使用多项式项，训练 10 个分类器，在训练集上的准确率约为 91.24%。MNIST 数据集的每个字符一共有 784 个像素，对应 784 个特征，使用非线性多项式项无疑会建立更好的分类模型，但是，转换后的特征数量将会十分惊人，逻辑回归的计算负荷将非常大。即便只采用两两特征的组合 $\{x_1x_2, x_1x_3, \cdots, x_1x_{784}, x_2x_3, x_2x_4, \cdots, x_{783}x_{784}\}$，组合后的特征数量为 $C_{784}^2 = \dfrac{784! \div (784-2)!}{2!}$

$=306936$，超过30万个特征的学习问题对于逻辑回归来说实在太多，需要使用逻辑回归的替代技术。

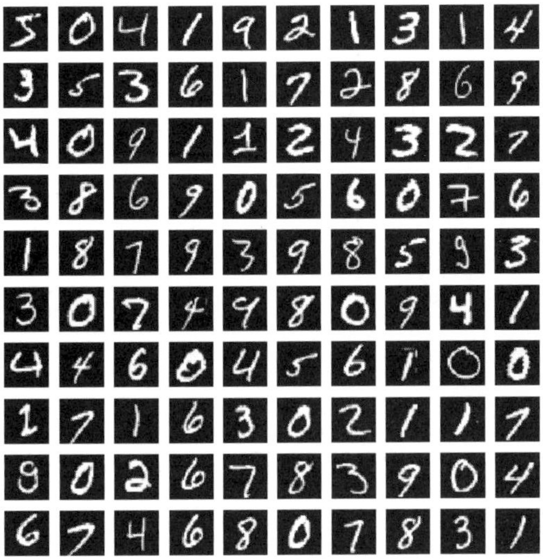

图 8.1　MNIST 数据集字符

连续图像的视觉识别对计算机的处理能力和实时性要求更高，一帧图像的尺寸远远超过28像素×28像素，普通逻辑回归模型将无法有效地处理这么多特征，这时候就需要使用神经网络。

8.1.2　神经元

神经元(neuron)是神经网络的构件，也称为激活单元(activation unit)，每一个神经元都可以是一个独立的学习模型。图 8.2 所示为一个逻辑回归的神经元，它有三个输入特征——x_1、x_2 和 x_3，另外还有一个恒为 1 的截距项 x_0。在神经网络中，截距项也称为偏置单元(bias unit)，一般不用画出该单元。神经元的参数称为权重(weight)，因此将权重用小写英文字母 w 表示。

神经元的输出一般通过激活函数(也称为响应函数)进行处理。理想的激活函数是阶跃函数，它能将连续的输入值映射为离散的输出值“0”或“1”。但是，阶跃函数存在不连续、不光滑的不好性质，难以使用依赖于求导的优化方法，因此实际应用上常常采用 Sigmoid 函数或 Tanh 函数(双曲正切函数)来替代阶跃函数。本书逻辑回归章节已经介绍过 Sigmoid 函数，本章将继续使用 Sigmoid 函数作为激活函数。Tanh 函数与 Sigmoid 函数相似，它能将较大范围内变化的连续值映射到区间$[-1,+1]$的输出值。Tanh 函数f采用如下表达式：

$$f(z)=\tanh(z)=\frac{e^{z}-e^{-z}}{e^{z}+e^{-z}} \tag{8.1}$$

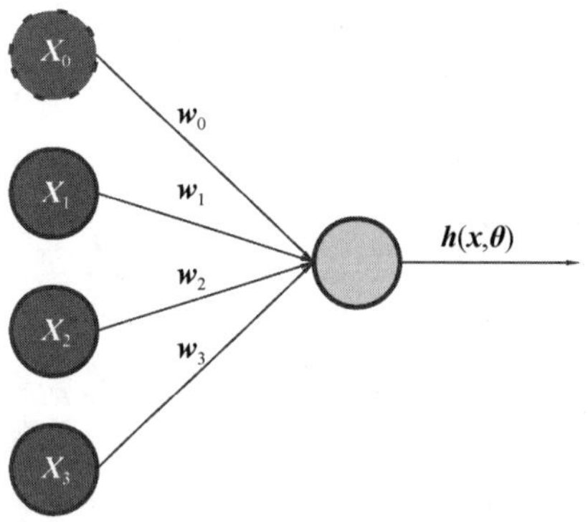

图 8.2　逻辑回归神经元

其图像如图 8.3 所示，该图由 Python 代码 plot_tanh.py 绘制。可以将 Tanh 函数视为 Sigmoid 函数的变体，它是放大并平移的 Sigmoid 函数，且有$f(z)=2g(2z)-1$。

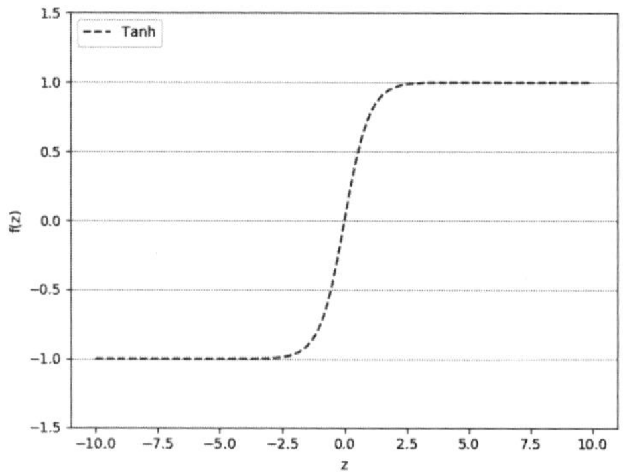

图 8.3　Tanh 函数

值得注意的是，通常需要对激活函数进行求导，这样才能利用梯度下降等优化算法。如果激活函数使用 Sigmoid 函数，其函数表达式为$g(z)=\mathrm{sigmoid}(z)=\dfrac{1}{1+e^{-z}}$，那么导数$g'(z)=g(z)(1-g(z))$。如果使用 Tanh 函数，则导数$f'(z)=1-(f(z))^2$。

如果激活函数使用 Sigmoid 函数，则图 8.2 所示神经元的输出为：

$$h(\boldsymbol{x};\Theta)=\mathrm{sigmoid}(w_0+w_1x_1+w_2x_2+w_3x_3)$$

就是逻辑回归的输出。因此，单个使用 Sigmoid 函数的神经元等同于逻辑回归学习器。

8.1.3 神经网络结构

神经网络是由大量神经元按照不同层次关系构成的网络，每个神经元又是一个学习模型，每一层的输出都作为下一层的输入，与下一层的每个神经元相连，这样可构成复杂的神经网络结构。图 8.4 所示的是一个 4 层的神经网络。其中，第一层直接接受原始数据输入，称为输入层，输入层的单元称为输入单元，其数量由数据集的特征个数和数据类型决定。最后一层称为输出层，它负责模型的输出，输出层的单元称为输出单元，其数量由数据集的目标属性的取值个数决定。如果目标属性只有两个取值，即二元分类，则只有一个输出单元；如果目标属性的取值个数大于等于三，假设为 K，则网络应有 K 个输出单元。位于输入层和输出层之间的层次为中间层，也称为隐藏层，本例有两个隐藏层，它们负责对数据进行处理，并传递给下一层。

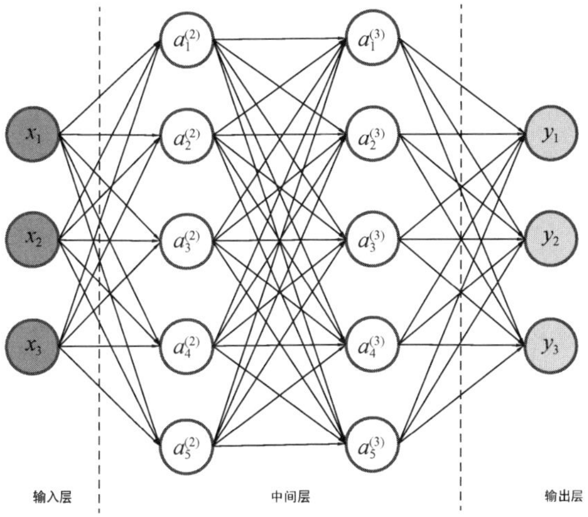

图 8.4 神经网络结构

神经网络比较复杂，为了清楚地表述问题，本书采用如下符号来描述网络。

- L：表示网络的层数，本例的 L 为 4。
- $n^{(l)}$：表示第 l 层中不包括偏置单元的激活单元数，这样，$n^{(l)}$ 代表输出层的激活单元数。
- $a_i^{(l)}$：表示第 l 层的第 i 个激活单元的输出。
- $a_0^{(l)}$：表示第 l 层到第 $l+1$ 层的偏置，取值恒为 1。

- $\boldsymbol{a}^{(l)} \in \mathbf{R}^{n^{(l)}}$：表示第 l 层激活函数的输出向量。
- $\boldsymbol{W}^{(l)} \in \mathbf{R}^{n^{(l+1)} \times \left(n^{(l)}+1\right)}$：表示第 l 层到第 $l+1$ 层的权重矩阵，矩阵的行数为第 $l+1$ 层激活单元的数量，列数为第 l 层激活单元的数量加一(加上一个偏置单元)。例如，图 8.4 的 $\boldsymbol{W}^{(l)}$ 为第一层到第二层的权重矩阵，该矩阵有 5 行 4 列。
- $W_{ij}^{(l)}$：权重矩阵 $\boldsymbol{W}^{(l)}$ 的第 i 行第 j 列元素，也是第 l 层第 j 个单元与第 $l+1$ 层第 i 个单元之间连线的权重。
- $z_i^{(l)}$：表示第 l 层第 i 个单元的输入，为上一层输出的加权累加和，例如，本例第三层第一个单元的输入为：$z_1^{(3)} = W_{10}^{(2)} + W_{11}^{(2)} a_1^{(2)} + W_{12}^{(2)} a_2^{(2)} + W_{13}^{(2)} a_3^{(2)} + W_{14}^{(2)} a_4^{(2)} + W_{15}^{(2)} a_5^{(2)}$。
- $\boldsymbol{z}^{(l)} \in \mathbf{R}^{n^{(l)}}$：表示第 l 层的输入向量，$\boldsymbol{z}^{(l)} = \left[z_1^{(l)} \ z_2^{(l)} \ \cdots \ z_{n^{(l)}}^{(l)} \right]^{\mathrm{T}}$。

图 8.4 神经网络的参数 $\Theta = \left\{ \boldsymbol{W}^{(1)}, \boldsymbol{W}^{(2)}, \boldsymbol{W}^{(3)} \right\}$，如果已知参数 Θ 的值，则可以按照下面的计算步骤来计算 $h(\boldsymbol{x};\Theta)$。

(1) 计算第二层的输出：

$$a_1^{(2)} = g(W_{10}^{(1)} + W_{11}^{(1)} x_1 + W_{12}^{(1)} x_2 + W_{13}^{(1)} x_3)$$
$$a_2^{(2)} = g\left(W_{20}^{(1)} + W_{21}^{(1)} x_1 + W_{22}^{(1)} x_2 + W_{23}^{(1)} x_3\right)$$
$$a_3^{(2)} = g\left(W_{30}^{(1)} + W_{31}^{(1)} x_1 + W_{32}^{(1)} x_2 + W_{33}^{(1)} x_3\right)$$
$$a_4^{(2)} = g\left(W_{40}^{(1)} + W_{41}^{(1)} x_1 + W_{42}^{(1)} x_2 + W_{43}^{(1)} x_3\right)$$
$$a_5^{(2)} = g\left(W_{50}^{(1)} + W_{51}^{(1)} x_1 + W_{52}^{(1)} x_2 + W_{53}^{(1)} x_3\right)$$

(2) 计算第三层的输出：

$$a_1^{(3)} = g\left(W_{10}^{(2)} + W_{11}^{(2)} a_1^{(2)} + W_{12}^{(2)} a_2^{(2)} + W_{13}^{(2)} a_3^{(2)} + W_{14}^{(2)} a_4^{(2)} + W_{15}^{(2)} a_5^{(2)}\right)$$
$$a_2^{(3)} = g\left(W_{20}^{(2)} + W_{21}^{(2)} a_1^{(2)} + W_{22}^{(2)} a_2^{(2)} + W_{23}^{(2)} a_3^{(2)} + W_{24}^{(2)} a_4^{(2)} + W_{25}^{(2)} a_5^{(2)}\right)$$
$$a_3^{(3)} = g\left(W_{30}^{(2)} + W_{31}^{(2)} a_1^{(2)} + W_{32}^{(2)} a_2^{(2)} + W_{33}^{(2)} a_3^{(2)} + W_{34}^{(2)} a_4^{(2)} + W_{35}^{(2)} a_5^{(2)}\right)$$
$$a_4^{(3)} = g\left(W_{40}^{(2)} + W_{41}^{(2)} a_1^{(2)} + W_{42}^{(2)} a_2^{(2)} + W_{43}^{(2)} a_3^{(2)} + W_{44}^{(2)} a_4^{(2)} + W_{45}^{(2)} a_5^{(2)}\right)$$
$$a_5^{(3)} = g\left(W_{50}^{(2)} + W_{51}^{(2)} a_1^{(2)} + W_{52}^{(2)} a_2^{(2)} + W_{53}^{(2)} a_3^{(2)} + W_{54}^{(2)} a_4^{(2)} + W_{55}^{(2)} a_5^{(2)}\right)$$

(3) 计算输出层的输出：

$$y_1 = a_1^{(4)} = g\left(W_{10}^{(3)} + W_{11}^{(3)} a_1^{(3)} + W_{12}^{(3)} a_2^{(3)} + W_{13}^{(3)} a_3^{(3)} + W_{14}^{(3)} a_4^{(3)} + W_{15}^{(3)} a_5^{(3)}\right)$$
$$y_2 = a_2^{(4)} = g\left(W_{20}^{(3)} + W_{21}^{(3)} a_1^{(3)} + W_{22}^{(3)} a_2^{(3)} + W_{23}^{(3)} a_3^{(3)} + W_{24}^{(3)} a_4^{(3)} + W_{25}^{(3)} a_5^{(3)}\right)$$
$$y_3 = a_3^{(4)} = g\left(W_{30}^{(3)} + W_{31}^{(3)} a_1^{(3)} + W_{32}^{(3)} a_2^{(3)} + W_{33}^{(3)} a_3^{(3)} + W_{34}^{(3)} a_4^{(3)} + W_{35}^{(3)} a_5^{(3)}\right)$$

上述计算步骤称为前向传播。如果用 $z_i^{(l)}$ 来表示第 l 层第 i 单元的输入加权累加和，例如，$z_i^{(2)} = W_{10}^{(1)} + W_{11}^{(1)}x_1 + W_{12}^{(1)}x_2 + W_{13}^{(1)}x_3 = \sum_{j=0}^{5} W_{ij}^{(1)}x_j$，则 $a_i^{(2)} = g\left(z_i^{(2)}\right)$。也就是说，我们可以把神经网络单元的处理过程人为地分为两个部分，第一部分仅处理上一层输出的加权累加，第二部分处理激活函数 Sigmoid，并将激活函数 $g(.)$ 扩展为向量形式，这样可以得到更为简洁的向量表示方法。具体步骤如下。

首先，将 $z_i^{(l)}$ 写为向量形式：

$$\boldsymbol{z}^{(l)} = \left[z_1^{(l)} \quad z_2^{(l)} \quad \cdots \quad z_{n^{(l)}}^{(l)} \right]^{\mathrm{T}}$$

然后，改写激活函数的实现代码，使之能够处理向量，即

$$g\left(\left[z_1^{(l)} \quad z_2^{(l)} \quad \cdots \quad z_{n^{(l)}}^{(l)} \right]^{\mathrm{T}}\right) = \left[g\left(z_1^{(l)}\right) \quad g\left(z_2^{(l)}\right) \quad \cdots \quad g\left(z_{n^{(l)}}^{(l)}\right) \right]^{\mathrm{T}}$$

最后，将前向传播算法用向量形式表示如下：

$\boldsymbol{a}^{(1)} = \boldsymbol{x}$，添加偏置项 $a_0^{(1)} = 1$

$\boldsymbol{z}^{(2)} = \boldsymbol{W}^{(1)}\boldsymbol{a}^{(1)}$

$\boldsymbol{a}^{(2)} = g\left(\boldsymbol{z}^{(2)}\right)$，添加偏置项 $a_0^{(2)} = 1$

$\boldsymbol{z}^{(3)} = \boldsymbol{W}^{(2)}\boldsymbol{a}^{(2)}$

$\boldsymbol{a}^{(3)} = g\left(\boldsymbol{z}^{(3)}\right)$，添加偏置项 $a_0^{(3)} = 1$

$\boldsymbol{z}^{(4)} = \boldsymbol{W}^{(3)}\boldsymbol{a}^{(3)}$

$h\left(\boldsymbol{x};\Theta\right) = \boldsymbol{a}^{(4)} = g\left(\boldsymbol{z}^{(4)}\right)$

使用向量矩阵运算，可以充分利用 Numpy 的矩阵运算优势来快速求解神经网络。另外，每一层的处理过程都完全一致，在实现时可以用编程语言的循环来迭代求解。

8.1.4 简化的神经网络模型

在神经网络中，原始特征只是输入层，第二层用于对输入特征进行处理，处理后的结果作为第三层的输入，以此类推。我们可以认为第二层的处理结果是神经网络通过学习后自己得出的新特征，这些新特征比逻辑回归依靠对原始输入进行多项式变换而得的特征更优越，能够更好地预测数据。

单层的神经网络已经可以用作一些简单的运算，比如逻辑与、逻辑或和逻辑非的运算。运用逻辑回归的知识，可以实现单层的神经网络。由于逻辑与和逻辑或的逻辑运算都只有两个输入，逻辑非只有一个输入，输入组合数量非常少，穷举有限的输入作为训练集，训

练单层神经网络，如果训练误差为0，就可以认为网络已经实现了对应的逻辑运算。

逻辑与只有两个输入，$x_1, x_2 \in \{0,1\}$，输入组合只有四种，输出 $y = x_1$ AND x_2，真值表如表 8.1 所示。

表 8.1 逻辑与的真值表

x_1	x_2	y
0	0	0
0	1	0
1	0	0
1	1	1

Python 代码 logical_and.py 实现了逻辑与的功能，执行该程序后得到的 w_0=−47.21428427，w_1=30.46394204，w_2=30.46394204，运行结果如图 8.5 所示。如果将表 8.1 中的 x_1 和 x_2 输入值代入输出函数 $h(\boldsymbol{x};\Theta) = g(w_0 + w_1x_1 + w_2x_2)$，可以验证 $h(\boldsymbol{x};\Theta)$ 实现了逻辑与的功能。例如，当 x_1 和 x_2 都为 0 时，$h(\boldsymbol{x};\Theta) = g(-47.21428427) \approx 0$。

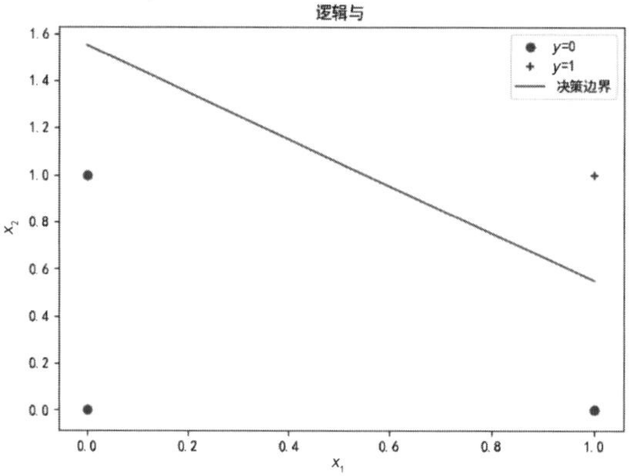

图 8.5 逻辑与的运行结果

逻辑或有两个输入，$x_1, x_2 \in \{0,1\}$，组合有四种，输出 $y = x_1$ OR x_2，真值表如表 8.2 所示。

Python 脚本 logical_or.py 实现了逻辑或的功能，执行该程序后得到的 $w_0 = -12.22026859$，$w_1 = 26.83899661$，$w_2 = 26.83899661$，运行结果如图 8.6 所示。$h(\boldsymbol{x};\Theta) = g(w_0 + w_1x_1 + w_2x_2)$，请读者自行验证 $h(\boldsymbol{x};\Theta)$ 实现了逻辑或的功能。

表 8.2 逻辑或的真值表

x_1	x_2	y
0	0	0
0	1	1
1	0	1
1	1	1

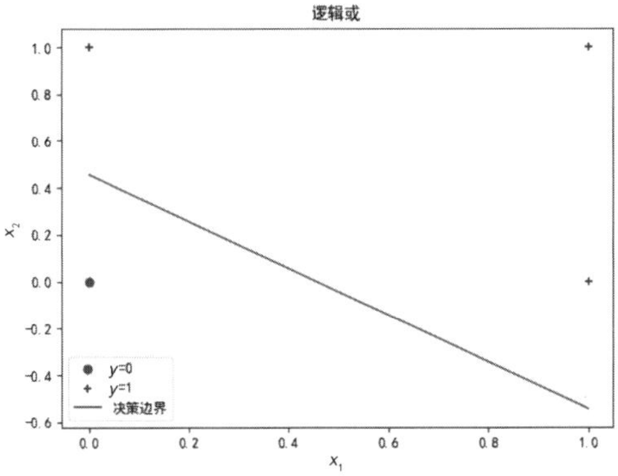

图 8.6 逻辑或的运行结果

逻辑非只有一个输入，$x \in \{0,1\}$，输入组合只有两种，输出 $y = \text{NOT} \quad x$，真值表如表 8.3 所示。

表 8.3 逻辑非的真值表

x	y
0	1
1	0

Python 脚本 logical_not.py 实现了逻辑非的功能，执行该程序后得到的 $w_0 = 14.89858169$，$w_1 = -28.94841338$，运行结果如图 8.7 所示。$h(\boldsymbol{x};\Theta) = g(w_0 + w_1 x)$，请读者自行验证 $h(\boldsymbol{x};\Theta)$ 实现了逻辑非的功能。

逻辑异或有两个输入，$x_1, x_2 \in \{0,1\}$，输入组合有四种，输出 $y = x_1 \quad \text{XOR} \quad x_2$，真值表如表 8.4 所示。

逻辑异或的数据点分布如图 8.8 所示，可以看到，它不是线性可分的，也就是说，找不到一条直线把正例和负例完全分开，因此无法像前面那样使用单层的神经网络来解决异或问题。对于这种情况，可以使用多项式逻辑回归，用曲线将正例和负例分开。但神经网络完全可以采用不同的方式，不需要对原始输入进行数据变换，采用多层神经网络就可以解决这个问题。

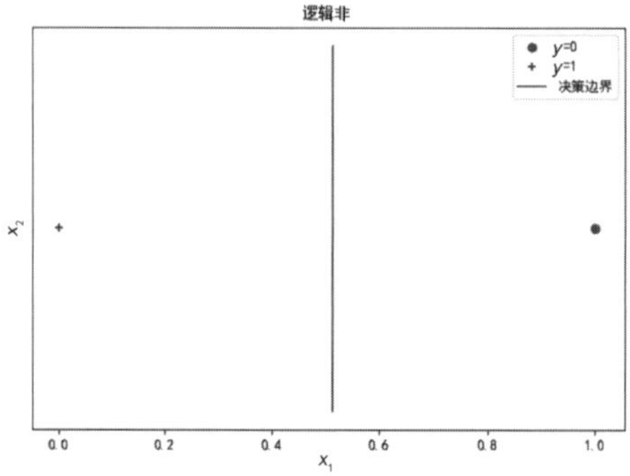

图 8.7　逻辑非的运行结果

表 8.4　逻辑异或的真值表

x_1	x_2	y
0	0	0
0	1	1
1	0	1
1	1	0

图 8.8 是由 Python 脚本 logical_xor.py 绘制的。基本方法是利用逻辑异或可以使用与或非逻辑运算表示，即 x_1 XOR x_2 = ((NOT x_1) AND x_2) OR (x_1 AND (NOT x_2))，直接运用前面的与或非得到的权重，就可以实现逻辑异或。

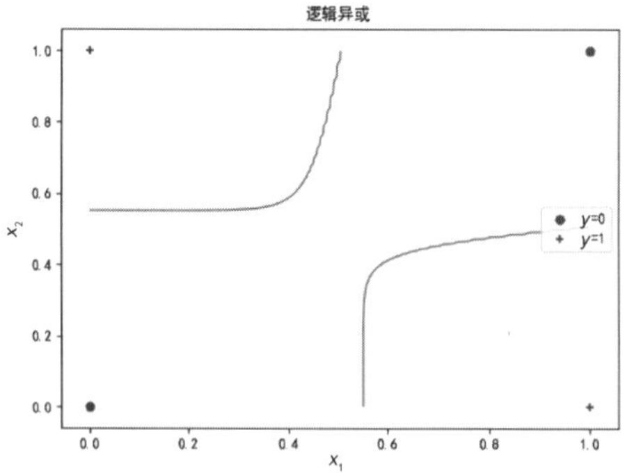

图 8.8　逻辑异或的运行结果

8.1.5 细节说明

本小节叙述神经网络的输入、输出和激活单元的实现细节。

1. 激活单元和输出单元种类

前文已经说明，激活单元可分为两个部分，第一部分求上一层输出的加权累加和 $\boldsymbol{z}^{(l)}=\boldsymbol{W}^{(l-1)}\boldsymbol{a}^{(l-1)}$，第二部分用激活函数对 $\boldsymbol{z}^{(l)}$ 进行变换—— $\boldsymbol{a}^{(l)}=g\left(\boldsymbol{z}^{(l)}\right)$。激活单元种类由激活函数决定，常用的激活函数有 Sigmoid 函数、Tanh 函数和线性函数，其中，线性函数不对 $\boldsymbol{z}^{(l)}$ 进行变换，也就是 $\boldsymbol{a}^{(l)}=\boldsymbol{z}^{(l)}$。

输出单元可以采用三种激活函数之一，但是，中间层的激活单元一般不采用线性函数，这是因为，如果采用线性函数，就没有必要使用多层网络结构，总能将多层网络简化为单层的网络结构。Sigmoid 函数主要用于输出层，这是因为该函数能把实数域映射到 $[0,1]$ 范围，函数值恰好可以解释为属于正例的概率。

2. 多元分类

当目标属性的取值多于两种时，这就是多元分类问题，需要将神经网络的输出单元数设置为类别数。例如，MNIST 数据集的类别有 10 种，如果要训练一个神经网络来识别手写体字符 0～9，输出层应该相应有 10 个单元，第一个单元取值为 0 或 1，表示是否是字符 0，第二个单元取值为 0 或 1，表示是否是字符 1，以此类推。这样，当输出为字符“0”时，我们希望神经网络的预测输出为 $h(\boldsymbol{x};\Theta)=[1\quad 0\quad 0\quad 0\quad 0\quad 0\quad 0\quad 0\quad 0\quad 0]^{\mathrm{T}}$；当输出为字符“1”时，希望神经网络的预测输出为 $h(\boldsymbol{x};\Theta)=[0\quad 1\quad 0\quad 0\quad 0\quad 0\quad 0\quad 0\quad 0\quad 0]^{\mathrm{T}}$，以此类推。

注意到二元分类只需要一个输出单元，有时为了一致性也可配置两个输出单元，但 k 元分类需要 k 个输出单元。

3. 标称型输入

与多元分类的输出单元类似，如果某个输入是标称型数据，除非该数据只有两种取值，否则也需要多个输入单元。假设该标称型数据有 $k(k>2)$种取值，需要 k 个输入单元。例如，对于天气问题数据集，温度属性取值有三种(hot、mild 和 cool)，就需要三个输入单元，hot 输入为$[1\quad 0\quad 0]^{\mathrm{T}}$，mild 输入为$[0\quad 1\quad 0]^{\mathrm{T}}$，cool 输入为$[0\quad 0\quad 1]^{\mathrm{T}}$。

8.2 神经网络学习

神经网络的学习就是使用训练集对网络进行训练，以计算最佳的参数集 Θ 。

8.2.1 代价函数

神经网络的代价函数与逻辑回归的相似。在逻辑回归中，常用负对数似然代价函数，定义为：

$$J(\boldsymbol{\theta})=-\frac{1}{N}\left(\sum_{j=1}^{N}y^{(j)}\log\left(h\left(\boldsymbol{x}^{(j)};\boldsymbol{\theta}\right)\right)+\left(1-y^{(j)}\right)\log\left(1-h\left(\boldsymbol{x}^{(j)};\boldsymbol{\theta}\right)\right)\right)+\frac{\lambda}{2}\sum_{k=1}^{D}w_k^2 \tag{8.2}$$

对上述代价函数稍加修改，就可以应用于神经网络。

用于分类的神经网络可分为二元分类和多元分类。其中，二元分类的输出层的激活单元数 $n^{(L)}$ 为 1，输出 y 的取值为 0 或 1，表示将实例划分为哪一个类别。$k(k>2)$元分类的输出层的激活单元数 $n^{(L)}$ 为 k，输出 y_i 为 1，表示将实例划分为第 i 个类别。

与逻辑回归只有一个输出变量不同，神经网络可以有多个输出变量，因此假设 $h(\boldsymbol{x};\Theta)$ 是一个维度为 k 的向量，即 $h(\boldsymbol{x};\Theta)\in\mathbf{R}^k$，这样神经网络的代价函数就比逻辑回归更为复杂，用公式表示如下：

$$\begin{aligned}J(\Theta)=&-\frac{1}{N}\left(\sum_{j=1}^{N}\sum_{i=1}^{k}y_i^{(j)}\log\left(h\left(\boldsymbol{x}^{(j)};\Theta\right)_i\right)+\left(1-y_i^{(j)}\right)\log\left(1-h\left(\boldsymbol{x}^{(j)};\Theta\right)_i\right)\right)\\&+\frac{\lambda}{2}\sum_{l=1}^{L-1}\sum_{j=1}^{n^{(l)}}\sum_{i=1}^{n^{(l+1)}}\left(W_{ij}^{(l)}\right)^2\end{aligned} \tag{8.3}$$

其中，$h(\boldsymbol{x};\Theta)_i$ 表示假设 $h(\boldsymbol{x};\Theta)$ 的第 i 个输出，$W_{ij}^{(l)}$ 是第 l 层第 j 个单元和第 $l+1$ 层第 i 个单元之间的权重参数。

上述代价函数公式看起来很复杂，多重循环计算累加，但核心思想与逻辑回归是一致的，都是希望通过代价函数来定量分析预测结果 h 与真实输出 y 的误差到底有多大。不同之处在于，对于每一个数据样本，神经网络都会给出 k 个预测，选择可能性最大的那一个作为预测结果。

代价函数公式由两项相加而成，第一项为每一个样本的假设 $h(\boldsymbol{x};\Theta)$ 与真实输出值的代价的累加和，第二项为正则化项，按照常规，正则化项累计每一层的系数 $W_{ij}^{(l)}$ 的平方，但要排除偏置单元的系数 $W_{i0}^{(l)}$。正则化项由三个循环构成，最里层的循环遍历 $\boldsymbol{W}^{(l)}$ 矩阵的所有行，

遍历次数由第 $l+1$ 层的单元数量 $n^{(l+1)}$ 决定；中间一层循环遍历 $\boldsymbol{W}^{(l)}$ 矩阵的所有列，遍历次数由第 l 层的单元数量 $n^{(l)}$ 决定；外层循环遍历所有的层，遍历次数由网络层数减 1($L-1$)决定。

上述代价函数是在输出层的激活函数为 Sigmoid 时采用的，如果输出层的激活函数为 Softmax，按照第 2 章 Softmax 回归的原理，将交叉熵代价函数改写如下：

$$J(\Theta)=-\frac{1}{N}\sum_{j=1}^{N}\sum_{i=1}^{k}y_i^{(j)}\log\left(h\left(\boldsymbol{x}^{(j)};\Theta\right)_i\right)+\frac{\lambda}{2}\sum_{l=1}^{L-1}\sum_{j=1}^{n^{(l)}}\sum_{i=1}^{n^{(l+1)}}\left(W_{ij}^{(l)}\right)^2 \tag{8.4}$$

定义好代价函数之后，才能使用 BP 算法对神经网络进行优化，以确定最优的网络权重参数。

8.2.2 BP 算法

BP(back propagation，反向传播)算法是误差反向传播算法的简称，它首先计算输出层的误差①，然后依次一层一层地反向求出各层的误差，直到倒数第二层。

下面以图 8.4 所示的神经网络为例来说明反向传播算法，该神经网络一共四层。假设训练集中只有一个样本 $(\boldsymbol{x},\boldsymbol{y})$，注意到已经将目标属性 $\boldsymbol{y}$ 转换为独热码向量。首先用前向传播算法计算出各层的输入输出值：

$\boldsymbol{a}^{(1)}=\boldsymbol{x}$，添加偏置项 $a_0^{(1)}=1$

$\boldsymbol{z}^{(2)}=\boldsymbol{W}^{(1)}\boldsymbol{a}^{(1)}$

$\boldsymbol{a}^{(2)}=g\left(\boldsymbol{z}^{(2)}\right)$，添加偏置项 $a_0^{(2)}=1$

$\boldsymbol{z}^{(3)}=\boldsymbol{W}^{(2)}\boldsymbol{a}^{(2)}$

$\boldsymbol{a}^{(3)}=g\left(\boldsymbol{z}^{(3)}\right)$，添加偏置项 $a_0^{(3)}=1$

$\boldsymbol{z}^{(4)}=\boldsymbol{W}^{(3)}\boldsymbol{a}^{(3)}$

$h(\boldsymbol{x};\Theta)=\boldsymbol{a}^{(4)}=g\left(\boldsymbol{z}^{(4)}\right)$

下一步是求代价函数 $J(\Theta)$ 对参数 $W_{ij}^{(l)}$ 的偏导数 $\dfrac{\partial J(\Theta)}{\partial W_{ij}^{(l)}}$。为了简单起见，暂时不考虑正则化项。由于只有一个样本，因此 N=1。

首先，求最后一层(输出层)参数的偏导数。按照微积分的链式求导法则，可将 $\dfrac{\partial J(\Theta)}{\partial W_{ij}^{(3)}}$ 改

① 这里的误差不是通常所说的含义，而是运算公式中某一表达式的简称，不要过分纠结“误差”这一名称。

写为 $\frac{\partial z_i^{(4)}}{\partial W_{ij}^{(3)}}\frac{\partial J(\Theta)}{\partial z_i^{(4)}}$ 。可以证明(具体证明留作习题)：

$$\frac{\partial z_i^{(4)}}{\partial W_{ij}^{(3)}} = a_j^{(3)} \tag{8.5}$$

$$\frac{\partial J(\Theta)}{\partial z_i^{(4)}} = a_i^{(4)} - y_i \tag{8.6}$$

如果用误差 $\delta_i^{(4)}$ 表示 $\frac{\partial J(\Theta)}{\partial z_i^{(4)}} = a_i^{(4)} - y_i$ ，用 $\boldsymbol{\delta}^{(4)}$ 表示 $\boldsymbol{a}^{(4)} - \boldsymbol{y}$ ，则 $\frac{\partial J(\Theta)}{\partial W_{ij}^{(3)}} = a_j^{(3)}\delta_i^{(4)}$ 。反向传播第一步就是计算误差 $\boldsymbol{\delta}^{(L)}$ 。

继续按照上述方法，求前一层(这里为第二层)参数的偏导数。可以证明(具体证明留作习题)：

$$\frac{\partial J(\Theta)}{\partial W_{ij}^{(2)}} = \left(\left(\boldsymbol{W}^{(3)}\right)^{\mathrm{T}} \boldsymbol{\delta}^{(4)} * g'\left(\boldsymbol{z}^{(3)}\right)\right) a_j^{(2)} \tag{8.7}$$

其中，$g'\left(\boldsymbol{z}^{(3)}\right)$ 是 Sigmoid 函数的导数，$g'\left(\boldsymbol{z}^{(3)}\right) = \boldsymbol{a}^{(3)} * \left(1 - \boldsymbol{a}^{(3)}\right)$ ，$*$ 表示哈达玛积(Hadamard product)，$\left(\boldsymbol{W}^{(3)}\right)^{\mathrm{T}} \boldsymbol{\delta}^{(4)}$ 是权重导致的误差之和。如果用误差 $\boldsymbol{\delta}^{(3)}$ 表示 $\left(\boldsymbol{W}^{(3)}\right)^{\mathrm{T}} \boldsymbol{\delta}^{(4)} * g'(\boldsymbol{z}^{(3)})$ ，则有 $\frac{\partial J(\Theta)}{\partial W_{ij}^{(2)}} = \delta_i^{(3)} a_j^{(2)}$ 。因此反向传播第二步就是计算误差 $\boldsymbol{\delta}^{(L-1)}$ 。

归纳一下，对于 L 层的神经网络，反向传播就是从输出层开始，逐层向前计算误差项。这里的误差项指的是该层激活单元对输出误差的“责任”。输出层误差是输出单元的预测 $a_i^{(L)}$ 与实际值 y_i ($i = 1, 2, \cdots, k$)之差。

如果用向量 $\boldsymbol{\delta}$ 来表示误差，则有：

$$\boldsymbol{\delta}^{(L)} = \boldsymbol{a}^{(L)} - \boldsymbol{y} \tag{8.8}$$

然后，利用已知的误差 $\boldsymbol{\delta}^{(L)}$ 来计算前一层的误差 $\boldsymbol{\delta}^{(L-1)}$ ：

$$\boldsymbol{\delta}^{(L-1)} = \left(\boldsymbol{W}^{(L-1)}\right)^{\mathrm{T}} \boldsymbol{\delta}^{(L)} * g'\left(\boldsymbol{z}^{(L-1)}\right) \tag{8.9}$$

以此类推，一直计算到前一层(第二层)的误差：

$$\boldsymbol{\delta}^{(2)} = \left(\boldsymbol{W}^{(2)}\right)^{\mathrm{T}} \boldsymbol{\delta}^{(3)} * g'\left(\boldsymbol{z}^{(2)}\right) \tag{8.10}$$

由于第一层是输入，不存在误差，因此计算到 $\boldsymbol{\delta}^{(2)}$ 就已经完成所有误差的计算。

得到所有误差之后，下一步是计算代价函数的偏导数。我们已经知道：

$$\frac{\partial}{\partial W_{ij}^{(l)}} J(\Theta) = a_j^{(l)} \delta_i^{(l+1)}$$

但这只是一个训练样本得到的，如果使用批量更新，还需要计算全部 N 个训练样本的误差梯度均值，第 l 层参数 $W_{ij}^{(l)}$ 的误差梯度均值用 $\Delta_{ij}^{(l)}$ 表示。首先将 $\Delta_{ij}^{(l)}$ 初始化为 0，然后，迭代每一个训练样本，使用下式累加 $\Delta_{ij}^{(l)}$：

$$\Delta_{ij}^{(l)} = \Delta_{ij}^{(l)} + a_j^{(l)}\delta_i^{(l+1)} \tag{8.11}$$

然后计算代价函数的梯度 $D_{ij}^{(l)}$，也就是 $\dfrac{\partial}{\partial W_{ij}^{(l)}} J(\Theta)$，计算公式为：

$$D_{ij}^{(l)} = \frac{1}{N}\Delta_{ij}^{(l)} + \lambda W_{ij}^{(l)}, \qquad 当 j \neq 0 \tag{8.12}$$

$$D_{ij}^{(l)} = \frac{1}{N}\Delta_{ij}^{(l)}, \qquad 当 j = 0 \tag{8.13}$$

其中，$\dfrac{1}{N}\Delta_{ij}^{(l)}$ 是 N 个训练样本的误差梯度均值，$\lambda W_{ij}^{(l)}$ 是正则化项。按照常规，正则化项需要排除偏置单元，因此根据 j 的取值来选取是否使用正则化项。

BP 算法的伪代码如算法 8.1 所示。

算法 8.1　BP 算法

函数：`BPAlgorithm (X, y)`
输入：训练集 `X`，标签 `y`
输出：优化的网络参数 Θ

初始化网络参数 `initParams`、正则化系数 λ、超参数(输入单元数 `inputSize`、隐藏单元数 `hiddenSize`);

while 终止条件不满足 **do**
　　// 使用前向传播算法计算代价 J

$$J(\Theta) = -\frac{1}{N}\left(\sum_{j=1}^{N}\sum_{i=1}^{k} y_i^{(j)}\log\left(h\left(\boldsymbol{x}^{(j)};\Theta\right)\right)_i + \left(1-y_i^{(j)}\right)\log\left(1-h\left(\boldsymbol{x}^{(j)};\Theta\right)_i\right)\right)$$
$$+\frac{\lambda}{2}\sum_{l=1}^{L-1}\sum_{j=1}^{n^{(l)}}\sum_{i=1}^{n^{(l+1)}}\left(W_{ij}^{(l)}\right)^2$$

　　// 设置网络权重的梯度都为 0，以便累加
　　$\boldsymbol{\Delta}^{(l)} = \mathbf{0}$
　　// 步骤 1
　　使用前向传播算法计算每一层的激活值 $\boldsymbol{a}^{(l)}$
　　// 步骤 2
　　// 计算各层误差
　　$\boldsymbol{\delta}^{(L)} = \boldsymbol{a}^{(L)} - \boldsymbol{y}$　　//输出层误差
　　for `l = L-1` **to** `2` **do**

```
            δ^(l) = (W^(l))^T δ^(l+1) * g′(z^(l))    // 计算每一层的误差 δ^(l)，直到 δ^(2)
            Δ^(l) = Δ^(l) + δ^(l+1) (a^(l))^T    // 累加每一层的权重参数梯度
// 此处应跳过 δ_0^(l+1)，因为偏置项没有误差
    end for
    // 步骤 3
    // 计算权重梯度，加上正则化项
    for l = 2 to L do
        for i = 1 to n^(l+1) do
            for j = 1 to n^(l) do
                if j == 0 then
                    D_ij^(l) = (1/N) Δ_ij^(l)
                else
                    D_ij^(l) = (1/N) Δ_ij^(l) + λW_ij^(l)
                end if
            end for
        end for
    end for

    // 步骤 4
    // 更新网络参数
    for l = 2 to L do
        for i = 1 to n^(l+1) do
            for j = 1 to n^(l) do
                W_ij^(l) = W_ij^(l) − αD_ij^(l)
            end for
        end for
    end for

end while
```

以上算法只考虑使用梯度下降法进行优化的情形，如果使用 Python 编程实现，可考虑调用 scipy.optimize 模块的 minimize 函数进行优化，详见下文。

8.2.3 BP 算法实现

了解 BP 算法的原理之后，在实现 BP 算法时还需要注意以下事项，才能编写出正确的神经网络代码。

1. 选择网络结构

实现 BP 算法之前，首先需要选择适当的网络结构，也就是决定选择多少层以及每层分别有多少个激活单元。

我们已经知道，第一层(输入层)的激活单元数由训练集的特征数量决定。如果特征为数值型或二元标称型，则每一个特征对应一个输入单元。如果特征为有 $k(k>2)$种取值的标称型数据，则该特征需要对应 k 个输入单元。

最后一层(输出层)的激活单元数由训练集目标属性的取值数量决定。k 元分类需要 k 个输出单元。

真正需要确定的是中间层(隐藏层)的层数和激活单元数，一般来说，层数和单元数越多，模型越复杂，越容易减小训练误差，但会延长网络的训练时间。我们需要选取合适的层数和单元数，遗憾的是，目前还没有选择层数和单元数的可操作方法。通常方法是，让每个隐藏层的激活单元数都相同，隐藏层的层数不宜过多，隐藏层单元数可以稍多一些。

2. 初始化问题

神经网络的优化目标是针对参数 $W_{ij}^{(l)}$ 来求得代价函数 $J(\Theta)$ 的最小值，为此，需要将每一个参数 $W_{ij}^{(l)}$ 初始化为一个很小的、接近零的随机值。例如，使用正态分布 $\mathcal{N}(0,\varepsilon^2)$ 生成的随机值，其中 ε^2 可设置为 0.1。然后再对代价函数使用包括梯度下降法的优化算法。注意，必须将参数进行随机初始化，而不能简单地全部设置为 0，这是因为，如果所有参数都用相同的值作为初始值，那么所有隐藏层单元最终会得到与输入值有关的、相同的函数。也就是说，对于所有本层单元索引 i，$W_{ij}^{(l)}$ 都会取相同的值。这样，对于任意输入 $\boldsymbol{x}$，第二层都有 $a_1^{(2)}=a_2^{(2)}=a_3^{(2)}=\cdots$，下一层也是如此。而且 BP 算法的梯度也相同，导致各层的每个神经元学习到的都是相同的权重，这样的网络与每一层只有一个神经元的网络效果一样，不会比诸如逻辑回归的线性分类器更强大。随机初始化的目的就是使对称失效，打破僵局。

初始化权重的 Python 函数如代码 8.1 所示。

代码 8.1　初始化权重

```
def rand_init_weights(fan_in, fan_out, my_epsilon=0.1):
    """
    随机初始化神经网络中一层的权重
    输入
        fan_in：输入连接数
        fan_out：输出连接数
        epsilon_init：从均匀分布中得到的权重的取值范围
    输出
```

```
    init_w：权重初始化为随机值。 应为(fan_out, 1 + fan_in)的矩阵，第一列为偏置项
"""
init_w = np.random.rand(fan_out, 1 + fan_in) * 2 * my_epsilon - my_epsilon
return init_w
```

其中，输入参数 my_epsilon 是很小的值，语句 init_w = np.random.rand(fan_out, 1 + fan_in) * 2 * my_epsilon - my_epsilon 将随机数乘以二倍的 my_epsilon，然后再减去 my_epsilon，这样将 $W_{ij}^{(l)}$ 的取值范围变换到−my_epsilon 到+my_epsilon 之间。

3. 调用优化函数问题

虽然神经网络的优化可以采用原始的梯度下降方法，但 scipy.optimize 模块提供 minimize 高级优化函数，使用方便且优化速度快，可以直接调用。

神经网络的代价函数可定义如下：

```
def cost_function(params, num_input_units, num_hidden_units, num_labels, x, y,
my_lambda=0.0):
```

其中，代价函数 cost_function 的参数 params 为权重参数向量 Θ，num_input_units 为输入单元数，num_hidden_units 为隐藏层单元数，num_labels 为标签数，x 为特征，y 为标签，my_lambda 为正则化参数。输出参数 J 为代价函数值，grad 为当前 J 值下的梯度。

优化函数 optimize.minimize 的原型如下：

```
optimize.minimize(fun, x0, args=(), method=None, jac=None, hess=None,
hessp=None, bounds=None, constraints=(), tol=None, callback=None, options=None)
```

其中，输入参数 fun 是优化的目标函数，x_0 为初始的 Θ 参数，args 为可选的额外传递给优化函数的参数，method 为选择的优化算法，jac 为返回梯度向量的函数，options 为优化参数。

由于要求输入参数 x_0 必须为一维数组，因此必须将 Θ 参数转换为一维数组。对于三层的神经网络，Θ 包括 $\boldsymbol{W}^{(1)}$ 和 $\boldsymbol{W}^{(2)}$ 两个矩阵。例如，在 mnist_ann_demo.py 中，输入层单元数 $n^{(1)}$ 为 784，隐藏层单元数 $n^{(2)}$ 为 30，输出层单元数 $n^{(3)}$ 为 10。这样，$\boldsymbol{W}^{(1)} \in \mathbf{R}^{30\times785}$，$\boldsymbol{W}^{(2)} \in \mathbf{R}^{10\times31}$。

以下代码将 $\boldsymbol{W}^{(1)}$ 和 $\boldsymbol{W}^{(2)}$ (程序中的变量名分别为 init_w1 和 init_w2)的初始参数合并为一维数组：

```
# 将两部分参数合二为一
init_params = np.concatenate([init_w1.ravel(), init_w2.ravel()], axis=0)
```

在代价函数 cost_function 中应用前向算法之前，需要将传递进来的 init_params 参数进行分解，分解为 $\boldsymbol{W}^{(1)}$ 和 $\boldsymbol{W}^{(2)}$ 两个矩阵。代码如下：

```
# 从网络参数中获取w1和w2
w1 = np.reshape(params[:num_hidden_units * (num_input_units + 1)],
          (num_hidden_units, (num_input_units + 1)))
w2 = np.reshape(params[(num_hidden_units * (num_input_units + 1)):],
          (num_labels, (num_hidden_units + 1)))
```

其中，np.reshape 函数重新调整矩阵的行数、列数、维数。如果调用格式为 B = np.reshape(A,(m,n), order='C')，则返回一个 $m\times n$ 的矩阵 B，B 中元素按 order 参数的指定顺序从 A 中得到。

另外，我们希望的代价函数只是 Θ 的函数，因此将拥有很多参数的 cost_function 函数包装为只有一个参数的 c_f 函数，然后调用 optimize.minimize 函数进行优化。代码如下：

```
# 方便调用优化函数
def c_f(p):
    return cost_function(p, input_units, hidden_units,
                    num_labels, x_data, y, my_lambda)
# 优化迭代次数
options = {'maxiter': 400}
res = optimize.minimize(c_f, init_params, jac=True, method='TNC',
options=options)

opt_params = res.x
```

最后返回的 opt_params 就是优化后的 Θ 参数，也需要按照前述方法分解为 $\boldsymbol{W}^{(1)}$ 和 $\boldsymbol{W}^{(2)}$ 两个矩阵。

4. 梯度消失问题

神经网络的反向传播迭代公式为：

$$\boldsymbol{\delta}^{(l)}=\left(\boldsymbol{w}^{(l)}\right)^{\mathrm{T}}\boldsymbol{\delta}^{(l+1)}*g'\left(\boldsymbol{z}^{(l)}\right)$$

需要用到激活函数的导数 $g'\left(\boldsymbol{z}^{(l)}\right)$，反向传播经过每一层都要乘以该层的激活函数的导数。我们已经知道，激活函数常用 sigmoid 函数或 tanh 函数，导数分别为：

$$g'(z)=g(z)\left(1-g(z)\right)$$

$$f'(z)=1-\left(f(z)\right)^2$$

图 8.9 显示用 Python 脚本 plot_derivative_sigmoid.py 画出的 sigmoid 函数的导数图像，可以看到，$g'(z)$ 的取值范围为区间 $[0,0.25]$。

图 8.10 显示用 Python 脚本 plot_derivative_tanh.py 画出的 tanh 函数的导数图像，可以看到，$f'(z)$ 的取值范围为区间 $[0,1]$。

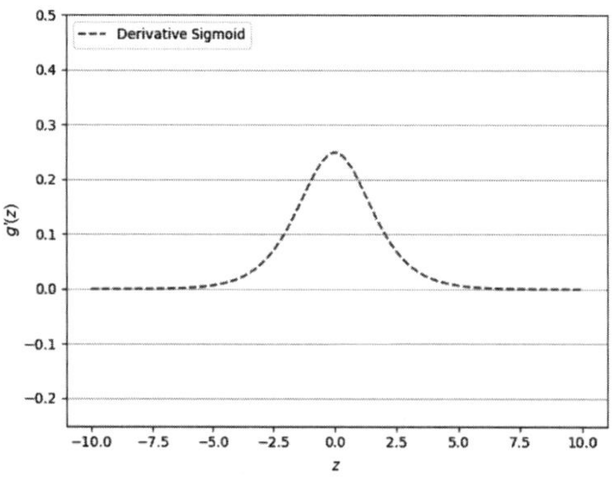

图 8.9　sigmoid 函数的导数图像

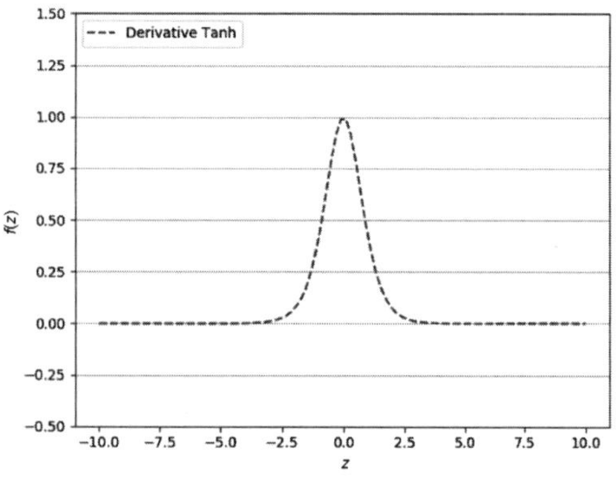

图 8.10　tanh 函数的导数图像

由于这两个激活函数导数的取值都小于 1，因此每经过一层的传递后，梯度都会不断衰减。这样，当网络很深时，不断衰减的梯度甚至可能消失，使整个网络难以训练。这就是梯度消失问题(vanishing gradient problem)。可以使用校正线性单元(Rectified Linear Unit，ReLU)或 Softplus 函数 $\left(\log\left(1+\mathrm{e}^{x}\right)\right)$ 激活函数来替代 Sigmoid 和 Tanh 激活函数，这样梯度能够很好地在反向传播中传输，可以提高训练速度，缓解梯度消失问题。

所以，一般认为 Sigmoid 激活函数的神经网络都会造成梯度更新的时候极其不稳定，产生梯度消失问题，从而限制网络的层数。

5. 梯度验证问题

反向传播算法的实现程序较为复杂，如果存在一些难以发现的代码缺陷时，很难调试得出正确结果。例如，索引的缺位错误(off-by-one error)会导致只有部分层的权重得到训练，如忘记计算偏置项。这些错误可能会得到一个看似十分合理的结果，但实际上比正确代码所得的结果要差。因此，只从计算结果上来看，很难发现代码的疏漏。本节将介绍一种对求导结果进行数值检验的方法，该方法可以验证梯度运算代码是否正确。

缺位错误是常见错误，例如，遍历整个数据集要在 for 循环中循环 N 次，正确的编码应该是 for (i = 1; i <= N; i++)，但有时程序员因疏忽会写成 for (i = 1; i < N; i++)，造成始终没有用到最后一个样本，这就是缺位错误。

梯度下降法的核心是最小化目标函数 $J(\theta)$，在 θ 为一维的情况下，一次迭代的梯度下降公式是：

$$\theta=\theta-\alpha\frac{\mathrm{d}}{\mathrm{d}\theta}J(\theta)$$

其中，α 为学习率。

假如我们已经用代码实现了计算 $\frac{\mathrm{d}}{\mathrm{d}\theta}J(\theta)$ 的梯度函数 $g(\theta)$，接着我们使用 $\theta=\theta-\alpha g(\theta)$ 来实现梯度下降算法。那么，检验梯度函数 $g(\theta)$ 实现的正确性成为 BP 算法的关键问题。

回忆导数的数学定义：

$$\frac{\mathrm{d}}{\mathrm{d}\theta}J(\theta)=\lim_{\varepsilon\to 0}\frac{J(\theta+\varepsilon)-J(\theta-\varepsilon)}{2\varepsilon} \tag{8.14}$$

因此对于任意的 θ，都可以使用 $\frac{J(\theta+\varepsilon)-J(\theta-\varepsilon)}{2\varepsilon}$ 来近似 $\frac{\mathrm{d}}{\mathrm{d}\theta}J(\theta)$。

实际应用中，通常将 ε 设为很小的常量，如 0.0001。ε 越趋近于 0，梯度计算越准确，但 ε 也不能太小，因为可能导致在计算上因数值舍入误差带来的影响。

对于编码实现的计算 $\frac{\mathrm{d}}{\mathrm{d}\theta}J(\theta)$ 的函数 $g(\theta)$，可以使用如下的检验公式来检查函数 $g(\theta)$ 是否正确：

$$g(\theta)\approx\frac{J(\theta+\varepsilon)-J(\theta-\varepsilon)}{2\varepsilon} \tag{8.15}$$

上式两端值的接近程度取决于 J 的具体形式和 ε 的取值。一般地，假如 $\varepsilon=0.0001$，通常上式左右两端的求值结果至少会有 4 位或更多的有效数字一样。

如果 θ 不是一维，而是一个 m 维的向量，就需要学习得到 m 个权重参数。在神经网络中，使用代价函数 $J(\Theta)$，Θ 为整个网络的权重参数扩展成的长向量，即

$$\Theta=\begin{bmatrix}\theta_1 & \theta_2 & \theta_3 & \cdots & \theta_m\end{bmatrix}^{\mathrm{T}} \tag{8.16}$$

假设已经有一个计算梯度 $\frac{\partial}{\partial\theta_i}J(\Theta)$ 的函数 $g_i(\Theta)$，想要检验 g_i 是否能输出正确的求导结果。按照一维的方式定义如下检验公式：

$$\begin{aligned}
&\frac{\partial}{\partial\theta_1}J(\Theta)\approx\frac{J(\theta_1+\varepsilon,\theta_2,\theta_3,\cdots,\theta_m)-J(\theta_1-\varepsilon,\theta_2,\theta_3,\cdots,\theta_m)}{2\varepsilon}\\
&\frac{\partial}{\partial\theta_2}J(\Theta)\approx\frac{J(\theta_1,\theta_2+\varepsilon,\theta_3,\cdots,\theta_m)-J(\theta_1,\theta_2-\varepsilon,\theta_3,\cdots,\theta_m)}{2\varepsilon}\\
&\vdots\\
&\frac{\partial}{\partial\theta_m}J(\Theta)\approx\frac{J(\theta_1,\theta_2,\cdots,\theta_m+\varepsilon)-J(\theta_1,\theta_2,\cdots,\theta_m-\varepsilon)}{2\varepsilon}
\end{aligned}$$

梯度检验算法的代码片段如代码 8.2 所示。其中，输入 cost_func 为代价函数，调用 cost_func (theta)返回网络参数为 theta 的代价。

代码 8.2　梯度检验算法实现

```
def compute_approx_gradient(cost_func, theta, eps=1e-4):
    """
    计算近似梯度
    输入
        cost_func:代价函数
        theta: 给定的网络参数
        eps: epsilon
    输出
        approx_grad: 近似梯度
    """
    approx_grad = np.zeros(theta.shape)
    delta = np.diag(eps * np.ones(theta.shape))
    for i in range(theta.size):
        loss_plus, _ = cost_func(theta + delta[:, i])
        loss_minus, _ = cost_func(theta - delta[:, i])
        approx_grad[i] = (loss_plus - loss_minus) / (2 * eps)
    return approx_grad
```

要注意的是，梯度检验只是为了检测梯度的实现代码是否正确无误，消除编程错误之后最好注释调用梯度检验的代码，以加快神经网络的训练速度。另外，由于只是检测梯度的实现代码，与数据集无关，因此在实践中往往构建一个较为简单的神经网络，用少量人工生成的数据集进行检测。

8.3　神经网络实现

本节简述两个神经网络的 Python 代码实现。

8.3.1　MNIST 神经网络实现

以下简述 MNIST 手写字符的三层神经网络的 Python 三种实现，三种实现的隐藏层都采用 Sigmoid 激活函数；第一种和第二种都采用批量更新，但第一种的输出层采用 Softmax 激活函数；第二种和第三种的输出层都采用 Softmax 激活函数，区别是第二种使用批量更新，第三种使用小批量更新。

1. 输出层为 Softmax 激活函数的神经网络

mnist_ann_demo.py 的输出层采用 Softmax 激活函数，输入层单元数为 784，隐藏层单元数为 30，输出层单元数为 10，正则化参数 λ 取值为 8e-6。

程序运行结果如下：

```
训练集上的分类正确率: 99.97%
测试集上的分类正确率: 96.40%
```

可见，神经网络的效果远比逻辑回归好。

2. 输出层为 Sigmoid 激活函数的神经网络

mnist_ann_demo2.py 的网络结构与 mnist_ann_demo.py 基本相同，唯一不同的是输出层采用 Sigmoid 激活函数，正则化参数 λ 取值为 8e-5，取值为 8e-6 验证分类正确率稍差一些。

程序运行结果如下：

```
训练集上的分类正确率: 98.05%
测试集上的分类正确率: 93.61%
```

可以看到，在三层神经网络结构下，似乎第一种效果好于第二种，因此现在多元分类的输出层大部分都采用 Softmax 激活函数。读者可自行调整 λ 超参数，寻找最优效果。

3. 小批量更新的神经网络

mnist_ann_demo3.py 的网络结构与 mnist_ann_demo2.py 相同，不同的是采用小批量更新，正则化参数 λ 取值为 8e-6。

小批量更新的关键是实现一个如代码 8.3 所示的获取小批量数据的函数。每次调用 data_iter 函数，都会返回指定批量大小 batch_size 的数据集特征和标签。在一个迭代周期(epoch)中，将多次遍历 data_iter 函数，对训练数据集中所有样本都使用一遍。函数还考虑训练样本数不能被批量大小整除的情况，最后一个小批量以实际得到的为准。

代码 8.3　获取小批量数据的函数

```
def data_iter(x, y, batch_size=16):
    """
    获取小批量数据
    输入
        x: 数据集特征
        y: 标签
        batch_size: 批量大小
    输出
```

```
        mini_batch_x，mini_batch_y：小批量的数据集特征和标签
    """
    n = len(x)
    indices = list(range(n))
    # random.shuffle(indices)  # 随机置乱
    for i in range(0, n, batch_size):
        mini_batch_idx = np.array(indices[i: min(i + batch_size, n)])  # 最后一
次可能不足一个mini_batch
        yield x[mini_batch_idx], y[mini_batch_idx]
```

程序运行结果如下：

```
训练集上的分类正确率: 94.96%
测试集上的分类正确率: 93.83%
```

尽管小批量更新在训练集上的分类正确率不如批量更新，但在测试集上的分类正确率差不多。由于现在的数据都很庞大，因此小批量更新使用得更多。

8.3.2 逻辑异或的神经网络实现

logical_xor2.py 逻辑异或问题的神经网络由 Python 实现。由于单个神经元无法解决异或问题，我们使用简单的三层神经网络，网络结构如图 8.11 所示。中间层使用两个神经元，激活函数可以使用 Sigmoid 或其他激活函数。输出层只使用一个输出节点，激活函数为 Sigmoid。

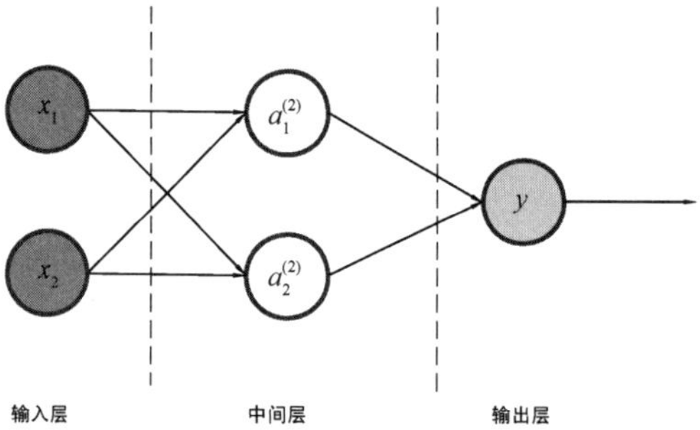

图 8.11　异或问题网络结构

程序运行后绘制的决策边界如图 8.12 所示。可以看到，两条决策直线就能将两种类别全部分开，从而解决逻辑异或问题。

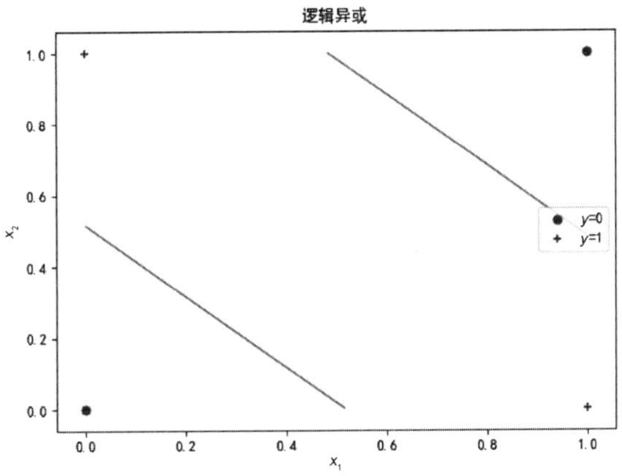

图 8.12 逻辑异或的决策边界

习 题

8.1 对于四层神经网络，试证明：$\dfrac{\partial z_i^{(4)}}{\partial W_{ij}^{(3)}} = a_j^{(3)}$。

8.2 对于四层神经网络，试证明：$\dfrac{\partial J(\Theta)}{\partial z_i^{(4)}} = a_i^{(4)} - y_i$。

8.3 对于四层神经网络，试证明：$\dfrac{\partial J(\Theta)}{\partial W_{ij}^{(2)}} = \left(\left(\boldsymbol{W}^{(3)}\right)^{\mathrm{T}} \boldsymbol{\delta}^{(4)} * g'\left(\boldsymbol{z}^{(3)}\right)\right) a_j^{(2)}$。

8.4 试证明：$\delta_i^{(L)} = \dfrac{\partial}{\partial z_i^{(L)}} J(\Theta) = -\left(y_i - a_i^{(L)}\right) f'\left(z_i^{(L)}\right)$。

8.5 试证明：对于 $l = L-1, L-2, \cdots, 2$ 的各层，第 l 层的第 i 单元的误差项的计算公式为 $\delta_i^{(l)} = \left(\sum_{j=1}^{n_{l+1}} W_{ji}^{(l)} \delta_j^{(l+1)}\right) f'\left(z_i^{(l)}\right)$。

8.6 对于如图 8.13 所示的神经网络，假如输入为二元取值，即 $x_1, x_2 \in \{0,1\}$，输出为 $h(\boldsymbol{x};\theta)$，当 w_0、w_1 和 w_2 分别为-30、20、20 时，网络实现的是什么逻辑？当 w_0、w_1 和 w_2 分别为-20、30、30 呢？

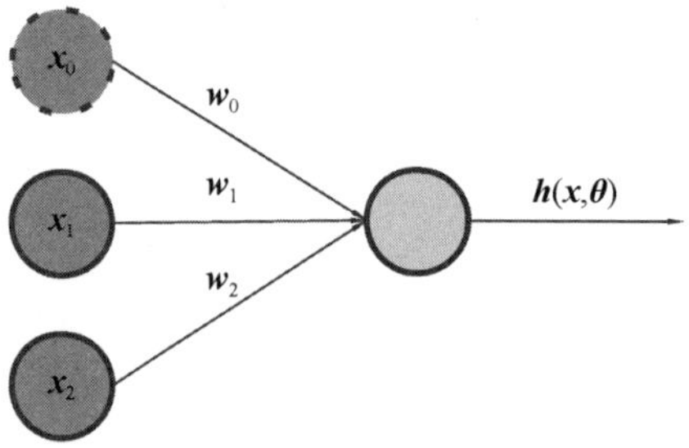

图 8.13　神经网络(1)

8.7　下列哪些陈述为真？(多选)

A. 如果神经网络过拟合，解决办法之一是减小正则化参数 λ

B. 在拥有很多层的神经网络中，可以将后层视为能够使用前几层的输出作为特征，因此能够计算更为复杂的函数

C. 如果神经网络过拟合，解决办法之一是增大正则化参数 λ

D. 假如使用三层神经网络训练多元分类数据，有三种类别。$a_1^{(3)} = h\left(\boldsymbol{x};\Theta\right)_1$、$a_2^{(3)} = h\left(\boldsymbol{x};\Theta\right)_2$ 和 $a_3^{(3)} = h\left(\boldsymbol{x};\Theta\right)_3$ 分别为三个输出单元的输出。对于任意的输入 $\boldsymbol{x}$，必有 $a_1^{(3)} + a_2^{(3)} + a_3^{(3)} = 1$。

8.8　对于图 8.14 所示的神经网络，请写出计算 $a_2^{(3)}$ 的计算公式。

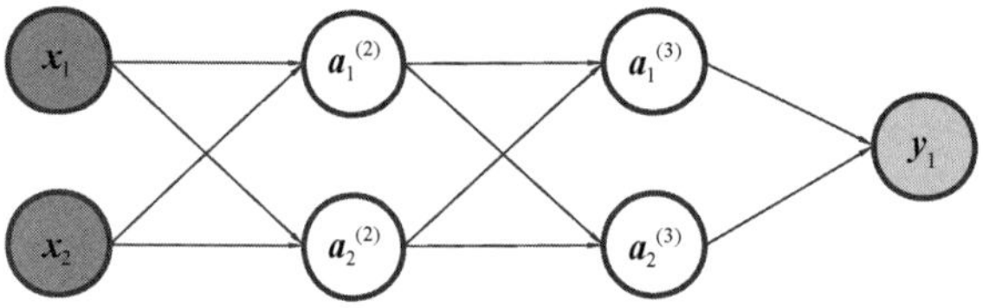

图 8.14　神经网络(2)

第9章

隐马尔科夫模型

隐马尔科夫模型(Hidden Markov Model，HMM)是一种统计分析模型，描述由隐藏的马尔科夫链生成不可观测状态的随机序列，再由各个状态生成观测序列的过程。隐马尔科夫模型的基本理论由 L. E. Baum 和同事在 20 世纪 60 年代末和 70 年代初发表的系列文章创立，在 80 年代得到传播和发展，成功应用在语音识别、自然语音处理、生物信息科学和故障诊断等领域。

本章首先介绍隐马尔科夫模型的基本概念，然后介绍隐马尔科夫模型的学习算法和预测算法，最后用 Python 实现隐马尔科夫模型。

9.1 隐马尔科夫模型基本概念

HMM 是一种时间序列的概率模型，也是一种动态贝叶斯网络(Dynamic Bayesian Network，DBN)。它有一个隐藏的马尔科夫过程，其状态不能直接观测(这就是“隐”名称的由来)到，但可以通过可观测的输出序列进行推测。隐藏的马尔科夫链生成状态的随机序列，称为状态序列(state sequence)；每个状态生成一个观测，多个观测形成的随机序列称为观测序列(observation sequence)。

本节首先描述离散马尔科夫过程，然后将其扩展到隐马尔科夫模型，最后叙述隐马尔科夫模型著名的三个基本问题。

9.1.1 离散马尔科夫过程

考虑这样一个系统，在任意时刻其状态为N个离散状态S_1、S_2、…、S_N之一。随着时间的推移，从上一个时刻到下一个时刻，系统会按照一定的规律(转移概率)在N个状态之间(前后两个状态有可能相同)进行转移，我们将时刻记为$t=1,2,\cdots,T$，并将处于时刻t时的状态记为q_t。例如，图 9.1 所示为一个简单的一阶马尔科夫过程的概率图模型表示，状态分别用变量名记为q_1、q_2、q_3、…，箭头表示变量之间的“因果关系”，每个状态只与它的前一个状态有关，与其他状态无关。图中的每个状态使用实心的圆圈表示，表明这些状态都是可以观测的。

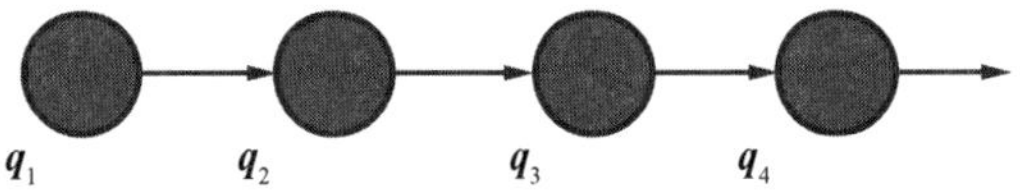

图 9.1　一阶马尔科夫过程

图 9.1 构成一个离散一阶马尔科夫过程，由于其形状为链状，也称为马尔科夫链。一阶是指任意一个状态只与前一个状态有关，也就是状态q_t只与状态q_{t-1}相关，如果q_t与q_{t-1}和q_{t-2}都有关系，则系统为二阶马尔科夫链，如图 9.2 所示。除一阶二阶以外，还有更为复杂的高阶马尔科夫链，本章只关注一阶马尔科夫链。

分析马尔科夫过程需要一个完整的概率描述，以确定当前状态q_t与时刻t之前的状态之间的关系。可将离散的一阶马尔科夫链用概率公式表示如下：

$$p\left(q_t=S_j \mid q_{t-1}=S_i, q_{t-2}=S_k, \cdots\right)=p\left(q_t=S_j \mid q_{t-1}=S_i\right) \tag{9.1}$$

式(9.1)表明：当前状态 q_t 只与状态 q_{t-1} 相关，与其他状态无关。

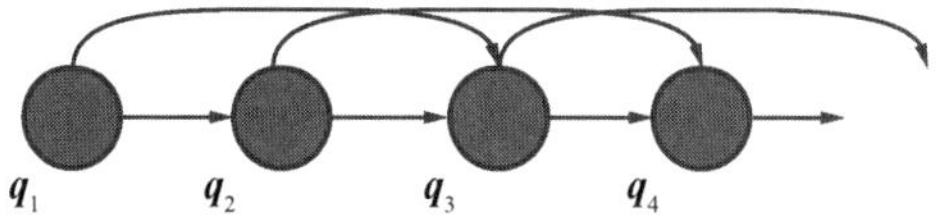

图 9.2　二阶马尔科夫链

为简化问题，引入符号 a_{ij} 表示上一时刻 $(t-1)$ 的状态值 S_i 转移到当前时刻 (t) 的状态值 S_j 的概率，公式如下：

$$a_{ij}=p\left(q_t=S_j \mid q_{t-1}=S_i\right),\quad 1\leqslant i,j\leqslant N \tag{9.2}$$

由于 a_{ij} 是概率，因此满足概率的两个性质：

$$a_{ij}\geqslant 0 \tag{9.3}$$

$$\sum_{j=1}^{N}a_{ij}=1 \tag{9.4}$$

以上随机过程在每个时刻的状态对应某种物理事件，且都能观察到。

马尔科夫过程都有一个初始状态，一般使用符号 $\boldsymbol{\pi}$ 来表示初始状态概率向量，定义为：

$$\boldsymbol{\pi}=\begin{bmatrix}\pi_1 & \pi_2 & \cdots & \pi_N\end{bmatrix} \tag{9.5}$$

其中，π_i 是初始状态 q_1 取值为 S_i 的概率，π_i 按下式定义：

$$\pi_i=p\left(q_1=S_i\right),\quad 1\leqslant i\leqslant N \tag{9.6}$$

同样，π_i 是概率，满足如下两个性质：

$$\pi_i\geqslant 0 \tag{9.7}$$

$$\sum_{i=1}^{N}\pi_i=1 \tag{9.8}$$

其中，N 为状态个数。

为了说明问题，考虑一个简单的只有三个状态的马尔科夫天气模型，假设在一天的某个时刻(如正午)，天气为如下三个状态之一。

状态 1：晴，用 S_1 表示。

状态 2：阴，用 S_2 表示。

状态 3：雨，用 S_3 表示。

假设任意一天 t 的天气为以上三个状态之一，且状态转移矩阵 $\boldsymbol{A}$ 为：

$$\boldsymbol{A}=\left\{a_{ij}\right\}=\begin{bmatrix}0.8 & 0.1 & 0.1\\ 0.2 & 0.6 & 0.2\\ 0.3 & 0.3 & 0.4\end{bmatrix}$$

其中，第一行第一列 a_{11}=0.8 表示前一天为状态 1 且后一天为状态 1 的概率为 0.8，a_{12}=0.1 表示前一天为状态 1 且后一天为状态 2 的概率为 0.1，以此类推。注意到矩阵的每个元素都大于等于 0，且每行数值累加和都等于 1，这是前面所说的概率的两个性质。

如果将状态表示为状态转移图中的一个节点，就可以将状态转移矩阵 $\boldsymbol{A}$ 用图形化来表示。图 9.3 为三个状态的状态转移图。注意，这不是概率图模型(probabilistic graphical models)，因为节点不是单独的变量，而是某个变量的各个状态取值，因此用圆角方框而不是圆圈来表示。

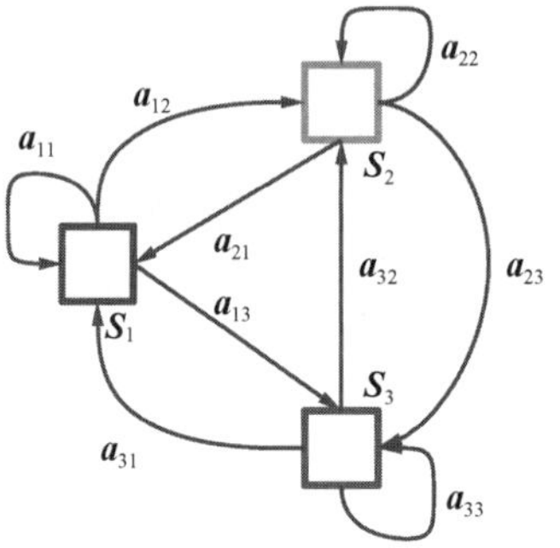

图 9.3　变量有三种状态的马尔科夫链的状态转移图

如果第一天为晴天，根据这个模型 M，在后面连续七天中天气系列 O 为“晴晴雨雨晴阴晴”的概率可以用下式计算：

$$p(O|M)=p(S_1,S_1,S_1,S_3,S_3,S_1,S_2,S_1|M)$$
$$=\pi_1\times p(S_1|S_1)\times p(S_1|S_1)\times p(S_3|S_1)\times p(S_3|S_3)\times p(S_1|S_3)\times p(S_2|S_1)\times p(S_1|S_2)$$
$$=1\times 0.8\times 0.8\times 0.1\times 0.4\times 0.3\times 0.1\times 0.2$$
$$=1.536\times 10^{-4}$$

注意到上式的 $\pi_1=1$，这是因为我们已知第一天为晴天，是必然事件。

9.1.2 扩展至隐马尔科夫模型

如果观测状态 O 为隐藏状态 S 的概率函数，也就是说，有两个嵌套的随机过程，其中一个随机过程是隐藏(状态不可观测)的马尔科夫链，它产生一个观测序列，可以通过观测序列的随机过程来间接推断隐藏序列，这称为隐马尔科夫模型。

下面以具体实例来说明隐马尔科夫模型实例。

1. 掷硬币模型

你站在屋子的一边，另一边有人掷硬币，中间挂着帘子，你无法看清掷硬币的动作。掷硬币者不会告诉你他具体在掷哪一枚硬币，只会告诉你每次掷硬币的结果是正面还是反面。这样就构成一个隐马尔科夫过程，其中，隐藏序列是掷硬币实验，观测序列是得到的一系列正面或反面的结果。

典型的观测序列可能是这样的：

$$\boldsymbol{O} = O_1 O_2 O_3 \cdots O_T = THH \cdots T$$

其中，H 表示正面，T 表示反面。硬币既可以是正常币，其正反面出现概率相等，也可以是偏币，其正反面出现概率不相等。

假设只使用一个硬币，模型退化为只有一个状态的隐马尔科夫模型，该状态对应一个硬币，未知参数是该硬币出现正面的概率。一个硬币的模型实质就是第 4 章所讲述的伯努利分布。

假设使用两个硬币，隐马尔科夫模型就变得很有趣。模型中的两个状态对应投掷的两个硬币，每个状态由硬币出现正面及反面的概率分布进行刻画。状态转移描述如何选择硬币，其物理机制独立于掷币结果。两个状态的隐马尔科夫模型如图 9.4 所示，其中，选择两个硬币(C_1 和 C_2)是不可观测的状态，掷币结果是可观测的状态。

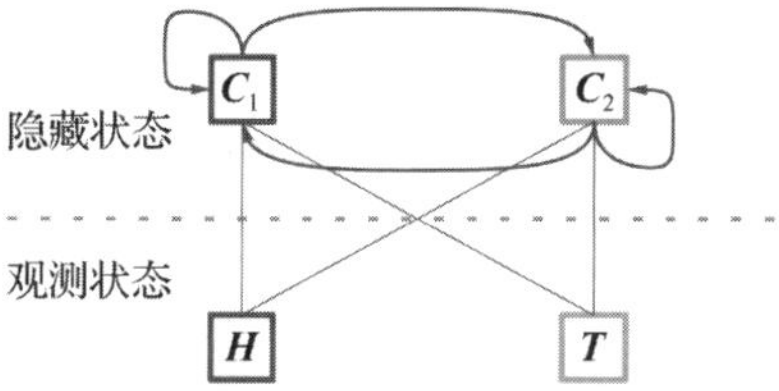

图 9.4　两状态的 HMM 模型

假设 C_1 为正常币，参数 $\theta_1 = 0.5$，意味着出现正面及反面的概率相等；C_2 为偏币，参数 $\theta_2 = 0.7$，意味着出现正面的概率较高。我们希望能通过观察序列来推断隐藏序列，例如，当前时刻选择 C_1 后，下一时刻选择 C_1 或 C_2 的概率分别为多少，以及参数 θ_1、θ_2 的取值，等等。

2. 隐士天气模型

隐士常年生活在山洞中，不能直接获取天气情况，试图通过一片海藻推断天气①。民间

① 本例参考了网址 http://www.comp.leeds.ac.uk/roger/HiddenMarkovModels/html_dev/main.html 的内容。现在该网址已失效，中文翻译版较多，如网址 http://www.52nlp.cn/hmm-learn-best-practices-one-introduction/comment-page-1。

传说告诉我们，“湿透”的海藻意味着潮湿阴雨，而“干”的海藻则意味着阳光灿烂。也就是，海藻的状态与天气状态有一定概率关系。虽然天气状态决定但并不受限于海藻状态，但我们仍然可以通过观察海藻状态来预测天气是雨天或晴天的可能性大小。另外，前一天($t-1$时刻)的天气状态有可能帮助我们更好地预测今天(t时刻)的天气状态。

本例有两组状态，海藻为观测状态，而天气则为隐藏状态。我们希望为隐士设计一个模型，能够在不能直接观测天气的条件下，通过观测水藻的状态来间接预测天气。

隐士天气模型如图 9.5 所示。其中，有三种隐藏的天气状态——晴、阴、雨，有四种可观测的海藻状态——干、稍干、湿、湿透。注意到观测状态和隐藏状态取值的数目不一定相等。

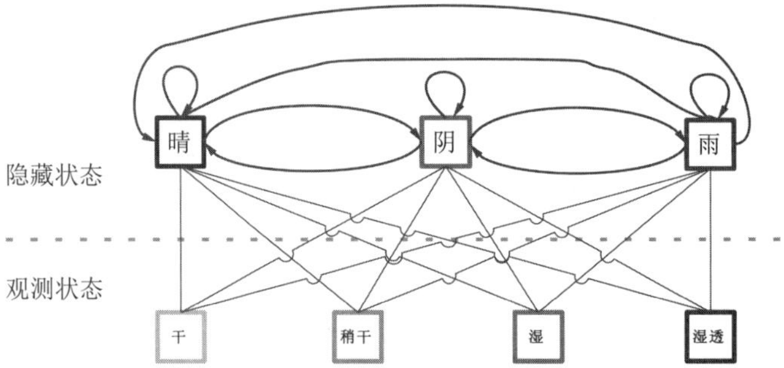

图 9.5　隐士天气模型

3. 一阶隐马尔科夫链

虽然掷硬币模型和隐士天气模型的场景不同，但它们都可以用带隐藏变量的马尔科夫链来表示序列数据，如图 9.6 所示。图中的 $q_1q_2\cdots q_{n+1}\cdots$ 为隐藏序列，$O_1O_2\cdots O_{n+1}\cdots$ 为观测序列。

按照惯例，我们将随机变量用圆圈表示。为了区别观测状态和隐藏状态，用实心的圆圈表示观测状态，用空心的圆圈表示隐藏状态。

HMM 模型有两个条件独立假设，第一个假设就是给定 q_{t-1} 之后，q_t 独立于 $t-1$ 时刻之前的状态，可用公式(9.1)表示；第二个假设是，给定 q_t 之后，t 时刻的观测 O_t 独立于其他变量，用公式表示为：

$$p\left(O_t \mid q_1,O_1,\cdots,q_{t-1},O_{t-1},q_t,q_{t+1},O_{t+1},\cdots,q_T,O_T\right)=p\left(O_t \mid q_t\right) \tag{9.9}$$

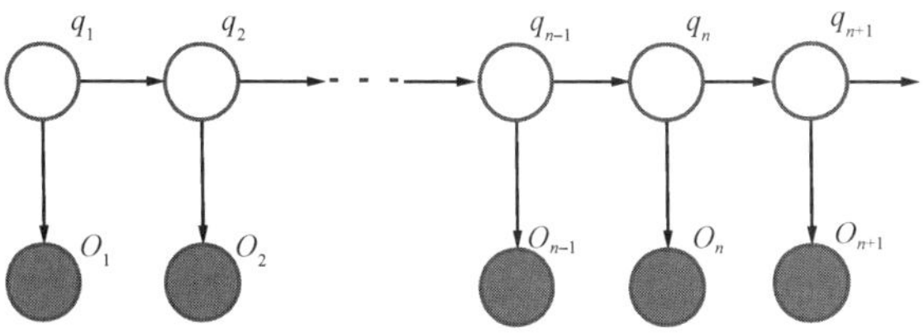

图 9.6　一阶隐马尔科夫链

9.1.3 HMM 的组成和序列生成

本节首先讲述隐马尔科夫模型的五大组成部分，然后介绍观测序列生成，最后用 Python 实现了观测序列的生成程序。

1. 隐马尔科夫模型的组成

HMM 可以使用如下五个元素来描述。

1)　模型的隐状态个数 N

尽管状态是隐藏的，但是很多实际应用都会有一些物理意义与模型中的状态相关联。例如，在掷硬币模型中，每个状态对应一个硬币；在隐士天气模型中，每个状态对应一种天气。一般来说，状态之间有概率关系，每个状态都可由其他状态通过转移达到，这称为“各态历经”(ergodic)。有的模型还定义最终状态，指系统一旦进入这个状态，就再也无法离开的情形。本书将状态取值的集合表示为 $\boldsymbol{S}=\{S_1,S_2,\cdots,S_N\}$，$N$ 为隐状态个数。隐藏序列 $q_1q_2\cdots q_{t-1}q_tq_{t+1}\cdots$ 的下标表示时刻，将 t 时刻的状态记为 q_t，如果 q_t 的取值为 S_i，则记为 $q_t=S_i$。

2)　可观测状态符号的数量 M

该可观测状态符号对应所建模型系统的物理输出，其数目不一定要和隐状态的数目一致。例如，在掷硬币模型中，可观测状态符号对应正面或反面；在隐士天气模型中，可观测状态符号对应海藻的潮湿程度，一共有四种可观测的海藻状态。本书将可观测状态符号集合表示为 $\boldsymbol{V}=\{v_1,v_2,\cdots,v_M\}$，在时刻 t 的可观测状态记为 O_t，如果 O_t 的取值为 v_k，则记为 $O_t=v_k$。

3)　隐状态转移概率矩阵 $\boldsymbol{A}$

隐状态转移概率矩阵 $\boldsymbol{A}=\{a_{ij}\}$，描述 HMM 模型中各个状态之间的转移概率。

$$a_{ij}=p\left(q_{t+1}=S_j \mid q_t=S_i\right),\quad 1\leqslant i,j\leqslant N \tag{9.10}$$

表示在 t 时刻状态为 S_i 的条件下，在 $t+1$ 时刻状态改变为 S_j 的概率。$\boldsymbol{A}$ 为 $N\times N$ 矩阵。

对于任意状态 S_i 都可在下一时刻转移到其他任意状态 S_j 的情形，其概率 $a_{ij}>0$。如果要定义某些状态 (i,j) 对之间不能直接转移的情形，请设定 $a_{ij}=0$，即 S_i 转移到 S_j 的概率为 0。

4) 观测状态概率矩阵 $\boldsymbol{B}$

观测状态概率矩阵 $\boldsymbol{B}=\{b_j(k)\}$，其中

$$b_j(k)=p(O_t=v_k \mid q_t=S_j),\quad 1\leqslant j\leqslant N, 1\leqslant k\leqslant M \tag{9.11}$$

表示在 t 时刻隐状态为 S_j 的条件下，可观察状态 O_t 的值为 v_k 的概率。$\boldsymbol{B}$ 为 $N\times M$ 矩阵。一般也将 $\boldsymbol{B}$ 称为发射矩阵或混淆矩阵。

5) 初始状态概率矩阵 $\boldsymbol{\pi}$

初始状态概率矩阵 $\boldsymbol{\pi}=\{\pi_i\}$，其中

$$\pi_i=p(q_1=S_i),\quad 1\leqslant i\leqslant N \tag{9.12}$$

表示隐含状态在初始时刻 $t=1$ 时状态为 S_i 的概率。

一般情况下，可以使用五元组 $\lambda=\{N,M,\boldsymbol{A},\boldsymbol{B},\boldsymbol{\pi}\}$ 来表示一个 HMM，也可用三元组 $\lambda=\{\boldsymbol{A},\boldsymbol{B},\boldsymbol{\pi}\}$ 来简洁地表示一个 HMM。

例如，在隐士天气 HMM 模型中，五个元素分别为：

$$N=3$$

$$M=4$$

$$\boldsymbol{A}=\begin{bmatrix}0.50 & 0.375 & 0.125\\0.25 & 0.125 & 0.625\\0.25 & 0.375 & 0.375\end{bmatrix}$$

$$\boldsymbol{B}=\begin{bmatrix}0.60 & 0.20 & 0.15 & 0.05\\0.25 & 0.25 & 0.25 & 0.25\\0.05 & 0.10 & 0.35 & 0.50\end{bmatrix}$$

$$\boldsymbol{\pi}=\begin{bmatrix}0.50 & 0.20 & 0.30\end{bmatrix}$$

2. 观测序列生成

如果已知隐马尔科夫模型 λ，即已知隐状态转移矩阵 $\boldsymbol{A}$、观测状态概率矩阵 $\boldsymbol{B}$ 和初始状态矩阵 $\boldsymbol{\pi}$ 的值，就可以使用 HMM 来生成一个观测序列：

$$\boldsymbol{O}=O_1O_2\cdots O_T$$

其中，每一个可观测状态 O_t 取值为集合 V 中的一个元素，T 为序列的长度。

代码 hmm_generate.py 实现了根据隐马尔科夫模型来生成一个观测序列。函数实现了如

算法 9.1 所示的 HMM 观测序列生成算法。

算法 9.1　HMM 观测序列生成算法

```
函数：function [seq, states] = hmmGenerate(A, B, PI, T)
输入：转移矩阵 A，观测状态矩阵 B，初始状态矩阵 PI，序列长度 T
输出：观测序列 seq，状态序列 states

// 必要的输入数据检查
if 矩阵每个元素 < 0 or 矩阵每行元素累加 <> 1 then
    return
end if

// 根据初始状态矩阵 PI 的分布随机选择初始状态
qi = sampling(PI);

// 迭代输出
for t = 1 to T do
  states(t) = qi
  seq(t) = sampling(B 矩阵的 qi 行)
  qi = sampling(A 矩阵的 qi 行)
end for
```

算法 9.1 中的 sampling 是一个随机抽样的函数，在 hmm_generate.py 文件中可以找到代码实现，如代码 9.1 所示。代码直接调用 np.random.choice 函数，从给定的一维数组按概率分布进行随机抽样。

代码 9.1　随机抽样函数

```
def sampling(prob_distribution):
    """
     输入
       probDistribution :  概率分布
    输出
       idx :  抽样到的类别索引
    """
    idx = np.random.choice(len(prob_distribution), p=prob_distribution)
    return idx
```

脚本 hmm_generate_demo.py 设置了一个掷骰子游戏的 HMM 模型，模拟投掷两枚骰子，一枚正常，另一枚作弊，调用 hmm_generate 函数生成状态序列和观测序列。

9.1.4　三个基本问题

HMM 有如下三个有趣的基本问题。

(1) 评估问题：给定一个观测序列 $\boldsymbol{O}=O_1O_2\cdots O_T$ 和模型 $\lambda=\{\boldsymbol{A},\boldsymbol{B},\boldsymbol{\pi}\}$，如何高效地计算给定模型的条件下观测序列的概率，即 $p(\boldsymbol{O}|\lambda)$？

评估问题可表述为：给定模型及观测系列，如何计算该模型产生此观测序列的概率，这就是“评估”名称的由来。这个问题也可视为：如何对给定模型符合观测序列的程度进行“评分”。评分的观点非常有价值，如果考虑同时有多个竞争模型的情形，评估问题能选出最符合观测结果的模型。

(2) 解码问题：给定一个观测序列 $\boldsymbol{O}=O_1O_2\cdots O_T$ 和模型 $\lambda=\{\boldsymbol{A},\boldsymbol{B},\boldsymbol{\pi}\}$，如何选择在一定意义下“最优”的状态序列 $\boldsymbol{Q}=q_1q_2\cdots q_T$？即，该状态序列 $\boldsymbol{Q}$ “最好地”解释观测序列。

解码问题试图揭示模型的隐藏部分，即寻找“正确”的状态序列。要澄清的是，没有所谓绝对“正确”的状态序列，实践中通常使用某个最优准则来尽可能地得到这个问题的最优解。不幸的是，有多个可能的最优准则可用，因此选择不同准则对揭示状态序列至关重要。解码问题的一个典型应用是了解模型的结构。

(3) 学习问题：给定一个观测序列 $\boldsymbol{O}=O_1O_2\cdots O_T$，如何调整参数 $\lambda=\{\boldsymbol{A},\boldsymbol{B},\boldsymbol{\pi}\}$，使得观测序列的概率 $p(\boldsymbol{O}|\lambda)$ 最大？

学习问题试图优化模型参数，使之能最合理地解释观测序列的产生。观测序列用于在训练 HMM 时调整模型参数，因此也称为训练序列。对于大多数 HMM 应用，训练问题是关键，它能调整模型参数以最佳地适应观测到的训练数据，也就是，为实际地观测序列建立最佳模型。

下节应用数学原理来求解隐马尔科夫模型的三个基本问题。

9.2 求解 HMM 三个基本问题

本节详细介绍求解隐马尔科夫模型三个基本问题的算法，并使用 Python 代码实现求解这三个问题的示例。

9.2.1 评估问题

以下先给出评估问题描述，然后叙述前向算法和后向算法的算法描述和Python代码实现。

1. 问题描述

HMM 的评估问题是，给定模型 $\lambda=\{\boldsymbol{A},\boldsymbol{B},\boldsymbol{\pi}\}$，如何计算观测序列 $\boldsymbol{O}=O_1O_2\cdots O_T$ 出现的

概率，即，计算 $p(\boldsymbol{O}|\lambda)$。

最直接的方法是穷尽长度为T的所有可能的状态组合。考虑任意一个固定的状态序列$\boldsymbol{Q}=q_1q_2\cdots q_T$，$q_1$为初始状态。状态序列对应的观测序列$\boldsymbol{O}$的概率可按下式计算：

$$p(\boldsymbol{O}|\boldsymbol{Q},\lambda)=\prod_{t=1}^{T}p(O_t\mid q_t,\lambda) \tag{9.13}$$

如果可观测状态满足 HMM 的第二个条件独立假设，即O_t仅与q_t相关，与其他状态无关，则：

$$p(\boldsymbol{O}|\boldsymbol{Q},\lambda)=b_{q_1}(O_1)\times b_{q_2}(O_2)\times\cdots\times b_{q_T}(O_T) \tag{9.14}$$

状态序列$\boldsymbol{Q}$的概率可以写为：

$$p(\boldsymbol{Q}|\lambda)=\pi_{q_1}\times a_{q_1q_2}\times a_{q_2q_3}\times\cdots\times a_{q_{T-1}q_T} \tag{9.15}$$

按照贝叶斯定理，$\boldsymbol{O}$与$\boldsymbol{Q}$的联合概率，即$\boldsymbol{O}$和$\boldsymbol{Q}$同时发生的概率，是$\boldsymbol{O}$和$\boldsymbol{Q}$两项的乘积，公式如下：

$$p(\boldsymbol{O},\boldsymbol{Q}|\lambda)=p(\boldsymbol{O}|\boldsymbol{Q},\lambda)\times p(\boldsymbol{Q}|\lambda) \tag{9.16}$$

给定模型参数后，将上述联合概率对全部可能的状态$\boldsymbol{Q}$的概率进行累加，就可得到$\boldsymbol{O}$出现的概率。

$$\begin{aligned}p(\boldsymbol{O}|\lambda)&=\sum_{\boldsymbol{Q}}p(\boldsymbol{O}|\boldsymbol{Q},\lambda)\times p(\boldsymbol{Q}|\lambda)\\&=\sum_{q_1,q_2,\cdots,q_T}\pi_{q_1}\times b_{q_1}(O_1)\times a_{q_1q_2}\times b_{q_2}(O_2)\times\cdots\times a_{q_{T-1}q_T}\times b_{q_T}(O_T)\end{aligned} \tag{9.17}$$

对上述算式可以这样解释，在$t=1$的初始时刻，系统以概率π_{q_1}处于q_1状态，且以概率$b_{q_1}(O_1)$产生观测状态O_1。当时钟由时刻t推移到$t+1$时，状态以概率$a_{q_1q_2}$由q_1转移到q_2，且以概率$b_{q_2}(O_2)$产生观测状态O_2，以此类推，直到在时刻T以概率$a_{q_{T\text{-}1}q_T}$由$q_{T\text{-}1}$转移到q_T，且以概率$b_{q_T}(O_T)$产生观测状态O_T。

由于在$t=1,2,\cdots,T$的每一个时刻，都有N种可能的状态，因此一共有N^T种可能的状态序列，且对于每个这样的状态序列，需要进行$2T$次乘法运算。所以计算$p(\boldsymbol{O}|\lambda)$的时间复杂度为$O(2T\cdot N^T)$，这么大的计算量在实际中根本行不通。例如，当$N=10$，$T=20$时，需要进行$4\times10^{21}$次基本运算。

事实上，存在另一个在计算上非常可行的替代方案——递归地计算$p(\boldsymbol{O}|\lambda)$。这就是后文将要讲述的前向算法和后向算法。

2. 前向算法

前向算法需要定义一个前向变量$\alpha_t(i)$，用下式定义：

$$\alpha_t(i)=p(O_1O_2\cdots O_t,q_t=S_i\mid\lambda) \tag{9.18}$$

其含义是：给定模型λ，时刻t之前的部分观测序列$O_1O_2\cdots O_t$出现，且当前状态为S_i的概率。

这样，就可以使用归纳法迭代求解$p(\boldsymbol{O}\mid\lambda)$，具体算法一共有三个步骤。首先是初始化。根据定义，有：

$$\begin{aligned}\alpha_1(i)&=p(O_1,q_1=S_i\mid\lambda)\\&=\pi_i b_i(O_1)\end{aligned} \tag{9.19}$$

然后是归纳步。已知$\alpha_t(i)$，求$\alpha_{t+1}(j)$。公式如下：

$$\alpha_{t+1}(j)=\left(\sum_{j=1}^{N}\alpha_t(i)a_{ij}\right)b_j(O_{t+1}) \tag{9.20}$$

归纳步是前向算法的核心，其原理如图 9.7 所示，该图展示了在t时刻从N个可能的状态之一S_i转移到$t+1$时刻的状态S_j的路径。乘积$\alpha_t(i)a_{ij}$即为观测到$O_1O_2\cdots O_t$后，且在t时刻由状态S_i到达$t+1$时刻状态S_j的联合概率。将这些乘积累加后乘以$b_j(O_{t+1})$，得到$t+1$时刻的部分观测序列已知且状态为S_j的概率，即$\alpha_{t+1}(j)$。对于每个$t=1,2,\cdots,T-1$时刻，上述计算$\alpha_{t+1}(j)$的运算要对全部j都重复执行，一共进行N次。

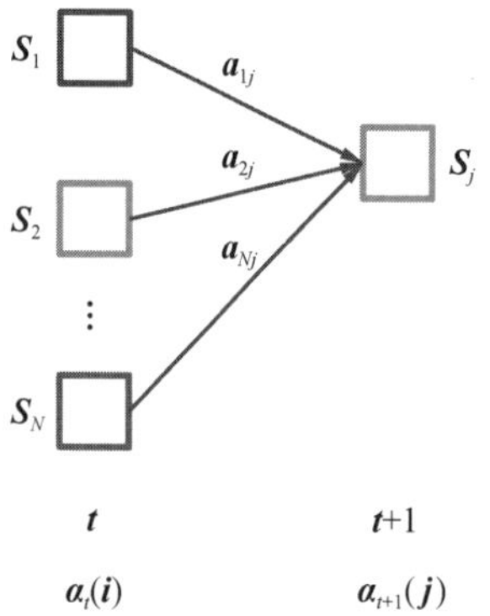

图 9.7　前向算法的归纳网格图

最后，终结步通过对前向变量$\alpha_T(i)$累加，得到$p(\boldsymbol{O}\mid\lambda)$。这是因为，由定义

$$\alpha_T(i)=p(O_1O_2\cdots O_T,q_T=S_i\mid\lambda)$$

得到$p(\boldsymbol{O}\mid\lambda)$就是全部$\alpha_T(i)$的累加和。终结步公式如下：

$$p(\boldsymbol{O}\mid\lambda)=\sum_{i=1}^{N}\alpha_T(i) \tag{9.21}$$

完整的前向算法如算法 9.2 所示。

算法 9.2 前向算法

```
函数：function [P, alpha] = hmmForward(A, B, PI, O)
输入：转移矩阵 A，观测状态矩阵 B，初始状态矩阵 PI，观测序列 O
输出：结果概率 P，概率矩阵历史 alpha

// 1.初始化
for i = 1 to N do
```
$\alpha_1(i)=\pi_i b_i(O_1)$
```
end for

// 2.归纳
for t = 1 to T-1 do
    for j = 1 to N do
```
$$\alpha_{t+1}(j)=\left(\sum_{j=1}^{N}\alpha_t(i)a_{ij}\right)b_j(O_{t+1})$$
```
    end for
end for

// 3.终结
```
$p(\boldsymbol{O}|\lambda)=\sum_{i=1}^{N}\alpha_T(i)$

现在讨论前向算法的时间复杂度。计算 $t+1$ 时刻的状态 S_j 的前向变量需要迭代 t 时刻的 N 个状态所对应的路径，每个 $t+1$ 时刻有 N 个状态，因此时间复杂度为 $O(N^2)$，一共有 T 个时刻，所以最终时间复杂度为 $O(N^2\cdot T)$。相对于直接计算的 $O(2T\cdot N^T)$，大大节省了计算开销。例如，当 $N=10$，$T=20$ 时，前向算法需 2×10^3 次基本运算，比 4×10^{21} 次基本运算的开销少得多。

Python 脚本 hmm_forward.py 实现了前向算法，hmm_forward_demo.py 脚本模拟掷硬币实验，调用 hmm_forward 函数计算结果概率 $p(\boldsymbol{O}|\lambda)$ 和概率矩阵 α 历史。

3. 后向算法

前向算法是从前向后算出前向变量，然后归纳得到最终结果。与此相对应且原理相似的是后向算法，它从后向前算出后向变量，归纳后得到最终结果。

后向变量 $\beta_t(i)$ 是给定模型 λ 且在 t 时刻状态为 S_i 的条件下，部分观测序列为 $O_{t+1}O_{t+2}\cdots O_T$ 的概率。后向变量按下式定义：

$$\beta_t(i)=p(O_{t+1}O_{t+2}\cdots O_T\mid q_t=S_i,\lambda) \tag{9.22}$$

与前向算法一样，后向算法也是使用归纳法来迭代求解，算法共分为三个步骤。初始

化步将 $\beta_T(i)$ 设置为 1，即

$$\beta_T(i)=1 \tag{9.23}$$

这是因为按照定义，当 $t=T$ 时，HMM 过程已经终止，O_{T+1} 以后的输出为空是必然事件。

然后是归纳步。已知 $\beta_{t+1}(j)$，求 $\beta_t(i)$。公式如下：

$$\beta_t(i)=\sum_{j=1}^{N}\beta_{t+1}(j)a_{ij}b_j(O_{t+1}) \tag{9.24}$$

后向算法的核心也是归纳步，其原理如图 9.8 所示，该图展示了在 t 时刻从状态 S_i 转移到 $t+1$ 时刻的 N 个可能的状态 S_j 的路径。为了解释在 t 时刻状态为 S_i 的前提下，$t+1$ 时刻开始的观测序列，必须考虑在 $t+1$ 时刻所有的可能状态 S_j，即 S_i 到 S_j 的转移概率—— a_{ij} 项、观测状态 O_{t+1} —— $b_j\left(O_{t+1}\right)$ 项，以及从状态 j 开始的其余部分观测序列—— $\beta_{t+1}\left(j\right)$ 项。上述三项的乘积 $\beta_{t+1}\left(j\right)a_{ij}b_j\left(O_{t+1}\right)$ 对 j 求和后，即为 $\beta_t\left(i\right)$。

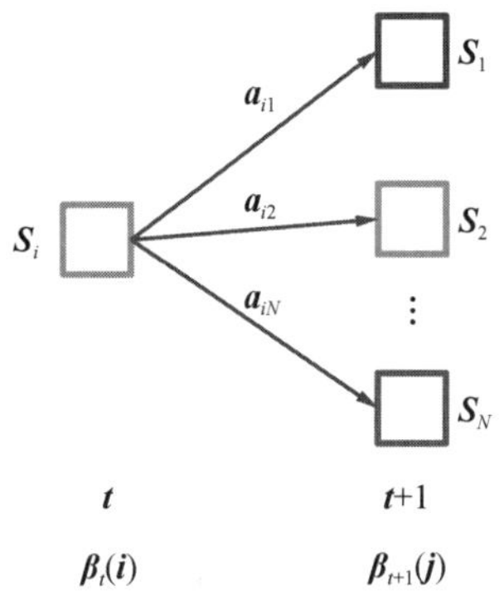

图 9.8　后向算法的归纳网格图

最后，终结步通过对后向变量 $\beta_1\left(i\right)\pi_i b_i\left(O_1\right)$ 累加，得到 $p\left(\boldsymbol{O}\mid\lambda\right)$。这是因为，由定义

$$\beta_1\left(i\right)=p\left(O_2O_3\cdots O_T\mid q_1=S_i,\lambda\right)$$

因此有：

$$\begin{aligned}\beta_1\left(i\right)\pi_i b_i\left(O_1\right)&=p\left(O_2O_3\cdots O_T\mid q_1=S_i,\lambda\right)\pi_i b_i\left(O_1\right)\\&=p\left(O_2O_3\cdots O_T\mid q_1=S_i,\lambda\right)p\left(O_1\mid q_1=S_i,\lambda\right)\\&=p\left(\boldsymbol{O}\mid q_1=S_i,\lambda\right)\end{aligned}$$

由上式可得，$p\left(\boldsymbol{O}\mid\lambda\right)$ 就是全部 $\beta_1\left(i\right)\pi_i b_i\left(O_1\right)$ 的累加和，用公式表示为：

$$p\left(\boldsymbol{O}\mid\lambda\right)=\sum_{i=1}^{N}\beta_1\left(i\right)\pi_i b_i\left(O_1\right) \tag{9.25}$$

完整的后向算法如算法 9.3 所示。

算法 9.3　后向算法

```
函数：function [P, alpha] = hmmBackward (A, B, PI, O)
输入：转移矩阵 A，观测状态矩阵 B，初始状态矩阵 PI，观测序列 O
输出：结果概率 P，概率矩阵历史 beta

// 1.初始化
for i = 1 to N do
    β_T(i) = 1
end for

// 2.归纳
for t = T-1 to 1 step -1 do
    for i = 1 to N do
        β_t(i) = Σ_{j=1}^{N} β_{t+1}(j) a_ij b_j(O_{t+1})
    end for
end for

// 3.终结
p(O|λ) = Σ_{i=1}^{N} β_1(i) π_i b_i(O_1)
```

计算 $\beta_t(i), 1 \leqslant t \leqslant T, 1 \leqslant i \leqslant N, 1 \leqslant j \leqslant N$ 需要迭代计算 $N^2 \cdot T$ 次，因此时间复杂度为 $O\left(N^2 \cdot T\right)$。

Python 脚本 hmm_backward.py 实现了后向算法，脚本 hmm_backward_demo.py 模拟掷硬币实验，调用 hmm_backward 函数计算结果概率 $p(\boldsymbol{O} \mid \lambda)$ 和概率矩阵 β 历史。

值得注意的是，前向算法和后向算法不只是使用于解决评估问题，还用于解决解码问题和学习问题，具体请参见后文。

9.2.2 解码问题

解码问题就是给定 HMM 模型和观测序列，计算出“最佳”的状态序列。不同于评估问题可以给出准确的解，解码问题可以有多种可能的解。解码问题的难点在于最佳状态序列的定义不同，可能有多个可能的最佳准则。例如，一种可能的最佳准则是依次选择概率最大的单个状态 $q_t, 1 \leqslant t \leqslant T$，然后得到完整的最佳状态序列。另一种可能的最佳准则是，不求单个状态的概率最大值，而是求整个状态序列的概率最大值。下面分别讲述这两种方法。

1. 单个状态概率最大化算法

单个状态概率最大化算法利用前面所述的前向算法和后向算法的变量，算法最大化单个状态的期望，为此，先定义如下前向后向变量$\gamma_t(i)$：

$$\gamma_t(i)=p(q_t=S_i|\boldsymbol{O},\lambda) \tag{9.26}$$

$\gamma_t(i)$的含义是：给定模型λ和观测序列$\boldsymbol{O}$，t时刻的状态为S_i的概率。可以使用前向变量和后向变量将$\gamma_t(i)$表示为：

$$\gamma_t(i)=\frac{\alpha_t(i)\beta_t(i)}{p(\boldsymbol{O}|\lambda)}=\frac{\alpha_t(i)\beta_t(i)}{\sum_{i=1}^{N}\alpha_t(i)\beta_t(i)} \tag{9.27}$$

由贝叶斯公式，$\frac{p(q_t=S_i,\boldsymbol{O}|\lambda)}{p(\boldsymbol{O}|\lambda)}=p(q_t=S_i|\boldsymbol{O},\lambda)$，也就是$\gamma_t(i)$。由于$\alpha_t(i)$表示部分观测序列$O_1O_2\cdots O_t$且在$t$时刻状态为$S_i$的概率，而$\beta_t(i)$表示其余的部分观测序列$O_{t+1}O_{t+2}\cdots O_T$且在$t$时刻状态为$S_i$的概率，即$\alpha_t(i)\beta_t(i)=p(q_t=S_i,\boldsymbol{O}|\lambda)$。分母上的归一化因子$p(\boldsymbol{O}|\lambda)=\sum_{i=1}^{N}\alpha_t(i)\beta_t(i)$确保$\sum_{i=1}^{N}\gamma_t(i)=1$，使得$\gamma_t(i)$成为概率度量。

使用$\gamma_t(i)$，可以求解在t时刻单个状态概率最大化的q_t，公式为：

$$q_t=\arg\max_{1\leqslant i\leqslant N}\gamma_t(i),\quad 1\leqslant t\leqslant T \tag{9.28}$$

单个状态概率最大化算法如算法 9.4 所示。

算法 9.4　单个状态概率最大化算法

函数：function [path, gamma] = hmmIndividually (A, B, PI, O)
输入：转移矩阵 A，观测状态矩阵 B，初始状态矩阵 PI，观测序列 O
输出：最佳状态路径 path，概率矩阵历史 gamma

// 1.初始化
for i = 1 **to** N **do**
　　$\alpha_1(i)=\pi_i b_i(O_1)$
　　$\beta_T(i)=1$
end for

// 2.计算 alpha 和 beta
for t = 1 **to** T-1 **do**
　　for j = 1 **to** N **do**
　　　　$\alpha_{t+1}(j)=\left(\sum_{j=1}^{N}\alpha_t(i)a_{ij}\right)b_j(O_{t+1})$
　　end for

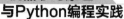

```
end for

for t = T-1 to 1 step -1 do
    for i = 1 to N do
        β_t(i) = Σ_{j=1}^{N} β_{t+1}(j) a_ij b_j(O_{t+1})
    end for
end for

// 3.归纳
for t = 1 to T do
    γ_t(i) = α_t(i)β_t(i) / Σ_{i=1}^{N} α_t(i)β_t(i)
end for

// 4.终结
for t = 1 to T do
    q_t = argmax_{1≤i≤N} γ_t(i)
end for
```

Python 脚本 hmm_individually.py 实现了单个状态概率最大化算法，脚本 hmm_individually_demo.py 调用 hmm_individually 函数计算最佳状态路径。

2. 维特比算法

前向后向算法推算出 t 时刻最有可能的单个状态，最终形成的状态序列可能会存在一定问题。例如，当 HMM 的某些状态转移概率为 0，即 $a_{ij}=0$ 时，按照前向后向算法得到的最佳状态序列不一定是“合法”的状态序列。

解决办法是修改最佳准则，不是求单个状态的概率最大值，而是求多个状态组成的状态序列的概率最大值。例如，求两个状态 (q_t, q_{t+1}) 或者三个状态 (q_t, q_{t+1}, q_{t+2}) 的期望最大化。尽管这些准则对一些应用非常有效，但使用最多的准则是求得单条最佳状态序列的路径，即最大化 $p(\boldsymbol{Q}\mid\boldsymbol{O},\lambda)$，等价于最大化 $p(\boldsymbol{Q},\boldsymbol{O}\mid\lambda)$。使用动态规划方法可以求取这么一条路径，该方法称为维特比算法(Viterbi algorithm)。

维特比算法是给定 HMM 模型 λ 和观测序列 $\boldsymbol{O}=O_1O_2\cdots O_T$，寻找一条最佳状态序列路径 $\boldsymbol{Q}=q_1q_2\cdots q_T$。为此，需要定义一个 $\delta_t(i)$ 变量，表示沿着一条 t 个观测已知的路径，且在 t 时刻的状态为 S_i 的最大概率。公式如下：

$$\delta_t(i)=\max_{q_1,q_2,\cdots,q_{t-1}} p(q_1q_2\cdots,q_t=i,O_1O_2\cdots O_t\mid\lambda) \tag{9.29}$$

使用归纳法，得迭代公式：

$$\delta_{t+1}(j)=\max_{1\leqslant i\leqslant N}\left(\delta_t(i)a_{ij}\right)b_j\left(O_{t+1}\right) \tag{9.30}$$

为了获取状态序列，需要定义一个数组$\psi_t(j)$，用于保存每一个t和j步骤中最大化上式的参数。完整的维特比算法如算法 9.5 所示。

算法 9.5　维特比算法

函数：`function [path, Pstar] = hmmViterbi(A, B, PI, O)`
输入：转移矩阵 A，观测状态矩阵 B，初始状态矩阵 PI，观测序列 O
输出：最佳状态路径 path，该最佳状态路径概率 Pstar

// 1.初始化
for i = 1 **to** N **do**
　　$\delta_1(i)=\pi_i b_i(O_1)$
　　$\psi_1(i)=0$
end for

// 2.归纳
for t = 2 **to** T **do**
　　for j = 1 **to** N **do**
　　　　$\delta_t(j)=\max_{1\leqslant i\leqslant N}\left(\delta_{t-1}(i)a_{ij}\right)b_j(O_t)$
　　　　$\psi_t(j)=\mathop{\arg\max}_{1\leqslant i\leqslant N}\delta_{t-1}(i)a_{ij}$
　　end for
end for

// 3.终结
$Pstar=\max_{1\leqslant i\leqslant N}\delta_T(i)$
$q_T=\mathop{\arg\max}_{1\leqslant i\leqslant N}\delta_T(i)$
// 4.路径回溯
for t = T-1 **to** 1 step -1 **do**
　　$q_t=\psi_{t+1}(q_{t+1})$
end for

Python 脚本 hmm_viterbi.py 实现了维特比算法，脚本 hmm_viterbi_demo.py 调用 hmm_viterbi 函数计算最佳状态路径。

9.2.3 学习问题

学习问题是 HMM 中最难的问题，其目的是寻找一种调节模型参数$(\boldsymbol{A},\boldsymbol{B},\boldsymbol{\pi})$以最大化观测序列概率的方法。可以用如下公式来表示：

$$\hat{\lambda} = \underset{\lambda}{\operatorname{argmax}}\, p(\boldsymbol{O} \mid \lambda) \tag{9.31}$$

式(9.31)就是给定一些有限的观测序列作为训练数据，求取模型参数的优化方法。目前还没有最优化方法可以找到模型参数的全局最优，只能采用诸如 Baum-Welch 算法的迭代方法选择 $\lambda = \{\boldsymbol{A}, \boldsymbol{B}, \boldsymbol{\pi}\}$ 的参数，使得 $p(\boldsymbol{O} \mid \lambda)$ 达到局部最优。

本节介绍 Baum 及同事的经典方法，采用 EM 算法来确定 HMM 的参数。

1. Baum-Welch 算法

为了描述估计 HMM 参数的迭代过程，首先定义一个 $\xi_t(i,j)$ 变量，表示给定模型以及观测序列后，t 时刻的状态为 S_i 且 $t+1$ 时刻的状态为 S_j 的概率，用公式表示为：

$$\xi_t(i,j) = p(q_t = S_i, q_{t+1} = S_j \mid \boldsymbol{O}, \lambda) \tag{9.32}$$

上式 $\xi_t(i,j)$ 的含义可用图 9.9 来表示。

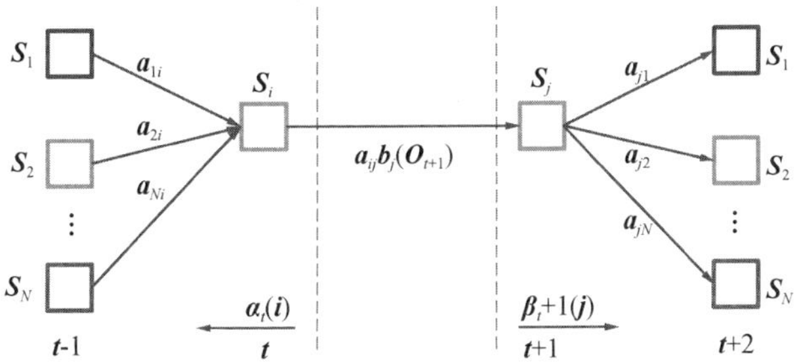

图 9.9　$\xi_t(i,j)$ 变量的含义

根据图 9.9，可以用前向变量和后向变量重新将 $\xi_t(i,j)$ 表示如下：

$$\begin{aligned}\xi_t(i,j) &= \frac{p(q_t = S_i, q_{t+1} = S_j, \boldsymbol{O} \mid \lambda)}{p(\boldsymbol{O} \mid \lambda)} \\ &= \frac{\alpha_t(i) a_{ij} b_j(O_{t+1}) \beta_{t+1}(j)}{p(\boldsymbol{O} \mid \lambda)} \\ &= \frac{\alpha_t(i) a_{ij} b_j(O_{t+1}) \beta_{t+1}(j)}{\sum_{i=1}^{N}\sum_{j=1}^{N} \alpha_t(i) a_{ij} b_j(O_{t+1}) \beta_{t+1}(j)}\end{aligned} \tag{9.33}$$

由贝叶斯公式，式(9.33)的分子为 $p(q_t = S_i, q_{t+1} = S_j, \boldsymbol{O} \mid \lambda)$，除以 $p(\boldsymbol{O} \mid \lambda)$ 后就得到 $p(q_t = S_i, q_{t+1} = S_j \mid \boldsymbol{O}, \lambda)$，就是 $\xi_t(i,j)$ 的概率度量。

上节定义过$\gamma_t(i)$变量，表示给定 HMM 模型和观测序列后，t时刻状态为S_i的概率。有了$\xi_t(i,j)$之后，可以用$\xi_t(i,j)$来表示$\gamma_t(i)$，公式如下：

$$\gamma_t(i)=\sum_{j=1}^{N}\xi_t(i,j) \tag{9.34}$$

如果对$\gamma_t(i)$的时刻索引t求累加和，可以解释为历经状态S_i的期望频数，或者说，如果排除时刻$t=T$，$\sum_{t=1}^{T-1}\gamma_t(i)$就是由状态$S_i$转移到其他状态的期望频数。

$$\sum_{t=1}^{T-1}\gamma_t(i)=\text{由状态}S_i\text{转移到其他状态的期望频数} \tag{9.35}$$

类似地，将$\xi_t(i,j)$从$t=1$累加至$t=T-1$可以解释为由状态S_i转移到状态S_j的期望频数。公式如下：

$$\sum_{j=1}^{T-1}\xi_t(i,j)=\text{由状态}S_i\text{转移到状态}S_j\text{的期望频数} \tag{9.36}$$

使用上述公式，可以给出估计 HMM 模型参数的方法，估计$\boldsymbol{\pi}$、$\boldsymbol{A}$和$\boldsymbol{B}$的公式如下：

$$\begin{aligned}\tilde{\pi}_i&=\text{初始时刻}(t=1)\text{状态为}S_i\text{的期望频数}\\&=\gamma_1(i)\end{aligned} \tag{9.37}$$

$$\begin{aligned}\tilde{a}_{ij}&=\frac{\text{由状态}S_i\text{转移到状态}S_j\text{的期望频数}}{\text{由状态}S_i\text{转移到其他状态的期望频数}}\\&=\frac{\sum_{t=1}^{T-1}\xi_t(i,j)}{\sum_{t=1}^{T-1}\gamma_t(i)}\end{aligned} \tag{9.38}$$

$$\begin{aligned}\tilde{b}_j(k)&=\frac{\text{处于状态}S_j\text{且观测状态为}v_k\text{的期望频数}}{\text{处于状态}S_j\text{的期望频数}}\\&=\frac{\sum_{t=1}^{T}\gamma_t(j)I(O_t=v_k)}{\sum_{t=1}^{T}\gamma_t(i)}\end{aligned} \tag{9.1}$$

式(9.39)的$I(.)$为指示函数。

Baum-Welch 算法描述如下：

算法 9.6 Baum-Welch 算法

函数：`function [A, B, PI] = hmmLearn(O, Ainit, Binit, PIinit)`
输入：观测序列 O，初始状态转移矩阵 Ainit，初始发射矩阵 B，初始状态矩阵 PIinit
输出：估计的转移概率矩阵 A，估计的发射概率矩阵 B，估计的初始状态分布 PI

```
A = Ainit
B = Binit
PI = PIinit

repeat
    // 1.初始化
    for i = 1 to N do
```

$$\alpha_1(i)=\pi_i b_i(O_1)$$

$$\beta_T(i)=1$$

```
    end for

    // 2.归纳
    for t = 1 to T-1 do
        for j = 1 to N do
```

$$\alpha_{t+1}(j)=\left(\sum_{j=1}^{N}\alpha_t(i)a_{ij}\right)b_j(O_{t+1})$$

```
        end for
    end for

    for t = T-1 to 1 step -1 do
        for i = 1 to N do
```

$$\beta_t(i)=\sum_{j=1}^{N}\beta_{t+1}(j)a_{ij}b_j(O_{t+1})$$

```
        end for
    end for

    for t = 1 to T do
```

$$\gamma_t(i)=\frac{\alpha_t(i)\beta_t(i)}{\sum_{i=1}^{N}\alpha_t(i)\beta_t(i)}$$

```
    end for

    for t = 1 to T-1 do
```

$$\xi_t(i,j)=\frac{\alpha_t(i)a_{ij}b_j(O_{t+1})\beta_{t+1}(j)}{\sum_{i=1}^{N}\sum_{j=1}^{N}\alpha_t(i)a_{ij}b_j(O_{t+1})\beta_{t+1}(j)}$$

```
    end for

    // 3.估计 PI、A 和 B
```

$$\tilde{\pi}_i=\gamma_1(i)$$

$$\tilde{a}_{ij}=\frac{\sum_{t=1}^{T-1}\xi_t(i,j)}{\sum_{t=1}^{T-1}\gamma_t(i)}$$

$$\tilde{b}_j(k)=\frac{\sum_{t=1}^{T}\gamma_t(j)I(O_t=v_k)}{\sum_{t=1}^{T}\gamma_t(i)}$$

A = $\tilde{A}$

B = $\tilde{B}$

PI = $\tilde{\pi}$

until 收敛 **or** 达到最大循环次数

Python 脚本 hmm_learn.py 实现了 Baum-Welch 算法，脚本 hmm_learn_demo.py 模拟了假想的掷骰子游戏，先设置 HMM 模型参数并调用 hmm_generate 函数生成长度为 T 的观测序列。然后假装不知道 HMM 模型参数，调用 hmm_learn 函数学习模型参数。hmm_learn_demo.py 的运行结果如图 9.10 所示，可以看到，学习到的模型参数与真实参数差别不大。

```
真实的A：
[[0.95 0.05]
 [0.1  0.9 ]]
真实的B：
[[0.16666667 0.16666667 0.16666667 0.16666667 0.16666667 0.16666667]
 [0.1        0.1        0.1        0.1        0.1        0.5       ]]
真实的PI：
[0.8 0.2]
估计的A：
[[0.93609566 0.0639227 ]
 [0.16047206 0.83948144]]
估计的B：
[[0.16207306 0.18645213 0.16610015 0.13360681 0.1685817  0.18318615]
 [0.08185005 0.05099042 0.09594266 0.13632187 0.10290736 0.53198763]]
估计的PI：
[0.82204514 0.17795486]
```

图 9.10　运行结果

2. Baum-Welch 算法推导

还是使用 $\boldsymbol{O}=O_1O_2\cdots O_T$ 表示观测数据，$\boldsymbol{Q}=q_1q_2\cdots q_T$ 表示隐藏或不可观测的状态序列，完整数据的似然函数可表示为 $p(\boldsymbol{O},\boldsymbol{Q}\mid\lambda)$，不完整数据的似然函数可表示为 $p(\boldsymbol{O}\mid\lambda)$。按照 EM 算法，$Q$ 函数为：

$$Q\left(\lambda,\tilde{\lambda}\right)=\sum_{\boldsymbol{Q}\in\mathcal{Q}}\log p\left(\boldsymbol{O},\boldsymbol{Q}|\lambda\right)p\left(\boldsymbol{O},\boldsymbol{Q}\mid\tilde{\lambda}\right) \tag{9.40}$$

其中，$\tilde{\lambda}$ 是 HMM 模型参数的初始值或当前估计值，λ 是要极大化的 HMM 模型参数，$\mathcal{Q}$ 是长度为 T 的所有状态序列空间。注意，状态序列的 $\boldsymbol{Q}$ 为粗体，容易与 Q 函数的 Q 相区别。

给定某个特定状态序列$\boldsymbol{Q}$，很容易将$p(\boldsymbol{O},\boldsymbol{Q}\mid\lambda)$表示如下：

$$p(\boldsymbol{O},\boldsymbol{Q}\mid\lambda)=\pi_{q_1}b_{q_1}(O_1)\prod_{t=2}^{T}a_{q_{t-1}q_t}b_{q_t}(O_t) \tag{9.41}$$

于是Q函数可以改写为：

$$\begin{aligned}Q(\lambda,\tilde{\lambda})=&\sum_{\boldsymbol{Q}\in\mathcal{Q}}\log\pi_{q_1}p(\boldsymbol{O},\boldsymbol{Q}\mid\tilde{\lambda})+\sum_{\boldsymbol{Q}\in\mathcal{Q}}\left(\sum_{t=1}^{T-1}\log a_{q_tq_{t+1}}\right)p(\boldsymbol{O},\boldsymbol{Q}\mid\tilde{\lambda})\\&+\sum_{\boldsymbol{Q}\in\mathcal{Q}}\left(\sum_{t=1}^{T}\log b_{q_t}(O_t)\right)p(\boldsymbol{O},\boldsymbol{Q}\mid\tilde{\lambda})\end{aligned} \tag{9.42}$$

由于式(9.42)已经将希望优化的参数$\boldsymbol{\pi}$、a和b分离成独立的三项，因此只需要对各项分别进行优化。

1) 求π_i

第1项可以写为：

$$\sum_{\boldsymbol{Q}\in\mathcal{Q}}\log\pi_{q_1}p(\boldsymbol{O},\boldsymbol{Q}\mid\tilde{\lambda})=\sum_{i=1}^{N}\log\pi_i p(\boldsymbol{O},q_1=S_i\mid\tilde{\lambda})$$

注意到上式中，$\boldsymbol{Q}\in\mathcal{Q}$是选择所有的状态空间，可以简单替换为$q_1$选择所有取值，因此右式就是$t=1$时刻边缘概率表达式。由于有约束条件$\sum_{i=1}^{N}\pi_i=1$，利用拉格朗日乘子$\gamma$，写出拉格朗日函数如下：

$$\sum_{i=1}^{N}\log\pi_i p(\boldsymbol{O},q_1=S_i\mid\tilde{\lambda})+\gamma\left(\sum_{i=1}^{N}\pi_i-1\right)$$

对其求偏导数并令其结果等于0：

$$\frac{\partial}{\partial\pi_i}\left(\sum_{i=1}^{N}\log\pi_i p(\boldsymbol{O},q_1=S_i\mid\tilde{\lambda})+\gamma\left(\sum_{i=1}^{N}\pi_i-1\right)\right)=0$$

对上式求导，对i求累加和得到γ，最终求得π_i：

$$\pi_i=\frac{p(\boldsymbol{O},q_1=S_i\mid\tilde{\lambda})}{p(\boldsymbol{O}\mid\tilde{\lambda})}$$

具体推导留作习题。

2) 求a_{ij}

第2项可以写为：

$$\sum_{\boldsymbol{Q}\in\mathcal{Q}}\left(\sum_{t=1}^{T-1}\log a_{q_tq_{t+1}}\right)p(\boldsymbol{O},\boldsymbol{Q}\mid\tilde{\lambda})=\sum_{i=1}^{N}\sum_{j=1}^{N}\sum_{t=1}^{T-1}\log a_{ij}p(\boldsymbol{O},q_t=S_i,q_{t+1}=S_j\mid\tilde{\lambda})$$

类似第1项的做法，利用约束条件$\sum_{j=1}^{N}a_{ij}=1$和拉格朗日乘子法，可以得到：

$$a_{ij}=\frac{\sum_{t=1}^{T-1}p\left(\boldsymbol{O},q_t=S_i,q_{t+1}=S_j\mid\tilde{\lambda}\right)}{\sum_{t=1}^{T-1}p\left(\boldsymbol{O},q_t=S_i\mid\tilde{\lambda}\right)}$$

3) 求 $b_j\left(k\right)$

第 3 项可以写为：

$$\sum_{\boldsymbol{Q}\in Q}\left(\sum_{t=1}^{T}\log b_{q_t}\left(O_t\right)\right)p\left(\boldsymbol{O},\boldsymbol{Q}\mid\tilde{\lambda}\right)=\sum_{i=1}^{N}\sum_{t=1}^{T}\log b_i\left(O_t\right)p\left(\boldsymbol{O},q_t=S_i\mid\tilde{\lambda}\right)$$

同样利用拉格朗日乘子法和约束条件 $\sum_{k=1}^{M}b_j\left(k\right)=1$。

$$b_j\left(v_k\right)=\frac{\sum_{t=1}^{T}p\left(\boldsymbol{O},q_t=S_j\mid\tilde{\lambda}\right)I\left(O_t=v_k\right)}{\sum_{t=1}^{T}p\left(\boldsymbol{O},q_t=S_i\mid\tilde{\lambda}\right)}$$

注意，只有在 $O_t=v_k$ 时 $b_j\left(O_t\right)$ 对 $b_j\left(k\right)$ 的偏导数才不为 0，因此用指示函数 $I\left(O_t=v_k\right)$ 表示该约束条件。

习 题

9.1 如何验证隐含状态转移概率矩阵的有效性？

9.2 如果 HMM 没有最终状态，会发生什么事？

9.3 由公式 $\frac{\partial}{\partial\pi_i}\left(\sum_{i=1}^{N}\log\pi_i p\left(\boldsymbol{O},q_1=S_i\mid\tilde{\lambda}\right)+\gamma\left(\sum_{j=1}^{N}a_{ij}-1\right)\right)=0$，推导 $\pi_i=\frac{p\left(\boldsymbol{O},q_1=S_i\mid\tilde{\lambda}\right)}{p\left(\boldsymbol{O}\mid\tilde{\lambda}\right)}$。

9.4 由公式 $\frac{\partial}{\partial a_{ij}}\left(\sum_{i=1}^{N}\sum_{j=1}^{N}\sum_{t=1}^{T-1}\log a_{ij}p\left(\boldsymbol{O},q_t=S_i,q_{t+1}=S_j\mid\tilde{\lambda}\right)+\gamma\left(\sum_{j=1}^{N}a_{ij}-1\right)\right)=0$，推导 $a_{ij}=\frac{\sum_{t=1}^{T-1}p\left(\boldsymbol{O},q_t=S_i,q_{t+1}=S_j\mid\tilde{\lambda}\right)}{\sum_{t=1}^{T-1}p\left(\boldsymbol{O},q_t=S_i\mid\tilde{\lambda}\right)}$。

9.5 由公式 $\frac{\partial}{\partial b_j\left(v_k\right)}\left(\sum_{i=1}^{N}\sum_{t=1}^{T}\log b_i\left(O_t\right)p\left(\boldsymbol{O},q_t=S_i\mid\tilde{\lambda}\right)+\gamma\left(\sum_{k=1}^{M}b_j\left(k\right)-1\right)\right)=0$，推导 $b_j\left(v_k\right)=\frac{\sum_{t=1}^{T}p\left(\boldsymbol{O},q_t=S_j\mid\tilde{\lambda}\right)I\left(O_t=v_k\right)}{\sum_{t=1}^{T}p\left(\boldsymbol{O},q_t=S_i\mid\tilde{\lambda}\right)}$。

第 10 章

支持向量机

支持向量机(support vector machine，SVM)是一种分类模型，通过寻求结构风险最小，根据有限的样本信息在模型的复杂性和学习能力之间寻求最佳折中，从而获得好的泛化能力。除线性分类以外，支持向量机还使用一种所谓的核技巧，将输入映射到高维特征空间进行非线性分类。本章主要介绍最大间隔超平面的概念、对偶算法、非线性支持向量机、软间隔支持向量机、SMO 算法和 LibSVM。

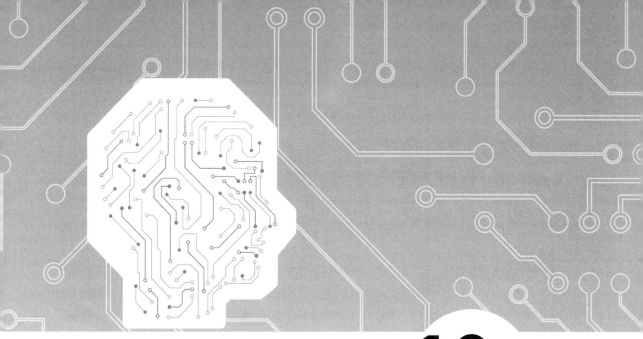

10.1 支持向量机介绍

支持向量机是一种二元分类模型，定义为特征空间上间隔最大的线性分类器模型，学习策略就是使间隔最大化。使用一对多或一对一方法，可以将 SVM 推广，以解决多元分类问题；使用核技巧，可以将 SVM 推广为非线性模型。

SVM 算法的原型由 Vladimir N. Vapnik 和 Alexey Ya. Chervonenkis 于 1963 年创立，两人都出生在苏联，曾合作创立统计学习中著名的 VC 理论。1992 年，Bernhard E. Boser、Isabelle M. Guyon 和 Vladimir N. Vapnik 建议将核技巧应用于最大间隔超平面来创建非线性分类器。目前的标准(软间隔 SVM)由 Corinna Cortes(丹麦计算机科学家，谷歌研究院的负责人，因在 SVM 理论基础上的杰出工作荣获巴黎 Kanellakis 理论与实践奖)和 Vapnik 于 1993 年提出，并于 1995 年公开发表，原论文网址为 https://link.springer.com/content/pdf/10.1007%2FBF00994018.pdf。

SVM 是从线性可分情况下二元分类的最优分类平面发展而来，最优的含义是要求分类平面不但能够将两个类别正确分割开来，并且使分类间隔最大。也就是说，SVM 试图寻找一个满足分类要求的超平面，并且使训练集中的数据点尽量远离该平面，即，使分类平面两侧的空白区域(margin，间隔)最大化。

10.2 最大间隔超平面

SVM 原先是为二元分类问题设计的，但可以扩展至能够处理多元分类问题。假定有一些给定的数据点，每个数据点属于两个类别之一，这就是二元分类问题，其分类目标是，确定一个新的数据点属于两个类别中的哪一个。用支持向量机的观点，将一个数据点视为一个 D 维向量，分类问题就转换为是否可以用一个 D−1 维超平面将这些数据点按类别分割开来，也就是是否线性可分，对应的分类器就叫线性分类器。对于一个给定的线性可分问题，有无数个能对数据进行分类的超平面，最佳的超平面应该是能够将两个类别最大限度地分离开来的超平面，这样能够使经验风险最小化。所以选择的超平面应该能够将与两侧最接近的数据点的距离最大化。如果存在这样一个超平面，可称之为最大间隔超平面，所定义的线性分类器称为最大间隔分类器。如图 10.1 所示，超平面 H_1 不能分割两个类别；超平面 H_2 能够分割，但间隔很小；超平面 H_3 能以最大间隔分割两个类别，因此是最大间隔超平面。

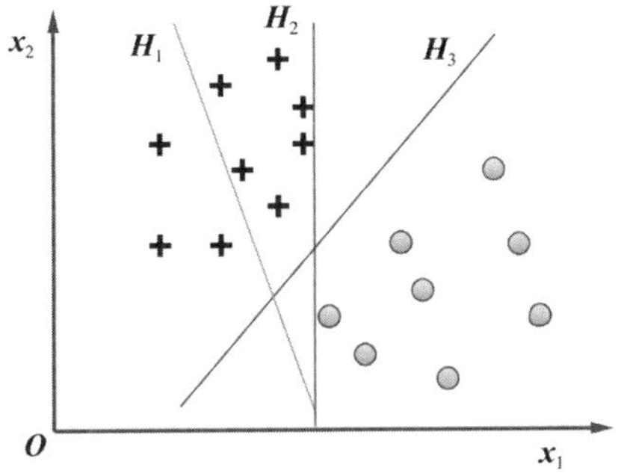

图 10.1　超平面示意图

最大间隔分类器意味着具有更好的泛化能力，能够容忍更多的噪声影响。如果某个数据点受到噪声影响而发生位移，最大间隔分类器能够最大限度地防止噪声造成的错误分类。

10.2.1　SVM 问题的形式化描述

考虑一个包含 N 个训练样本的二元分类问题。设数据集为 T，则：

$$T=\left\{\left(\boldsymbol{x}^{(i)},y^{(i)}\right)\mid\boldsymbol{x}^{(i)}\in\Re^{D},y^{(i)}\in\{-1,1\}\right\},\qquad i=1,2,\cdots,N$$

其中，$y^{(i)}$ 的值为 1 或-1，表示点 $\boldsymbol{x}^{(i)}$ 所属的类别，$\boldsymbol{x}^{(i)}$ 是 D 维的实数向量。SVM 的训练目标是寻找一个能将 $y^{(i)}=1$ 和 $y^{(j)}=-1$ 这两类数据点进行分割的最大间隔超平面。任意超平面都可写为满足下式的点集：

$$\boldsymbol{w}^{\mathrm{T}}\boldsymbol{x}+b=0 \tag{10.1}$$

式(10.1)的左边实际就是逻辑回归中的 z，$\boldsymbol{w}^{\mathrm{T}}\boldsymbol{x}+b$ 的写法等价于逻辑回归中原来的 $\boldsymbol{w}^{\mathrm{T}}\boldsymbol{x}$，只不过将逻辑回归中的 w_0 改写为 b，不再使用恒为 1 的 x_0。有的 SVM 的文献也将 $\boldsymbol{w}^{\mathrm{T}}\boldsymbol{x}$ 写为内积形式 $\langle\boldsymbol{w},\boldsymbol{x}\rangle$。

SVM 的假设函数可以写为：

$$h(\boldsymbol{x};\boldsymbol{w},b)=g(z)=g\left(\boldsymbol{w}^{\mathrm{T}}\boldsymbol{x}+b\right) \tag{10.2}$$

由于只需要考虑 z 是否大于等于 0 的正负问题，并不关心 $g(z)$ 的具体值，因此把 $g(z)$ 简化为将求值结果映射到-1 或 1 上。映射关系为：

$$g(z)=\begin{cases}1, & z\geqslant 0\\ -1, & z<0\end{cases} \tag{10.3}$$

显然 $g(.)$ 就是符号函数 $\operatorname{sign}(.)$。如果能够确定 $\boldsymbol{w}$ 和 b，对于任意一个新的未知标签的测试样本 $\left(\boldsymbol{x}^{(i)},y^{(i)}\right)$，容易根据 $\boldsymbol{w}^{\mathrm{T}}\boldsymbol{x}^{(i)}+b$ 的求值结果的正负号来对其分类。

10.2.2 函数间隔和几何间隔

给定第 i 个训练样本 $\left(\boldsymbol{x}^{(i)}, y^{(i)}\right)$，定义函数间隔(functional margin)如下：

$$\hat{\gamma}^{(i)} = y^{(i)}\left(\boldsymbol{w}^{\mathrm{T}}\boldsymbol{x}^{(i)} + b\right) \tag{10.4}$$

可以想象，不管样本为正例还是负例，由于 $y^{(i)}$ 的取值只能是 1 或−1，$\hat{\gamma}^{(i)}$ 实质就等于 $\left|\boldsymbol{w}^{\mathrm{T}}\boldsymbol{x}^{(i)} + b\right|$。为了使函数间隔最大化，在 $y^{(i)} = 1$ 时，期望 $\boldsymbol{w}^{\mathrm{T}}\boldsymbol{x}^{(i)} + b$ 为一个足够大的正数；而在 $y^{(i)} = -1$ 时，期望 $\boldsymbol{w}^{\mathrm{T}}\boldsymbol{x}^{(i)} + b$ 为一个足够大的负数。这样，函数间隔表示我们认为样本是正例或负例的确信程度。

定义了单个样本的函数间隔之后，就可以定义在整个训练集(N 个训练样本)上的函数间隔。

$$\hat{\gamma} = \min_{i=1,\cdots,N} \hat{\gamma}^{(i)} \tag{10.5}$$

简单地说，$\hat{\gamma}$ 就是训练样本中距离分类超平面最近的那个函数间隔。

假设已经得到 $\boldsymbol{w}^{\mathrm{T}}\boldsymbol{x} + b = 0$ 的分类超平面，任意一个数据点 A 到分割面的距离为 $\gamma^{(i)}$，假设 B 就是 A 在分割面上的投影。可以证明(参见习题)，$\boldsymbol{w}$ 垂直于分割面，向量 $\overrightarrow{BA}$ 的方向就是向量 $\boldsymbol{w}$，单位向量为 $\dfrac{\boldsymbol{w}}{\|\boldsymbol{w}\|}$，如图 10.2 所示。

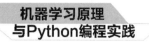

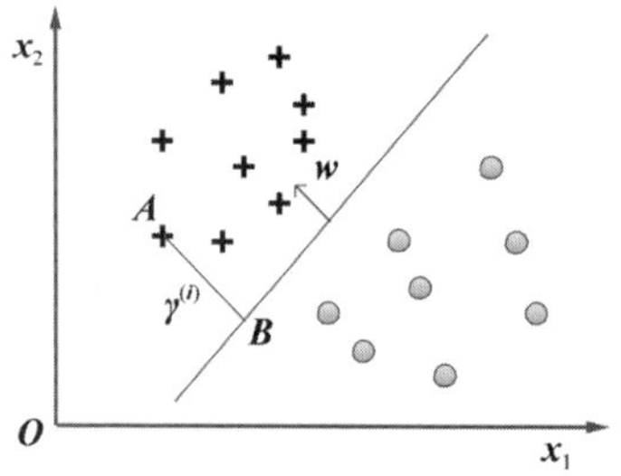

图 10.2 几何间隔

利用几何知识可得 B 点向量为：

$$\boldsymbol{x} = \boldsymbol{x}^{(i)} - \gamma^{(i)}\frac{\boldsymbol{w}}{\|\boldsymbol{w}\|} \tag{10.6}$$

把式(10.6)代入分类超平面 $\boldsymbol{w}^{\mathrm{T}}\boldsymbol{x} + b = 0$，得

$$\boldsymbol{w}^{\mathrm{T}}\left(\boldsymbol{x}^{(i)} - \gamma^{(i)}\frac{\boldsymbol{w}}{\|\boldsymbol{w}\|}\right) + b = 0 \tag{10.7}$$

化简后得：

$$\gamma^{(i)}=\frac{\boldsymbol{w}^{\mathrm{T}}\boldsymbol{x}^{(i)}+b}{\|\boldsymbol{w}\|}=\left(\frac{\boldsymbol{w}}{\|\boldsymbol{w}\|}\right)^{\mathrm{T}}\boldsymbol{x}^{(i)}+\frac{b}{\|\boldsymbol{w}\|} \tag{10.8}$$

式(10.8)仅考虑 $y^{(i)}=1$ 的情形，如果再考虑 $y^{(i)}=-1$ 的情形，有

$$\gamma^{(i)}=y^{(i)}\left(\left(\frac{\boldsymbol{w}}{\|\boldsymbol{w}\|}\right)^{\mathrm{T}}\boldsymbol{x}^{(i)}+\frac{b}{\|\boldsymbol{w}\|}\right) \tag{10.9}$$

式(10.9)即为几何间隔。不难推出，$\gamma=\dfrac{\hat{\gamma}}{\|\boldsymbol{w}\|}$，且当 $\|\boldsymbol{w}\|=1$ 时，函数间隔和几何间隔相同。

同样，在整个训练集上的几何间隔可定义为：

$$\gamma=\min_{i=1,2,\cdots,N}\gamma^{(i)} \tag{10.10}$$

为什么要定义两种间隔呢？原因是函数间隔定义存在一个问题，在 $\boldsymbol{w}$ 和 b 同时缩小或放大 M 倍后，超平面并没有变化，但是函数间隔 $\hat{\gamma}^{(i)}$ 在数值上却缩放了 M 倍。几何间隔则不然，按比例缩放 $\boldsymbol{w}$ 和 b 后，$\|\boldsymbol{w}\|$ 也相应按比例缩放，使得几何间隔 $\gamma^{(i)}$ 固定不变。

10.2.3 最优间隔分类器

回到 SVM 的目标——寻找一个离超平面最近的数据点的最大间隔。这里并不要求所有的数据点都必须远离超平面，只是要求所得的超平面能够让离它最近的数据点具有最大间距。举个形象的例子，如果要在两个村庄之间修建一条公路，要求公路尽量宽，公路就是 SVM 要寻找的目标。优化目标可形式化表示如下：

$$\begin{aligned}&\max_{\boldsymbol{w},b}\quad \gamma\\&\text{s.t.}\quad y^{(i)}\left(\left(\frac{\boldsymbol{w}}{\|\boldsymbol{w}\|}\right)^{\mathrm{T}}\boldsymbol{x}^{(i)}+\frac{b}{\|\boldsymbol{w}\|}\right)\geqslant\gamma,\quad i=1,2,\cdots,N\end{aligned} \tag{10.11}$$

式(10.11)即为 SVM 模型，如果能根据训练样本求出 $\boldsymbol{w}$ 和 b，这就是最优间隔分类器。如果有新样本 $\boldsymbol{x}_{\text{new}}$，就能根据 $\operatorname{sign}\left(\boldsymbol{w}^{\mathrm{T}}\boldsymbol{x}_{\text{new}}+b\right)$ 的结果对其分类。

由于 $\gamma=\dfrac{\hat{\gamma}}{\|\boldsymbol{w}\|}$，可将式(10.11)改写为：

$$\begin{aligned}&\max_{\boldsymbol{w},b}\quad \frac{\hat{\gamma}}{\|\boldsymbol{w}\|}\\&\text{s.t.}\quad y^{(i)}\left(\boldsymbol{w}^{\mathrm{T}}\boldsymbol{x}^{(i)}+b\right)\geqslant\hat{\gamma},\quad i=1,2,\cdots,N\end{aligned} \tag{10.12}$$

由于缩放 $\boldsymbol{w}$ 和 b 不影响超平面 $\boldsymbol{w}^{\mathrm{T}}\boldsymbol{x}+b=0$ 的结果，但我们仍然要求取 $\boldsymbol{w}$ 和 b 的唯一确定值，并非一组值。因此，需要约束 $\hat{\gamma}$，以保证解的唯一性。为了方便，取 $\hat{\gamma}=1$，将函数间隔限定为 1，也就是将离超平面最近的间隔定义为 $\dfrac{1}{\|\boldsymbol{w}\|}$。

为了更好地理解最优间隔分类器，我们重新整理一下思路。

$\boldsymbol{w}$ 代表超平面的法向量，参数 $\dfrac{b}{\|\boldsymbol{w}\|}$ 决定超平面从原点沿法向量 $\boldsymbol{w}$ 的位移。

如果训练数据线性可分，可以选择两个超平面，使得它们能分割数据，且没有点落在两个超平面之间。然后尽量让两个超平面的距离最大化。这些超平面方程可以由下式描述。

$$\begin{aligned}\boldsymbol{w}\boldsymbol{x}+b&=1\\ \boldsymbol{w}\boldsymbol{x}+b&=-1\end{aligned} \tag{10.13}$$

运用几何原理，可知两个超平面之间的距离为 $\dfrac{2}{\|\boldsymbol{w}\|}$，如图 10.3 所示。

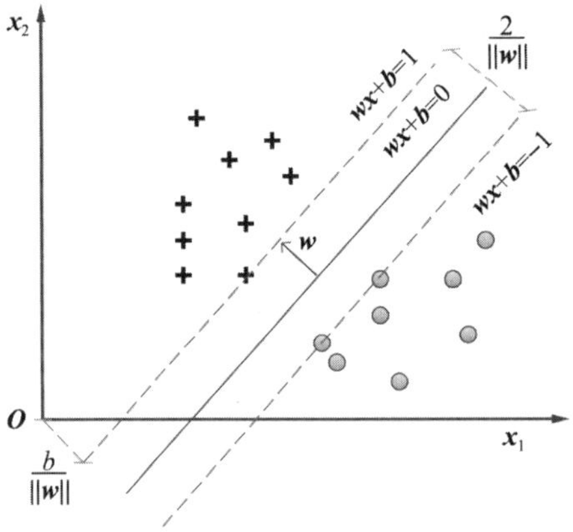

图 10.3 最大间隔超平面

因为要阻止数据点落入两个超平面形成的间隔内，所以添加如下约束。

如果 $\boldsymbol{x}^{(i)}$ 属于类别一，有：

$$\boldsymbol{w}^{\mathrm{T}}\boldsymbol{x}^{(i)}+b\geqslant 1$$

如果 $\boldsymbol{x}^{(i)}$ 属于类别二，有：

$$\boldsymbol{w}^{\mathrm{T}}\boldsymbol{x}^{(i)}+b\leqslant -1$$

上述两个公式可以合写为更紧凑的形式。对于全部的样本索引 $1\leqslant i\leqslant N$，有：

$$y^{(i)}\left(\boldsymbol{w}^{\mathrm{T}}\boldsymbol{x}^{(i)}+b\right)\geqslant 1$$

由于求 $\frac{1}{\|\boldsymbol{w}\|}$ 的最大值等价于求 $\frac{1}{2}\|\boldsymbol{w}\|^2$ 的最小值，由于 $\frac{1}{2}\|\boldsymbol{w}\|^2=\frac{1}{2}\boldsymbol{w}^{\mathrm{T}}\boldsymbol{w}$，因此再次改写：

$$\begin{aligned}&\min_{\boldsymbol{w},b}\quad \frac{1}{2}\boldsymbol{w}^{\mathrm{T}}\boldsymbol{w}\\&\text{s.t.}\quad y^{(i)}\left(\boldsymbol{w}^{\mathrm{T}}\boldsymbol{x}^{(i)}+b\right)\geqslant 1,\quad i=1,2,\cdots,N\end{aligned}\tag{10.14}$$

这就是支持向量机的基本形式，是一个标准的二次规划问题，有 D+1 个变量和 N 个不等式约束，可以使用 CVXOPT 优化软件求解。

10.2.4 使用优化软件求解 SVM

CVXOPT 专门提供 qp 函数求解二次规划问题。

二次规划(Quadratic Programming，QP)问题的一般形式为：

$$\begin{aligned}&\min_{\boldsymbol{\theta}}\quad \frac{1}{2}\boldsymbol{\theta}^{\mathrm{T}}\boldsymbol{H}\boldsymbol{\theta}+\boldsymbol{f}^{\mathrm{T}}\boldsymbol{\theta}\\&\text{s.t.}\quad \boldsymbol{A}\times\boldsymbol{\theta}\leqslant\boldsymbol{c},\quad \mathbf{Aeq}\times\boldsymbol{\theta}=\mathbf{ceq}\end{aligned}\tag{10.15}$$

其中，$\boldsymbol{H}$、$\boldsymbol{A}$ 和 **Aeq** 都是矩阵，$\boldsymbol{f}$、$\boldsymbol{c}$、**ceq** 和 $\boldsymbol{\theta}$ 都是向量，$\boldsymbol{\theta}$ 为待优化的参数向量。对应的 CVXOPT 的函数为 qp(H, f, A, c, Aeq, ceq)。

将 QP 问题的一般形式与式(10.14)进行对照，不难发现，支持向量机的基本形式是 QP 问题的特殊形式，只有不等式约束，没有等式约束，因此 **Aeq** 和 **ceq** 都不用设置，只需设置 $\boldsymbol{H}$、$\boldsymbol{A}$、$\boldsymbol{f}$ 和 $\boldsymbol{c}$。并且有：

$$\boldsymbol{\theta}=\begin{bmatrix}b\\\boldsymbol{w}\end{bmatrix},\quad \boldsymbol{H}=\begin{bmatrix}0 & \boldsymbol{0}_{1\times D}\\\boldsymbol{0}_{D\times 1} & \boldsymbol{I}_D\end{bmatrix},\quad \boldsymbol{f}=\boldsymbol{0}_{(D+1)\times 1}$$

其中，$\boldsymbol{0}_{n\times m}$ 表示 n 行 m 列的零矩阵，$\boldsymbol{I}_n$ 表示 n 行 n 列的单位矩阵。

由于 $y^{(i)}\left(\boldsymbol{w}^{\mathrm{T}}\boldsymbol{x}^{(i)}+b\right)\geqslant 1$ 是大于等于的约束，要转换为 $\boldsymbol{A}\times\boldsymbol{\theta}\leqslant\boldsymbol{c}$ 的形式，因此不等式两边同乘以−1，将≥变为≤，有：

$$-y^{(i)}\left(\boldsymbol{w}^{\mathrm{T}}\boldsymbol{x}^{(i)}+b\right)\leqslant -1$$

因此有：

$$\boldsymbol{c}=-\boldsymbol{1}_{N\times 1},\quad \boldsymbol{A}=\begin{bmatrix}-y^{(1)}\begin{bmatrix}1 & \left(\boldsymbol{x}^{(1)}\right)^{\mathrm{T}}\end{bmatrix}\\\vdots\\-y^{(N)}\begin{bmatrix}1 & \left(\boldsymbol{x}^{(N)}\right)^{\mathrm{T}}\end{bmatrix}\end{bmatrix}$$

设置好 $\boldsymbol{H}$ 、 $\boldsymbol{A}$ 、 $\boldsymbol{f}$ 和 $\boldsymbol{c}$ 之后，代入 CVXOPT 二次规划函数 qp (H, f, A, c)，就可以解出最优参数 $\boldsymbol{\theta}$ 。

脚本 primal_qp_demo.py 实现使用 CVXOPT QP 函数来求解支持向量机原始问题。核心代码如代码 10.1 所示。调用 QP 函数之前，需要把参数转换为 cvxopt.matrix 类型，因此使用类似 H = matrix(H)的语句进行转换。

代码 10.1　primal_qp_demo.py 代码片段

```
# 调用 QP 计算参数
# 数据矩阵大小
n, d = x_data.shape

# 添加截距项
x_data = np.column_stack((np.ones((n, 1)), x_data))

# 调用 QP 前的准备
H = np.eye(d + 1)
H[0, 0] = 0
H = matrix(H)
f = matrix(np.zeros((d + 1, 1)))
A = x_data
A = matrix(-y_data * A)

c = matrix(- np.ones((n, 1)))

# 调用 QP 函数
sol = solvers.qp(H, f, A, c)
theta = sol['x']
print(f'最优 theta: \n{theta}')
```

10.3 对偶算法

直接求解 SVM 原始问题较慢，一般将支持向量机原问题作为原始的最优化问题，把问题转化为拉格朗日对偶问题再来求解，这就是支持向量机的对偶算法。其优点有二，第一是对偶问题更容易求解，第二是便于引入核函数，推广到非线性分类问题。

10.3.1 SVM 对偶问题

我们已经知道，非线性问题往往通过 $\boldsymbol{z}^{(i)}=\boldsymbol{\Phi}\left(\boldsymbol{x}^{(i)}\right)$ 对原始输入进行特征变换来解决，因

此，采用 $\boldsymbol{z}^{(i)}$ 替换 $\boldsymbol{x}^{(i)}$，非线性 SVM 可表示为：

$$\begin{aligned}&\min_{\boldsymbol{w},b}\frac{1}{2}\boldsymbol{w}^{\mathrm{T}}\boldsymbol{w}\\&\text{s.t.}\quad y^{(i)}\left(\boldsymbol{w}^{\mathrm{T}}\boldsymbol{z}^{(i)}+b\right)\geqslant 1,\quad i=1,2,\cdots,N\end{aligned}\tag{10.16}$$

可以定义如下的拉格朗日公式：

$$\mathcal{L}\left(\boldsymbol{w},b,\boldsymbol{\alpha}\right)=\frac{1}{2}\boldsymbol{w}^{\mathrm{T}}\boldsymbol{w}+\sum_{i=1}^{N}\alpha_i\left(1-y^{(i)}\left(\boldsymbol{w}^{\mathrm{T}}\boldsymbol{z}^{(i)}+b\right)\right)\tag{10.17}$$

其中，α_i 是拉格朗日乘子，且 $\alpha_i\geqslant 0$。

非线性 SVM 的解可以写为：

$$\min_{\boldsymbol{w},b}\max_{\alpha_i\geqslant 0}\mathcal{L}\left(\boldsymbol{w},b,\boldsymbol{\alpha}\right)\tag{10.18}$$

min max 表示先求 $\mathcal{L}\left(\boldsymbol{w},b,\boldsymbol{\alpha}\right)$ 的极大，再求极小。

只要有一个样本(假设是第 i 个样本)违反约束 $y^{(i)}\left(\boldsymbol{w}^{\mathrm{T}}\boldsymbol{z}^{(i)}+b\right)\geqslant 1$，则有 $1-y^{(i)}\left(\boldsymbol{w}^{\mathrm{T}}\boldsymbol{z}^{(i)}+b\right)>0$，那么总可以通过调整 α_i，使得 $\max_{\alpha_i\geqslant 0}\mathcal{L}\left(\boldsymbol{w},b,\boldsymbol{\alpha}\right)\to\infty$。反之，如果全部样本都满足约束 $y^{(i)}\left(\boldsymbol{w}^{\mathrm{T}}\boldsymbol{z}^{(i)}+b\right)\geqslant 1$，则 $1-y^{(i)}\left(\boldsymbol{w}^{\mathrm{T}}\boldsymbol{z}^{(i)}+b\right)\leqslant 0$，那么 $\max_{\alpha_i\geqslant 0}\mathcal{L}\left(\boldsymbol{w},b,\boldsymbol{\alpha}\right)=\frac{1}{2}\boldsymbol{w}^{\mathrm{T}}\boldsymbol{w}$。这样，就可将约束 $y^{(i)}\left(\boldsymbol{w}^{\mathrm{T}}\boldsymbol{z}^{(i)}+b\right)\geqslant 1$ 隐藏在 $\max_{\alpha_i\geqslant 0}$ 运算中。但是，这个问题也不容易求解，因为 α_i 是不等式约束，在 $\boldsymbol{w}$ 和 b 上求最小值的 $\min_{\boldsymbol{w},b}$ 运算不容易做。我们只能考虑另外一个问题，称为对偶问题。

对于满足所有 $\alpha_i'\geqslant 0$ 的 $\boldsymbol{\alpha}'$，由于 max ≥ any，有

$$\min_{\boldsymbol{w},b}\max_{\alpha_i\geqslant 0}\mathcal{L}\left(\boldsymbol{w},b,\boldsymbol{\alpha}\right)\geqslant\min_{\boldsymbol{w},b}\mathcal{L}\left(\boldsymbol{w},b,\boldsymbol{\alpha}'\right)\tag{10.19}$$

对于最佳的 $\boldsymbol{\alpha}'\geqslant 0$，由于最佳也是 any，有

$$\min_{\boldsymbol{w},b}\max_{\alpha_i\geqslant 0}\mathcal{L}\left(\boldsymbol{w},b,\boldsymbol{\alpha}\right)\geqslant\max_{\alpha_i'\geqslant 0}\min_{\boldsymbol{w},b}\mathcal{L}\left(\boldsymbol{w},b,\boldsymbol{\alpha}'\right)\tag{10.20}$$

其中，$\min_{\boldsymbol{w},b}\max_{\alpha_i\geqslant 0}\mathcal{L}\left(\boldsymbol{w},b,\boldsymbol{\alpha}\right)$ 称为原(primal)问题，$\max_{\alpha_i'\geqslant 0}\min_{\boldsymbol{w},b}\mathcal{L}\left(\boldsymbol{w},b,\boldsymbol{\alpha}'\right)$ 称为拉格朗日对偶(dual)问题，相对于原问题只是更换了 max 和 min 的顺序。可以证明存在原问题和对偶问题的最优解 $\left(\boldsymbol{w},b,\boldsymbol{\alpha}\right)$。

现求解拉格朗日对偶问题。

$$\max_{\alpha_i\geqslant 0}\left(\min_{\boldsymbol{w},b}\frac{1}{2}\boldsymbol{w}^{\mathrm{T}}\boldsymbol{w}+\sum_{i=1}^{N}\alpha_i\left(1-y^{(i)}\left(\boldsymbol{w}^{\mathrm{T}}\boldsymbol{z}^{(i)}+b\right)\right)\right)\tag{10.21}$$

内层问题为无约束问题，首先求 $\mathcal{L}\left(\boldsymbol{w},b,\boldsymbol{\alpha}\right)$ 关于 b 的偏导数并令其等于 0，解得

$$\sum_{i=1}^{N}\alpha_i y^{(i)}=0 \tag{10.22}$$

可将式(10.19)的对偶问题改写为：

$$\max_{\alpha_i\geqslant 0}\left(\min_{\boldsymbol{w},b}\frac{1}{2}\boldsymbol{w}^{\mathrm{T}}\boldsymbol{w}+\sum_{i=1}^{N}\alpha_i\left(1-y^{(i)}\left(\boldsymbol{w}^{\mathrm{T}}\boldsymbol{z}^{(i)}\right)\right)-\sum_{i=1}^{N}\alpha_i y^{(i)}b\right) \tag{10.23}$$

由于 $\sum_{i=1}^{N}\alpha_i y^{(i)}=0$，因此可移除式(10.23)最后一项，从而简化为

$$\max_{\alpha_i\geqslant 0,\sum_{i=1}^{N}\alpha_i y^{(i)}=0}\left(\min_{\boldsymbol{w}}\frac{1}{2}\boldsymbol{w}^{\mathrm{T}}\boldsymbol{w}+\sum_{i=1}^{N}\alpha_i\left(1-y^{(i)}\left(\boldsymbol{w}^{\mathrm{T}}\boldsymbol{z}^{(i)}\right)\right)\right) \tag{10.24}$$

求 $\mathcal{L}(\boldsymbol{w},b,\boldsymbol{\alpha})$ 关于 w_j 的偏导数并令其等于 0，最终可解得(具体步骤参见习题)：

$$\boldsymbol{w}=\sum_{i=1}^{N}\alpha_i y^{(i)}\boldsymbol{z}^{(i)} \tag{10.25}$$

将式(10.25)代回到拉格朗日函数中，此时得到的是该函数的最小值。代入后，化简(具体步骤参见习题)可得。

$$\min_{\boldsymbol{w}}\mathcal{L}(\boldsymbol{w},b,\boldsymbol{\alpha})=-\frac{1}{2}\sum_{i=1}^{N}\sum_{j=1}^{N}y^{(i)}y^{(j)}\alpha_i\alpha_j\left(\boldsymbol{z}^{(i)}\right)^{\mathrm{T}}\boldsymbol{z}^{(j)}+\sum_{i=1}^{N}\alpha_i \tag{10.26}$$

至此，对偶问题可表示为：

$$\max_{\alpha_i\geqslant 0,\sum_{i=1}^{N}\alpha_i y^{(i)}=0,\boldsymbol{w}=\sum_{i=1}^{N}\alpha_i y^{(i)}\boldsymbol{z}^{(i)}}-\frac{1}{2}\sum_{i=1}^{N}\sum_{j=1}^{N}y^{(i)}y^{(j)}\alpha_i\alpha_j\left(\boldsymbol{z}^{(i)}\right)^{\mathrm{T}}\boldsymbol{z}^{(j)}+\sum_{i=1}^{N}\alpha_i \tag{10.27}$$

并且，存在原问题和对偶问题的最优解 $(\boldsymbol{w},b,\boldsymbol{\alpha})$ 要求必须满足如下的 KKT (Karush-Kuhn-Tucker)条件：

$$\begin{aligned}&y^{(i)}\left(\boldsymbol{w}^{\mathrm{T}}\boldsymbol{z}^{(i)}+b\right)\geqslant 0\\&\alpha_i\geqslant 0\\&\sum_{i=1}^{N}\alpha_i y^{(i)}=0;\boldsymbol{w}=\sum_{i=1}^{N}\alpha_i y^{(i)}\boldsymbol{z}^{(i)}\\&\alpha_i\left(1-y^{(i)}\left(\boldsymbol{w}^{\mathrm{T}}\boldsymbol{z}^{(i)}+b\right)\right)=0\end{aligned} \tag{10.28}$$

如果最优解 $(\boldsymbol{w},b,\boldsymbol{\alpha})$ 满足 KKT 条件，那么它就是原问题和对偶问题的解。最后一个条件 $\alpha_i\left(1-y^{(i)}\left(\boldsymbol{w}^{\mathrm{T}}\boldsymbol{z}^{(i)}+b\right)\right)=0$ 称为 KKT 对偶补足(KKT dual complementarity)条件。该条件隐含约束：如果 $\alpha_i>0$，则 $1-y^{(i)}\left(\boldsymbol{w}^{\mathrm{T}}\boldsymbol{z}^{(i)}+b\right)$ 必须等于 0，即该数据点必须位于边界上，称为支持向量。而对于其他的 $1-y^{(i)}\left(\boldsymbol{w}^{\mathrm{T}}\boldsymbol{z}^{(i)}+b\right)\neq 0$ 的数据点，α_i 必须等于 0。

10.3.2 使用优化软件求解对偶 SVM

我们重新将 SVM 对偶问题表示如下：

$$\begin{aligned}&\min_{\alpha}\frac{1}{2}\sum_{i=1}^{N}\sum_{j=1}^{N}\alpha_i\alpha_j y^{(i)}y^{(j)}\left(z^{(i)}\right)^{\mathrm{T}}z^{(j)}-\sum_{i=1}^{N}\alpha_i\\&\text{s.t.}\quad \sum_{i=1}^{N}y^{(i)}\alpha_i=0,\qquad i=1,2,\cdots,N\\&\qquad\ \ \alpha_i\geqslant 0,\end{aligned}\tag{10.29}$$

注意到式(10.29)通过改变优化目标的正负号，将原来求极大问题转换为求极小问题。SVM 原问题是有 D+1 个变量和 N 个不等式约束的二次规划问题，SVM 对偶问题变成有 N 个变量和 N+1 个约束的二次规划问题。

将 SVM 对偶问题与 QP 问题的一般形式进行对照，发现 SVM 对偶问题也是 QP 问题的特殊形式，有不等式约束和等式约束，需要设置 $\boldsymbol{H}$ 、 $\boldsymbol{A}$ 、 $\boldsymbol{f}$ 、 **Aeq** 、 **ceq** 和 $\boldsymbol{c}$ 。对照这两种问题，可以得出：

$$\begin{aligned}&\boldsymbol{\theta}=\boldsymbol{\alpha}\\&h_{ij}=y^{(i)}y^{(j)}\left(\boldsymbol{z}^{(i)}\right)^{\mathrm{T}}\boldsymbol{z}^{(j)}\\&\boldsymbol{f}=-\boldsymbol{1}_{N\times 1}\\&\mathbf{ceq}=0\\&\mathbf{Aeq}=\begin{bmatrix}y^{(1)} & y^{(2)} & \cdots & y^{(N)}\end{bmatrix}\\&\boldsymbol{A}=-\boldsymbol{I}_{N\times N}\\&\boldsymbol{c}=\boldsymbol{0}_{N\times 1}\end{aligned}\tag{10.30}$$

其中，h_{ij} 为 $\boldsymbol{H}$ 矩阵的第 i 行第 j 列元素。

设置好上述变量之后，就可以调用 CVXOPT 的 qp(H,f,A,c,Aeq,ceq)函数进行求解，求解出最优的 $\boldsymbol{\alpha}$ 向量值。

注意到目前求解得到的 $\boldsymbol{\alpha}$ 向量并不是我们最初要求解的 $\boldsymbol{w}$ 和 b，但是，利用 KKT 条件，很容易求解 $\boldsymbol{w}$ 和 b 。利用 $\boldsymbol{w}=\sum_{i=1}^{N}\alpha_i y^{(i)}\boldsymbol{z}^{(i)}$ 可解出 $\boldsymbol{w}$ ；利用 KKT 对偶补足条件 $\alpha_i\left(1-y^{(i)}\left(\boldsymbol{w}^{\mathrm{T}}\boldsymbol{z}^{(i)}+b\right)\right)=0$ ，当找到一个(只需要任意一个)支持向量 $\alpha_i>0$ 时，有 $b=y^{(i)}-\boldsymbol{w}^{\mathrm{T}}\boldsymbol{z}^{(i)}$，从而解出 b 。

脚本 dual_qp_demo.py 实现了使用 CVXOPT QP 函数求解硬间隔 SVM 对偶问题。核心代码如代码 10.2 所示。

代码 10.2 dual_qp_demo.py 代码片段

```
# 调用 QP 计算参数
# 数据矩阵大小
n, d = x_data.shape

# 调用 QP 前的准备
H = np.dot(y_data, y_data.T) * np.dot(x_data, x_data.T)
H = matrix(H)
f = matrix(- np.ones((n, 1)))
ceq = matrix(np.zeros(1))
Aeq = matrix(y_data.T)
A = matrix(- np.eye(n))
c = matrix(np.zeros((n, 1)))

# 调用 QP 函数
sol = solvers.qp(H, f, A, c, Aeq, ceq)
alpha = np.array(sol['x'])
print(f'最优 alpha: \n{alpha}')

# 由 alpha 求解 w 和 b
w = np.zeros((d, 1))
for i in range(n):
    w += alpha[i] * y_data[i, 0] * x_data[i].reshape(-1, 1)

# 计算支持向量的索引
idx = np.where(alpha[:, 0] > 0.00001)[0]
print('\n 一共有 %d 个支持向量 \n\n' % len(idx))
b = y_data[idx[0], 0] - np.dot(w.T, x_data[idx[0]].T)

# 显示 w 和 b 参数
print(f'最优 w: \n{w}\n')
print(f'\n 最优 b: \n{b}\n\n')
```

10.4 非线性支持向量机

使用线性支持向量机容易对线性分类问题进行求解，但是，对于非线性的分类问题，首先需要对特征进行变换，称为特征映射，将非线性问题转换为线性问题，再使用求解线性分类问题的方法，寻找变换后的特征与目标之间的模型。本节讲述非线性支持向量机，主要介绍核技巧(kernel trick)和核函数。

10.4.1 核技巧

回顾前面的 SVM 对偶问题：

$$\begin{aligned}&\min_{\boldsymbol{\alpha}}\frac{1}{2}\sum_{i=1}^{N}\sum_{j=1}^{N}y^{(i)}y^{(j)}\alpha_i\alpha_j\left(\boldsymbol{z}^{(i)}\right)^{\mathrm{T}}\boldsymbol{z}^{(j)}-\sum_{i=1}^{N}\alpha_i\\&\text{s.t.}\quad\sum_{i=1}^{N}y^{(i)}\alpha_i=0;\alpha_i\geqslant 0\quad i=1,2,\cdots,N\end{aligned}\tag{10.31}$$

使用二次规划求解该对偶问题需要计算 $h_{ij}=y^{(i)}y^{(j)}\left(\boldsymbol{z}^{(i)}\right)^{\mathrm{T}}\boldsymbol{z}^{(j)}$。假设 $\boldsymbol{z}^{(i)}=\boldsymbol{\Phi}\left(\boldsymbol{x}^{(i)}\right)$，其中 $\boldsymbol{\Phi}(.)$ 为特征映射函数，$\boldsymbol{x}^{(i)}$ 为 D 维的特征，$\boldsymbol{z}^{(i)}$ 为变换后的 $\tilde{D}$ 维的特征。因此，计算量很大的是求解 $\tilde{D}$ 维的两个向量的内积，即：

$$\left(\boldsymbol{z}^{(i)}\right)^{\mathrm{T}}\boldsymbol{z}^{(j)}=\boldsymbol{\Phi}\left(\boldsymbol{x}^{(i)}\right)^{\mathrm{T}}\boldsymbol{\Phi}\left(\boldsymbol{x}^{(j)}\right)\tag{10.32}$$

快速计算 $\boldsymbol{\Phi}\left(\boldsymbol{x}^{(i)}\right)^{\mathrm{T}}\boldsymbol{\Phi}\left(\boldsymbol{x}^{(j)}\right)$ 无疑会加快求解 SVM 的速度。

让我们以二阶多项式变换来说明核技巧。假设有 D 维数据，二阶多项式变换公式为：

$$\boldsymbol{\Phi}(\boldsymbol{x})=\left(1,x_1,x_2,\cdots,x_D,x_1^2,x_1x_2,\cdots,x_1x_D,x_2x_1,x_2^2,\cdots,x_2x_D,\cdots,x_D^2\right)\tag{10.33}$$

为了保持一致，式(10.33)中既包含 x_1x_2 项，也包含 x_2x_1 项，没有将这两项合并。

任意两个 $\boldsymbol{z}$ 向量的内积可表示为：

$$\begin{aligned}\boldsymbol{\Phi}\left(\boldsymbol{x}^{(i)}\right)^{\mathrm{T}}\boldsymbol{\Phi}\left(\boldsymbol{x}^{(j)}\right)&=1+\sum_{l=1}^{N}x_l^{(i)}x_l^{(j)}+\sum_{l=1}^{N}\sum_{m=1}^{N}x_l^{(i)}x_l^{(j)}x_m^{(i)}x_m^{(j)}\\&=1+\sum_{l=1}^{N}x_l^{(i)}x_l^{(j)}+\sum_{l=1}^{N}x_l^{(i)}x_l^{(j)}\sum_{m=1}^{N}x_m^{(i)}x_m^{(j)}\\&=1+\left(\boldsymbol{x}^{(i)}\right)^{\mathrm{T}}\boldsymbol{x}^{(j)}+\left(\left(\boldsymbol{x}^{(i)}\right)^{\mathrm{T}}\boldsymbol{x}^{(j)}\right)^2\end{aligned}$$

这样，就将转换运算和内积运算巧妙地用原始特征的内积运算来表示，加快了运算速度。

我们将转换后的内积运算 $\boldsymbol{\Phi}\left(\boldsymbol{x}^{(i)}\right)^{\mathrm{T}}\boldsymbol{\Phi}\left(\boldsymbol{x}^{(j)}\right)$ 用一个函数 $K\left(\boldsymbol{x}^{(i)},\boldsymbol{x}^{(j)}\right)$ 来表示，该函数就称为核函数，即

$$K\left(\boldsymbol{x}^{(i)},\boldsymbol{x}^{(j)}\right)\equiv\boldsymbol{\Phi}\left(\boldsymbol{x}^{(i)}\right)^{\mathrm{T}}\boldsymbol{\Phi}\left(\boldsymbol{x}^{(j)}\right)\tag{10.34}$$

由于核函数在计算上的优越性，可将以前公式中所有 $\boldsymbol{\Phi}\left(\boldsymbol{x}^{(i)}\right)^{\mathrm{T}}\boldsymbol{\Phi}\left(\boldsymbol{x}^{(j)}\right)$ 替换为 $K\left(\boldsymbol{x}^{(i)},\boldsymbol{x}^{(j)}\right)$。例如，可将前面的二次规划系数 $h_{ij}=y^{(i)}y^{(j)}\left(\boldsymbol{z}^{(i)}\right)^{\mathrm{T}}\boldsymbol{z}^{(j)}$ 改写为

$h_{ij}=y^{(i)}y^{(j)}K\left(\boldsymbol{x}^{(i)},\boldsymbol{x}^{(j)}\right)$。

截距项b也可通过核函数进行求解。将$\boldsymbol{w}=\sum_{i=1}^{N}\alpha_i y^{(i)}\boldsymbol{z}^{(i)}$代入到任意支持向量$\left(\boldsymbol{z}^{(s)},y^{(s)}\right)$所满足的等式$b=y^{(s)}-\boldsymbol{w}^{\mathrm{T}}\boldsymbol{z}^{(s)}$中，有：

$$
\begin{aligned}
b&=y^{(s)}-\boldsymbol{w}^{\mathrm{T}}\boldsymbol{z}^{(s)}\\
&=y^{(s)}-\left(\sum_{i=1}^{N}\alpha_i y^{(i)}\boldsymbol{z}^{(i)}\right)^{\mathrm{T}}\boldsymbol{z}^{(s)}\\
&=y^{(s)}-\sum_{i=1}^{N}\alpha_i y^{(i)}\left(K\left(\boldsymbol{x}^{(i)},\boldsymbol{x}^{(s)}\right)\right)
\end{aligned}
\tag{10.35}
$$

还可以通过核函数来求解 SVM 的最优假设函数$h(\boldsymbol{x};\boldsymbol{w},b)$。对于任意未知的测试数据$\boldsymbol{x}$，有：

$$
\begin{aligned}
h(\boldsymbol{x};\boldsymbol{w},b)&=\operatorname{sign}\left(\boldsymbol{w}^{\mathrm{T}}\boldsymbol{\Phi}(\boldsymbol{x})+b\right)\\
&=\operatorname{sign}\left(\sum_{i=1}^{N}\alpha_i y^{(i)}\left(K\left(\boldsymbol{x}^{(i)},\boldsymbol{x}\right)\right)+b\right)
\end{aligned}
\tag{10.36}
$$

其中，$\operatorname{sign}(.)$为符号函数。

10.4.2 常用核函数

本节介绍三个常用的核函数，并给出核函数的有效性判定规则。

1. 线性核

线性核是最简单的核函数，直接使用原始特征做内积。核函数可表示为：

$$
K\left(\boldsymbol{x}^{(i)},\boldsymbol{x}^{(j)}\right)=\left(\boldsymbol{x}^{(i)}\right)^{\mathrm{T}}\boldsymbol{x}^{(j)}
\tag{10.37}
$$

线性核是最重要的工具，优点在于其安全、快速和可解释性。其中，安全是指一般问题都可以优先使用线性方法；线性核在计算上更简单，因而更快；可解释性是指求解得到的参数$\boldsymbol{w}$和支持向量都有直观的解释。线性核的缺点是并非所有数据都是线性可分的，因此受实际数据的限制。

2. 多项式核

上节已经介绍了一个二阶多项式核，$\boldsymbol{\Phi}(\boldsymbol{x})=\left(1,x_1,\cdots,x_D,x_1^2,x_1x_2,\cdots,x_1x_D,\cdots,x_D^2\right)$，其核函数可表示为$K\left(\boldsymbol{x}^{(i)},\boldsymbol{x}^{(j)}\right)=1+\left(\boldsymbol{x}^{(i)}\right)^{\mathrm{T}}\boldsymbol{x}^{(j)}+\left(\left(\boldsymbol{x}^{(i)}\right)^{\mathrm{T}}\boldsymbol{x}^{(j)}\right)^2$。让我们逐步对该二阶多项式核进行一

些修改，使它变成文献中的常见形式。

首先，在特征映射函数 $\boldsymbol{\Phi}(\boldsymbol{x})$ 的一些项前面加上 $\sqrt{2}$ ，变为：

$$\boldsymbol{\Phi}(\boldsymbol{x})=\left(1,\sqrt{2}x_1,\cdots,\sqrt{2}x_D,x_1^2,x_1x_2,\cdots,x_1x_D,\cdots,x_D^2\right)$$

核函数相应变为：

$$\begin{aligned}K\left(\boldsymbol{x}^{(i)},\boldsymbol{x}^{(j)}\right)&=1+2\left(\boldsymbol{x}^{(i)}\right)^{\mathrm{T}}\boldsymbol{x}^{(j)}+\left(\left(\boldsymbol{x}^{(i)}\right)^{\mathrm{T}}\boldsymbol{x}^{(j)}\right)^2\\&=\left(1+\left(\boldsymbol{x}^{(i)}\right)^{\mathrm{T}}\boldsymbol{x}^{(j)}\right)^2\end{aligned}$$

然后，再次改变特征映射函数 $\boldsymbol{\Phi}(\boldsymbol{x})$，加入大于 0 的参数 γ ：

$$\boldsymbol{\Phi}(\boldsymbol{x})=\left(1,\sqrt{2\gamma}x_1,\cdots,\sqrt{2\gamma}x_D,\gamma x_1^2,\gamma x_1x_2,\cdots,\gamma x_1x_D,\cdots,\gamma x_D^2\right)$$

核函数相应变为：

$$\begin{aligned}K\left(\boldsymbol{x}^{(i)},\boldsymbol{x}^{(j)}\right)&=1+2\gamma\left(\boldsymbol{x}^{(i)}\right)^{\mathrm{T}}\boldsymbol{x}^{(j)}+\gamma^2\left(\left(\boldsymbol{x}^{(i)}\right)^{\mathrm{T}}\boldsymbol{x}^{(j)}\right)^2\\&=\left(1+\gamma\left(\boldsymbol{x}^{(i)}\right)^{\mathrm{T}}\boldsymbol{x}^{(j)}\right)^2\end{aligned}$$

再在 $\boldsymbol{\Phi}(\boldsymbol{x})$ 中加入大于等于 0 的 r ，最终的多项式核通常表现为如下形式：

$$K\left(\boldsymbol{x}^{(i)},\boldsymbol{x}^{(j)}\right)=\left(\gamma\left(\boldsymbol{x}^{(i)}\right)^{\mathrm{T}}\boldsymbol{x}^{(j)}+r\right)^d,\gamma>0,r\geqslant 0$$

其中，d 为多项式的阶次，γ 和 r 都是参数。

多项式核的优点是，比线性核的限制少，可以用阶次 d 来进行控制。缺点是，如果阶次 d 很大，核矩阵的元素值将趋于无穷大或 0，三个参数(d 、γ 和 r)也更难选择合适的值。

3. 高斯核

高斯核的基本思路是计算无穷维的特征映射函数 $\boldsymbol{\Phi}(\boldsymbol{x})$，并有效率地计算核函数 $K\left(\boldsymbol{x}^{(i)},\boldsymbol{x}^{(j)}\right)$。为简化计算，这里假设 $\boldsymbol{x}$ 为一维向量，将核函数定义为：

$$K\left(\boldsymbol{x}^{(i)},\boldsymbol{x}^{(j)}\right)=\exp\left(-\left(\boldsymbol{x}^{(i)}-\boldsymbol{x}^{(j)}\right)^2\right)\tag{10.38}$$

其中，$\exp(.)$ 是以自然常数 e 为底的指数函数。

将式(10.38)展开后有：

$$K\left(\boldsymbol{x}^{(i)},\boldsymbol{x}^{(j)}\right)=\exp\left(-\left(\boldsymbol{x}^{(i)}\right)^2\right)\exp\left(-\left(\boldsymbol{x}^{(j)}\right)^2\right)\exp\left(2\boldsymbol{x}^{(i)}\boldsymbol{x}^{(j)}\right)\tag{10.39}$$

对式(10.39)的最后一项 $\exp\left(2\boldsymbol{x}^{(i)}\boldsymbol{x}^{(j)}\right)$ 使用泰勒级数展开，即 $\exp(\boldsymbol{x})=\sum_{i=0}^{\infty}\frac{\boldsymbol{x}^i}{i!}$，有：

$$K\left(\boldsymbol{x}^{(i)},\boldsymbol{x}^{(j)}\right)=\exp\left(-\left(\boldsymbol{x}^{(i)}\right)^2\right)\exp\left(-\left(\boldsymbol{x}^{(j)}\right)^2\right)\sum_{i=0}^{\infty}\frac{\left(2\boldsymbol{x}^{(i)}\boldsymbol{x}^{(j)}\right)^i}{i!}$$
$$=\sum_{i=0}^{\infty}\exp\left(-\left(\boldsymbol{x}^{(i)}\right)^2\right)\exp\left(-\left(\boldsymbol{x}^{(j)}\right)^2\right)\sqrt{\frac{2^i}{i!}}\sqrt{\frac{2^i}{i!}}\left(\boldsymbol{x}^{(i)}\right)^i\left(\boldsymbol{x}^{(j)}\right)^i$$
$$=\sum_{i=0}^{\infty}\exp\left(-\left(\boldsymbol{x}^{(i)}\right)^2\right)\sqrt{\frac{2^i}{i!}}\left(\boldsymbol{x}^{(i)}\right)^i\exp\left(-\left(\boldsymbol{x}^{(j)}\right)^2\right)\sqrt{\frac{2^i}{i!}}\left(\boldsymbol{x}^{(j)}\right)^i$$

如果定义无穷维映射函数$\Phi(\boldsymbol{x})=\sum_{i=0}^{\infty}\exp\left(-(\boldsymbol{x})^2\right)\sqrt{\frac{2^i}{i!}}(\boldsymbol{x})^i=\exp\left(-(\boldsymbol{x})^2\right)\left[1,\sqrt{\frac{2}{1!}}\boldsymbol{x},\sqrt{\frac{2^2}{2!}}\boldsymbol{x}^2,\cdots\right]$，

则有

$$K\left(\boldsymbol{x}^{(i)},\boldsymbol{x}^{(j)}\right)=\Phi\left(\boldsymbol{x}^{(i)}\right)\Phi\left(\boldsymbol{x}^{(j)}\right) \tag{10.40}$$

将核函数改写为更通用的格式：

$$K\left(\boldsymbol{x}^{(i)},\boldsymbol{x}^{(j)}\right)=\exp\left(-\gamma\left\|\boldsymbol{x}^{(i)}-\boldsymbol{x}^{(j)}\right\|^2\right),\gamma>0 \tag{10.41}$$

式(10.41)就称为高斯核，也称为径向基函数(Radial Basis Function，RBF)核。其物理意义是，如果$\boldsymbol{x}^{(i)}$与$\boldsymbol{x}^{(j)}$很接近($\left\|\boldsymbol{x}^{(i)}-\boldsymbol{x}^{(j)}\right\|\approx 0$)，那么函数值越趋近于1，反之，如果$\boldsymbol{x}^{(i)}$与$\boldsymbol{x}^{(j)}$相差很大($\left\|\boldsymbol{x}^{(i)}-\boldsymbol{x}^{(j)}\right\|\to\infty$)，那么函数值越趋近于0。

有文献将高斯核写为如下形式：

$$K\left(\boldsymbol{x}^{(i)},\boldsymbol{x}^{(j)}\right)=\exp\left(-\frac{\left\|\boldsymbol{x}^{(i)}-\boldsymbol{x}^{(j)}\right\|^2}{2\sigma^2}\right),\sigma>0 \tag{10.42}$$

不难看出，$\gamma=\frac{1}{2\sigma^2}$。由于该函数类似于高斯分布，因此称为高斯核函数。它是应用最广的核函数，无论是小样本还是大样本，高维还是低维，都可以使用RBF核函数，该核函数优点是，RBF 核比线性核和多项式核更强大，没有多项式核的计算困难问题，只有一个参数γ，比多项式核需要确定的参数少，容易选定。RBF 核也有缺点，它比线性核慢，如果参数γ取的值过大，RBF SVM 容易造成过拟合。因此，需要仔细选择参数γ。

4. 核函数的有效性判定

核函数的有效性判定问题是指：给定一个函数$K\left(\boldsymbol{x}^{(i)},\boldsymbol{x}^{(j)}\right)$，能否用该函数来替代计算$\Phi\left(\boldsymbol{x}^{(i)}\right)^{\mathrm{T}}\Phi\left(\boldsymbol{x}^{(j)}\right)$？也就是，能否认定函数$K\left(\boldsymbol{x}^{(i)},\boldsymbol{x}^{(j)}\right)$是合法的核函数？

对于给定的N个训练样本$\left\{\boldsymbol{x}^{(1)},\boldsymbol{x}^{(2)},\cdots,\boldsymbol{x}^{(N)}\right\}$，将任意两个样本$\boldsymbol{x}^{(i)}$和$\boldsymbol{x}^{(j)}$代入核函数

$K\left(\boldsymbol{x}^{(i)},\boldsymbol{x}^{(j)}\right)$中，简写为$K_{ij}$，即$K_{ij}=K\left(\boldsymbol{x}^{(i)},\boldsymbol{x}^{(j)}\right)$。把$K_{ij}$视为矩阵$\boldsymbol{K}$的第$i$行第$j$列元素，$N\times N$的矩阵$\boldsymbol{K}$称为核函数矩阵(Kernel Matrix)。

假设$K\left(\boldsymbol{x}^{(i)},\boldsymbol{x}^{(j)}\right)$是有效的核函数，那么根据核函数定义，有

$$K_{ij}=K\left(\boldsymbol{x}^{(i)},\boldsymbol{x}^{(j)}\right)=\Phi\left(\boldsymbol{x}^{(i)}\right)^{\mathrm{T}}\Phi\left(\boldsymbol{x}^{(j)}\right)=\Phi\left(\boldsymbol{x}^{(j)}\right)^{\mathrm{T}}\Phi\left(\boldsymbol{x}^{(i)}\right)=K\left(\boldsymbol{x}^{(j)},\boldsymbol{x}^{(i)}\right)=K_{ji}$$

可见，矩阵$\boldsymbol{K}$是一个对称矩阵。

可以证明，矩阵$\boldsymbol{K}$是一个半正定矩阵，证明过程留作习题。

这样，我们就得到核函数的必要条件：

K是有效的核函数 $\Rightarrow$ 核函数矩阵$\boldsymbol{K}$是对称的半正定矩阵

这个规则称为 Mercer 定理。它表明：为了证明K是有效的核函数，我们不用去寻找核函数$\boldsymbol{\Phi}$，而只需要在训练集上求出每个K_{ij}，然后判断矩阵$\boldsymbol{K}$是否半正定即可。

10.5 软间隔支持向量机

前面讲述的 SVM，都可以称为硬间隔 SVM。因为它强调数据必须线性可分，所以容易拟合噪声，造成过拟合。

软间隔 SVM 放宽了限制条件，在最大化间隔和噪声容忍度之间进行了权衡，容忍一些错误的发生，将发生错误的情形加入优化目标公式，希望得到一个错分类情况最少且间隔最大化的优化结果。

10.5.1 动机及原问题

之前讨论的情形都建立在训练样本线性可分的假设之上，当样本线性不可分时，可以尝试使用核函数将特征映射到高维，这样就很可能变得可分。然而，映射后也不能保证一定可分。这就需要对模型进行调整，在不可分的情形下，也要能够找出分割超平面。

例如，在图 10.4 中，一个很可能是噪声的离群点就可以造成超平面的移动，使间隔缩小。

这时，好的折中办法就是放宽让一些数据点违背函数间隔大于等于 1 的限制条件，这样得到的新模型就是软间隔 SVM，模型如下：

$$\begin{aligned}&\min_{\boldsymbol{w},b}\frac{1}{2}\boldsymbol{w}^{\mathrm{T}}\boldsymbol{w}+C\sum_{i=1}^{N}\xi_i\\&\text{s.t.}\quad y^{(i)}\left(\boldsymbol{w}^{\mathrm{T}}\boldsymbol{z}^{(i)}+b\right)\geqslant 1-\xi_i,\quad i=1,2,\cdots,N\\&\xi_i\geqslant 0, i=1,2,\cdots,N\end{aligned}\tag{10.43}$$

其中，引入非负的松弛变量 ξ_i，对应数据点 $\boldsymbol{z}^{(i)}$ 偏离函数间隔的长度。惩罚系数 $C>0$，用于对错分样本进行惩罚，该系数对最大化间隔和噪声容忍度之间进行权衡，大的系数 C 希望得到小的噪声容忍度，小的系数 C 希望得到大的间隔。我们也可以将硬间隔 SVM 的目标函数看成是软间隔 SVM 目标函数中 C 为无穷大的情形，即对噪声零容忍，不允许有错分情况出现。

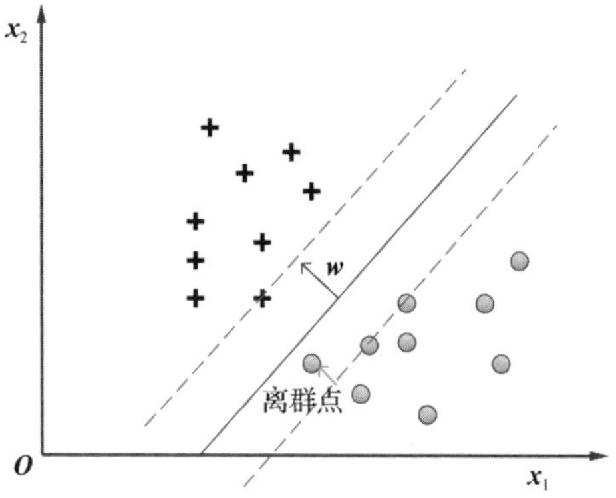

图 10.4　软间隔 SVM 示意图

可以看出，软间隔 SVM 是一个有 $D+1+N$ 个变量，有 $2N$ 个约束的二次规划问题。

10.5.2　对偶问题

仿照前面的对偶算法，并采用 $\boldsymbol{z}^{(i)}$ 替换 $\boldsymbol{x}^{(i)}$，修改原始问题的拉格朗日函数为：

$$\begin{aligned}\mathcal{L}(\boldsymbol{w},b,\boldsymbol{\xi},\boldsymbol{\alpha},\boldsymbol{\beta}) &= \frac{1}{2}\boldsymbol{w}^{\mathrm{T}}\boldsymbol{w}+C\sum_{i=1}^{N}\xi_i \\ &+\sum_{i=1}^{N}\alpha_i\left(1-\xi_i-y^{(i)}\left(\boldsymbol{w}^{\mathrm{T}}\boldsymbol{z}^{(i)}+b\right)\right)+\sum_{i=1}^{N}\beta_i(-\xi_i)\end{aligned} \tag{10.44}$$

其中，α_i 和 β_i 都是拉格朗日乘子，必须大于等于 0。

我们已经知道，原始问题是拉格朗日的极大极小问题，对偶问题是极小极大问题，即拉格朗日对偶问题为：

$$\max_{\alpha_i\geqslant 0,\beta_i\geqslant 0}\left(\min_{\boldsymbol{w},b,\boldsymbol{\xi}}\mathcal{L}(\boldsymbol{w},b,\boldsymbol{\xi},\boldsymbol{\alpha},\boldsymbol{\beta})\right) \tag{10.45}$$

也就是：

$$\max_{\alpha_i\geqslant 0,\beta_i\geqslant 0}\left(\min_{\boldsymbol{w},b,\xi}\frac{1}{2}\boldsymbol{w}^{\mathrm{T}}\boldsymbol{w}+C\sum_{i=1}^{N}\xi_i+\sum_{i=1}^{N}\alpha_i\left(1-\xi_i-y^{(i)}\left(\boldsymbol{w}^{\mathrm{T}}\boldsymbol{z}^{(i)}+b\right)\right)+\sum_{i=1}^{N}\beta_i(-\xi_i)\right) \tag{10.46}$$

对 $\mathcal{L}\left(\boldsymbol{w},b,\boldsymbol{\xi},\boldsymbol{\alpha},\boldsymbol{\beta}\right)$ 求关于 ξ_i 的偏导数并令其等于 0。

$$\frac{\partial \mathcal{L}}{\partial \xi_i} = C - \alpha_i - \beta_i = 0 \tag{10.47}$$

可以推出如下的隐含的约束关系：

$$\beta_i = C - \alpha_i \tag{10.48}$$

因此，可以在模型中移除 β_i。

由于 $\alpha_i \geqslant 0$ 和 $\beta_i \geqslant 0$，结合式(10.48)，可以得到如下约束：

$$0 \leqslant \alpha_i \leqslant C \tag{10.49}$$

经过化简，还可以移除 $\boldsymbol{\xi}$，具体过程留作习题，得到：

$$\begin{aligned}
&\max_{\alpha_i \geqslant 0, \beta_i \geqslant 0}\left(\min_{\boldsymbol{w},b,\xi} \mathcal{L}\left(\boldsymbol{w},b,\boldsymbol{\xi},\boldsymbol{\alpha},\boldsymbol{\beta}\right)\right) \\
&= \max_{\alpha_i \geqslant 0, \beta_i = C-\alpha_i}\left(\min_{\boldsymbol{w},b} \frac{1}{2}\boldsymbol{w}^{\mathrm{T}}\boldsymbol{w} + \sum_{i=1}^{N}\alpha_i\left(1 - y^{(i)}\left(\boldsymbol{w}^{\mathrm{T}}\boldsymbol{z}^{(i)} + b\right)\right)\right)
\end{aligned} \tag{10.50}$$

式(10.50)的内层问题的形式与硬间隔 SVM 相似。用求偏导数并令其等于 0 的方法，可求得：

$$\begin{aligned}
&\frac{\partial \mathcal{L}}{\partial b} = 0 \Rightarrow -\sum_{i=1}^{N}\alpha_i y^{(i)} = 0 \Rightarrow \sum_{i=1}^{N}\alpha_i y^{(i)} = 0 \\
&\frac{\partial \mathcal{L}}{\partial \boldsymbol{w}} = 0 \Rightarrow \boldsymbol{w} - \sum_{i=1}^{N}\alpha_i y^{(i)}\boldsymbol{z}^{(i)} = 0 \Rightarrow \boldsymbol{w} = \sum_{i=1}^{N}\alpha_i y^{(i)}\boldsymbol{z}^{(i)}
\end{aligned} \tag{10.51}$$

把式(10.51)代入式(10.50)，化简，可求得标准的软间隔 SVM 对偶问题：

$$\begin{aligned}
&\min_{\boldsymbol{\alpha}} \frac{1}{2}\sum_{i=1}^{N}\sum_{j=1}^{N}\alpha_i\alpha_j y^{(i)}y^{(j)}\left(\boldsymbol{z}^{(i)}\right)^{\mathrm{T}}\boldsymbol{z}^{(j)} - \sum_{i=1}^{N}\alpha_i \\
&\text{s.t.} \quad \sum_{i=1}^{N}y^{(i)}\alpha_i = 0 \quad i = 1,2,\cdots,N \\
&\qquad 0 \leqslant \alpha_i \leqslant C
\end{aligned} \tag{10.52}$$

隐含的约束为：

$$\begin{aligned}
&\boldsymbol{w} = \sum_{i=1}^{N}\alpha_i y_i \boldsymbol{z}_i \\
&\beta_i = C - \alpha_i
\end{aligned} \tag{10.53}$$

对照软间隔 SVM 对偶问题与前面硬间隔 SVM 对偶问题的结果，发现软间隔 SVM 的限制条件多出一个上限，即 $\alpha_i \leqslant C$。还可以发现，软间隔 SVM 也是一个凸二次规划问题，有 N 个变量以及 $2N+1$ 个约束。另外，软间隔 SVM 也可以用于非线性 SVM，只需要将内积改为核函数即可。软间隔 SVM 通过调节参数 C，既能兼顾训练集上的分类精度，又能控制模型复杂度，增加了模型的泛化能力。

10.5.3 使用优化软件求解软间隔对偶 SVM

将 SVM 对偶问题与 QP 问题的一般形式进行对照，发现 SVM 对偶问题就是 QP 问题，有不等式约束和等式约束，因此需要设置 $\boldsymbol{H}$ 、 $\boldsymbol{f}$ 、 $\boldsymbol{A}$ 、 $\boldsymbol{c}$ 、 **Aeq** 和 **ceq** 。对照这两种问题，可以得出：

$$\begin{aligned}
&\boldsymbol{\theta}=\boldsymbol{\alpha}\\
&h_{ij}=y^{(i)}y^{(j)}\left(\boldsymbol{z}^{(i)}\right)^{\mathrm{T}}\boldsymbol{z}^{(j)}\\
&\boldsymbol{f}=-\boldsymbol{1}_{N\times1}\\
&\boldsymbol{A}=\begin{bmatrix}-\boldsymbol{I}_N\\ \boldsymbol{I}_N\end{bmatrix}\\
&\boldsymbol{c}=\begin{bmatrix}\boldsymbol{0}_{N\times1}\\ \boldsymbol{C}_{N\times1}\end{bmatrix}\\
&\mathbf{Aeq}=\begin{bmatrix}y^{(1)} & y^{(2)} & \cdots & y^{(N)}\end{bmatrix}\\
&\mathbf{ceq}=0
\end{aligned}\tag{10.54}$$

其中， h_{ij} 为 $\boldsymbol{H}$ 矩阵的第 i 行第 j 列元素。

设置好上述变量之后，就可以调用 CVXOPT 的 qp(H,f,A,c,Aeq,ceq)函数进行求解，求解出最优的 $\boldsymbol{\alpha}$ 向量值。

求得 $\boldsymbol{\alpha}$ 向量之后，利用 KKT 条件，可以求解 $\boldsymbol{w}$ 和 b 。利用 $\boldsymbol{w}=\sum_{i=1}^{N}\alpha_i y^{(i)}\boldsymbol{z}^{(i)}$ 可解出 $\boldsymbol{w}$ 。但是 b 的求解却有所不同。软间隔 SVM 的 KKT 对偶补足条件如下：

$$\begin{aligned}
&\alpha_i\left(1-\xi_{\mathrm{i}}-y^{(i)}\left(\boldsymbol{w}^{\mathrm{T}}\boldsymbol{z}^{(i)}+b\right)\right)=0\\
&\left(C-\alpha_i\right)\xi_{\mathrm{i}}=0
\end{aligned}\tag{10.55}$$

根据 α_i 和 ξ_i 的不同取值，可将训练样本 $\left(\boldsymbol{x}^{(i)},y^{(i)}\right)$ 分为三种类型。第一种类型为非支持向量，满足 $\alpha_i=0$ 和 $\xi_i=0$ ，此时，样本正确分类且远离最大边界。第二种类型为支持向量，满足 $\alpha_i>0$ ，此时有 $b=y^{(i)}-y^{(i)}\xi_i-\boldsymbol{w}^{\mathrm{T}}\boldsymbol{z}^{(i)}$ ，由于这里还有 ξ_i 变量，因此还不能解出 b 。第三种类型为自由支持向量，当满足 $\alpha_i>0$ 的支持向量还能满足 $\alpha_i<C$ 时，必有 $\xi_i=0$ 。如果将满足 $0<\alpha_i<C$ 的训练样本表示为自由支持向量 $\mathrm{SV}\left(\boldsymbol{x}_s,y_s\right)$ ，可由下式求解 b 。

$$b=y_s-\boldsymbol{w}^{\mathrm{T}}\boldsymbol{z}_{\mathrm{s}}\tag{10.56}$$

容易用核函数 K 将式(10.56)改写为：

$$b = y_s - \sum_{\text{支持向量索引}i} \alpha^{(i)} y^{(i)} K\left(\boldsymbol{x}^{(i)}, \boldsymbol{x}_s\right) \tag{10.57}$$

解出 $\boldsymbol{w}$ 和 b 之后，可以求解 SVM 的最优假设函数 $h(\boldsymbol{x};\boldsymbol{w},b)$。对于任意未知的测试数据 $\boldsymbol{x}$，有：

$$\begin{aligned} h(\boldsymbol{x};\boldsymbol{w},b) &= \operatorname{sign}\left(\boldsymbol{w}^{\mathrm{T}}\boldsymbol{\Phi}(\boldsymbol{x})+b\right) \\ &= \operatorname{sign}\left(\sum_{\text{支持向量索引}i} \alpha_i y^{(i)}\left(K\left(\boldsymbol{x}^{(i)},\boldsymbol{x}\right)\right)+b\right) \end{aligned} \tag{10.58}$$

其中，$\operatorname{sign}(.)$ 为符号函数。

脚本 softmargin_dual_qp_demo.py 实现了使用 CVXOPT QP 函数求解软间隔 SVM 对偶问题。核心代码如代码 10.3 所示。

代码 10.3　softmargin_dual_qp_demo.py 代码片段

```
# 调用 QP 计算参数
# 数据矩阵大小
n, d = x_data.shape

# 软间隔 SVM 参数 C
C = 2

# 调用 QP 前的准备
H = np.dot(y_data, y_data.T) * np.dot(x_data, x_data.T)
H = matrix(H)
f = matrix(- np.ones((n, 1)))
A = matrix(np.vstack((- np.eye(n), np.eye(n))))
c = matrix(np.hstack((np.zeros(n), np.ones(n) * C)))
Aeq = matrix(y_data.T)
ceq = matrix(np.zeros(1))

# 调用 QP 函数
sol = solvers.qp(H, f, A, c, Aeq, ceq)
alpha = np.array(sol['x'])
print(f'最优 alpha: \n{alpha}')

# 由 alpha 求解 w 和 b
w = np.zeros((d, 1))
for i in range(n):
    w += alpha[i] * y_data[i, 0] * x_data[i].reshape(-1, 1)

# 查找一个自由支持向量索引
free_SV = np.where((alpha > 0.00001) & (alpha < C - 0.00001))[0][0]
b = y_data[free_SV] - np.dot(w.T, x_data[free_SV, :].T)
```

```
# 显示w和b参数
print(f'最优w: \n{w}\n')
print(f'\n最优b: \n{b}\n\n')
```

10.6 SMO 算法

SMO(sequential minimal optimization，序列最小最优化)由微软研究院的 John C. Platt 于 1998 年 4 月在论文 *Sequential Minimal Optimization: A Fast Algorithm for Training Support Vector Machines* 中提出，并成为最快的二次规划优化算法，特别针对线性 SVM 和数据稀疏时性能更优。

10.6.1 SMO 算法描述

我们已经知道，软间隔 SVM 对偶函数的优化问题为：

$$
\begin{aligned}
&\max_{\boldsymbol{\alpha}} W(\boldsymbol{\alpha})=\sum_{i=1}^{N}\alpha_i-\frac{1}{2}\sum_{i=1}^{N}\sum_{j=1}^{N}\alpha_i\alpha_j y^{(i)}y^{(j)}K\left(\boldsymbol{x}^{(i)},\boldsymbol{x}^{(j)}\right)\\
&\text{s.t.}\quad \sum_{i=1}^{N}y^{(i)}\alpha_i=0 \qquad i=1,2,\cdots,N\\
&\qquad\ 0\leqslant\alpha_i\leqslant C
\end{aligned}
\tag{10.59}
$$

要解决的问题是如何在参数集$\{\alpha_1,\alpha_2,\cdots,\alpha_N\}$上求最大值$W$。由于$\boldsymbol{x}^{(i)}$、$\boldsymbol{x}^{(j)}$、$y^{(i)}$和$y^{(j)}$都已知，参数$C$预先设定，也已知。这类问题可以使用梯度下降法或牛顿法来求解，SMO 使用一种称为坐标法上升来求解，如果求解最小值问题，称为坐标下降法，原理一致。下面以求解最小值问题为例讲述坐标下降法。

1. 坐标下降法

假设要求解如下的优化问题：

$$\min_{\alpha} J\left(\alpha_1,\alpha_2,\cdots,\alpha_n\right)$$

其中，J为$\boldsymbol{\alpha}$向量的函数。

坐标下降法的算法如下：

```
while (不收敛) do
    for i = 1 to n do
        α_i = argmin_α J(α_1,⋯,α_{i-1},α̂_i,α_{i+1},⋯,α_n)
```

```
    end for
end while
```

算法由两重循环构成，内层循环固定除 α_i 以外的所有 $\alpha_j\left(j \neq i\right)$，此时可将 J 视为 α_i 的函数，直接对 α_i 求导即可进行优化。算法中最小化求导的顺序 i 是从 1 到 n，通过更改求导的顺序可以使 J 更快减少以趋于收敛。

Python 脚本 coordinate_descent_demo.py 实现了坐标下降算法，运行结果如图 10.5 所示。

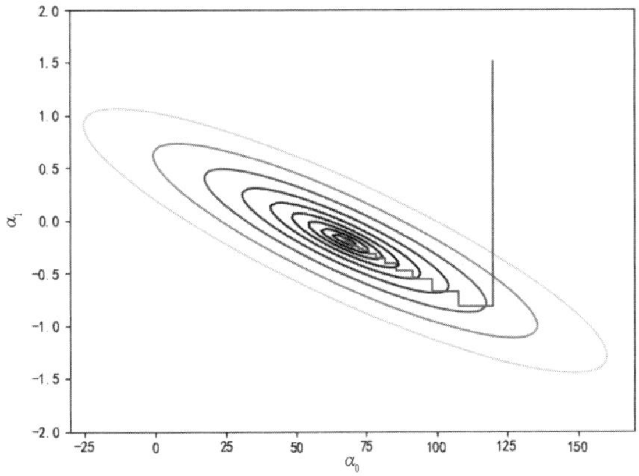

图 10.5　坐标下降法原理

为了方便可视化，这里要优化的参数只有 $\{\alpha_0, \alpha_1\}$ 两个，为这两个参数设定一个初始值，首先固定 α_0，求得优化的 α_1，再固定 α_1，求得优化的 α_0，如此循环直至收敛。从图 10.5 中可以看到，坐标下降算法的初始值为(120,1.5)，绘制出优化至全局最优的路径。注意到在每一步，坐标下降算法都平行于两个坐标轴之一，这是因为每次都要固定一个参数。坐标下降算法的收敛速度很快，是一种高效的优化方法。

2. SMO 参数优化过程

回到软间隔 SVM 对偶函数的优化问题，按照坐标下降法的思路，首先固定除 α_1 以外的所有参数，然后对 α_1 求极值。但是，这种思路是行不通的，因为如果固定了除 α_1 以外的所有参数后，α_1 就不再是变量，它可以由其他参数值推出，注意到我们已经有约束 $\sum_{i=1}^{N} y^{(i)}\alpha_i = 0$，可推出 $\alpha_1 y^{(1)} = -\sum_{i=2}^{N} y^{(i)}\alpha_i$。利用 $y^{(1)}$ 取值的特殊性，即 $y^{(1)} \in \{-1,1\} \Rightarrow \left(y^{(1)}\right)^2 = 1$，还可推出 $\alpha_1 = -y^{(1)}\sum_{i=2}^{N} y^{(i)}\alpha_i$。

因此，SMO 需要一次优化两个参数。例如，选取α_1和α_2，α_2可由α_1和其他参数表示，代入W，W就只是α_1的函数，就可以求解。

这样，可得 SMO 的基本步骤如下：

while （不收敛） **do**
1.选择一对参数α_i和α_j进行下一步更新。可使用启发式方法，尝试选取能够更快收敛至全局最优的一对参数。
2.固定除α_i和α_j以外的所有参数$\{\alpha_k : k \neq i, j\}$，确定最优$J(\boldsymbol{\alpha})$的$\alpha_i$，$\alpha_j$由$\alpha_i$确定。
end while

SMO 对选定参数的优化过程如下。

假定选取了α_1和α_2，固定$\{\alpha_3, \alpha_4, \cdots, \alpha_N\}$，$J$就是$\alpha_1$和$\alpha_2$的函数，并且$\alpha_1$和$\alpha_2$满足如下条件：

$$\alpha_1 y^{(1)} + \alpha_2 y^{(2)} = -\sum_{i=3}^{N} y^{(i)} \alpha_i \tag{10.60}$$

由于$\{\alpha_3, \alpha_4, \cdots, \alpha_N\}$是已知的固定值，为了方便，将$-\sum_{i=3}^{N} y^{(i)} \alpha_i$记为实数值$\zeta$，这样就有

$$\alpha_1 y^{(1)} + \alpha_2 y^{(2)} = \zeta \tag{10.61}$$

这样，可以将α_1和α_2的约束用图 10.6 来表示。由约束$0 \leqslant \alpha_i \leqslant C$，可知$\alpha_1$和$\alpha_2$必定位于长宽都是$C$的方框中。$\alpha_1$和$\alpha_2$必须位于直线$\alpha_1 y^{(1)} + \alpha_2 y^{(2)} = \zeta$上。因此可知$L \leqslant \alpha_2 \leqslant H$，否则，$\alpha_1$和$\alpha_2$就无法同时满足方框约束和直线约束。本例中，$L = 0$，根据$y^{(1)}$和$y^{(2)}$的取值，直线$\alpha_1 y^{(1)} + \alpha_2 y^{(2)} = \zeta$的形状不同，但可以肯定，$\alpha_2$的取值总有一个下界$L$和上界$H$，以保证$\alpha_1$和$\alpha_2$位于方框约束之中。

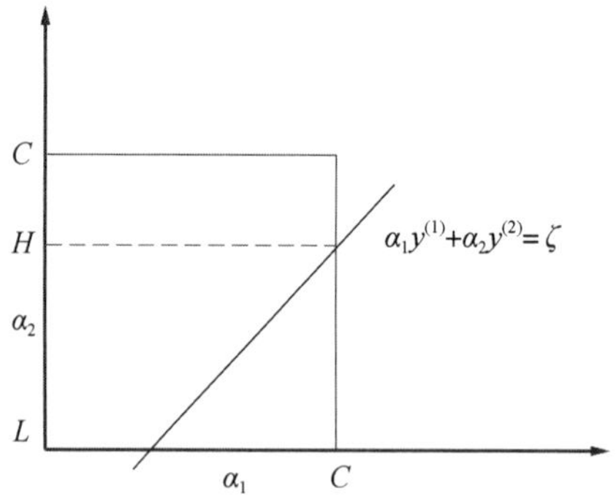

图 10.6　α_1和α_2的约束

使用式(10.61)，容易将α_1记为α_2的函数，即：

$$\alpha_1 = \left(\zeta - \alpha_2 y^{(2)}\right) y^{(1)} \tag{10.62}$$

这样，优化目标可以写为：

$$W\left(\alpha_1, \alpha_2, \cdots, \alpha_N\right) = W\left(\left(\zeta - \alpha_2 y^{(2)}\right) y^{(1)}, \alpha_2, \cdots, \alpha_N\right) \tag{10.63}$$

其中，$\{\alpha_3, \alpha_4, \cdots, \alpha_N\}$都是常数，可以验证$W\left(\alpha_1, \alpha_2, \cdots, \alpha_N\right)$是$\alpha_2$的二次函数，即可以表达为$a\alpha_2^2 + b\alpha_2 + c$的形式。如果满足$L \leqslant \alpha_2 \leqslant H$的方框约束，很容易求解这个二次函数的极值。有了这个约束，就只能将求得的参数值“剪切”到$[L, H]$区间以满足要求。也就是按照下式对新的α_2进行处理：

$$\alpha_2 = \begin{cases} H, & \alpha_2 > H \\ \alpha_2, & L \leqslant \alpha_2 \leqslant H \\ L, & \alpha_2 < L \end{cases} \tag{10.64}$$

得到α_2的新值之后，再使用公式(10.62)求出α_1。

10.6.2 简化 SMO 算法实现

Python 脚本 simple_smo.py 实现了简化的 SMO 算法，按照斯坦福大学 CS 229 课程给出的流程进行实现，完整的 SMO 算法请参考 John Platt 的论文。本节提供的算法仅仅给出满足教学用途的简化实现，并且不能保证算法对任意数据集都能收敛。因此，如果面对实际项目，最好完整地实现 SMO 算法，以保证在大数据环境下都能快速运行，或者直接使用后文讲述的 LibSVM 等成熟工具。

SMO 算法主要包含一个循环，循环直至$\boldsymbol{\alpha}$收敛，循环中有三个步骤，首先选择两个要优化的参数α_i和α_j，然后对这两个参数进行优化，最后根据得到的新$\boldsymbol{\alpha}$参数调整b参数。下面详细讲解这三个步骤。

1. 选择要优化的α_i和α_j

完整的 SMO 算法使用启发式算法来选择要优化的一对α_i和α_j，称为α_i α_j对，以尽可能地加快优化目标函数的速度。对于数据集很大的情形，本步骤在算法效率上非常关键，因为选择α_i和α_j一共有$N(N-1)$种可能的选法，一些选法收敛速度快，而另一些收敛速度慢。

对于简化版本的 SMO，只是按照样本顺序迭代全部的$\alpha_i, i = 1, 2, \cdots, N$。如果$\alpha_i$在一定数值公差下满足 KKT 条件，就从剩下的$N-1$个$\alpha$中随机选择一个$\alpha_j$，并试图对得到的$\alpha_i$和$\alpha_j$进行优化。如果几次(次数可以设定)迭代之后，$\boldsymbol{\alpha}$都不再更改，说明已经收敛，算法结束。应该注意，使用这个选择 α_i 和 α_j 的简化算法之后，SMO 算法不能保证收敛至全局最优，这是因为没能优化所有可能的 α_i α_j 对，因此存在可以被优化但实际没有优化的 α_i α_j 对的可能性。

2. 优化 α_i 和 α_j

上一步已经选定了要优化的拉格朗日乘子 α_i 和 α_j，下一步就要对这两个乘子进行优化。

首先需要找到 α_j 的下界 L 和上界 H，使得在满足 $L \leqslant \alpha_j \leqslant H$ 时，必定满足 $0 \leqslant \alpha_j \leqslant C$。根据 $y^{(i)}$ 是否与 $y^{(j)}$ 相等，L 和 H 有不同的计算方式。

如果 $y^{(i)}$ 等于 $y^{(j)}$，则 L 和 H 按下式计算：

$$\begin{aligned} L &= \max\left(0, \alpha_i + \alpha_j - C\right) \\ H &= \min\left(C, \alpha_i + \alpha_j\right) \end{aligned} \tag{10.65}$$

如果 $y^{(i)}$ 不等于 $y^{(j)}$，则 L 和 H 按下式计算：

$$\begin{aligned} L &= \max\left(0, \alpha_j - \alpha_i\right) \\ H &= \min\left(C, C + \alpha_j - \alpha_i\right) \end{aligned} \tag{10.66}$$

现在需要优化 α_j 以最大化目标函数。如果求得的 α_j 值位于 L 和 H 之外，我们就简单剪切至 L 和 H 范围内。α_j 按照下式进行更新：

$$\alpha_j = \alpha_j - \frac{y^{(j)}\left(E_i - E_j\right)}{\eta} \tag{10.67}$$

其中，E_i 和 E_j 由下式计算而得：

$$E_k = f\left(\boldsymbol{x}^{(k)}\right) - y^{(k)}$$

可以将 E_k 想象为 SVM 模型在第 k 个样本上的输出与真实标签 $y^{(k)}$ 的误差。

η 由下式计算而得，这里使用了核函数：

$$\eta = 2K\left(\boldsymbol{x}^{(i)}, \boldsymbol{x}^{(j)}\right) - K\left(\boldsymbol{x}^{(i)}, \boldsymbol{x}^{(i)}\right) - K\left(\boldsymbol{x}^{(j)}, \boldsymbol{x}^{(j)}\right)$$

下一步是剪切 α_j，使之位于 $[L, H]$ 区间：

$$\alpha_j = \begin{cases} H, & \alpha_j > H \\ \alpha_j, & L \leqslant \alpha_j \leqslant H \\ L, & \alpha_j < L \end{cases} \tag{10.68}$$

最后，根据已得到的 α_j，由下式计算 α_i 的值：

$$\alpha_i = \alpha_i + y^{(i)} y^{(j)} \left(\alpha_j^{(\text{old})} - \alpha_j\right) \tag{10.69}$$

其中，$\alpha_j^{(\text{old})}$ 是优化前的 α_j 值。

完整 SMO 算法能够处理少见的 $\eta=0$ 的情形，这时有多个训练样本拥有同样的输入向量 $\boldsymbol{x}$。简化 SMO 在 $\eta=0$ 时，简单处理为不能对 α_i 和 α_j 进行优化。正常情况下，η 应为负数，如果 $\eta>0$，说明核函数 K 不满足 Mercer 条件，这使得目标函数不定。简化 SMO 算法简单跳过 $\eta \geqslant 0$ 的情形。

3. 更新参数 b

对 α_i 和 α_j 优化之后，选择截距 b 使得 i 样本和 j 样本都满足 KKT 条件。如果在优化后，α_i 不在边界上，即 $0<\alpha_i<C$，那么，如下的 b_1 有效：

$$b_1 = b - E_i - y^{(i)}\left(\alpha_i - \alpha_i^{(\text{old})}\right)K\left(\boldsymbol{x}^{(i)},\boldsymbol{x}^{(i)}\right) - y^{(j)}\left(\alpha_j - \alpha_j^{(\text{old})}\right)K\left(\boldsymbol{x}^{(i)},\boldsymbol{x}^{(j)}\right) \tag{10.70}$$

同理，当 $0<\alpha_j<C$ 时，如下的 b_2 有效：

$$b_2 = b - E_j - y^{(i)}\left(\alpha_i - \alpha_i^{(\text{old})}\right)K\left(\boldsymbol{x}^{(i)},\boldsymbol{x}^{(j)}\right) - y^{(j)}\left(\alpha_j - \alpha_j^{(\text{old})}\right)K\left(\boldsymbol{x}^{(j)},\boldsymbol{x}^{(j)}\right) \tag{10.71}$$

如果 $0<\alpha_i<C$ 和 $0<\alpha_j<C$ 都成立，两个 b 都有效，则它们相等。如果两个新的 α（α_i 和 α_j）都在边界上，即 $\alpha_i=0$ 或 $\alpha_i=C$ 且 $\alpha_j=0$ 或 $\alpha_j=C$，则在 b_1 和 b_2 之间的所有值都满足 KKT 条件，这时简单取两者的中间值 $b=\left(b_1+b_2\right)/2$。b 按照下式计算：

$$b = \begin{cases} b_1, & 0<\alpha_i<C \\ b_2, & 0<\alpha_j \leqslant C \\ \dfrac{b_1+b_2}{2}, & \text{其他} \end{cases} \tag{10.72}$$

4. 简化 SMO 算法流程

以下给出简化 SMO 算法的伪代码，帮助读者了解 SMO 算法的实现。

算法 10.1　简化 SMO 算法

输入：
C：正则化参数
tol：浮点数的数值公差
max_passes：$\boldsymbol{\alpha}$ 不改变的最大遍历次数
输出：
$\boldsymbol{\alpha} \in \mathbf{R}^N$：优化参数，要求解的拉格朗日乘子
$b \in \mathbf{R}$：优化参数，要求解的截距

初始化 $\alpha_i=0$，$b=0$；

```
初始化 passes = 0;

while (passes < max_passes) do
    changed_alphas = 0
    for i = 1 to N do
        # 计算 E_i
        f(x^(i)) = Σ_{j=1}^{N} α_j y^(j) K(x^(j), x^(i)) + b
        E_i = f(x^(i)) − y^(i)
        if (y^(i)E_i < −tol & α_i < C) || (y^(i)E_i > tol & α_i > 0) then
            随机选择 j ≠ i
            # 计算 E_j
            f(x^(j)) = Σ_{i=1}^{N} α_i y^(i) K(x^(i), x^(j)) + b
            E_j = f(x^(j)) − y^(j)
            # 保存 α_i 和 α_j
            α_i^(old) = α_i
            α_j^(old) = α_j
            # 计算 L 和 H
            if y^(i) == y^(j) then
                L = max(0, α_i + α_j − C)
                H = min(C, α_i + α_j)
            else
                L = max(0, α_j − α_i)
                H = min(C, C + α_j − α_i)
            end if
            if L == H then
                continue 到下一个 i
            end if
            # 计算 η
            η = 2K(x^(i), x^(j)) − K(x^(i), x^(i)) − K(x^(j), x^(j))
            if η ⩾ 0 then
                continue 到下一个 i
            end if
            # 计算 α_j
            α_j = α_j − y^(j)(E_i − E_j) / η
```

```
            # 剪切 α_j
```

$$\alpha_j = \begin{cases} H, & \alpha_j > H \\ \alpha_j, & L \leqslant \alpha_j \leqslant H \\ L, & \alpha_j < L \end{cases}$$

```
            # 检查 α_j 的变化是否显著
            if |α_j − α_j^(old)| < tol then
                continue 到下一个 i
            end if
            # 计算 α_i
```

$$\alpha_i = \alpha_i + y^{(i)} y^{(j)} \left(\alpha_j^{(\mathrm{old})} - \alpha_j\right)$$

```
            # 计算 b_1 和 b_2
```

$$b_1 = b - E_i - y^{(i)}\left(\alpha_i - \alpha_i^{(\mathrm{old})}\right) K\left(\boldsymbol{x}^{(i)}, \boldsymbol{x}^{(i)}\right) - y^{(j)}\left(\alpha_j - \alpha_j^{(\mathrm{old})}\right) K\left(\boldsymbol{x}^{(i)}, \boldsymbol{x}^{(j)}\right)$$

$$b_2 = b - E_j - y^{(i)}\left(\alpha_i - \alpha_i^{(\mathrm{old})}\right) K\left(\boldsymbol{x}^{(i)}, \boldsymbol{x}^{(j)}\right) - y^{(j)}\left(\alpha_j - \alpha_j^{(\mathrm{old})}\right) K\left(\boldsymbol{x}^{(j)}, \boldsymbol{x}^{(j)}\right)$$

```
            # 计算 b
```

$$b = \begin{cases} b_1, & 0 < \alpha_i < C \\ b_2, & 0 < \alpha_j \leqslant C \\ \dfrac{b_1 + b_2}{2}, & \text{其他} \end{cases}$$

```
            changed_alphas = changed_alphas + 1
        end if
    end for
    if changed_alphas == 0 then
        passes = passes + 1
    else
        passes = 0
    end if
end while
```

Python 脚本 smo_demo.py 调用 simple_smo.py 里的 smo_train 函数来训练 SVM 模型。图 10.7 所示为训练 Iris 数据集得到的线性 SVM 模型。图 10.8 所示为使用高斯核训练随机生成的数据集而得到的 RBF SVM 模型。

从图 10.8 可以看到，选择不好的参数 C 和 σ，RBF SVM 也会过拟合。

一般来说，高斯核的两个参数 C 和 σ 有如下影响。

C 较大时，相当于正则化参数 λ 较小，可能会导致过拟合和高方差；C 较小时，相当于正则化参数 λ 较大，可能会导致欠拟合和高偏差。σ 较大时会导致高方差；σ 较小时会导致高偏差。

可以使用交叉验证来选择合适的C和σ参数，详见后文“LibSVM参数调优”。

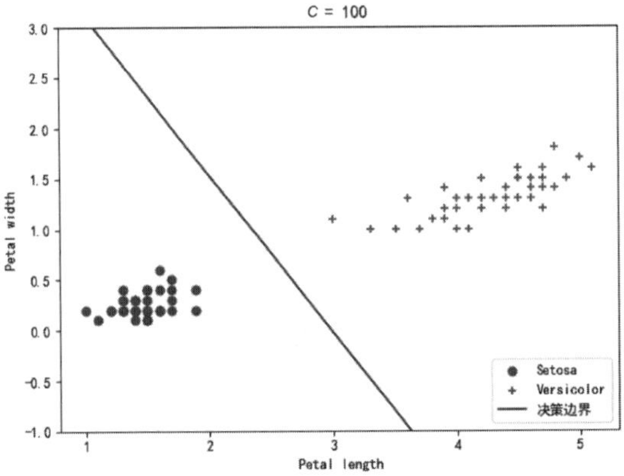

图 10.7　线性 SVM 模型

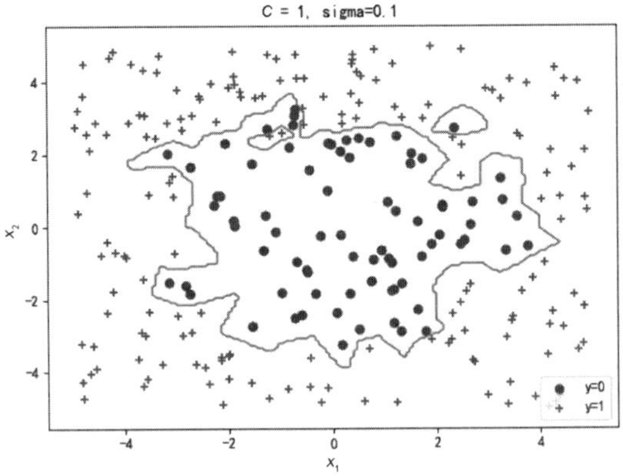

图 10.8　RBF SVM 模型

10.7　LibSVM

LibSVM是中国台湾大学林智仁教授开发的一套支持向量机的库，该库运算速度快，支持对数据集的分类、回归和分布估计，也支持多元类别分类。LibSVM的目标是帮助其他领域的用户容易地将SVM作为工具使用，LibSVM开源、易于扩展，支持C++、Java、Python、MATLAB等编程语言，因此成为应用最多的SVM库。

10.7.1 LibSVM 的安装

LibSVM 库可以从网址 https://www.csie.ntu.edu.tw/~cjlin/libsvm/#download 免费获得，目前最新版本为 2019 年 9 月发布的 3.24 版本。下载 libsvm-3.24.zip 文件并解压到硬盘，如 D:\libsvm-3.24 目录，该目录下有 6 个子目录、一些 C++头文件和源码文件，还有一些说明和编译规则文件。

下面依次简要说明这 6 个子目录。

java——应用 java 平台的 LibSVM 库。

matlab——MATLAB 环境的 LibSVM 库。

python——Python 环境的 LibSVM 库。包含 commonutil.py、svm.py、svmutil.py、Makefile 和 README 文件。

svm-toy—— 包含一个可视化工具的 C 和 C++源代码，可编译为 svm-toy.exe，windows 目录下已包含了编译好的 svm-toy.exe 文件。该 exe 文件能够演示如何对两个特征、最多三种类别的问题进行分类，用户可以输入数据点，调整 LibSVM 的参数，可视化分类结果。

tools——包含四个 Python 文件。subset.py 用于数据集抽样，grid.py 用于参数选择，checkdata.py 用于检查输入数据，easy.py 用于集成测试。

windows——包括一个动态链接库 dll 文件、4 个 exe 文件和 4 个 mexw64 文件。

解压以后，必须将安装目录下的 windows 子目录添加到系统路径 path 中，以便能够在任意目录都可以直接使用 libsvm.dll 和四个实用 exe 文件。如果要使用 libsvm 自带的脚本 grid.py 和 easy.py，还需要去官网(http://www.gnuplot.info/)下载绘图工具 gnuplot，然后修改 grid.py 和 easy.py 两个文件的 gnuplot 路径。

最好测试 LibSVM 库以确保其能够工作。为此，编写一小段如代码 10.4 所示的测试代码，读取 LibSVM 自带的 heart_scale 数据集，训练 SVM 模型并预测。

代码 10.4　test_libsvm.py

```
# 加载数据
y, x = svmutil.svm_read_problem(r'D:\libsvm-3.24\heart_scale')
# 训练模型
model = svmutil.svm_train(y[:200], x[:200], '-c 4')
# 预测
p_label, p_acc, p_val = svmutil.svm_predict(y[200:], x[200:], model)
```

输出结果如下，如果没有错误提示，说明 LibSVM 已经安装成功。

```
*.*
optimization finished, #iter = 257
nu = 0.351161
obj = -225.628984, rho = 0.636110
nSV = 91, nBSV = 49
Total nSV = 91
Accuracy = 84.2857% (59/70) (classification)
```

10.7.2 LibSVM 函数

LibSVM 主要有如下 4 个函数。

1. svm_read_problem()

该函数读入 LibSVM 格式的文件。用法为：

```
y, x = svm_read_problem ('filename')
```

输入参数 filename 为文件名，输出参数 *y* 为 *N* 维列表的数据集标签，*x* 为 *N* 维列表的数据特征。

LibSVM 文件内容为数据集，每行为一个样本，行以'\n'结尾，其数据格式为：

```
<label> <index1>:<value1> <index2>:<value2>….
```

其中，首先看<label>标签，对于训练集文件，如果是分类问题，<label>取值为一个指示类别标签的整数，支持多元分类；如果是回归问题，<label>取值为任意实数。对于测试集文件，<label>标签仅用于计算准确率和误差指标，如果标签未知，可以为任意数值。

<index>:<value>指定属性值，属性之间用空格分割。<index>为从 1 开始的属性序号，指明这是第几个属性，属性值<value>为实数。值得注意的是，属性序号可以不连续，如果缺失了某个序号，则认为该序号对应的属性值为 0。预计算核的<index>从 0 开始计数，按升序排列。

2. svm_train()

该函数使用训练集训练 SVM 模型并返回训练好的模型。用法有以下三种：

```
model = svm_train(y, x [, 'training_options'])
model = svm_train(prob [, 'training_options'])
model = svm_train(prob, param)
```

其中，输入参数 y 为 *N* 维训练集标签，类型为 list、tuple 或 ndarray。输入参数 x 可以是 *N* 维的 list 或 tuple 训练集特征，每一个训练实例是 list、tuple 或字典，x 也可以是 $N \times D$ 的 numpy ndarray 类型或 scipy spmatrix 类型。training_options 为训练参数字符串，与 LibSVM 命令行模式的格式一致。输入参数 prob 为 svm_problem 实例，由调用 svm_problem(y, x)或 svm_problem(y, x, isKernel=True)生成，后者为预计算核。输入参数 param 为 svm_parameter 实例，由调用 svm_parameter('training_options') 生成。输出参数 model 为 svm_model 实例，是训练好的模型，如果指定'-v'参数，则启动交叉验证，返回模型就是一个标量，分类问题则该标量为验证准确率指标，回归问题则该标量为均方误差(MSE)指标。

training_options 参数控制 SVM 的训练，有如下参数：

```
-s svm_type : 设置 SVM 的类型，默认为 0
    0 -- C-SVC   (多元分类)
    1 -- nu-SVC  (多元分类)
    2 -- one-class SVM
    3 -- epsilon-SVR (回归)
    4 -- nu-SVR  (回归)
-t kernel_type: 设置核函数类型，默认为 2
    0 -- linear (线性核): K(x^(i),x^(j)) = (x^(i))^T x^(j)
    1 -- polynomial (多项式核): K(x^(i),x^(j)) = (γ(x^(i))^T x^(j) + r)^d, γ > 0
    2 -- radial basis function (径向基函数核): K(x^(i),x^(j)) = exp(-γ||x^(i) - x^(j)||^2), γ > 0
    3 -- sigmoid (S 型函数核): K(x^(i),x^(j)) = tanh(γ(x^(i))^T x^(j) + r)
    4 -- precomputed kernel (预计算核): 核函数值位于训练集文件中
    其中，γ、r 和 d 是核参数，分别为 gamma、coef0 和 degree。
-d degree: 设置核函数的阶 d 参数，默认为 3
-g gamma: 设置核函数的 γ 参数，默认为 1/num_features
-r coef0: 设置核函数的 r 参数，默认为 0
-c cost: 设置 C-SVC、epsilon-SVR 和 nu-SVR 的参数 C，默认为 1
-n nu: 设置 nu-SVC、one-class SVM 和 nu-SVR 的参数 nu，默认为 0.5
-p epsilon: 设置 epsilon-SVR 损失函数的 epsilon 参数，默认为 0.1
-m cachesize: 设置 cache 内存大小，以 MB 为单位，默认值为 100
-e epsilon: 设置终止准则中的可容忍偏差，默认值为 0.001
-h shrinking: 是否使用启发式 shrinking，选项为 0 或 1，默认值为 1
-b probability_estimates: 是否为概率估计训练 SVC 或 SVR 模型，选项为 0 或 1，默认值为 0
-wi weight: 设置 C-SVC 的 weight*C 类别 i 的参数 C，默认值为 1
-v n: n 折交叉验证模式
-q: 安静模式，没有输出
```

3. svm_predict()

该函数使用训练好的模型对新测试数据进行预测。用法为：

```
p_labs, p_acc, p_vals = svm_predict(y, x, model [,'predicting_options'])
```

其中，输入参数 y 为测试集标签，可以是 list、tuple 或 ndarray，必须为 int 或 double 类型，用于计算预测准确率。如果测试样本的标签未知，请使用[]。输入参数 x 可以是 list 或 tuple 的测试集实例，每一个实例的特征向量必须是 list、tuple 或字典类型；x 也可以是 $N \times D$ 的 numpy ndarray 类型或 scipy spmatrix 类型。输入参数 model 为训练好的模型，是 svm_model 实例。输入参数 predicting_options 为字符串的预测参数，与 LibSVM 命令行模式的格式一致。

svm_predict 函数返回 3 个输出参数。参数 p_labs 是预测的标签 list。参数 p_acc 是一个 tuple，分类问题则包括分类准确率(accuracy 指标)，回归问题则包括均方误差(MSE)和平方相关系数(squared correlation coefficient)指标。参数 p_vals 是一个 list，包含着决策值或者(当指定'-b 1'时)概率估计。如果 k 为训练数据的类别数目，即 k 元分类，决策值的每一行包括 k*(k-1)/2 个二元 SVM 分类器的预测结果。对于分类，k=1 是一个特例，对于每一个测试样本都返回决策值[+1]，而非空 list。对于概率估计，每一行包括 k 个值，指示对应测试样本属于每个类别的概率。注意这里的类别顺序与模型结构中'model.label'域的定义一致。

4. evaluations()

该函数使用真实值 ty 和预测值 pv 来计算一些评估指标。用法为：

```
(ACC, MSE, SCC) = evaluations(ty, pv, useScipy)
```

其中，输入参数 ty 为 list、tuple 或 ndarray 类型的真实值。输入参数 pv 为 list、tuple 或 ndarray 类型的预测值。输入参数 useScipy 表示是否将 ty 和 pv 转换为 ndarray，并使用 scipy 函数来完成评估。输出参数 ACC 为准确率，MSE 为均方误差，SCC 为平方相关系数(squared correlation coefficient)指标。

10.7.3 LibSVM 实践指南

如果想使用好 LibSVM 并发挥其优势，需要参考如下经验。

1. 预处理

SVM 要求每一个样本都表示为 double 类型的向量。因此，如果有标称型属性，需要在预处理时将这些标称型属性转换为数值型属性。一般使用一位有效编码(one-hot encoding)，其方法是使用 *m* 个二进制位来对 *m* 种状态进行编码，每个状态都由一个二进制位表示，并且在任意时刻，*m* 个二进制位中只有一位为 1，其余都为 0。例如，某颜色属性只有 3 种取值——{红,绿,蓝}，我们可以分别用(0,0,1)、(0,1,0)和(1,0,0)来表示这三种颜色。实践经验表明，如果属性的取值不很多，一位有效编码比直接用一个数字表示一种状态的编码更为稳定。

在运用 SVM 算法之前，最好先进行特征缩放预处理，它会显著影响 SVM 分类模型的性能。

2. LibSVM 核函数

LibSVM 提供 5 种核函数，具体为 linear(线性核)、polynomial(多项式核)、radial basis function(径向基函数核)、sigmoid(S 型函数核)和 precomputed kernel (预计算核)。

3. LibSVM 实践

由于 SVM 类型较多，仅使用 LibSVM 的默认参数只能得到效果一般的模型，最好根据实际数据集来调整优化参数，才能得到更好的模型。要用好 LibSVM，了解一些前辈的常规做法是非常有价值的，可以让我们少走弯路。

LibSVM 官网提供一篇 *A Practical Guide to Support Vector Classification* 文章，为 SVM 参数调优指明了一条道路。文章指出，多数 SVM 初学者的实践过程是：第一，将数据转换为 SVM 库能够处理的格式。第二，随机尝试一些核函数和参数。第三，测试。由于不熟悉 SVM 的初学者忽略了一些简单但重要的步骤，因此不一定能够得到满意的结果。文章建议初学者先尝试以下步骤：第一，将数据转换为 SVM 库能够处理的格式。第二，对数据进行简单的缩放。第三，尝试 RBF 核。

exploring_libsvm.py 是专门编写的 LibSVM 实践脚本，分为 6 个步骤。第一步如代码 10.5 所示，直接打开训练集以默认参数训练模型，然后在测试集中评估性能，最终的 Accuracy 为 66.925%，效果一般。

代码 10.5　直接训练和测试

```
# 1.直接训练和测试
y, x = svmutil.svm_read_problem('../data/libsvm_guide/train.1')
yt, xt = svmutil.svm_read_problem('../data/libsvm_guide/test.1')
m = svmutil.svm_train(y, x)
svmutil.svm_predict(yt, xt, m)
```

第二步是打开 Windows 终端，进入 data\libsvm_guide 目录，依次输入如下两条命令，对数据进行缩放变换。

```
svm-scale -l -1 -u 1 -s range1 train.1 > train.1.scale
svm-scale -r range1 test.1 > test.1.scale
```

其中，参数-l 指定下限，-u 指定上限，-s 指定保存缩放参数的文件名，-r 指定恢复缩放参数的文件名。

下一步的代码片段如代码 10.6 所示，使用缩放后的数据训练和测试。运行的 Accuracy 指标为 96.15%，大大提升预测准确率。

代码 10.6　使用缩放后的数据训练和测试

```
    # 3.使用缩放后的数据训练和测试
    y, x = svmutil.svm_read_problem('../data/libsvm_guide/train.1.scale')
    yt, xt = svmutil.svm_read_problem('../data/libsvm_guide/test.1.scale')
    m = svmutil.svm_train(y, x)
    svmutil.svm_predict(yt, xt, m)
```

代码 10.7 调用 LibSVM 提供的实用函数 find_parameters 来寻找最优参数。寻找到的最优参数 c 为 2.0，g 为 4.0。

代码 10.7　寻找最优参数

```
    # 4.寻找最优参数
    rate, param = grid.find_parameters('../data/libsvm_guide/train.1.scale',
'-log2c -3,3,1 -log2g -3,3,1')
```

代码 10.8 使用寻找到的参数来训练模型，然后在测试集中评估性能，最终的 Accuracy 为 97.15%，比默认参数得到的结果 96.15%高出一个百分点。

代码 10.8　按照最优参数再次训练和测试

```
    # 5.按照最优参数再次训练和测试
    y, x = svmutil.svm_read_problem('../data/libsvm_guide/train.1.scale')
    yt, xt = svmutil.svm_read_problem('../data/libsvm_guide/test.1.scale')
    m = svmutil.svm_train(y, x, f'-c {param.get("c")} -g {param.get("g")}')
    svmutil.svm_predict(yt, xt, m)
```

为了更好地掌握网格寻优的原理，编写代码 10.9 实现寻找最优参数。最终寻找到的最优参数 c 为 2.0，g 为 4.0，测试准确率为 97.15%，与实用函数 find_parameters 得到的结果一致。

代码 10.9　自己编程实现寻找最优参数

```
# 6.自己编程实现寻找最优参数
# 寻优参数 C 和 gamma
best_acc = 0
for log2c in range(-3, 6):
   for log2g in range(-3, 6):
      options = f'-q -t 2 -c {2. ** log2c} -g {2. ** log2g}'
      model = svmutil.svm_train(y, x, options)
      _, acc, _ = svmutil.svm_predict(yt, xt, model)
      if acc[0] > best_acc:
         best_acc = acc[0]
         best_c = 2. ** log2c
         best_g = 2. ** log2g
      print(f'当前 {log2c} {log2g} {acc[0]} (最优 c={best_c}, g={best_g}, 准
确率={best_acc}%)\n')
```

习　题

10.1　试证明：$\boldsymbol{w}$ 垂直于分割超平面。

10.2　已知 $\mathcal{L}(\boldsymbol{w},b,\boldsymbol{\alpha})=\frac{1}{2}\boldsymbol{w}^{\mathrm{T}}\boldsymbol{w}+\sum_{i=1}^{N}\alpha_i\left(1-y^{(i)}\left(\boldsymbol{w}^{\mathrm{T}}\boldsymbol{z}^{(i)}\right)\right)$，试证明 $\boldsymbol{w}=\sum_{i=1}^{N}\alpha_i y^{(i)}\boldsymbol{z}^{(i)}$ 。

10.3　试证明：$\min\limits_{\boldsymbol{w}}\mathcal{L}(\boldsymbol{w},b,\boldsymbol{\alpha})=-\frac{1}{2}\sum_{i=1}^{N}\sum_{j=1}^{N}y^{(i)}y^{(j)}\alpha_i\alpha_j\left(\boldsymbol{z}^{(i)}\right)^{\mathrm{T}}\boldsymbol{z}^{(j)}+\sum_{i=1}^{N}\alpha_i$ 。

10.4　试证明矩阵 $\boldsymbol{K}$ 是半正定矩阵。

10.5　试证明：

$$\max_{\alpha_i\geqslant 0,\beta_i\geqslant 0}\left(\min_{\boldsymbol{w},b,\xi}\mathcal{L}(\boldsymbol{w},b,\xi,\boldsymbol{\alpha},\boldsymbol{\beta})\right)=\max_{\alpha_i\geqslant 0,\beta_i=C-\alpha_i}\left(\min_{\boldsymbol{w},b}\frac{1}{2}\boldsymbol{w}^{\mathrm{T}}\boldsymbol{w}+\sum_{i=1}^{N}\alpha_i\left(1-y^{(i)}\left(\boldsymbol{w}^{\mathrm{T}}\boldsymbol{z}^{(i)}+b\right)\right)\right)$$

第11章

推荐系统

推荐系统(recommender system，RS)是因特网时代的产物，已经渗透到人们的衣食住行中，应用领域相当广，例如电子商务、音频视频网站、社交网络、个性化阅读等。著名的推荐系统有亚马逊的个性化产品推荐、Netflix 的视频推荐、Pandora 的音乐推荐、Facebook 的好友推荐等。推荐系统最有影响力的是 Netflix 竞赛。Netflix 是北美最大的在线视频服务提供商，它研发了一个电影推荐系统 Cinematch，根据用户以前的评分数据预测顾客可能喜欢什么样的主题和风格，在新电影发行后为相应的用户群体进行推荐。2006 年，Netflix 宣布设立一项大赛，公开征集电影推荐系统的最佳算法，第一个能把现有推荐系统的准确率提高 10%的参赛者将获得 100 万美元的奖金。来自 186 个国家的四万多个参赛团队经过近三年的较量，最终大奖由名为 BPC 的团队获得。

本章首先介绍两种常用的协同过滤(collaborative filtering，CF)算法——基于用户(user-based)的协同过滤算法、基于物品(item-based) 的协同过滤算法，然后介绍一种基于内容(content-based)的协同过滤算法。

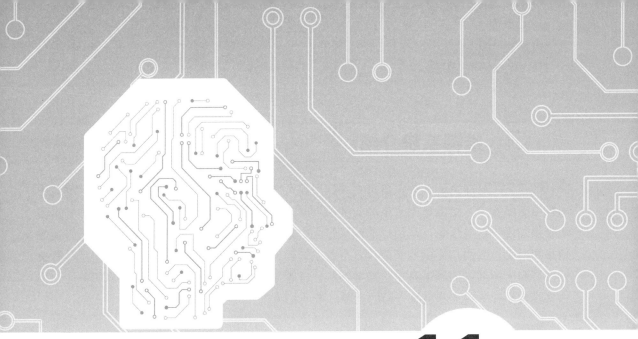

11.1 推荐系统介绍

推荐系统是能主动从大量信息中寻找用户可能感兴趣的信息的一种工具，它广泛地应用在电子商务中，给运营商带来商业利益，同时也给用户带来便利。电子商务网站利用自己收集的用户购买信息，从用户的购买行为中推断其兴趣特点，向用户推荐可能感兴趣的信息和商品，为用户提供购买建议。推荐系统已经广泛应用于很多领域，最典型且具有良好发展和应用前景的领域是电子商务领域。推荐系统持续受到学术界和商业界的关注，国内外时常举行一些推荐系统方面的竞赛，推动相关研究成果的不断涌现。

11.1.1 什么是推荐系统

推荐系统根据特定用户的信息需求、兴趣等，将用户可能感兴趣的信息、产品等推荐给用户。推荐系统研究用户的兴趣和偏好，进行个性化推算，发现用户的兴趣点，从而引导用户发现自己的需求。

协同过滤推荐技术是推荐系统中应用最早且最成功的技术之一。协同过滤的基本原理是：相同兴趣偏好的用户一般会喜欢相同的物品，特定用户会对某一个类型的物品感兴趣。它一般采用最近邻技术，挖掘用户的偏好历史信息库，计算出用户之间或物品之间的相似度，得到相似用户或相似物品，然后利用与目标用户偏好相近用户对商品的加权评价信息来预测目标用户对特定商品的喜好程度，或者根据物品之间的相似度来预测目标用户对与已经购买的物品相似的其他物品的喜好程度，最终对目标用户进行推荐。

实现协同过滤一般需要如下几个步骤：第一，收集用户偏好；第二，寻找相似的用户或物品；第三，计算推荐。

其中，收集用户偏好是从用户的行为和购买习惯中发现规律，并根据这些规律进行推荐。准确收集用户的偏好信息是决定系统推荐效果的基本因素。系统可以以显式或隐式方式来收集用户偏好信息，显式方式有评分、投票、评论、购买等，隐式方式有点击、收藏、页面停留时间等。收集用户行为数据之后，还需要对数据进行一定的预处理，例如：减噪和归一化。然后，可以得到一个用户偏好的二维矩阵，其行索引为用户列表，列索引为物品列表，值为用户对物品的偏好或评分，取值范围为 1 至 5 的整数。

下一步是根据用户偏好计算相似用户或相似物品，然后基于相似用户或者相似物品进行推荐。到底是根据相似用户还是根据相似物品进行推荐可将协同过滤划分为两种技术：

基于用户的协同过滤和基于物品的协同过滤，这两种方法都需要计算相似度，计算方法见后文。

第三步是根据已经得到的相邻用户和相邻物品信息为用户进行推荐。基于用户的协同过滤的基本思想是，根据目标用户对物品的偏好寻找最相邻的 K 个用户，然后将这些用户喜欢的物品推荐给目标用户。可将用户对所有物品的偏好作为一个向量，使用某种相似度度量来计算用户之间的相似度，然后根据相似度权重以及对物品的偏好程度，预测目标用户对未涉及物品的偏好程度，计算得到一个要推荐的物品列表。基于物品的协同过滤不是计算用户的相似度，而是计算物品的相似度，根据目标用户对物品的偏好找到相似物品，然后进行推荐。

11.1.2 数据集描述

为了方便展示算法和评估算法的性能，本章使用著名的 MovieLens 公开数据集。它由美国明尼苏达大学的 GroupLens 项目组收集，网址为 https://grouplens.org/datasets/movielens/，下载 ml-100k.zip 压缩文件，解压缩后一共有 23 个文件。

MovieLens 的 100k 数据集包含 943 位用户对 1 682 部电影的 100 000 个评分(ratings)。评分等级为 1~5，每个用户至少对 20 部电影评分。数据集还包含用户的基本信息，如年龄、性别、职业等。

该数据集由 MovieLens 网址于 1997 年 9 月 19 日至 1998 年 4 月 22 日的 7 个月期间收集，并且已经清洗过，删除了少于 20 个评分的用户或没有完整的用户基本信息的数据。下面分别介绍数据集文件。

u.data：完整的数据集文件，包含 943 位用户对 1 682 部电影的 100 000 个评分，每个用户至少对 20 部电影评分。用户和物品(items，此处指电影)都从 1 开始连续编号，数据经随机排序。文件的每行是一个用户对一个物品的评分数据，数据间用 tab 字符分割，顺序为：用户 id、物品 id、评分、时间戳，时间戳为 1/1/1970 UTC 开始经历的秒数。

u.info：包含用户数、物品数和评价总数。

u.item：关于物品(电影)的信息。由 tab 字符分割，顺序为：电影 id、电影标题、发布日期、视频发布日期、IMDb URL、未知、动作片、探险片、动画片、儿童片、喜剧片、犯罪片、纪录片、戏剧、魔幻片、黑色电影、恐怖片、音乐片、神秘剧、爱情片、科幻片、惊悚片、战争片、西部片。最后的 19 个字段是影片流派，1 表示该影片属于该流派，0 表示不属于，一部影片可以同时属于多个流派。本文件里的电影 id 字段与用在 u.data 文件中的一致。

u.genre：影片流派的列表，从 0 到 18 编号。

u.user：用户的基本信息。由 tab 字符分割，顺序为：用户 id、年龄、性别、职业、邮编。本文件里的用户 id 字段与用在 u.data 文件中的一致。

u.occupation：职业的列表，列出 21 种职业。

u1.base、u1.test、u2.base、u2.test、u3.base、u3.test、u4.base、u4.test、u5.base 和 u5.test：数据集 u1.base 和 u1.test 直至 u5.base 和 u5.test 都按照各占 80%和 20%的比例划分为训练集和测试集。这是为 5 折交叉验证准备的，u1 到 u5 的每两个测试集都不重叠。这些数据集可以用 mku.sh 脚本从 u.data 文件中生成。

ua.base、ua.test、ub.base 和 ub.test：数据集 ua.base、ua.test、ub.base 和 ub.test 将 u 数据分割成一个训练集和一个测试集，每个用户在测试集中刚好有 10 个评分。ua.test 和 ub.test 不重叠，这些数据集可以用 mku.sh 脚本从 u.data 生成。

allbut.pl：生成训练集和测试集的 perl 脚本，在训练数据中，用户的除 n(可定制的参数)以外的所有评分都在其中。

mku.sh：一个 shell 脚本，用于从 u.data 文件中生成所有的数据集文件。

11.1.3 推荐系统符号

本章使用如下符号。

- n_u：用户总数。
- n_m：物品总数。这里使用下标 m 是因为本章的物品就是电影(movie)。
- $\boldsymbol{Y}$：评分矩阵。$y^{(i,j)}$表示用户 i 对物品 j 的评分。
- $\boldsymbol{R}$：是否评分标志矩阵。$r^{(i,j)}=1$ 表示用户 i 对物品 j 评过分，$r^{(i,j)}=0$ 则表示未评过分。
- U：同时为物品 i 和物品 j 评过分的用户集合。

11.2 基于用户的协同过滤

推荐系统的简单算法是基于用户的协同过滤算法，它将某个用户和其他所有用户进行对比，找到最相似的 K 个用户，将这 K 个用户喜欢的物品推荐给该用户。

11.2.1 相似性度量

基于用户的协同过滤算法的核心是寻找相似的用户，为此需要定义相似性度量。

1. 距离度量

距离度量用于衡量两个变量在空间上的距离，值越大，说明变量间的差异越大。曼哈顿距离、欧氏距离、闵可夫斯基距离可以用于表示两个变量之间的相似度，如果两个变量完全一样，则距离为 0，差异越大，则距离越大。变量 $\boldsymbol{x}$ 和 $\boldsymbol{y}$ 的闵可夫斯基距离可以用公式表示为：

$$d(\boldsymbol{x},\boldsymbol{y})=\left(\sum_{j=1}^{D}\left|\boldsymbol{x}_j-\boldsymbol{y}_j\right|^r\right)^{1/r} \tag{11.1}$$

其中，变量后的下标表示变量的第 j 个特征。当 $r=1$ 时，为曼哈顿距离(Manhattan Distance)或城市街区距离(City Block Distance)；当 $r=2$ 时，为欧氏距离(Euclidean Distance)。r 值越大，单个维度的差值大小会更多地影响整体距离。

表 11.1 显示了三位用户对两部影片的评分。

表 11.1　三位用户对两部影片的评分

	乱世佳人	蝴蝶梦
甲	5	5
乙	5	2
丙	4	2

现在想为新来的丁先生推荐一部电影，假设他给《乱世佳人》的评分是 4 分，给《蝴蝶梦》的评分是 3 分，如果使用欧氏距离，按照公式 $d(\boldsymbol{x},\boldsymbol{y})=\sqrt{(x_1-y_1)^2+(x_2-y_2)^2}$，计算结果如表 11.2 所示。

表 11.2　三位用户与丁先生的欧氏距离

	与丁先生的欧氏距离
甲	2.236
乙	1.414
丙	1

可见，丙与丁先生的距离最近，如果在丙的观影历史中看到他曾为《灰姑娘》评过 5 分，就可以把这部电影推荐给丁先生。

实际情况与上述例子稍有不同，很多评分矩阵都是稀疏的，绝大部分用户只为少部分影片评过分。更为真实的评分例子如表 11.3 所示。这是甲、乙、丙、丁四位用户对 A~H 八部影片的评分，空白表示未评分。

表 11.3　更为真实的评分例子

	A	B	C	D	E	F	G	H
甲	3	2		4	5	1	2	2
乙	2	3	4		2	3		3
丙		4	1	4			4	1
丁	3			5	4	2	3	

在计算两个用户的距离时，只能采用他们都评价过的影片。比如，计算甲和乙的距离会用到 A、B、E、F、H 五部影片，而计算丙和丁的距离只用到 D、G 两部影片，这显然会影响计算结果，因为 5 维不同于 2 维，曼哈顿距离和欧氏距离只有在数据完整的条件下效果最佳。这里显然不容易对缺失数据进行插值或其他处理，退一步说，如果能够求出缺失数据，原问题已解，也就没必要再求距离了。另一个值得注意的问题是，表 11.3 中的空白表示未评分，但实际编码中，往往在矩阵的对应位置使用 0 表示空白。要注意的是，未评分与评分为 0 有很大区别，不能直接当作评分为 0 来处理。未评分表示评分未知，与任何其他评分的距离也未知，和评分为 0 的意义完全不同。实践中常常采用的方法是，除了表 11.3 的评分矩阵外，增加一个是否评分的标志矩阵 $\boldsymbol{R}$，如果用户 i 已经对物品 j 评过分，则 i 行 j 列的元素为 1，否则为 0。

请读者动动手，计算一下甲和乙的欧氏距离，完成后可以和 Python 脚本 test_distance.py 的运行结果对照。

除距离度量以外，还常用相似度度量。后者计算变量间的相似程度，与距离度量相反，相似度度量的值越小，说明个体间相似度越小，也就是差异越大。可以用如下公式将距离度量 d 转换为相似度度量 sim 。

$$\mathrm{sim}(\boldsymbol{x},\boldsymbol{y})=\frac{1}{1+d(\boldsymbol{x},\boldsymbol{y})} \tag{11.2}$$

2. 皮尔逊相关系数

皮尔逊相关系数用于度量两个向量(这里指两个用户)之间相关程度。它的值介于−1 和 1

之间，1 表示向量完全正相关，0 表示无关，-1 表示完全负相关。可以使用皮尔逊相关系数来寻找相似的用户，两个向量 $\boldsymbol{x}$ 和 $\boldsymbol{y}$ 之间的皮尔逊相关系数定义为这两个向量之间的协方差和标准差的商，它的计算公式为：

$$r=\frac{\sum_{i=1}^{D}\left(\boldsymbol{x}_i-\overline{\boldsymbol{x}}\right)\left(\boldsymbol{y}_i-\overline{\boldsymbol{y}}\right)}{\sqrt{\sum_{i=1}^{D}\left(\boldsymbol{x}_i-\overline{\boldsymbol{x}}\right)^2}\sqrt{\sum_{i=1}^{D}\left(\boldsymbol{y}_i-\overline{\boldsymbol{y}}\right)^2}} \tag{11.3}$$

3. 余弦相似度

余弦相似度就是两个向量之间夹角的余弦值。余弦相似度使用向量空间中两个向量夹角的余弦值来衡量两个向量之间的差异。不同于距离度量，余弦相似度更加注重两个向量在方向上的差异，而不是距离或长度上的差异。余弦相似度的计算公式为：

$$\cos\left(\boldsymbol{x},\boldsymbol{y}\right)=\frac{\boldsymbol{x}\cdot\boldsymbol{y}}{\left\|\boldsymbol{x}\right\|\times\left\|\boldsymbol{y}\right\|} \tag{11.4}$$

其中，$\cdot$ 表示点积，$\left\|\boldsymbol{x}\right\|$ 表示向量 $\boldsymbol{x}$ 的 L_2 范数，即 $\left\|\boldsymbol{x}\right\|=\sqrt{\sum_{i=1}^{D}\boldsymbol{x}_i^2}$。

11.2.2 算法描述

我们已经知道，基于用户的协同过滤推荐算法就是根据目标用户以前的偏好来选择与他兴趣相近的用户，根据这些用户对物品的偏好来为目标用户推荐物品。

基于用户的协同过滤算法如算法 11.1 所示。

算法 11.1 基于用户的协同过滤算法

```
函数：userBasedCF(S, uid, K)
输入：用户评分数据集 S，目标用户 uid，最近邻数量 K
输出：推荐的物品列表

根据 S 构建评分矩阵 Y 和是否评分标志矩阵 R
for i=1 to n_u do
    计算用户 i 与目标用户的距离
end for
对距离排序并选取前 K 个用户
计算 K 个用户最喜好的物品并进行推荐
```

当选取了最相似的前 K 个用户(集合 V)之后，就可以预测目标用户对某物品的评分。方法是聚合(aggregation)相似用户的评分，用户 u 对物品 i 的预测评分可以按下式进行计算。

$$y^{(u,i)} = \underset{v \in V \ \text{and} \ v:r^{(v,i)}=1}{\text{aggr}} y^{(v,i)} \tag{11.5}$$

其中，$v \in V$ and $v:r^{(v,i)}=1$表示只计算那些属于集合V并且已经对物品i评分的用户v。聚合运算aggr可以有如下几种方式：

$$y^{(u,i)} = \frac{1}{K} \sum_{v \in V \ \text{and} \ v:r^{(v,i)}=1} y^{(v,i)}$$

$$y^{(u,i)} = \frac{1}{\sum_{v \in V \ \text{and} \ v:r^{(v,i)}=1} |\text{sim}(u,v)|} \sum_{v \in V \ \text{and} \ v:r^{(v,i)}=1} \text{sim}(u,v) y^{(v,i)}$$

$$y^{(u,i)} = \bar{y}_u + \frac{1}{\sum_{v \in V \ \text{and} \ v:r^{(v,i)}=1} |\text{sim}(u,v)|} \sum_{v \in V \ \text{and} \ v:r^{(v,i)}=1} \text{sim}(u,v)\left(y^{(v,i)} - \bar{y}_v\right)$$

其中，$\text{sim}(u,v)$表示用户u和v的相似度，$\bar{y}_u$表示用户u对全部物品的平均评分。

基于用户的协同过滤和下节将讲述的基于物品的协同过滤都是基于内存(memory-based)的推荐算法，这是因为我们需要将所有的评价数据都放在内存中来进行推荐。它的优点是效率高且算法简单、容易理解和实现。但是，基于用户的协同过滤算法有两个明显的缺点：第一，数据稀疏性较大。大型电子商务推荐系统一般物品都非常多，物品的数量要远大于用户的数量，用户可能只购买了不到1%的物品，用户之间共同购买的物品较少，导致算法难以找到偏好相似的用户。第二，算法扩展性不佳。随着用户和物品数量的增加，最近邻算法的计算量也增加，该算法在只有几千个用户的条件下可以工作得很好，但达到百万级用户时就会出现瓶颈。

11.2.3 算法实现

scipy.spatial.distance 模块已经提供 pdist、cdist、squareform 和 directed_hausdorff 等函数计算距离，numpy 模块提供 corrcoef 函数计算皮尔森相关系数。但是，这些函数都没有考虑缺失数据，为此，专门编制 distance2 函数(在 distance.py 程序中)，在计算距离的时候跳过缺失数据，Python 脚本 test_distance.py 测试了前文的数据示例。

Python 脚本 userbased_cf_demo.py 实现了基于用户的协同过滤算法。程序读取 MovieLens 数据集，使用 u1.base 文件作为训练集，为 u1.test 文件里的第一个用户进行推荐。首先，程序构建评分矩阵。然后，计算与目标用户相似的前 K 个用户。最后，计算推荐。程序运行结果如下：

```
前 5 个相似用户 id：
800
245
571
575
845

推荐的电影：

Donnie Brasco (1997)
Dark City (1998)
What's Eating Gilbert Grape (199
Dances with Wolves (1990)
Quest, The (1996)
```

11.3 基于物品的协同过滤

著名商业网站亚马逊记录用户的点击操作或实际购买记录，使用“Customers who viewed this also viewed(看过还看过)”和“Customers who viewed this item also bought(看过且买过)”的推荐。这种推荐方式就是基于物品的协同过滤。

基于用户的协同过滤是通过计算用户之间的距离或者相似度来找出偏好最相似的用户，并将他们喜欢的物品推荐给目标用户。而基于物品的协同过滤是找出最相似的物品，然后再结合用户的历史偏好来进行推荐。

还是使用表 11.1 中的数据，要计算《乱世佳人》和《蝴蝶梦》两部电影之间的相似度，只能使用对这两部影片都有过评价的用户数据。在基于用户的协同过滤算法中，要计算的是行与行之间的相似度；而在基于物品的协同过滤算法中，要计算的变为列与列之间的相似度了。

11.3.1 调整余弦相似度和预测

通常使用调整余弦相似度(adjusted cosine similarity)来计算两个物品之间的相似性，从用户评分中减去该用户的评分均值，以消除不同用户的评分差异。物品 i 与物品 j 的调整余弦相似度按照下式计算：

$$\operatorname{sim}(i,j)=\frac{\sum_{u\in U}\left(y^{(u,i)}-\overline{y}_u\right)\left(y^{(u,j)}-\overline{y}_u\right)}{\sqrt{\sum_{u\in U}\left(y^{(u,i)}-\overline{y}_u\right)^2}\sqrt{\sum_{u\in U}\left(y^{(u,j)}-\overline{y}_u\right)^2}} \tag{11.6}$$

其中，U 为同时为物品 i 与物品 j 评分的用户集合。$\left(y^{(u,i)}-\overline{y}_u\right)$ 表示用户对物品 i 的评分减去用户 u 对全部物品的评分均值，得到调整后的评分，$\text{sim}(i,j)$ 表示物品 i 和 j 的相似度。可以看出，调整余弦相似度就是用 $\left(y^{(u,i)}-\overline{y}_u\right)$ 来替换余弦相似度里面的 $\left(y^{(u,i)}\right)$。

例如，5 位用户对 4 部电影的评分如表 11.4 所示。

表 11.4　评分示例

	A	B	C	D
甲		4	5	4
乙		2	3	3
丙	4	3		2
丁	3	4	4	2
戊	5	4	5	

要计算物品 A 和物品 B 的调整余弦相似度，需要分为两个步骤。第一步是计算每个用户的评分均值 $\overline{y}_u$，$u=1,2,\cdots,5$；第二步是按照公式(11.6)计算 $\text{sim}(\text{A},\text{B})$。请读者自行完成，计算结果如表 11.5 所示，可运行脚本 adjusted_cosine_demo.py 得到结果。

表 11.5　计算的调整余弦相似度

	A	B	C	D
A		−0.3769	−0.2234	−0.4167
B	−0.3769		−0.0752	−0.5943
C	−0.2234	−0.0752		−0.7423
D	−0.4167	−0.5943	−0.7423	

已经得到表 11.5 的相似度矩阵之后，就可以用于预测表 11.4 的空缺评分值，如甲对物品 A 的评分。计算公式如下：

$$y^{(u,i)}=\frac{1}{\sum\limits_{v:r^{(v,i)}=1}\left|\text{sim}(u,v)\right|}\sum_{v:r^{(v,i)}=1}\text{sim}(u,v)\,y^{(v,i)} \tag{11.7}$$

其中，$y^{(u,i)}$ 表示用户 u 对物品 i 的评分，$\text{sim}(u,v)$ 表示用户 u 和 v 的相似度，$v:r^{(v,i)}=1$ 表示只计算那些已经对物品 i 评分的所有用户 v。脚本 adjusted_cosine_demo.py 按照上述公式预测用户甲对物品 A 的评分为−4.219657，显然有些不合常理。

为了让预测公式(11.7)工作得更好，需要将 $y^{(u,i)}$ 规范化，即从 1~5 范围缩放至−1~1 范围。

规范化公式如下：

$$ny^{(u,i)} = \frac{2\left(y^{(u,i)} - \min_y\right) - \left(\max_y - \min_y\right)}{\max_y - \min_y} \tag{11.8}$$

其中，$ny^{(u,i)}$为规范化后的评分，$\max_y$为原最大评分(这里为 5)，$\min_y$为原最小评分(这里为 1)。

例如，对表 11.4 的评分进行规范化后，得到如表 11.6 所示的评分。

表 11.6　规范化后的评分

	A	B	C	D
甲		0.5000	1.0000	0.5000
乙		−0.5000	0	0
丙	0.5000	0		−0.5000
丁	0	0.5000	0.5000	−0.5000
戊	1.0000	0.5000	1.0000	

规范化的逆运算将−1~1 范围还原至 1~5 范围，公式如下：

$$y^{(u,i)} = \frac{1}{2}\left(ny^{(u,i)} + 1\right)\left(\max_y - \min_y\right) + \min_y \tag{11.9}$$

如果使用规范化的评分，需要将式(11.7)的$y^{(u,i)}$和$y^{(v,i)}$分别替换为$ny^{(u,i)}$和$ny^{(v,i)}$，计算得到$ny^{(u,i)}$之后，再使用式(11.9)进行规范化的逆运算，求出预测评分。

例如，将规范化后的评分套用公式(11.7)预测用户甲对物品 A 的评分为−0.609829，再按照公式(11.9)还原后，评分为 1.780343。

计算细节请参见 Python 脚本 adjusted_cosine_demo.py。

总之，调整余弦相似度算法的优势是扩展性好，对于数据量大的应用而言，运算速度快、占用内存少。另外，调整余弦相似度计算时将用户对物品的评分减去该用户所有评分的均值，从而解决每个用户评价标准不一致的问题。

11.3.2 Slope One 算法描述与实现

Slope One 是一种较流行的基于物品的协同过滤算法，其最大优势是简单、易于实现。Slope One 算法由 Daniel Lemire 和 Anna Machlachlan 于 2005 年在论文“Slope One Predictors for Online Rating-Based Collaborative Filtering”中提出。

1. 算法描述

Slope One 的基本思想如图 11.1 所示。其中，用户甲已经对两个物品(I 和 J)评分，物品 J 的评分比物品 I 高 0.5 分；用户乙只对一个物品 I 评分，这个共同物品的评分信息将用于预测用户乙对物品 J 的评分，预测用户乙也会对物品 J 评分比物品 I 高 0.5 分。

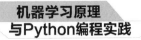

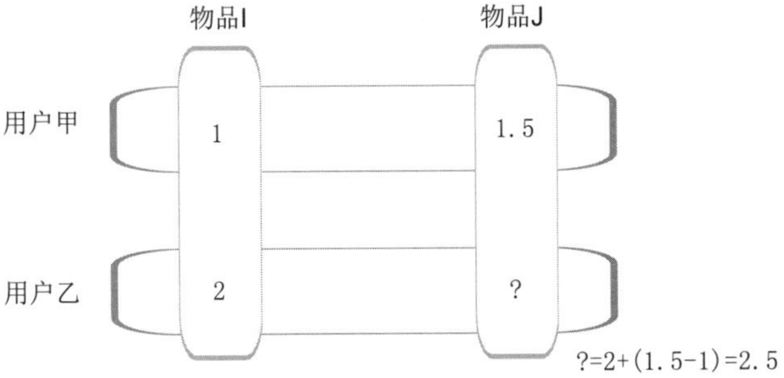

图 11.1　Slope One 基本思想

可以将 Slope One 分为两个步骤：首先需要计算出物品两两之间的差值。上例中，该步骤就是计算出物品 J 比物品 I 高 0.5 分。第二步进行预测。例如，用户丙从未买过物品 J，想要预测他是否喜欢物品 J，可以利用他评价过的物品以及已经计算好的物品之间的评分差值，就可以进行预测。

第一步是计算差值。物品 I 与物品 J 的平均差值由下式计算：

$$\text{dev}^{(i,j)} = \sum_{u \in U} \frac{y^{(u,i)} - y^{(u,j)}}{\text{card}(U)} \tag{11.10}$$

其中，U 为同时为物品 I 与物品 J 评分的用户集合，$\text{card}(U)$ 表示同时评价过物品 I 与物品 J 的用户数。

例如，对于表 11.7 所示的评分矩阵，可以按照公式(11.10)计算物品 A 和物品 B 的差值 $\text{dev}^{(A,B)}$。

表 11.7　评分矩阵

	A	B	C
甲	4	3	5
乙	5	2	?
丙	?	3	4
丁	5	?	3

由于只有甲和乙对物品 A 和物品 B 评过分，因此$\mathrm{card}(U)$为 2，将数据代入后，得：

$$\mathrm{dev}^{(A,B)}=\sum_{u\in U}\frac{y^{(u,A)}-y^{(u,B)}}{\mathrm{card}(U)}=\frac{(4-3)+(5-2)}{2}=2$$

同样，可计算$\mathrm{dev}^{(B,A)}=-\mathrm{dev}^{(A,B)}=-2$。

这种计算差值的方式有什么优势？设想我们的电影网站有 50 万个用户对 10 万部影片评分。如果某个新用户评价了 10 部影片，是否还需要计算 10 万×10 万的差值数据？

答案是否定的，我们不需要重新计算整个数据集，这样可以节省很大的计算量。对于任意两个物品，只需要保存同时评分的用户数就可以了。例如，假设现在$\mathrm{dev}^{(A,B)}=2$，并且同时对物品 A 和物品 B 评过分的用户有 10 位，当某个新用户对物品 A 和物品 B 的评分分别为 4 和 1 时，更新的差值按下式计算：

$$\mathrm{dev}^{(A,B)}=\left((10\times 2)+(4-1)\right)\div(10+1)\approx 2.09$$

当计算完成物品之间的差值之后，就可以用来预测。这里使用加权的 Slope One(Weighted Slope One，简称为 WS1)算法进行预测，用P^{WS1}来表示，公式为：

$$P^{\mathrm{WS1}}(u,j)=\frac{\sum_{i\in S(u)-\{j\}}\left(\mathrm{dev}^{(j,i)}+y^{(u,i)}\right)cji}{\sum_{i\in S(u)-\{j\}}cji} \tag{11.11}$$

其中，$P^{\mathrm{WS1}}(u,j)$为预测的用户u对物品 J 的评分；$S(u)$表示用户u评过分的物品的集合，$i\in S(u)-\{j\}$表示在物品集合中不计物品 J；$cji=\mathrm{card}(U)$，表示同时评价过物品 I 与物品 J 的用户数。

例如，要计算表 11.7 中用户乙(索引为 2)对物品 C(索引为 3)的评分，先计算差值矩阵，结果见习题，然后按照公式(11.11)计算：

$$\begin{aligned}P^{\mathrm{WS1}}(2,3)&=\frac{\sum_{i\in S(2)-\{3\}}\left(\mathrm{dev}^{(3,i)}+y^{(2,i)}\right)c3i}{\sum_{i\in S(2)-\{3\}}c3i}\\&=\frac{\left(\mathrm{dev}^{(3,1)}+y^{(2,1)}\right)c31+\left(\mathrm{dev}^{(3,2)}+y^{(2,2)}\right)c32}{c31+c32}\\&=\frac{(-0.5+5)\times 2+(1.5+2)\times 2}{2+2}\\&=4\end{aligned}$$

读者可仿照上述方法，计算表 11.7 中的未知评分，结果请参照习题。

2. 算法实现

Python 脚本 itembased_cf_demo.py 实现了加权的 Slope One 算法。数据集可用表 11.7 的简单数据集，也可使用 MovieLens 100k 数据集。

计算差值矩阵的代码如代码 11.1 所示。要注意的是，部分物品对没有任何用户同时评过分，这时无法计算差值，程序将差值置为 np.nan(not a number，不是一个数字)。

代码 11.1 计算差值源代码

```
# 计算差值
dev = np.zeros((items, items))
for i in range(items - 1):
    for j in range(i + 1, items):
        r = r_base[:, i] & r_base[:, j]     # 都评分的标志

        if np.sum(r) == 0:
            # 没有任何用户同时评分
            dev[i, j] = np.nan
            dev[j, i] = np.nan
        else:
            dev[i, j] = np.sum(y_base[:, i] * r - y_base[:, j] * r) / np.sum(r)
            dev[j, i] = - dev[i, j]
```

使用加权的 Slope One 算法进行预测是比较难的部分，代码如代码 11.2 所示。程序除了实现加权 Slope One 算法，还要处理一些可能产生错误的情形，第一，需要跳过没有任何用户同时评分的物品对；第二，需要检查预测的评分范围，要在上下界之间，这里是 1~5；第三，如果因没有任何用户同时评分而导致无法计算预测评分时，本程序使用该用户的平均评分作为预测值。

代码 11.2 加权 Slope One 算法源代码

```
# 使用加权的 Slope One 算法进行预测
pws1 = np.zeros((users, items))
# 遍历所有用户
for u in range(users):
    for j in iter(np.array(np.where(r_test[u, :] == 1))[0]):
        numerator = 0       # 分子
        denominator = 0     # 分母

        for i in iter(np.array(np.where(r_base[u, :] == 1))[0]):
            # 实现 i∈S(u)-{j}
            if i == j:
                continue
```

```
        cji = np.sum(r_base[:, j] & r_base[:, i])
        # 跳过没有任何用户同时评分的物品对
        if cji != 0:
            numerator += (dev[j, i] + y_base[u, i]) * cji
            denominator += cji

    if denominator != 0:
        pws1[u, j] = numerator / denominator
        # 检查预测评分范围，要在上下界之间
        if pws1[u, j] > max_y:
            pws1[u, j] = max_y
        if pws1[u, j] < min_y:
            pws1[u, j] = min_y
    else:
        pws1[u, j] = np.sum(y_base[u, :]) / np.sum(r_base[u, :])    # 用
该用户的平均评分作为预测值
        print('无法计算推荐 pws1[%d, %d]\n' % (u, j))
```

使用 MovieLens 100k 数据集，测试集的均方根误差 RMSE 为 0.950627。

11.4 基于内容的协同过滤算法与实现

本节介绍一个基于内容的协同过滤算法。这种算法一般包含三个步骤，第一步，抽取了每个物品的一些特征(即内容)来表示物品，比如，电影可简单分为情感和动作特征；第二步，利用用户过去偏好物品的特征历史数据，来学习用户的偏好参数；第三步，通过物品特征和用户偏好参数，为用户推荐相关性最大的物品。

11.4.1 算法描述

本算法利用线性模型的最优化方法，相比前面的基于用户和基于物品的推荐算法，显得更有机器学习的味道。

1. 假设

在基于内容的推荐系统中，假设我们已经知道所推荐物品具有一些有关物品特性的数据，我们把这些数据称为特征。

例如，假设每部影片都有两个特征，x_1 表示影片涉及情感方面的程度，x_2 表示影片涉及动作的程度，这两个特征构成影片的特征向量 $\boldsymbol{x}$，影片 j 的特征向量就是 $\boldsymbol{x}^{(j)}$。注意这里的特征不同于 MovieLens 数据集中的影片流派，特征取值范围为任意实数，影片流派的取

值只能是 0 或者 1。

我们再假设每个用户都有一个与影片特征数目一致的参数向量 $\boldsymbol{w}$ ，其中， w_1 表示用户喜欢情感类影片的程度， w_2 表示用户喜欢动作类影片的程度。这样，用户 i 的参数向量为 $\boldsymbol{w}^{(i)}$ ，他对影片 j 的评分 $y^{(i,j)}$ 可以使用 $\left(\boldsymbol{w}^{(i)}\right)^{\mathrm{T}}\boldsymbol{x}^{(j)}$ 来拟合。

使用表 11.8 的评分矩阵来进行说明。每部影片都有一个特征向量，每个用户也有一个参数向量。

表 11.8　用线性模型来拟合评分

	影片 A　$\boldsymbol{x}^{(1)}$	影片 B　$\boldsymbol{x}^{(2)}$	影片 C　$\boldsymbol{x}^{(3)}$
用户甲　$\boldsymbol{w}^{(1)}$	$4\leftarrow\left(\boldsymbol{w}^{(1)}\right)^{\mathrm{T}}\boldsymbol{x}^{(1)}$	$3\leftarrow\left(\boldsymbol{w}^{(1)}\right)^{\mathrm{T}}\boldsymbol{x}^{(2)}$	$5\leftarrow\left(\boldsymbol{w}^{(1)}\right)^{\mathrm{T}}\boldsymbol{x}^{(3)}$
用户乙　$\boldsymbol{w}^{(2)}$	$5\leftarrow\left(\boldsymbol{w}^{(2)}\right)^{\mathrm{T}}\boldsymbol{x}^{(1)}$	$2\leftarrow\left(\boldsymbol{w}^{(2)}\right)^{\mathrm{T}}\boldsymbol{x}^{(2)}$	?
用户丙　$\boldsymbol{w}^{(3)}$	?	$3\leftarrow\left(\boldsymbol{w}^{(3)}\right)^{\mathrm{T}}\boldsymbol{x}^{(2)}$	$4\leftarrow\left(\boldsymbol{w}^{(3)}\right)^{\mathrm{T}}\boldsymbol{x}^{(3)}$
用户丁　$\boldsymbol{w}^{(4)}$	$5\leftarrow\left(\boldsymbol{w}^{(4)}\right)^{\mathrm{T}}\boldsymbol{x}^{(1)}$	?	$3\leftarrow\left(\boldsymbol{w}^{(4)}\right)^{\mathrm{T}}\boldsymbol{x}^{(3)}$

假如我们已知影片 j 的特征向量 $\boldsymbol{x}^{(j)}$ ，并且采用线性模型，可以用 $\left(\boldsymbol{w}^{(i)}\right)^{\mathrm{T}}\boldsymbol{x}^{(j)}$ 来拟合用户 i 对影片 j 的评分 $y^{(i,j)}$ ，求出最优的参数向量 $\boldsymbol{w}^{(i)},i=1,\cdots,n_m$ ，并预测用户 i 对影片 j 的评分为 $\left(\boldsymbol{w}^{(i)}\right)^{\mathrm{T}}\boldsymbol{x}^{(j)}$ 。

按照线性回归的方式，还是采用平方误差，可以写出用户 i 拟合线性模型的代价函数：

$$J\left(\boldsymbol{w}^{(i)}\right)=\frac{1}{2}\sum_{j:r(i,j)=1}\left(\left(\boldsymbol{w}^{(i)}\right)^{\mathrm{T}}\boldsymbol{x}^{(j)}-y^{(i,j)}\right)^2+\frac{\lambda}{2}\sum_{k=1}^{D}\left(w_k^{(i)}\right)^2 \tag{11.12}$$

其中， D 为影片的特征数； $j:r(i,j)=1$ 表示只计算那些用户 i 已经评分的影片。式(11.12)第一项为误差项，第二项为正则化项，λ 为正则化参数。注意到这里并没有对截距项 $w_0^{(j)}$ 进行惩罚，事实上，在本算法中，根本没用到截距项。

式(11.12)仅仅是一个用户的代价函数，为了求得所有用户的代价，需要对所有用户的代价进行累加，即：

$$\begin{aligned}&J\left(\boldsymbol{w}^{(1)},\cdots,\boldsymbol{w}^{(n_u)}\right)\\&=\frac{1}{2}\sum_{i=1}^{n_u}\sum_{j:r(i,j)=1}\left(\left(\boldsymbol{w}^{(i)}\right)^{\mathrm{T}}\boldsymbol{x}^{(j)}-y^{(i,j)}\right)^2+\frac{\lambda}{2}\sum_{i=1}^{n_u}\sum_{k=1}^{D}\left(w_k^{(i)}\right)^2\end{aligned} \tag{11.13}$$

可以使用梯度下降法来求解最优参数，计算代价函数 $J\left(\boldsymbol{w}^{(1)},\cdots,\boldsymbol{w}^{(n_u)}\right)$ 的偏导数后，可得更新公式：

$$w_k^{(i)}=w_k^{(i)}-\alpha\left(\sum_{j:r(i,j)=1}\left(\left(\boldsymbol{w}^{(i)}\right)^{\mathrm{T}}\boldsymbol{x}^{(j)}-y^{(i,j)}\right)x_k^{(j)}+\lambda w_k^{(i)}\right) \tag{11.14}$$

其中，α 为学习率。

2. 协同过滤

前面的推荐系统依赖一个假设，就是已经知道每一部影片对应的特征向量，利用这些特征向量就可以学习出每一个用户的参数向量。反之，如果已知用户的参数向量，同样也可以学习出每部影片的特征向量。使用类似的方法，可以得到如下的代价函数：

$$\begin{aligned}&J\left(\boldsymbol{x}^{(1)},\cdots,\boldsymbol{x}^{(n_m)}\right)\\&=\frac{1}{2}\sum_{j=1}^{n_m}\sum_{i:r(i,j)=1}\left(\left(\boldsymbol{w}^{(j)}\right)^{\mathrm{T}}\boldsymbol{x}^{(i)}-y^{(i,j)}\right)^2+\frac{\lambda}{2}\sum_{j=1}^{n_m}\sum_{k=1}^{D}\left(x_k^{(j)}\right)^2\end{aligned} \tag{11.15}$$

同样也可以使用梯度下降等优化方法来求解。

但是，很多时候我们既不能直接得到用户的参数，也不能直接得到影片的特征，只能采用协同过滤算法同时学习这两种参数，也就是，将优化目标修改为同时对特征向量 $\boldsymbol{x}$ 和参数向量 $\boldsymbol{w}$ 进行优化，有：

$$\begin{aligned}&J\left(\boldsymbol{x}^{(1)},\cdots,\boldsymbol{x}^{(n_m)},\ \boldsymbol{w}^{(1)},\cdots,\boldsymbol{w}^{(n_u)}\right)\\&=\frac{1}{2}\sum_{(i,j):r(i,j)=1}\left(\left(\boldsymbol{w}^{(j)}\right)^{\mathrm{T}}\boldsymbol{x}^{(i)}-y^{(i,j)}\right)^2+\frac{\lambda}{2}\sum_{i=1}^{n_u}\sum_{k=1}^{D}\left(w_k^{(i)}\right)^2+\frac{\lambda}{2}\sum_{j=1}^{n_m}\sum_{k=1}^{D}\left(x_k^{(j)}\right)^2\end{aligned} \tag{11.16}$$

式(11.16)中，两个正则化系数都设为同一个值 λ，这样简单些。如果需要的话，也可设为不同值。

对代价函数求偏导数，可以得到如下的更新公式：

$$\begin{aligned}w_k^{(i)}&=w_k^{(i)}-\alpha\left(\sum_{j:r(i,j)=1}\left(\left(\boldsymbol{w}^{(i)}\right)^{\mathrm{T}}\boldsymbol{x}^{(j)}-y^{(i,j)}\right)x_k^{(j)}+\lambda w_k^{(i)}\right)\\w_k^{(j)}&=w_k^{(j)}-\alpha\left(\sum_{i:r(i,j)=1}\left(\left(\boldsymbol{w}^{(i)}\right)^{\mathrm{T}}\boldsymbol{x}^{(j)}-y^{(i,j)}\right)w_k^{(i)}+\lambda w_k^{(j)}\right)\end{aligned} \tag{11.17}$$

协同过滤算法的步骤为：

第一步，随机初始化 $\boldsymbol{x}^{(1)},\cdots,\boldsymbol{x}^{(n_m)}$，$\boldsymbol{w}^{(1)},\cdots,\boldsymbol{w}^{(n_u)}$ 参数；

第二步，使用梯度下降等优化方法来最小化代价函数，求得最优参数；

第三步，使用上一步求得的最优参数进行预测。

11.4.2 算法实现

Python 脚本 features_cf_demo.py 实现了基于内容的协同过滤算法。同样使用 MovieLens 100k 数据集，测试集的均方根误差 RMSE 为 0.644181，好于 Slope One 算法的 0.950627。

在实现中，需要对评分矩阵 Y 进行均值规范化处理，将一部影片的评分减去所有用户对该影片评分的均值。然后对规范化后的评分矩阵来训练线性模型，从而得到最优的 $\boldsymbol{x}^{(1)},\cdots,\boldsymbol{x}^{(n_m)}$，$\boldsymbol{w}^{(1)},\cdots,\boldsymbol{w}^{(n_u)}$ 参数。在预测评分时，需要将该影片的评分均值加回去。

本算法的核心是代价函数，源代码如代码 11.3 所示。

代码 11.3 代价函数源代码

```
def cost_func(params, y, r, nu, nm, nf, my_lambda):
    """
    协同过滤代价函数
    输入
        params：包含 x 和 w 部分
        y：评分矩阵，用户数 x 影片数，取值为 1-5
        r：是否已经评分的矩阵，用户数 x 影片数，如果 j 用户对 i 影片评分，则 R(i, j) = 1
        nu：用户数
        nm：影片数
        nf：特征数
        my_lambda：正则化因子
    输出
        j：代价
        grad：梯度
    """
    # 从 params 参数中抽取 x 和 w
    # x 为影片特征，nm x nf
    x = params[: nm * nf].reshape(nm, nf)
    # w 为用户特征，nu x nf
    w = params[nm * nf:].reshape(nu, nf)

    # 计算协同过滤梯度
    # x_grad 为对 x 求偏导数而得，nm x nf
    x_grad = np.dot(((np.dot(w, x.T) - y) * r).T, w) + my_lambda * x
    # w_grad 为对 w 求偏导数而得，用户数 x 特征数
    w_grad = np.dot(((np.dot(w, x.T) - y) * r), x) + my_lambda * w

    # 计算正则化代价函数
    j = 0.5 * np.sum(np.square(r * (np.dot(w, x.T) - y)))
    reg_j = (my_lambda / 2) * (np.sum(np.square(w)) + np.sum(np.square(x)))
    j += reg_j
```

```
    grad = np.concatenate([x_grad.ravel(), w_grad.ravel()])

    return j, grad
```

由于需要同时优化 $\boldsymbol{x}^{(1)},\cdots,\boldsymbol{x}^{(n_m)}$，$\boldsymbol{w}^{(1)},\cdots,\boldsymbol{w}^{(n_u)}$ 参数，需要调用 reshape 函数将传递进来的 params 参数分解为 $\boldsymbol{x}$ 和 $\boldsymbol{w}$ 两个矩阵。在传回 grad 参数时，又需要用 np.concatenate([x_grad.ravel(), w_grad.ravel()])语句将两个梯度合二为一，变成一个列向量。

习　题

11.1　用 0 来表示评分缺失的方法是有问题的，如果评分范围包括 0 值，就会造成二义性，无法知道 0 究竟是代表未评分还是评分为 0。怎样做才能解决这个问题？

11.2　按照表 11.7 的评分矩阵，计算差值矩阵并填入下表中。

注：表中已经填入了两个数据。

	A	B	C
A	0	2	?
B	−2	0	?
C	?	?	0

11.3　按照表 11.7 的评分矩阵，计算如下表的评分。

注：表中已经填入了一个正文计算出来的数据。

	A	B	C
甲			
乙			4.00
丙	?		
丁		?	

11.4　假如你的网上书店使用协同过滤算法，用户的评分范围为 1~5，算法已经为用户 i 学习了参数向量 $\boldsymbol{w}^{(i)}$，并且为书 j 学习了特征向量 $\boldsymbol{x}^{(j)}$。你需要为推荐系统计算训练误差，即系统预测评分与用户实际评分的均方误差，你会采用如下的哪几个公式来计算？(多选)

注：假设 N 为用户实际的评分总数，即 $N=\sum_{i=1}^{n_u}\sum_{j=1}^{n_m} r^{(i,j)}$。

A. $\frac{1}{N}\sum_{(i,j):r(i,j)=1}\left(\left(\boldsymbol{w}^{(i)}\right)^{\mathrm{T}}\boldsymbol{x}^{(j)}-r^{(i,j)}\right)^2$

B. $\frac{1}{N}\sum_{j=1}^{n_m}\sum_{i:r(i,j)=1}\left(\sum_{k=1}^{D}\left(\boldsymbol{w}^{(i)}\right)_k\boldsymbol{x}_k^{(j)}-y^{(i,j)}\right)^2$

C. $\frac{1}{N}\sum_{i=1}^{n_u}\sum_{j:r(i,j)=1}\left(\sum_{k=1}^{D}\left(\boldsymbol{w}^{(i)}\right)_k\boldsymbol{x}_k^{(j)}-y^{(i,j)}\right)^2$

D. $\frac{1}{N}\sum_{i=1}^{n_u}\sum_{j:r(i,j)=1}\left(\left(\boldsymbol{w}^{(i)}\right)_j\boldsymbol{x}_i^{(j)}-y^{(i,j)}\right)^2$

11.5　如果推荐系统的评分数据库中，用户仅对很少一部分产品评过分，即绝大部分的 $r^{(i,j)}$ 的值为 0，我们应用协同过滤算法构建的推荐系统就不够准确。这种观点正确吗？

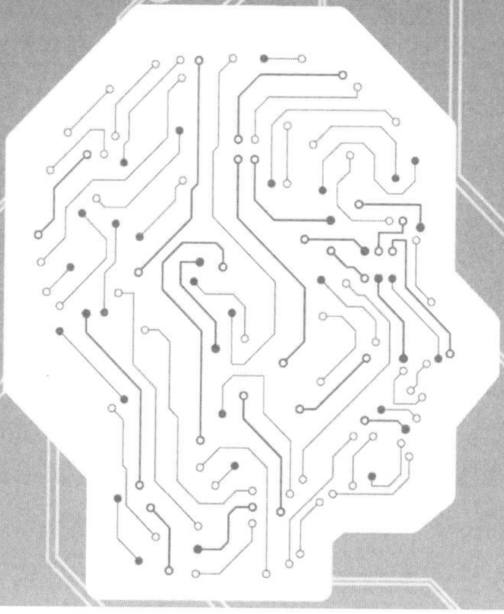

第12章 主成分分析

主成分分析(principal component analysis，PCA)是一种被广泛运用的多变量分析方法，它研究如何通过少数几个主成分来揭示多个变量间的内部结构，即从原始变量中导出少数几个主成分，使它们尽可能多地保留原始变量的信息，且彼此间互不相关。PCA的应用领域包括降维、数据压缩、数据可视化。

本章首先介绍主成分分析的基本原理，然后介绍PCA算法的实现，最后用实例展示如何使用PCA进行降维以及从压缩表示中重建。

12.1 主成分分析介绍

主成分分析于 1901 年由 Karl Pearson(皮尔森相关系数的创立者)创立，并在 1933 年由 Harold Hotelling 独立发展并命名。一般将 PCA 定义为数据在低维线性空间上的正交投影，该线性空间称为主子空间(principal subspace)，使得投影数据尽可能分开，即最大化方差。具体就是，主成分分析寻找一个低维主子空间，使数据 $\boldsymbol{x}$ 在该子空间的正交投影能够使投影点 z 的方差最大化。如图 12.1 所示，其中，A 图表示二维数据集 $\left\{\boldsymbol{x}^{(i)}\right\}$，$i=1,2,\cdots,N$ 的散点图，散点图中有一长一短、相互垂直的两个箭头，表示数据的两个本征向量(eigenvectors)①。长箭头表示最大本征值对应的本征向量，对应方差最大化的方向。B 图表示方差最大化的投影数据。图 12.1 由 Python 脚本 pca_demo1.py 绘制。

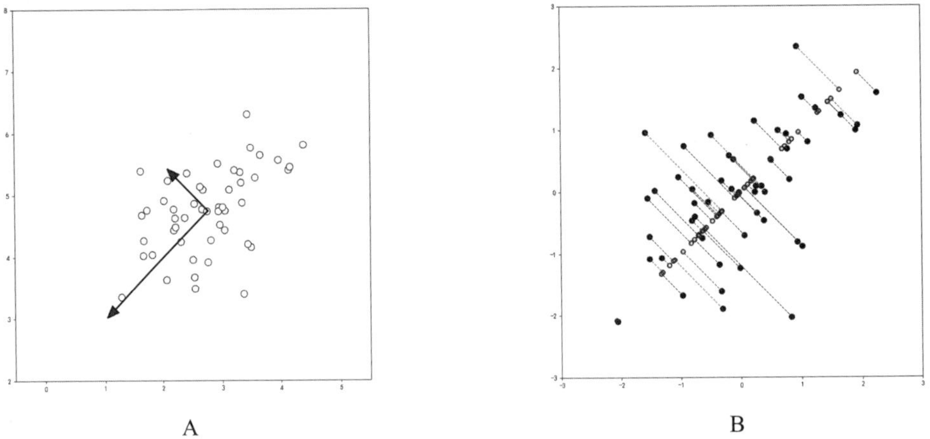

图 12.1　主成分分析原理

考虑一组 D 维变量构成的观测数据集 $\left\{\boldsymbol{x}^{(i)}\right\}$，$i=1,2,\cdots,N$。PCA 的目标是将数据投影到维度为 K 的子空间中，要求 $K<D$ 且最大化投影数据的方差。这里的 K 值既可以指定，也可以利用主成分的信息确定合适的 K 值，具体方法请参见后面章节，但显然 K 应该比 D 小，否则就没有降维的效果。

① 部分文献将 eigenvector 译为特征向量，将 eigenvalue 译为特征值。为了与数据集特征(feature)相区别，本书将术语统一为本征向量、本征值。

实际应用中 PCA 降维有着在最大限度地保持原有数据信息的同时，压缩数据的作用。数据压缩不但可以使用较少的计算机内存或硬盘来存储数据，还能够加快学习算法的运行。PCA 降维的另一用途是数据可视化，将多维数据降至二维或三维，以实现数据可视化。但是，降维算法只是负责减少数据的维度，新产生的少量特征的解释和含义只能依靠实现者自己去发现。

PCA 有两种定义，第一种就是前面所讲的最大化方差定义，另一种定义是最小化投影误差定义，投影误差如图 12.1 的 B 图虚线所示，这两种定义殊途同归。最小化投影误差的基本问题就是寻找一个方向向量(或超平面)，将所有数据都投影到该向量上，最小化投影的均方误差。其中，方向向量经过原点，投影误差是数据点到该方向向量的垂直距离。

PCA 降维是将 D 维数据降至 K 维，就是将数据点投影到正交向量 $\boldsymbol{u}^{(1)}$、$\boldsymbol{u}^{(2)}$、…、$\boldsymbol{u}^{(K)}$ 形成的坐标系，使得总投影误差最小化。虽然看起来图 12.1 的 B 图与线性回归有些相似，但 PCA 与线性回归有着本质的不同，PCA 要优化的是投影误差，该误差垂直于方向向量，而线性回归要优化的是预测误差，误差垂直于横轴。

PCA 已经应用到了很多应用领域，但是，它也有一些明显的缺点。主要的缺点是 PCA 对数据有两个假设：一是数据必须是连续数值型，二是数据中没有缺失值。一些数据能满足 PCA 的要求，但仍然有很多数据无法满足要求。例如，一些数据类型是标称型的，而非数值型；推荐系统的评分矩阵有很多缺失值，无法使用 PCA 进行分析。

12.2 本征值与奇异值分解

本征值分解和奇异值分解在机器学习领域属于常见的方法，两者关系紧密，其目的都是提取矩阵最重要的特性。

Python 脚本 eig_svd_demo.py 展示如何使用本征值分解和奇异值分解。

12.2.1 本征值分解

假如向量 $\boldsymbol{v}$ 是方阵 $\boldsymbol{A}$ 的本征向量，就一定可以表示为如下形式：

$$\boldsymbol{A}\boldsymbol{v} = \lambda\boldsymbol{v} \tag{12.1}$$

其中，$\boldsymbol{v}$ 为 $N\times 1$ 向量，$\boldsymbol{A}$ 为 $N\times N$ 方阵，λ 称为本征向量 $\boldsymbol{v}$ 对应的本征值。矩阵 $\boldsymbol{A}$ 的一组本征向量两两正交，本征值分解就是将方阵 $\boldsymbol{A}$ 分解成如下形式：

$$\boldsymbol{A} = \boldsymbol{Q}\boldsymbol{\Sigma}\boldsymbol{Q}^{-1} \tag{12.2}$$

其中，$\boldsymbol{Q}$ 是由矩阵 $\boldsymbol{A}$ 的本征向量组成的矩阵，$\boldsymbol{\Sigma}$ 是一个对角阵，其对角线上的元素都是对应的本征值。

numpy.linalg 模块的 eig 函数可用于计算矩阵 $\boldsymbol{A}$ 的本征值和本征向量。

eig 函数的格式如下：

w, v = numpy.linalg.eig(a)

返回向量 w 和矩阵 v。其中，a 为 $N\times N$ 的方阵，w 为 N 维向量，v 为 $N\times N$ 的方阵。w 向量的元素为本征值，本征值向量的元素不一定有序排列，结果是复数类型，除非其虚部为零，在这种情况下，将转换为实数类型；v 的列向量 v[:, i]为本征值 w[i]对应的本征向量，且已经单位化。对 $i\in\{0,1,\cdots,\mathrm{m}-1\}$，都满足 dot(a[:,:], v[:,i]) = w[i] * v[:,i]。

12.2.2 奇异值分解

本征值分解能够提取矩阵的本征值和本征向量，但是它有一个很大的缺陷，就是要求矩阵 $\boldsymbol{A}$ 必须是方阵。奇异值分解克服这个缺点，可以用于任意的 $M\times N$ 矩阵的分解。分解形式如下：

$$\boldsymbol{A}=\boldsymbol{U}\boldsymbol{S}\boldsymbol{V}^{H} \tag{12.3}$$

其中，$\boldsymbol{A}$ 为 $M\times N$ 的矩阵；奇异值分解后的 $\boldsymbol{U}$ 是一个 $M\times M$ 的酉矩阵，$\boldsymbol{S}$ 是一个 $M\times N$ 的对角矩阵；$\boldsymbol{V}^{H}$ 是 $\boldsymbol{V}$ 的共轭转置，是一个 $N\times N$ 的酉矩阵。酉矩阵的共轭转置和它的逆矩阵相等，实数矩阵的共轭转置矩阵就是转置矩阵。

numpy.linalg 的 svd 函数可用于计算矩阵 a 的奇异值分解。

svd 函数的格式如下：

u, s, vh = numpy.linalg.svd(a)

返回一个 K 维向量 s 和大小分别为 $M\times M$ 和 $N\times N$ 的酉矩阵 u 和 vh。s 为奇异值向量，奇异值为非负数且按降序排列。在二维情形下，$\boldsymbol{A}=\boldsymbol{U}\boldsymbol{S}\boldsymbol{V}^{H}$ 与 numpy.linalg.svd(a)函数有如下对应关系：$\boldsymbol{A}=\mathrm{a}$、$\boldsymbol{U}=\mathrm{u}$、$\boldsymbol{S}=\mathrm{np.diag(s)}$且$\boldsymbol{V}^{H}=\mathrm{vh}$。

12.3 PCA 算法描述

本节讲述 PCA 算法的计算步骤，如何从压缩表示中重建，以及如何选取主成分的数量。

12.3.1 PCA 算法

PCA 降维算法有以下三个步骤。

1. 预处理

PCA 的目标是将 D 维空间映射到较小的 K 维空间，在运行 PCA 算法之前，需要对数据做预处理以标准化其均值和方差。步骤如下。

(1) 计算数据的均值 $\boldsymbol{\mu}$：

$$\boldsymbol{\mu}=\frac{1}{N}\sum_{i=1}^{N}\boldsymbol{x}^{(i)} \tag{12.4}$$

(2) 对所有的数据进行中心化，即，使用 $\boldsymbol{x}^{(i)}-\boldsymbol{\mu}$ 替换 $\boldsymbol{x}^{(i)}$。

(3) 计算每个维的标准差。下式计算第 j 维的标准差：

$$\sigma_j=\sqrt{\frac{1}{N}\sum_{i=1}^{N}\left(x_j^{(i)}\right)^2} \tag{12.5}$$

(4) 对每个数据点，使用 $x_j^{(i)}/\sigma_j$ 替换 $x_j^{(i)}$。

实际应用中，往往有部分特征的标准差值等于 0，在上述第(4)步就会报零除错误。避免这个错误的诀窍是，使用 $\sigma_j+\varepsilon$ 来替代 σ_j，其中的 ε 为很小的数，如 $1\text{e}-6$。

2. 计算协方差矩阵

假设 $\boldsymbol{x}^{(i)}$ 为数据集的第 i 个样本，为 $1\times D$ 的行向量，按照如下公式计算协方差矩阵 $\boldsymbol{\Sigma}$：

$$\boldsymbol{\Sigma}=\frac{1}{N}\sum_{i=1}^{N}\left(\boldsymbol{x}^{(i)}\right)^{\mathrm{T}}\left(\boldsymbol{x}^{(i)}\right) \tag{12.6}$$

其中，$\boldsymbol{\Sigma}$ 为 $D\times D$ 的方阵。

程序实现往往采用向量化的方式避免 for 循环，假设 $\boldsymbol{X}$ 为预处理后的数据集，可用如下公式计算协方差矩阵 $\boldsymbol{\Sigma}$：

$$\boldsymbol{\Sigma}=\frac{1}{N}\boldsymbol{X}^{\mathrm{T}}\boldsymbol{X} \tag{12.7}$$

对应的 Python 语句为：

```
sigma = np.dot(x.T, x) / n
```

3. 计算本征值和本征向量

Numpy 可以调用 svd 函数来计算本征值和本征向量。如下语句调用 svd 函数：

```
u, s, _ = numpy.linalg.svd(sigma)
```

其中，输入参数 sigma 就是上一步计算得到的协方差矩阵 $\boldsymbol{\Sigma}$。u 为 $D\times D$ 的矩阵，它是一个与数据点之间具有最小投影误差的方向向量所构成的矩阵。假如想要将数据由 D 维降至 K 维，只需要从矩阵 u 中选择前 K 个列向量，得到一个 $D\times K$ 的矩阵，用 U_{reduce} 表示该矩阵。

按照下式可计算降维后的新数据 $\boldsymbol{z}^{(i)}$：

$$\boldsymbol{z}^{(i)} = \boldsymbol{x}^{(i)} \times U_{\text{reduce}} \tag{12.8}$$

其中，$\boldsymbol{x}^{(i)}$ 为 D 维行向量，$\boldsymbol{z}^{(i)}$ 为 K 维行向量。

假设 $\boldsymbol{X}$ 为数据集，$\boldsymbol{Z}$ 为降维后的数据集，降维计算公式为：

$$\boldsymbol{Z} = \boldsymbol{X} \times U_{\text{reduce}} \tag{12.9}$$

12.3.2 从压缩表示中重建

我们已经知道，PCA 可以将高维数据压缩为较少维度的数据。由于维度有所减少，因此 PCA 属于有损压缩，也就是，压缩后的数据没有保持原来数据的全部信息，根据压缩数据无法重建原来的高维数据，但可以重建原始高维数据的一种近似。

重建问题可表述为：已知 U_{reduce} 和降维后的数据 $\boldsymbol{z}^{(i)}$，如何计算与降维前的数据 $\boldsymbol{x}^{(i)}$ 近似的 $\boldsymbol{x}_{\text{approx}}{}^{(i)}$。

反向计算公式为：

$$\boldsymbol{x}_{\text{approx}}{}^{(i)} = \boldsymbol{z}^{(i)} \times \left(U_{\text{reduce}}\right)^{\mathrm{T}} \tag{12.10}$$

假设 $\boldsymbol{Z}$ 为降维后的数据集，$\boldsymbol{X}_{\text{approx}}$ 为近似数据集，重建计算公式为：

$$\boldsymbol{X}_{\text{approx}} = \boldsymbol{Z} \times \left(U_{\text{reduce}}\right)^{\mathrm{T}} \tag{12.11}$$

知道如何用 PCA 技术对数据集进行压缩和重建之后，下一步讨论如何选择 K。

12.3.3 确定主成分数量

PCA 算法将 D 维数据降至 K 维，显然 K 是需要选择的参数，表示要保持信息的主成分数量。我们希望能够找到一个 K 值，既能大幅降低维度又能最大限度地保持原有数据内部结构信息。

选择 K 值的指导思想是让 K 尽量小，但投影均方误差不能过大。投影均方误差计算公式如下：

$$\frac{1}{N}\sum_{i=1}^{N}\left\|\boldsymbol{x}^{(i)} - \boldsymbol{x}_{\text{approx}}{}^{(i)}\right\|^2 \tag{12.12}$$

其中，N 为样本数，$\boldsymbol{x}_{\text{approx}}{}^{(i)}$ 为从降维压缩数据中重建的第 i 个样本。

数据集的方差由下式表示：

$$\frac{1}{N}\sum_{i=1}^{N}\left\|\boldsymbol{x}^{(i)}\right\|^2 \tag{12.13}$$

选择 K 值就是要让投影均方误差与方差的比值尽可能小。例如，要想保持 99%的方差，必须让下式成立：

$$\frac{\frac{1}{N}\sum_{i=1}^{N}\left\|\boldsymbol{x}^{(i)}-\boldsymbol{x}_{\text{approx}}{}^{(i)}\right\|^2}{\frac{1}{N}\sum_{i=1}^{N}\left\|\boldsymbol{x}^{(i)}\right\|^2}\leqslant 0.01 \tag{12.14}$$

如果将式(12.14)的 0.01 换成 0.05，就能保持 95%的方差，从而显著地降低数据集的维度。

但我们还是不知道如何计算 K。笨办法是顺序穷举，先令 $K=1$，计算 U_{reduce}、$\boldsymbol{z}^{(i)}$ 和 $\boldsymbol{x}_{\text{approx}}{}^{(i)}$，然后按照公式(12.10)计算比值是否满足要求。如果不满足要求再令 $K=K+1$，继续计算，以此类推，直到找到满足要求的最小 K 值。

更好的办法是直接利用奇异值分解所得的 S 来计算 K 值。Numpy 的 svd 函数的原型为 u, s, vh = numpy.linalg.svd(sigma)，输入参数 sigma 是 $D\times D$ 的协方差矩阵，输出参数 s 是一个 D 维的向量，s 可以表示为：

$$s=\begin{bmatrix}s_0 & s_1 & \cdots & s_{D-1}\end{bmatrix} \tag{12.15}$$

利用 s 向量的元素就可以计算投影均方误差与方差的比值。例如，要保持 99%的方差，只要满足下式：

$$\frac{\frac{1}{N}\sum_{i=1}^{N}\left\|\boldsymbol{x}^{(i)}-\boldsymbol{x}_{\text{approx}}{}^{(i)}\right\|^2}{\frac{1}{N}\sum_{i=1}^{N}\left\|\boldsymbol{x}^{(i)}\right\|^2}=1-\frac{\sum_{i=0}^{K-1}s_i}{\sum_{i=0}^{D-1}s_i}\leqslant 1\% \tag{12.16}$$

式(12.16)也可改写为：

$$\frac{\sum_{i=0}^{K-1}s_i}{\sum_{i=0}^{D-1}s_i}\geqslant 99\% \tag{12.17}$$

可见，通过 s 来选取最小 K 值的计算量大大降低。

12.4 PCA 实现

本节以两个实例说明如何实现 PCA。

12.4.1 假想实例

脚本 pca_demo2.py 实现了对明显可分为三个簇的数据进行 PCA 降维处理。

代码 12.1 实现了初始化和随机生成三簇数据，并且添加 5 个随机维，这 5 个随机维仅对原数据起到干扰的作用，PCA 降维时会去除它们的影响。

代码 12.1　初始化和随机生成数据

```
def generate_data():
    """
    随机生成七维数据，其中，二维方差较大，五维是方差较小
    输入:
        无
    输出:
        x_data: 随机生成的数据，y_data: 仅用于绘制的标签
    """
    np.random.seed(12)
    n = 20

    # 随机产生数据集
    x = np.row_stack((np.random.randn(n, 2), np.random.randn(n, 2) + 4,
np.random.randn(n, 2) - 4))
    # 添加 5 个随机维
    x_data = np.column_stack((x, np.random.randn(len(x), 5)))

    # 仅用于绘制的标签
    y_data = np.row_stack((np.zeros((n, 1)), np.ones((n, 1)), 2 * np.ones((n, 1))))
    return x_data, y_data
```

绘制的二维原始数据如图 12.2 所示。注意到可视化不考虑 5 个随机维，绘制的数据点用到三种不同形状和颜色，只是为了更清楚地分辨三个簇的结构，并不说明这些数据点有什么区别，它们没有类别标签，都是一样的。

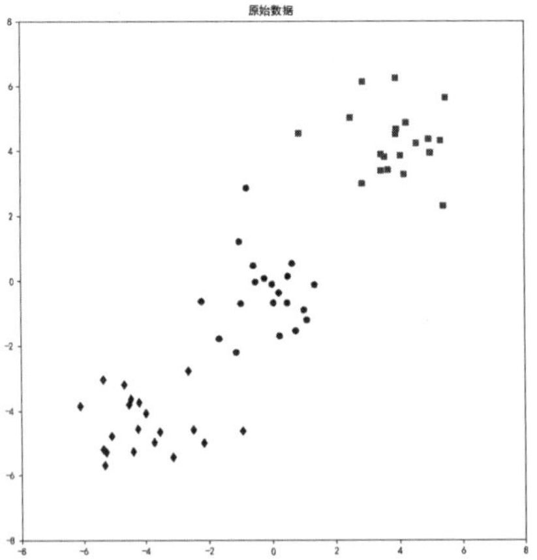

图 12.2　绘制的二维原始数据

下一步是调用 svd 函数得到本征向量及特征值，如代码 12.2 所示。

代码 12.2　调用 svd 函数得到本征向量及本征值

```
def pca(x):
    """
    主成分分析
    输入参数
        x：二维数据
    输出参数
        u：本征向量，s：本征值
    """
    n = len(x)

    sigma = np.dot(x.T, x) / n
    u, s, _ = np.linalg.svd(sigma)
    return u, s


# 调用规范化和 PCA
norm_x, mu, sigma = feature_normalize(x)
u, s = pca(norm_x)
```

svd 函数返回的 u 矩阵的列对应每一个成分的投影方向，可绘制对应原始数据的前两个成分方向，如图 12.3 所示。

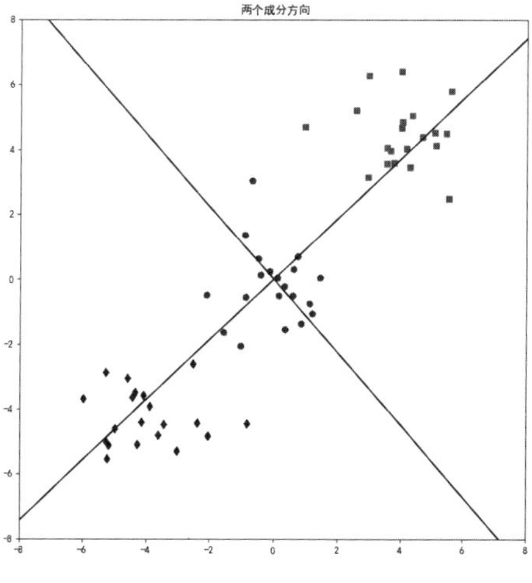

图 12.3　前两个成分方向

svd 函数返回的 s 是本征值的向量，绘制其条形图可清楚地看到各成分的大小，代码如代码 12.3 所示。

代码 12.3　绘制本征值的条形图

```
def plot_eig_values_bar(s):
    """
    绘制本征值的条形图
    输入：
        s：本征值组成的向量
    输出：
        无
    """
    plt.figure()
    plt.bar(range(len(s)), s)
    plt.xlabel(u'投影维数')
    plt.ylabel(u'方差')
    plt.title(u'本征值条形图')
    plt.show()
```

本征值条形图如图 12.4 所示。

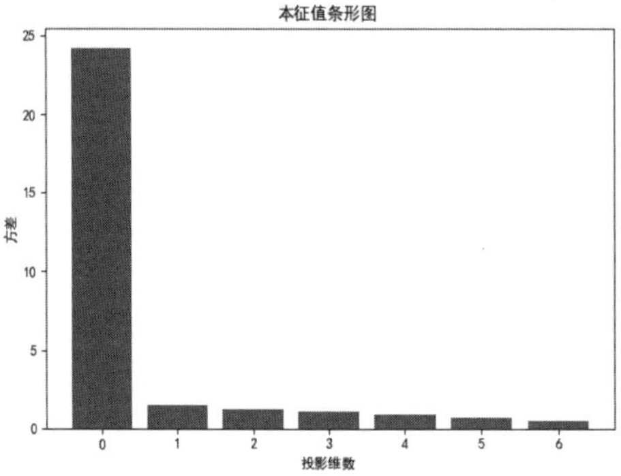

图 12.4　本征值条形图

计算只使用两个成分时投影均方误差与方差的比值的代码如代码 12.4 所示。

代码 12.4　计算投影均方误差与方差的比值

```
# 计算只使用两个成分，投影均方误差与方差的比值
ratio = (s[0] + s[1]) / sum(s)
print('只使用两个成分，投影均方误差与方差的比值:{:.2%}\n'.format(ratio))
```

代码 12.4 的运行结果如下：

```
只使用两个成分，投影均方误差与方差的比值：85.44%
```

可见，只使用两个成分，也能保持约 85.44%的方差。

使用 PCA 进行压缩，绘制投影到前两个成分数据的代码如代码 12.5 所示。

代码 12.5 绘制投影到前两个成分的数据

```
def plot_data(x, y, title):
    """
    绘制数据散点图
    输入:
       x: 数据, y: 绘图用的标签, title:
    输出:
       无
    """
    fig = plt.figure(figsize=(8, 8))
    ax = fig.add_subplot(111)
    marks = ['ro', 'gs', 'bd']
    for k in range(3):
       plot_x = x[np.where(y[:, 0] == k)]
       ax.plot(plot_x[:, 0], plot_x[:, 1], marks[k])
    ax.axis([-8, 8, -8, 8])
    ax.set_aspect('equal')
    plt.title(title)
plt.show()


    # 投影到二维空间
    k = 2
    z = project_data(norm_x, u, k)
    plot_data(z, y, u'投影到前两个成分的数据')
```

运行结果如图 12.5 所示。

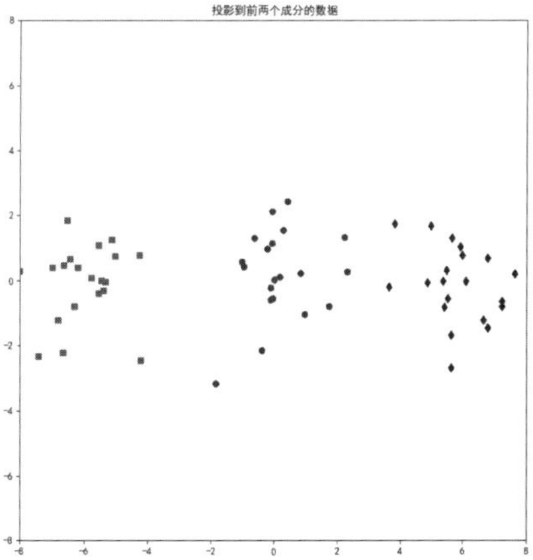

图 12.5 投影到前两个成分的数据

绘制重建数据的代码如代码 12.6 所示。

代码 12.6　绘制重建的数据

```
# 重建数据
rec_x = recover_data(z, u, k)
# 绘制重建数据
plot_data(rec_x, y, u'重建原始高维数据的近似')
```

重建的高维数据如图 12.6 所示。由于仅从二维数据进行重建，因此和原始数据有所不同，请自行对照图 12.6 和图 12.2。

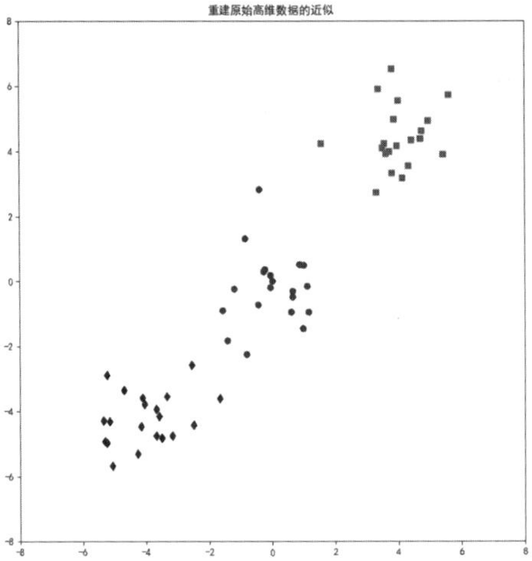

图 12.6　重建原始高维数据的近似

12.4.2　MNIST 实例

脚本 pca_demo3.py 对 MNIST 数据集进行 PCA 分析。程序首先加载 MNIST 数据集并显示前 100 个手写字符，如图 12.7 所示。

然后，程序对数据进行规范化，从数据矩阵 x 中减去每个特征的均值。然后调用 pca 函数将数据集 x 分解为本征向量矩阵 u 和本征值向量 s。注意到 u 中的每一列都是一个主成分，且是一个维度为 D 的向量，对于 MNIST 数据集， D 为 784。脚本 pca_demo3.py 显示了方差最大的前 100 个主成分，如图 12.8 所示。

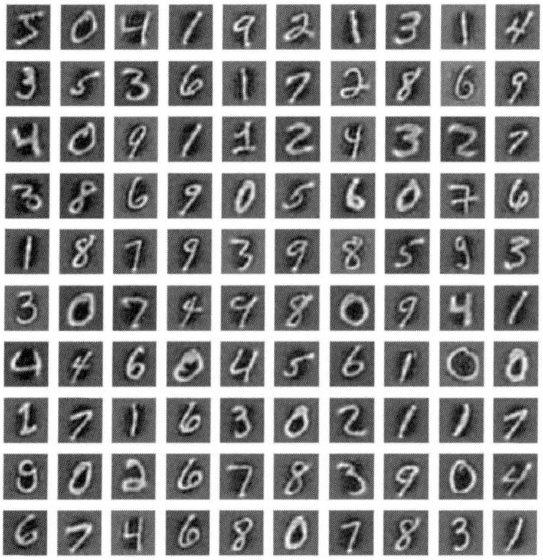

图 12.7　前 100 个手写字符

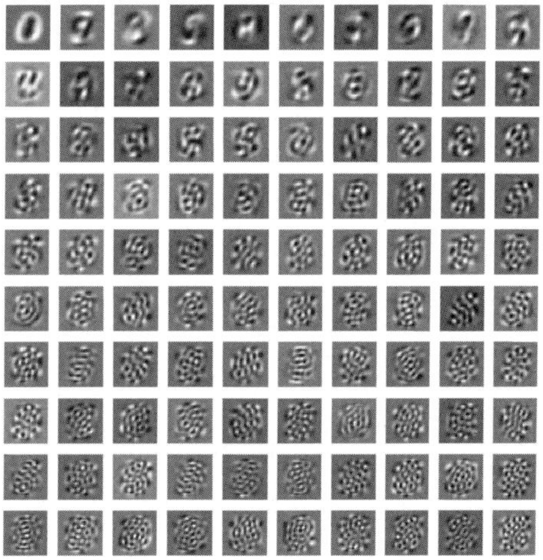

图 12.8　MNIST 数据集的主要成分

计算手写字符数据集的主要成分之后，可以降低数据集的维度。例如，使用更小维度 K (如 100 维)的数据作为学习算法的输入，而非原始的 784 维输入，可大大减少内存和计算时间的开销。脚本 pca_demo3.py 的下一个步骤是将手写字符数据集投影到前 100 维主成分中，显然，每个字符都只用 100 个特征来描述的 PCA 降维可大大减小对存储空间的要求。投影到 100 维空间的代码片段如代码 12.7 所示。

代码 12.7　投影到 100 维空间的代码片段

```
# 投影到 k 维空间
k = 100
z = project_data(norm_x, u, k)
print('降维后的数据大小：{}\n'.format(z.shape))
```

运行结果如下：

```
降维后的数据大小：(60000, 100)
```

为了展示在 PCA 降维过程中信息损失，脚本 pca_demo3.py 只用投影后的数据进行重建，原始手写字符与重建字符的对照如图 12.9 所示。可以看到，重建字符保持了原手写字符的基本结构，只有少许的细节信息损失。

PCA 降维将 784 维输入减少至 100 维，降维后的数据集大小只有原数据集的约 1/8 甚至更少，如果使用诸如神经网络等学习算法进行字符识别，降维可以大大加快分类器训练和识别的速度。

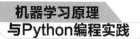

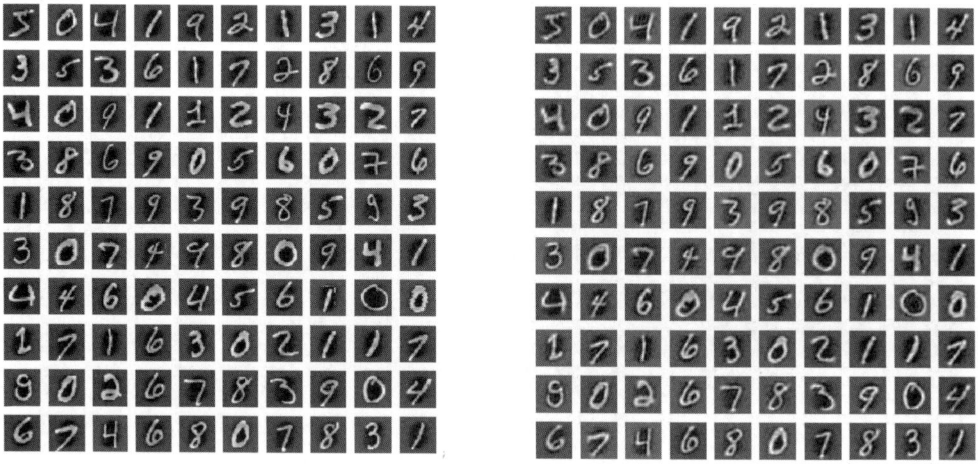

图 12.9　原始手写字符以及从前 100 个主成分重建的字符对照

计算投影均方误差与方差的比值，运行结果如下：

```
只使用前 100 个成分，投影均方误差与方差的比值：91.46%
```

可见，只使用前 100 个成分，也能保持约 91.46%的方差。

习　题

12.1　主成分分析和线性回归有无关系？

12.2　如下哪些引用可以使用 PCA？(多选)

A. 数据可视化。将数据降维至二维或三维以便绘制

B. 数据可视化。对二维数据可视化，试图找到不同的绘制方式

C. 数据压缩。对数据进行降维处理，以便占用更少的内存或磁盘空间

D. 聚类。自动将样本划分为不同簇

12.3　如下哪一种方法正确选择了主成分数量？

A. 选择 K 为能保持 1%方差的最小值

B. 选择 K 为能够最小化投影均方误差 $\frac{1}{N}\sum_{i=1}^{N}\left\|\boldsymbol{x}^{(i)}-\boldsymbol{x}_{\text{approx}}{}^{(i)}\right\|^{2}$ 的值

C. 使用肘部规则

D. 选择 K 为能保持 99%方差的最小值

12.4　试证明将向量 $\boldsymbol{u}_1$ 设为最大本征值 λ_1 对应的本征向量时，方差会达到最大值。

12.5　下列哪些有关 PCA 的陈述正确？(多选)

A. 给定 $\boldsymbol{z}^{(i)}$ 和 U_{reduce}，无法重建与数据 $\boldsymbol{x}^{(i)}$ 近似的 $\boldsymbol{x}_{\text{approx}}{}^{(i)}$

B. 给定 D 维数据集 $\boldsymbol{X}$，只有满足 $K \leqslant D$ 时运行 PCA 才有意义。但 $K = D$ 不能压缩，因此无用

C. 给定 D 维数据集 $\boldsymbol{X}$，PCA 将 $\boldsymbol{X}$ 压缩为更低维度(K 维)的数据集 $\boldsymbol{Z}$

D. 由于 Numpy 函数 svd(sigma)已经对特征进行缩放处理，因此不需要预处理

E. 可将压缩后的数据集 $\boldsymbol{Z}$ 视为 $D-K$ 维的特征都设为 0

12.6　仿照 12.4.1 节的假想实例，随机生成四簇数据，簇心坐标分别为(0, 0)、(5, 5)、(5, 0)和(0, 5)，原始数据二维可视化如图 12.10 所示，试编程实现 PCA 并分析。

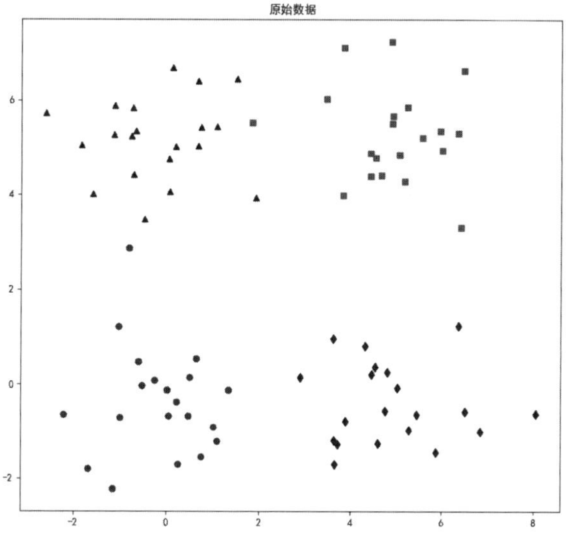

图 12.10　原始数据二维可视化

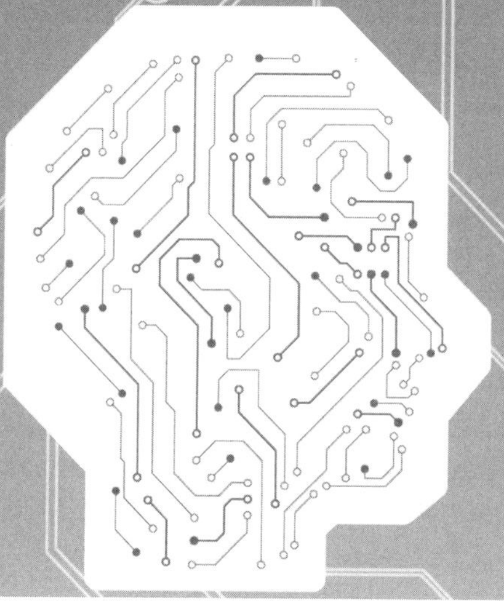

第13章 集成学习

集成学习(ensemble learning)通过构建多个学习器来完成学习任务，聚集这些学习器的预测结果来提高预测准确率。“博采众长”和“三个臭皮匠胜过诸葛亮”就是对集成学习方法的完美诠释。集成学习既可以用于分类问题，也可以用于回归问题。由于是通过融合多个模型来提高机器学习效果，集成学习在一些著名的机器学习比赛中都取得很好的名次，特别是在常规方法无法提升比赛成绩的时候。

本章首先介绍集成学习的基本原理，然后介绍集成学习的几个流行算法——装袋、提升和随机森林的原理和Python实现。

13.1 集成学习介绍

本节先介绍集成学习和个体学习器的概念，然后举例说明集成学习提升学习效果的基本原理，最后介绍如何融合个体学习器为集成学习器。

13.1.1 集成学习简介

集成学习是一种机器学习范式，它训练多个个体学习器模型，然后聚集这些模型来解决同一个机器学习问题。通过使用多个个体学习器，集成学习的泛化能力能够比任意一个个体学习器的泛化能力强得多。

假设随机向成千上万个人询问同一个复杂问题，然后汇总其答案。在大多数情况下，会发现这个综合的答案甚至比专家的答案更好，这称为群体智慧。同样地，如果聚集一组学习器(包括分类器或回归器)的预测，通常会得到比最好的单个学习器更好的预测结果。将一组分类器聚集在一起可以有效减少分类误差，降低在性能较差的分类器中进行艰难选择的总体风险。这一组学习器称为集成(ensemble)，而这种技术称为集成学习。

集成学习的一般过程如图 13.1 所示。可分为三个阶段，首先在原始训练数据上抽样得到多个数据集，然后使用这些数据集来训练多个分类器模型，最后融合这多个分类器模型的预测结果。

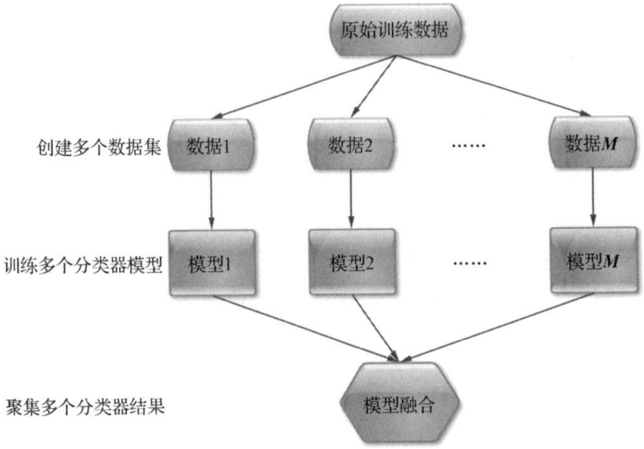

图 13.1　集成学习的一般过程

13.1.2 个体学习器

集成学习所构建的一组学习器称为个体学习器(individual learner)。如果是分类问题，这些个体学习器就是各种分类器；如果是回归问题，这些个体学习器就是各种回归器。

集成学习的个体学习器既可以是同质的，也可以是异质的。前者集成了多个同种类型的个体学习器，如都是决策树或都是逻辑回归，这样的个体学习器常称为基学习器；后者集成了多个不同类型的个体学习器，如逻辑回归、SVM、决策树等，常称为组件学习器。

个体学习器既可以是弱学习器(weak learner)，也可以是强学习器(strong learner)。前者指性能仅仅略微好于随机猜测的学习器，只要求其分类准确率大于 50%即可；后者指性能较好的学习器。虽然在理论上使用弱学习器就可以达到较好的性能，但在实践中常常使用强学习器，这样不仅可以使用数量较少的个体学习器就能达到好的效果，而且能够借鉴以前的调参经验。

不管强还是弱，对个体学习器有一个基本要求——“好而不同”。好是指个体学习器的性能不能太差，有一定的准确性要求；不同是指个体学习器要有差异，具备多样性。显然，将多个一模一样的个体学习器模型组合起来并不能改善集成学习的性能，因此集成学习的一项重要任务就是想办法添加一些扰动，使个体学习器呈现多样性。

13.1.3 集成学习的基本原理

集成学习的基本思想是组合多个学习器之后产生一个新的学习器。

本小节首先举例说明集成学习提升性能的原理，然后说明构建多样性的个体学习器的方法。

1. 为什么集成学习能提升个体分类器性能

下面举例说明为什么集成学习能够改善个体分类器的性能。

考虑集成 M 个二元弱分类器(weak classifier)，其分类准确率只略强于错误率为 50%的随机猜测分类器，假设每一个分类器的分类错误率 ε 都是 0.4，集成分类器通过聚集这些弱分类器的预测来判断测试样本的类别，形成一个强学习器。如果全部弱分类器都是相同的，那么集成分类器也会将弱分类器预测错误的样本错误分类，这时的集成分类器的错误率仍然是 0.4，没有任何改善。但是，如果每一个弱分类器相互独立，其错误不相关，那么，只有在超过一半的弱分类器都预测错误时，集成分类器才会错误分类。此时，集成分类器的分类错误率按下式计算：

$$\varepsilon_{\text{ensemble}} = \sum_{i=\lceil M/2 \rceil}^{M} C_M^i \varepsilon^i \left(1-\varepsilon\right)^{M-i} \tag{13.1}$$

其中，$\varepsilon_{\text{ensemble}}$ 为集成分类器的分类错误率，$\lceil . \rceil$ 表示向上舍入取整。

当 M 为 25，ε 为 0.4 时，容易计算出 $\varepsilon_{\text{ensemble}}$ 约为 0.1538，远低于单个弱分类器的 0.4。

图 13.2 表示在弱分类器的错误率 ε 取不同值时，融合 25 个弱分类器的集成分类器的分类错误率 $\varepsilon_{\text{ensemble}}$。该图由脚本 ensember_principle_demo.py 绘制，显然在 ε 低于随机猜测分类器的错误率 0.5 时，集成分类器的性能都好于弱分类器。

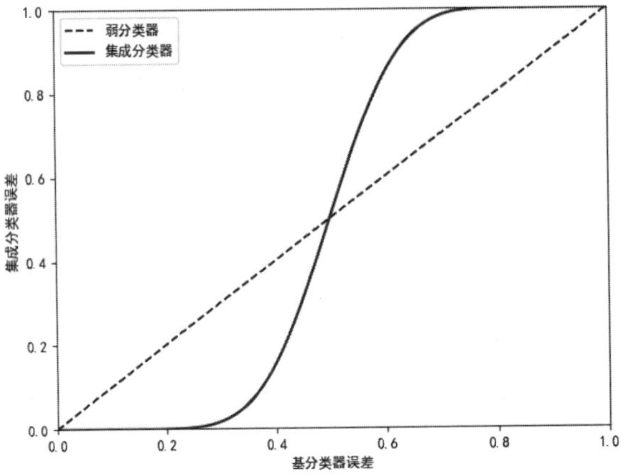

图 13.2　弱分类器和集成分类器误差比较

本例说明，集成分类器的性能好于单个弱分类器须满足两个条件：第一，弱分类器应该相互独立；第二，弱分类器必须强于随机猜测分类器。但是，实践中很难保证各个弱分类器之间完全相互独立，尽管这样，即便在弱分类器有些弱相关的情况下，集成分类器仍然能够提高分类性能。

2. 构建个体学习器的方法

集成算法成功的关键在于要保证个体分类器具有多样性，集成不稳定的算法能够得到比较明显的性能提升。

增强多样性的一般思路是在学习过程中引入随机性，对学习器、数据样本、特征、输出标签、算法参数等进行扰动。构建具备多样性的个体学习器主要有以下几种方法。

(1) 使用不同的个体学习器。使用诸如逻辑回归、SVM 分类器、决策树、神经网络等不同的个体学习器，然后融合这些不同分类器的预测结果。这属于异质个体学习器的集成学习，比较简单，本书不打算展开讨论。

(2) 处理数据样本。这种方法通过对原始数据集按照某种分布进行抽样，得到多个不同的数据子集，然后利用这些数据子集训练出不同的基分类器。装袋和提升都基于这种抽样方法，抽样分布决定某个样本选为训练样本的可能性。对于常见的诸如决策树、神经网络的基学习器，对训练样本稍加扰动就会导致模型的显著变动，这种对数据集的微小变化都很敏感的学习器称为不稳定的学习器，本方法对这类不稳定的基学习器很有效。但对于一些稳定的基学习器，如支持向量机、朴素贝叶斯等，对数据样本的扰动不敏感，往往需要加上输入诸如属性扰动的机制才能得到好的效果。

(3) 处理数据特征。这种方法通过选择数据特征(属性)的子集来形成多个不同的数据子集。一些研究证明对于包含大量冗余特征的数据集，这种方法的效果很好。随机森林就是选择不同的特征集合来训练多样性丰富的决策树，因决策属性的数量减少而减少决策树模型的训练时间。如果数据集只包含少量特征，或者冗余特征较少，则这种特征扰动方法效果不明显。

(4) 处理输出表示。这种方法适合多元分类，基本思路是对输出表示进行处理以增加多样性。一种常用的方法是，训练阶段将类标号随机划分为两个非空互斥子集 c_0 和 c_1，从而把多元分类问题转换为二元分类问题。然后将类标号属于子集 c_0 的样本指派为负例，类标号属于子集 c_1 的样本指派为正例，最后使用重新标记过的数据来训练一个基分类器。重复上述随机划分、重新标记和训练模型的步骤多次，得到一组基分类器。在测试阶段，使用每一个基分类器来预测新样本的标签，如果预测为负例，则所有属于子集 c_0 的类别都得到一票，否则，所有属于子集 c_1 的类别都得到一票。最后统计票数，将新样本判决为得票最多的类别。

(5) 处理学习算法。许多学习算法使用同一个训练数据集进行训练都会得到不同的模型。例如，修改神经网络的拓扑结构和初始权值等，就可以得到不同的模型。同样，可以在决策树的生成过程中注入随机性，例如，决策节点从最好的 k 个属性中随机选择一个属性，而不使用最好的属性来进行划分，这样就可以得到多样性更加丰富的决策树模型。

前四种方法可适用于任何分类器，但第五种方法依赖所使用的分类器。大部分时候，依赖于集成学习算法，基分类器既可以一个一个地串行生成，也可以一次性地并行生成。并行生成基分类器模型可以充分利用分布式计算的优势，将计算任务指派给多台计算机去并行运行，但串行生成基分类器模型则无法利用这个优势。

13.1.4 融合个体学习器的方法

完成个体学习器的训练以后，就可以综合个体学习器对测试样本 $\boldsymbol{x}$ 的预测来判定该样本的类别，即融合个体学习器。有多种融合方法，既可以对各个个体学习器的预测值进行多数表决，也可以按照个体学习器的准确率对其预测值进行加权来得到类标号，甚至可以外加一个学习器来综合个体学习器的预测结果。

为了清楚地描述集成学习的融合方法，我们假设一共有 M 个个体学习器，并使用 C_i 来表示第 i 个个体学习器，C_i 预测样本 $\boldsymbol{x}$ 的输出 $C_i(\boldsymbol{x})$ 是一个 L 维向量，该向量的第 j 个元素表示为 $C_i^j(\boldsymbol{x})$。根据个体学习器的类型，$C_i(\boldsymbol{x})$ 向量可以使用独热码表示，也可以使用概率分布来表示。前者的投票称为硬投票(hard voting)，后者的投票称为软投票(soft voting)。

融合分类问题的个体学习器的方法主要有投票法和学习法两种。投票法(voting)可分为绝对多数投票法、相对多数投票法和加权投票法三种。

绝对多数投票法要求票数最多的类别的得票必须超过半数，则预测为该类别，否则拒绝预测。

$$\text{vote}(\boldsymbol{x})=\begin{cases} j, & \text{if} \quad \sum_{i=1}^{M} I\left(\arg\max_k C_i^k(\boldsymbol{x})=j\right)>0.5M \\ \text{拒绝预测}, & \text{otherwise} \end{cases} \tag{13.2}$$

其中，$I(.)$ 为指示函数。

相对多数投票法不再要求得票超过半数，只是简单地将得票最多的类别作为预测类别，如果同时有多个类别得到最高票数，则随机选取其中的一个作为最终的预测类别。

$$\text{vote}(\boldsymbol{x})=\arg\max_k \sum_{i=1}^{M} C_i^k(\boldsymbol{x}) \tag{13.3}$$

加权投票法根据预测准确率为每一个个体学习器分配一个权重，统计每个类别的加权得票数，选择得到票数最高的类别作为最终的预测类别。

$$\text{vote}(\boldsymbol{x})=\arg\max_k \sum_{i=1}^{M} w_i C_i^k(\boldsymbol{x}) \tag{13.4}$$

其中，w_i 是第 i 个个体学习器的权重，一般需满足 $w_i \geqslant 0$ 且 $\sum_{i=1}^{M} w_i=1$。

学习法引入一个学习器来进行融合，其典型代表为 Stacking。Stacking 先使用原始数据集训练出若干个体学习器，然后将其输出作为样本的输入特征，仍然使用原始数据的标签，再训练集成学习器(称为元学习器)。本书不准备涉及学习法，读者可自行参考相关资料。

13.2 装袋

本节首先介绍装袋算法的基本原理，然后介绍决策树桩(decision stump)算法的 Python

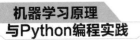

实现，最后介绍基分类器为决策树桩的装袋算法的 Python 实现。

13.2.1 装袋算法描述

装袋法(bagging)又称为自助法聚集(bootstrap aggregation)，它通过自助法抽取与原始数据集一样大的 M 个自助样本集，然后用这些样本集分别训练 M 个基分类器模型，然后融合 M 个预测结果。

自助法按照均匀概率分布从原始训练数据集中重复有放回的随机抽样，形成 M 个样本数都为 N 的自助样本集。由于进行的是有放回的抽样，因此一些样本可能会在同一个样本集中出现多次，而另一些可能只出现一次甚至不会出现。对于自助样本集 D_j，样本 i 抽样到 D_j 的概率为 $1-(1-1/N)^N$，如果 N 足够大，概率将会收敛于 $1-1/\mathrm{e}\approx 0.632$，因此样本集 D_j 大约包含 63% 的原始训练数据。融合预测结果的方法是让 M 个基分类器分别对测试样本投票，将测试样本的类别指派为票数最多的类别。

装袋算法如算法 13.1 所示。算法分两个步骤：①自助抽样和训练基分类器，②聚集各个基分类器的预测结果。

算法 13.1　装袋算法

```
函数：Bagging (S, C, M)
输入：训练集数据 S，基分类器 C，训练轮数 M
输出：Bagging 模型

for i = 1 to M do
    随机有放回抽样样本数为 N 的自助样本集 D_i
    用 D_i 训练基分类器 C_i
end for
// 投票
C*(x) = argmax_y ∑_i I(C_i(x) = y)
```

$$C^*(\boldsymbol{x})=\underset{y}{\operatorname{argmax}}\sum_i I\left(C_i(\boldsymbol{x})=y\right)$$

装袋算法通过降低基分类器的方差来改善泛化误差，其性能取决于基分类器的稳定性。如果基分类器不稳定，装袋算法有利于降低因训练数据的随机波动导致的误差；如果基分类器稳定，不太会受到训练数据的微小变化的干扰，则集成算法的误差主要由基分类器的偏差引起，这时，装袋算法就不太可能明显改善基分类器的性能，反而有可能降低基分类器的性能，因为只使用原始训练数据集的 63%。

另外，由于自助法以相同概率选择每一个样本，装袋算法并不会特别受到原始训练数据集的任何特定样本的影响。因此，装袋算法对噪声数据具有鲁棒性，不容易过拟合。

13.2.2 装袋算法实现

首先实现一个决策树桩作为基分类器，然后实现装袋算法。

1. 决策树桩

决策树桩是一种简单的决策树，它仅根据单个特征来做决策，因此是一个单层决策树，称为树桩。

决策树桩算法如算法 13.2 所示。

算法 13.2 决策树桩算法

```
函数：stump (S, w)
输入：训练集数据 S，权重 w
输出：决策树桩模型

将最小错误率 min_error 设为无穷大
for 每一维特征 do
    for 当前维的可能值 do
        for >和<测试 do
            建立决策树桩并使用加权数据集进行测试
            if 错误率 < min_error then
                则将当前单层决策树设为最佳决策树桩
            end if
        end for
    end for
end for
return 最佳决策树桩
```

stump.py 实现了决策树桩算法，stump_demo.py 使用鸢尾花数据集的 versicolor 和 virginica 两个类别的数据，划分训练集和测试集，先调用 stump.py 的 build_stump 函数来训练决策树桩模型，然后调用 stump_predict 函数来对测试集样本进行预测，在训练集上的分类正确率为 94.29%，在测试集上的分类正确率为 86.67%。

可见，简单的决策树桩算法在鸢尾花数据集上表现不算太好，下面使用装袋算法来提升决策树桩的性能。

2. 装袋算法 Python 实现

bagging.py 实现了装袋算法，它使用决策树桩作为基分类器。其中，bagging_train 函数用于训练 Bagging 模型，返回训练好的弱分类器列表；bagging_predict 函数使用 Bagging 模型对未知标签的样本进行预测。

bagging_demo.py 调用 bagging.py 的装袋算法进行训练和测试，运行结果如下：

```
决策树桩算法在训练集上的分类正确率：94.29%
决策树桩算法在测试集上的分类正确率：86.67%

Bagging 算法在训练集上的分类正确率：94.29%
Bagging 算法在测试集上的分类正确率：96.67%
```

可见，装袋算法极大地提升了决策树桩这个弱分类器的性能。

13.3 提升

本节首先介绍提升算法的基本原理，然后介绍基分类器为决策树桩(decision stump)的 AdaBoost 算法的 Python 实现。

13.3.1 提升算法描述

装袋算法是并行训练若干个基分类器，有时这种机制并不一定会取得好的效果，因为有可能存在大多数基分类器都会错分的特定样本。提升算法串行地训练各个基分类器，重点关注在之前的基分类器上表现不佳的样本。串行训练是提升算法的最大特点，代价是牺牲了并行计算的速度优势。

1. 提升算法

提升使用一个迭代过程来自适应地改变训练样本的权重，使得基分类器集中精力去处理那些容易错分的样本。与装袋固定样本权重的方式不同，提升算法给每一个样本赋一个初始权重值，但在每一轮提升过程结束时自动调整样本权重，增加错误分类的样本的权重，减小正确分类的样本的权重，以此来要求分类器在后续迭代中更加关注那些难以正确分类的样本。

训练样本的权重有以下两个方面的用途。

第一，用于抽样的概率分布，抽取自助样本集时更加容易抽样到权重值较大的样本。

第二，基分类器可以更重视那些权重值较大的样本，有利于正确分类那些容易错分的样本。

提升算法使用样本权重来确定自助样本集的抽样分布。开始时，全部样本的权重值都赋初值$1/N$，使得每个样本被抽中的概率都相同。但是，由于使用有放回的抽样，因此可能多次抽中一部分样本，而可能很少抽中甚至根本没有抽中另一部分样本。然后使用这些抽中的样本来训练分类器，并对全部样本进行分类预测。很难正确分类的样本容易被重复错分，它们的权重在后续轮次中将增大。而在前一轮未被抽中的样本将有更多的机会在下一轮抽中，因为前一轮对未抽中的样本的预测很有可能是错的。随着迭代次数的增多，越难正确分类的样本就越有更大的概率被抽中，从而得到更多的重视。迭代结束后，提升算法聚集每个轮次得到的基分类器，就得到最终的集成分类器。

已经有多个稍微不同的提升算法实现，其差别主要表现在两个方面：第一，每轮提升结束时如何更新样本权重；第二，如何聚集每个基分类器的预测结果。

下面以广受欢迎的 AdaBoost 算法来说明提升算法的原理。

2. AdaBoost 算法

AdaBoost(adaptive boosting)算法也称为自适应提升算法，该算法于 1995 年由 Yoav Freund 和 Robert Schapire 提出，是最为成功的提升算法。

在 AdaBoost 算法中，基分类器C_i的重要性取决于它的加权错误率ε_i。ε_i定义为：

$$\varepsilon_i = \frac{1}{N}\sum_{j=1}^{N} w^{(j)} I\left(C_i\left(\boldsymbol{x}^{(j)}\right) \neq y^{(j)}\right) \tag{13.5}$$

其中，$I(.)$为指示函数，$w^{(j)}$为样本j的权重。

基分类器C_i的重要性由参数α_i给出。α_i定义为：

$$\alpha_i = \frac{1}{2}\log\left(\frac{1-\varepsilon_i}{\varepsilon_i}\right) \tag{13.6}$$

参数α与ε的关系曲线如图 13.3 所示，是由 plot_alpha.py 绘制的。可以看到，如果ε接近于 0，则α为很大的正数；反之，如果ε接近于 1，则α为很大的负数。这样，就给表现好的基分类器更多的表现机会，而表现欠佳的基分类器则成为反向指标。

AdaBoost 使用参数α_i值来更新样本权重。假设$w_i^{(j)}$为当前提升轮次(第i轮)中样本j的权重，AdaBoost 的权重更新公式如下：

$$w_{i+1}^{(j)} = \frac{w_i^{(j)}}{Z_i} \times \begin{cases} \mathrm{e}^{-\alpha_j} & \text{if } C_i\left(\boldsymbol{x}^{(j)}\right) = y^{(j)} \\ \mathrm{e}^{\alpha_j} & \text{if } C_i\left(\boldsymbol{x}^{(j)}\right) \neq y^{(j)} \end{cases} \tag{13.7}$$

其中，Z_i为正规因子，用于确保$\sum_j w_{i+1}^{(j)} = 1$；$C_i\left(\boldsymbol{x}^{(j)}\right)$为第$i$轮提升中基分类器的预测标签。式(13.7)会减少那些正确分类的样本的权重，增加那些错误分类的样本的权重。

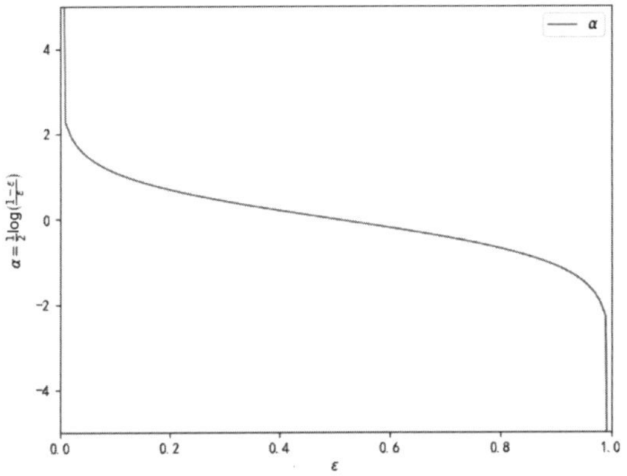

图 13.3　ε 与 α 的关系曲线

由于二元分类中，$y^{(j)}$ 的取值为+1 或−1，因此，对于二元分类问题，容易将式(13.7)改写为：

$$w_{i+1}^{(j)}=\frac{w_i^{(j)}}{Z_i}\times \mathrm{e}^{-C_i\left(\boldsymbol{x}^{(j)}\right)y^{(j)}\alpha_j} \tag{13.8}$$

以避免判断预测值 $C_i\left(\boldsymbol{x}^{(j)}\right)$ 与实际值 $y^{(j)}$ 是否相等。

AdaBoost 不使用多数投票法的融合方案，而是使用 α_i 对每一个基分类器 C_i 加权。公式如下：

$$C^*\left(\boldsymbol{x}\right)=\underset{y}{\arg\max}\sum\nolimits_i \alpha_j I\left(C_i\left(\boldsymbol{x}\right)=y\right) \tag{13.9}$$

这种加权机制有助于惩罚那些准确率较低的模型，鼓励准确率较高的模型。

另外，如果任何一轮的错误率高于 50%，则将权重恢复为初值 $w^{(j)}=1/N$，并重新抽样。最后，如果任何一轮的加权错误率 $\frac{1}{N}\sum\nolimits_j\sum\nolimits_i \alpha_j I\left(C_i\left(\boldsymbol{x}\right)\neq y\right)$ 等于 0，则终止提升。

AdaBoost 算法如算法 13.3 所示。

算法 13.3　AdaBoost 算法

```
函数：AdaBoost (S, C, k)
输入：训练集数据 S，基分类器 C，提升轮数 k
输出：AdaBoost 模型(各个基分类器)

// 初始化 N 个样本权重
```

$$\boldsymbol{w}=\left\{w_j=\frac{1}{N}\mid j=1,2,\cdots,N\right\}$$

```
for i = 1 to k do
    按照分布 w 随机有放回抽样样本数为 N 的自助样本集 D_i
    用 D_i 训练基分类器 C_i
    用 C_i 对原训练集 S 中的所有样本分类
```

$$\varepsilon_i = \frac{1}{N}\sum_{j=1}^{N} w^{(j)} I\left(C_i\left(\boldsymbol{x}^{(j)}\right) \neq y^{(j)}\right) \quad \text{// 计算加权错误率}$$

```
    if ε_i > 0.5 then
```

$$\boldsymbol{w} = \left\{w_j = \frac{1}{N} \mid j = 1,2,\cdots,N\right\} \quad \text{// 重新设置权重}$$

```
        break
    end if
```

$$\alpha_i = \frac{1}{2}\log\left(\frac{1-\varepsilon_i}{\varepsilon_i}\right)$$

$$w_{i+1}^{(j)} = \frac{w_i^{(j)}}{Z_i} \times \mathrm{e}^{-C_i\left(\boldsymbol{x}^{(j)}\right)y^{(j)}\alpha_j} \quad \text{// 更新权重}$$

```
    // 加权预测
```

$$C^*(\boldsymbol{x}) = \underset{y}{\operatorname{argmax}} \sum\nolimits_i \alpha_j I\left(C_i(\boldsymbol{x}) = y\right)$$

$$\textbf{if} \quad \frac{1}{N}\sum\nolimits_j \sum\nolimits_i \alpha_j I\left(C_i(\boldsymbol{x}) \neq y\right) \;==\; 0 \quad \textbf{then}$$

```
        break    // 加权错误率为零，则没有必要再训练
    end if
end for
```

$$\text{return} \quad \boldsymbol{C} = \{C_i \mid i = 1,2,\cdots,k\}$$

13.3.2 AdaBoost 算法实现

adaboost.py 实现了 AdaBoost 算法，它使用决策树桩作为基分类器。其中，ada_boost_train 函数用于训练 AdaBoost 模型，返回训练好的弱分类器列表，如代码 13.1 所示；ada_predict 函数使用 AdaBoost 模型对未知标签的样本进行预测。

代码 13.1 AdaBoost 算法训练函数

```
def ada_boost_train(x, y, iters=40):
    """
    完整 AdaBoost 算法实现
    输入
        x：数据集，y：标签，iters：迭代次数
    输出
        weak_classifiers：弱分类器，agg_predict：聚集各弱分类器的预测
    """
```

```
    weak_classifiers = []
    n, d = x.shape
    w = np.array(np.ones(n) / n)        # 权重
    agg_predict = np.zeros(n)

    for it in range(iters):
        best_stump, epsilon, y_hat = stump.build_stump(x, y, w)
        if epsilon > 0.5:
            w = np.array(np.ones(n) / n)  # 重新设置权重
            break
        alpha = float(1 / 2 * np.log((1 - epsilon) / max(epsilon, 1e-16)))   #
max(epsilon, 1e-16)防止零除错误
        best_stump['alpha'] = alpha
        weak_classifiers.append(best_stump)

        exponent = np.multiply(-1 * alpha * y.T, y_hat)
        w = np.multiply(w, np.exp(exponent))
        w = w / w.sum()     # 更新权重
        agg_predict += alpha * y_hat
        agg_errors = np.sign(agg_predict) != y.T
        agg_error_rate = np.sum(agg_errors) / n       # 加权错误率
        if agg_error_rate == 0.00:
            # 加权错误率为零，则没有必要再训练
            break

    return weak_classifiers, agg_predict
```

adaboost_demo.py 调用 adaboost.py 的 AdaBoost 算法进行训练和测试，在迭代次数为 10 的设置下，运行结果如下：

```
决策树桩算法在训练集上的分类正确率：94.29%
决策树桩算法在测试集上的分类正确率：86.67%

AdaBoost 算法在训练集上的分类正确率：100.00%
AdaBoost 算法在测试集上的分类正确率：96.67%
```

可见，AdaBoost 算法极大地提升了弱分类器决策树桩算法的性能，甚至能做到在训练集上的分类正确率达到 100.00%。

13.4 随机森林

随机森林(random forests，RF)由加州大学伯克利分校的 Leo Breiman 和 Adele Cutler 扩展前人的方法而成，并于 2006 年 12 月 19 日将“Random Forests”注册为商标，Minitab 公

司拥有其版权。随机森林非常著名，被誉为“代表集成学习技术水平的方法”，很多机器学习算法包都包含其实现。尽管随机森林既可以用于分类也可以用于回归，但在分类问题上的表现远胜于在回归问题上的表现，因此大部分都用于分类。

本节首先介绍随机森林算法的基本原理，然后介绍基分类器为分类树的随机森林算法的 Python 实现。

13.4.1 随机森林算法描述

随机森林是专门为决策树设计的集成算法，它是装袋算法的扩展，结合了装袋和决策树的优点。随机森林采用固定的概率分布来抽样自助样本集，这一点与装袋算法一致，通过有放回抽样抽取 N 个样本，将随机性引入数据中，从而影响决策树模型。与装袋算法不同的是，随机森林的决策树的每一个决策节点都随机选择 F 个输入特征作为候选决策属性，而不使用全部可用特征，这样可引入更多的随机性。一般可以让决策树完全生长而不修剪，这有助于减少所生成的树的偏差。全部决策树构建完成后，随机森林可以使用多数投票法来融合多个决策树的预测结果。

输入特征数 F 控制引入随机性的程度。如果 F 较小，则决策树的相关性趋于减弱；决策树的容量随 F 的增大而提高。推荐按照 $F = \log D$ 来进行选取，其中，D 为原来的输入特征数。由于每一个决策节点都仅仅考虑特征的一个子集，因此能减少决策树算法的训练时间。

构建随机森林的步骤如下。

步骤 1：有放回抽样生成 n_tree 组自助数据集。

步骤 2：就每一组自助数据集，随机选择 F 个特征，构建对应的决策树。

步骤 3：返回 n_tree 棵决策树。

随机森林生成算法的伪代码如算法 13.4 所示，算法细化了上述三个步骤。

算法 13.4　随机森林的生成算法

```
函数：RandomTree (S, n_tree, F)
输入：原始训练集数据 S，分类树的数量 n_tree，每棵分类树允许的最大的特征数 F
输出：n_tree 棵决策树

if F 为空 then
      F = log D        // 默认为总特征数的平方根
end if
//步骤 1
有放回抽样生成 n_tree 组自助数据集数组 sub_sets
```

```
//步骤 2
for i = 1 to n_tree do
    在 sub_sets[i]中随机选择 F 个特征，构成训练数据 sub_x 和标签 sub_y
    使用 sub_x 和 sub_y 来训练分类树 trees[i]
end for
//步骤 3
return trees
```

随机森林的分类算法如算法 13.5 所示。首先使用随机森林里的每一棵分类树对测试集进行预测，然后使用多数投票法融合各个分类树的预测结果，得到 predict_y。

算法 13.5　随机森林的分类算法

```
函数：RFclassify (trees, test_x)
输入：随机森林模型 trees，测试集 test_x
输出：predict_y

从 trees 中得到分类树的数量 n_tree
y_preds = []          // 暂存全部决策树的预测结果

for i = 1 to n_tree do
    在 test_x 中选择与构建 trees[i]一致的 F 个特征，构成测试数据 sub_x
    使用分类树 trees[i]来预测 sub_x 的标签 y_hat
    y_preds[i] = y_hat
end for
采用多数投票法从 y_preds 中计算 predict_y
return predict_y
```

由于随机森林不仅引入样本扰动，还引入属性扰动，因此，通过增加基分类器之间的差异度，能够进一步提升最终的集成分类器的泛化性能。

13.4.2　随机森林算法实现

random_forest_model.py 实现了随机森林模型，RandomForest 类是随机森林分类器，get_bootstrap_data 函数实现自助抽样，如代码 13.2 所示。

代码 13.2　自助抽样函数

```
    def get_bootstrap_data(self, x, y):
        """ 自助抽样得到 n_tree 组数据集 """
        n = len(x)
        results_data_sets = []
        for _ in range(self.n_tree):
            idx = np.random.choice(n, n, replace=True)
            bs_x = x[idx]
```

```
        bs_y = y[idx]
        results_data_sets.append([bs_x, bs_y])
    return results_data_sets
```

fit 函数实现随机森林模型的训练，函数使用自助抽样数据集和随机特征迭代训练每一棵树，如代码 13.3 所示。

代码 13.3　训练随机森林函数

```
def fit(self, x, y):
    """ 使用自助抽样数据集和随机特征训练随机森林 """
    sub_sets = self.get_bootstrap_data(x, y)
    n_features = len(x[0])
    # 计算最大的特征数
    if self.max_features is None:
        # 如果不指定，则默认为总特征数的平方根
        self.max_features = int(np.sqrt(n_features))
    # 迭代训练每一棵树
    for i in range(self.n_tree):
        # 随机抽样选取特征
        sub_x, sub_y = sub_sets[i]
        idx = np.random.choice(n_features, self.max_features, replace=True)
        sub_x = sub_x[:, idx]
        self.trees[i].fit(sub_x, sub_y)
        self.trees[i].feature_idx = idx
        # print(f"第{i}棵树训练完毕！")
```

predict 函数实现使用随机森林模型对数据集进行预测，如代码 13.4 所示。

代码 13.4　预测函数

```
def predict(self, x):
    """ 使用训练好的随机森林模型进行预测 """
    y_preds = []         # 暂存全部决策树的预测结果
    for i in range(self.n_tree):
        idx = self.trees[i].feature_idx
        sub_x = x[:, idx]
        y_hat = self.trees[i].predict(sub_x)
        y_preds.append(y_hat)
    y_preds = np.array(y_preds).T
    y_pred = []
    for y_p in y_preds:
        # bincount 函数统计每个索引出现的次数
        y_pred.append(np.bincount(y_p.astype('int')).argmax())
    return y_pred
```

random_forest_demo.py 是一个使用 RandomForest 类的示例，程序加载鸢尾花数据集，

然后划分训练集和测试集，再分别使用决策树算法和随机森林算法训练模型并测试模型性能。运行结果如下：

```
训练集数据形状： (100, 4)
训练集标签形状： (100,)
决策树算法在测试集上的分类正确率：90.00%
随机森林算法在测试集上的分类正确率：94.00%
```

可见，随机森林算法提升了决策树算法的性能。但由于鸢尾花数据集的特征数较少，只有四个特征，因此特征扰动的效果一般。

习 题

13.1　集成学习有哪些集成策略？

13.2　怎样实现个体学习器的“好而不同”？

13.3　如果在同一个训练集中训练 5 个不同的模型，它们的准确率都约为 80%，如何将这些模型组合起来得到更好的结果？

13.4　为什么装袋算法难以提升朴素贝叶斯分类器的性能？

13.5　能否将集成学习训练任务分布到使用多台服务器上以加速训练过程？试分析装袋、提升和随机森林进行分布计算的可行性。

13.6　如果基分类器都使用决策树，试论述装袋和随机森林的训练速度哪个更快些。为什么？

13.7　如果 AdaBoost 集成学习器欠拟合训练数据，应该如何调整超参数？

附录1 符 号 表

x	标量
$\boldsymbol{x}$	向量
$\boldsymbol{X}$	矩阵
I	单位阵
$\boldsymbol{x}^{\mathrm{T}}$ 或 $\boldsymbol{X}^{\mathrm{T}}$	向量转置或矩阵转置
$\boldsymbol{X}^{-1}$	矩阵求逆
$\mathcal{X}$	输入空间
$\mathcal{Y}$	输出空间
$\boldsymbol{x} \in \mathcal{X}$	输入，实例
$y \in \mathcal{Y}$	输出，目标属性
X	随机变量
$\left(\boldsymbol{x}^{(i)}, y^{(i)}\right)$	第 i 个训练样本
$\left\{\left(\boldsymbol{x}^{(1)}, y^{(1)}\right), \left(\boldsymbol{x}^{(2)}, y^{(2)}\right), \cdots, \left(\boldsymbol{x}^{(N)}, y^{(N)}\right)\right\}$	数据集
N	样本容量
$P(X)$ 或 $P(Y)$	概率分布
$P(X, Y)$	联合概率分布
θ 或 w	模型参数
b	偏置
α	学习率
J	代价函数
$\lVert \cdot \rVert_1$	L_1 范数
$\lVert \cdot \rVert_2$ 或 $\lVert \cdot \rVert$	L_2 范数
$\operatorname{sign}(.)$	符号函数
$I(.)$	指示函数

附录 2　习题参考答案

第 1 章

1.1

a. T：下棋

P：比赛胜出百分比

E：对弈

b. T：识别手写文字

P：识别准确率

E：从已标签的手写文字库中学习

1.2

A. 正确。父亲是导师，儿子是学生。

B. 错误。机器是可以学到东西的，只是样本过少。

C. 错误。训练的数据量太小会导致过拟合，学到的不是真正的模式。解决办法是增大训练数据，例如，父亲带儿子在天桥上待上一个星期，见识过多种跑车，就能正确识别跑车。

D. 正确。数据学习得太彻底，以至于学习到了噪声数据的特征。

E. 正确。

1.3

A. 否。这是数据库查询。

B. 否。常规会计的计算问题。

C. 否。因为是正常币，只是概率计算问题。

D. 是。股票价格是连续数据类型，预测价格可以归类为回归问题，也可采用时间序列技术。

E. 否。没有训练数据。

F. 是。属于二元分类问题。

G. 是。异常检测问题。

H. 是。自然语言处理的自动问答系统。

1.4

对于已经工作的人员，从理论角度出发的传统学习途径并不适合，周期长、难度大，多年后才能达到目标，容易中途因各种原因而放弃。建议从技术角度出发，根据自身条件进行学习。

第 2 章

2.1

$$\frac{\partial J}{\partial w_0}=\frac{\partial}{\partial w_0}\frac{1}{2N}\sum_{i=1}^{N}\left(h\left(x^{(i)}\right)-y^{(i)}\right)^2$$

$$=\frac{\partial}{\partial w_0}\frac{1}{2N}\sum_{i=1}^{N}\left(w_0+w_1x^{(i)}-y^{(i)}\right)^2$$

$$=\frac{1}{N}\sum_{i=1}^{N}\left(w_0+w_1x^{(i)}-y^{(i)}\right)$$

$$=w_0+\frac{1}{N}\sum_{i=1}^{N}\left(w_1x^{(i)}-y^{(i)}\right)$$

令 $\frac{\partial J}{\partial w_0}=0$，可以推导出

$$w_0=-\frac{1}{N}\sum_{i=1}^{N}\left(w_1x^{(i)}-y^{(i)}\right)=\frac{1}{N}\left(\sum_{i=1}^{N}y^{(i)}-\sum_{i=1}^{N}w_1x^{(i)}\right)=\bar{y}-w_1\bar{x}$$

即 $\hat{w}_0=\bar{y}-w_1\bar{x}$

$$\frac{\partial J}{\partial w_1}=\frac{\partial}{\partial w_1}\frac{1}{2N}\sum_{i=1}^{N}\left(h\left(x^{(i)}\right)-y^{(i)}\right)^2$$

$$=\frac{\partial}{\partial w_1}\frac{1}{2N}\sum_{i=1}^{N}\left(w_0+w_1x^{(i)}-y^{(i)}\right)^2$$

$$=\frac{1}{N}\sum_{i=1}^{N}\left(w_0+w_1x^{(i)}-y^{(i)}\right)x^{(i)}$$

$$=\frac{w_0}{N}\sum_{i=1}^{N}x^{(i)}+\frac{w_1}{N}\sum_{i=1}^{N}x^{(i)}x^{(i)}-\frac{1}{N}\sum_{i=1}^{N}x^{(i)}y^{(i)}$$

$$=w_0\bar{x}+w_1\overline{x^2}-\overline{xy}$$

令 $\frac{\partial J}{\partial w_1}=0$，并考虑到 $w_0=\bar{y}-w_1\bar{x}$，可以推导出

$$\bar{x}\bar{y}-w_1\left(\bar{x}\right)^2+w_1\overline{x^2}-\overline{xy}=0$$

即 $\hat{w}_1=\dfrac{\overline{xy}-\bar{x}\bar{y}}{\overline{x^2}-\left(\bar{x}\right)^2}$

2.2

任给绝对值足够小的ε，根据泰勒展开公式，有：

$$J(\theta+\varepsilon)\approx J(\theta)+\varepsilon\frac{\mathrm{d}J(\theta)}{\mathrm{d}\theta}$$

寻找一个满足$\left|\alpha\frac{\mathrm{d}J(\theta)}{\mathrm{d}\theta}\right|$足够小的常数$\alpha>0$，使用$-\alpha\frac{\mathrm{d}J(\theta)}{\mathrm{d}\theta}$来替换$\varepsilon$，有：

$$J\left(\theta-\alpha\frac{\mathrm{d}J(\theta)}{\mathrm{d}\theta}\right)\approx J(\theta)-\alpha\left(\frac{\mathrm{d}J(\theta)}{\mathrm{d}\theta}\right)^2$$

由于$\alpha\left(\frac{\mathrm{d}J(\theta)}{\mathrm{d}\theta}\right)^2\geqslant 0$，因此

$$J\left(\theta-\alpha\frac{\mathrm{d}J(\theta)}{\mathrm{d}\theta}\right)\leqslant J(\theta)$$

上面公式说明，使用$\theta-\alpha\frac{\mathrm{d}J(\theta)}{\mathrm{d}\theta}$来迭代替换$\theta$，函数$J(\theta)$的值就可能持续下降到一个最优解。

2.3

$$J(0,0)=\frac{1}{2N}\sum_{i=1}^{N}\left(h\left(x^{(i)};w_0,w_1\right)-y^{(i)}\right)^2$$

$$=\frac{1}{6}\times\left((0-1)^2+(0-2)^2+(0-3)^2\right)$$

$$=\frac{1}{6}\times 14\approx 2.3$$

2.4

$$h(2028;433.695,-0.193)=433.695-0.193\times 2028=42.291$$

2.5

A. 正确。在局部最小值点，梯度为 0，因此梯度下降不会改变参数。

B. 正确。如果学习率α很小，梯度下降的每次迭代都只会迈出极小的一步，因此要很长时间才会收敛。

C. 错误。如果学习率α太大，梯度下降的一步可能会冲过最小值，从而使代价函数增大。

D. 错误。参数的初始化值决定梯度下降终止在多个局部最小值的哪一个点上。

2.6

C. 尝试选择更大的α，加快$J(\boldsymbol{\theta})$的下降速度。

2.7

A. 错误。单变量线性回归的代价函数 $J(w_0, w_1)$ 没有除全局最小值外的局部最优，因此梯度下降不会陷入局部最小值。

B. 错误。只要所有的训练样本都位于一条直线上，我们都可以找到参数组合 w_0 和 w_1，使得 $J(w_0, w_1) = 0$，不一定要求 $y^{(i)} = 0$。

C. 错误。如果 $J(w_0, w_1) = 0$，意味着由公式 $y = w_0 + w_1 x$ 定义的直线能够完美地拟合所有的训练样本，不要求 w_0 和 w_1 的值都必须为 0。

D. 正确。$J(w_0, w_1) = 0$ 意味着由公式 $y = w_0 + w_1 x$ 定义的直线能够完美地拟合所有的训练样本，即 $h(x^{(i)}; w_0, w_1) = y^{(i)}$。

2.8

$\boldsymbol{\theta}$ 为 5×1，$\boldsymbol{X}$ 为 20×5，$\boldsymbol{y}$ 为 20×1

2.9

就给出的情形而言，使用正规方程好些。只需要对 21×21 的矩阵求逆，不会花费很长时间，因此使用正规方程不慢。

2.10

略

2.11

根据 $\boldsymbol{A}$ 的定义，不难得到 $\sum_{j=1}^{D} w_j^2 = \left(\boldsymbol{\theta}^{\mathrm{T}} \boldsymbol{A}\right)\left(\boldsymbol{A}\boldsymbol{\theta}\right) = \boldsymbol{\theta}^{\mathrm{T}} \boldsymbol{A}\boldsymbol{\theta}$

可将代价函数改写为如下形式：

$$J(\boldsymbol{\theta}) = \frac{1}{2N}\left[\sum_{i=1}^{N}\left(h\left(x^{(i)};\boldsymbol{\theta}\right) - y^{(i)}\right)^2 + \lambda\sum_{j=1}^{D} w_j^2\right]$$

$$= \frac{1}{2N}\left[\left(\boldsymbol{X\theta} - \boldsymbol{y}\right)^{\mathrm{T}}\left(\boldsymbol{X\theta} - \boldsymbol{y}\right) + \boldsymbol{\theta}^{\mathrm{T}}\boldsymbol{A\theta}\right]$$

$$= \frac{1}{2N}\left[\left(\boldsymbol{\theta}^{\mathrm{T}}\boldsymbol{X}^{\mathrm{T}}\boldsymbol{X\theta} - 2\boldsymbol{\theta}^{\mathrm{T}}\boldsymbol{X}^{\mathrm{T}}\boldsymbol{y} + \boldsymbol{y}^{\mathrm{T}}\boldsymbol{y}\right) + \boldsymbol{\theta}^{\mathrm{T}}\boldsymbol{A\theta}\right]$$

利用正文的 4 个实用公式，直接求得 $\frac{\partial J(\boldsymbol{\theta})}{\partial \boldsymbol{\theta}}$ 的结果如下：

$$\frac{\partial J(\boldsymbol{\theta})}{\partial \boldsymbol{\theta}} = \frac{1}{N}\boldsymbol{X}^{\mathrm{T}}\boldsymbol{X\theta} - \frac{1}{N}\boldsymbol{X}^{\mathrm{T}}\boldsymbol{y} + \frac{1}{N}\lambda\boldsymbol{A\theta}$$

令 $\frac{\partial J(\boldsymbol{\theta})}{\partial \boldsymbol{\theta}} = 0$，可得

$$\left(\boldsymbol{X}^{\mathrm{T}}\boldsymbol{X}+\lambda\boldsymbol{A}\right)\boldsymbol{\theta}=\boldsymbol{X}^{\mathrm{T}}\boldsymbol{y}$$

上式两边左乘$\left(\boldsymbol{X}^{\mathrm{T}}\boldsymbol{X}+\lambda\boldsymbol{A}\right)^{-1}$，得到

$$\boldsymbol{\theta}=\left(\boldsymbol{X}^{\mathrm{T}}\boldsymbol{X}+\lambda\boldsymbol{A}\right)^{-1}\boldsymbol{X}^{\mathrm{T}}\boldsymbol{y}$$

使用$\hat{\boldsymbol{\theta}}$来替换$\boldsymbol{\theta}$，得

$$\hat{\boldsymbol{\theta}}=\left(\boldsymbol{X}^{\mathrm{T}}\boldsymbol{X}+\lambda\boldsymbol{A}\right)^{-1}\boldsymbol{X}^{\mathrm{T}}\boldsymbol{y}$$

2.12

当一些特征的取值范围远比其余特征的取值范围大时，梯度下降就会在这些特征上花费很多时间寻找参数局部最优。千万不要以为增大学习率α就可解决这个问题，增大α可以在取值范围较大的特征上步幅加快，但可能引起在取值范围较小的特征上“冲过”最优点而无法收敛。

2.13

想法很好。实际上，已经有类似指数衰减的方法来逐步减小学习率，但需要根据经验来设置衰减参数。常规的梯度下降法不修改学习率，在远离局部最小值处梯度会很大，越接近最小值处梯度越小。随着梯度下降法的迭代运行，更新$\boldsymbol{\theta}$的步幅越来越小，直到达到最优点。因此，一般不需要去减小α。

第3章

3.1

$$\frac{\partial}{\partial\theta_i}h\left(\boldsymbol{x}^{(j)};\boldsymbol{\theta}\right)=-\frac{\frac{\partial}{\partial\theta_i}\left(1+\mathrm{e}^{-\boldsymbol{\theta}^{\mathrm{T}}\boldsymbol{x}}\right)}{\left(1+\mathrm{e}^{-\boldsymbol{\theta}^{\mathrm{T}}\boldsymbol{x}}\right)^2}$$

$$=\frac{\mathrm{e}^{-\boldsymbol{\theta}^{\mathrm{T}}\boldsymbol{x}}}{\left(1+\mathrm{e}^{-\boldsymbol{\theta}^{\mathrm{T}}\boldsymbol{x}}\right)^2}\frac{\partial}{\partial\theta_i}\left(\boldsymbol{\theta}^{\mathrm{T}}\boldsymbol{x}\right)$$

$$=\left(\frac{1}{\left(1+\mathrm{e}^{-\boldsymbol{\theta}^{\mathrm{T}}\boldsymbol{x}}\right)}\left(1-\frac{1}{\left(1+\mathrm{e}^{-\boldsymbol{\theta}^{\mathrm{T}}\boldsymbol{x}}\right)}\right)\right)\frac{\partial}{\partial\theta_i}\left(\boldsymbol{\theta}^{\mathrm{T}}\boldsymbol{x}\right)$$

$$=h\left(\boldsymbol{x}^{(j)};\boldsymbol{\theta}\right)\left(1-h\left(\boldsymbol{x}^{(j)};\boldsymbol{\theta}\right)\right)x_i$$

3.2

$$\frac{\partial}{\partial\theta_i}J(\boldsymbol{\theta})=-\frac{1}{N}\left[\sum_{j=1}^{N}\frac{\partial}{\partial\theta_i}\left(y^{(j)}\log\left(h\left(\boldsymbol{x}^{(j)};\boldsymbol{\theta}\right)\right)+\left(1-y^{(j)}\right)\log\left(1-h\left(\boldsymbol{x}^{(j)};\boldsymbol{\theta}\right)\right)\right)\right]$$

$$=-\frac{1}{N}\left[\sum_{j=1}^{N}y^{(j)}\frac{1}{h\left(\boldsymbol{x}^{(j)};\boldsymbol{\theta}\right)}\frac{\partial}{\partial\theta_i}h\left(\boldsymbol{x}^{(j)};\boldsymbol{\theta}\right)+\left(1-y^{(j)}\right)\frac{1}{1-h\left(\boldsymbol{x}^{(j)};\boldsymbol{\theta}\right)}\frac{\partial}{\partial\theta_i}\left(1-h\left(\boldsymbol{x}^{(j)};\boldsymbol{\theta}\right)\right)\right]$$

$$=-\frac{1}{N}\left[\sum_{j=1}^{N}y^{(j)}\frac{1}{h\left(\boldsymbol{x}^{(j)};\boldsymbol{\theta}\right)}h\left(\boldsymbol{x}^{(j)};\boldsymbol{\theta}\right)\left(1-h\left(\boldsymbol{x}^{(j)};\boldsymbol{\theta}\right)\right)x_i^{(j)}+\left(1-y^{(j)}\right)\frac{1}{1-h\left(\boldsymbol{x}^{(j)};\boldsymbol{\theta}\right)}\left(-h\left(\boldsymbol{x}^{(j)};\boldsymbol{\theta}\right)\left(1-h\left(\boldsymbol{x}^{(j)};\boldsymbol{\theta}\right)\right)x_i^{(j)}\right)\right]$$

$$=-\frac{1}{N}\left[\sum_{j=1}^{N}y^{(j)}\left(1-h\left(\boldsymbol{x}^{(j)};\boldsymbol{\theta}\right)\right)x_i^{(j)}-\left(1-y^{(j)}\right)h\left(\boldsymbol{x}^{(j)};\boldsymbol{\theta}\right)x_i^{(j)}\right]$$

$$=\frac{1}{N}\sum_{j=1}^{N}\left(h\left(\boldsymbol{x}^{(j)};\boldsymbol{\theta}\right)-y^{(j)}\right)x_i^{(j)}$$

3.3

A、D。

3.4

决策边界是由方程 $x_1+x_2=5$ 定义的一条直线，即 $-5+x_1+x_2=0$ 。

3.5

如果正则化参数 λ 的值很大，对模型的复杂度惩罚大，对拟合数据的损失惩罚小，不容易出现过拟合，但有可能出现欠拟合。如果 λ 值很小，则更注重拟合训练数据，在训练数据上的偏差小，有可能过拟合。因此，λ 有一个合适的取值范围，需要通过实验来确定。

3.6

使用链式求导法则，有 $\dfrac{\partial J}{\partial z_i}=\dfrac{\partial J}{\partial s_j}\dfrac{\partial s_j}{\partial z_i}$

$$\frac{\partial J}{\partial s_j}=\frac{\partial\left(-\sum_i y_i\log s_i\right)}{\partial s_j}=-\sum_i y_i\frac{1}{s_i}$$

当 $i=j$ 时，有

$$\frac{\partial s_j}{\partial z_i}=\frac{\partial\left(\dfrac{\exp(z_i)}{\sum_k\exp(z_k)}\right)}{\partial z_i}=\frac{\exp(z_i)\left(\sum_k\exp(z_k)-\exp(z_i)\right)}{\left(\sum_k\exp(z_k)\right)^2}=\frac{\exp(z_i)}{\sum_k\exp(z_k)}\left(1-\frac{\exp(z_i)}{\sum_k\exp(z_k)}\right)$$

$$=s_i\left(1-s_i\right)$$

当 $i\neq j$ 时，有

$$\frac{\partial s_j}{\partial z_i}=\frac{\partial\left(\frac{\exp\left(z_j\right)}{\sum_k \exp\left(z_k\right)}\right)}{\partial z_i}=\frac{0-\exp\left(z_j\right)\exp\left(z_i\right)}{\left(\sum_k \exp\left(z_k\right)\right)^2}=-s_j s_i$$

$$\therefore \frac{\partial J}{\partial z_i}=y_i s_i-y_i+\sum_{i\neq j} y_j s_i=s_i\sum y_j-y_i=s_i-y_i$$

第 4 章

4.1

$$\ell\left(\phi,\boldsymbol{\mu}_0,\boldsymbol{\mu}_1,\boldsymbol{\Sigma}\right)=\log\prod_{i=1}^{N} p\left(\boldsymbol{x}^{(i)}\mid y^{(i)};\phi,\boldsymbol{\mu}_0,\boldsymbol{\mu}_1,\boldsymbol{\Sigma}\right)p\left(y^{(i)};\phi\right)$$

$$=\sum_{i=1}^{N}\left(y^{(i)}\log\phi+\left(1-y^{(i)}\right)\log\left(1-\phi\right)-\frac{1}{2}\left(\boldsymbol{x}-\boldsymbol{\mu}_{y^{(i)}}\right)^{\mathrm{T}}\boldsymbol{\Sigma}^{-1}\left(\boldsymbol{x}-\boldsymbol{\mu}_{y^{(i)}}\right)+\log\frac{1}{\left(2\pi\right)^{D/2}\left|\boldsymbol{\Sigma}\right|^{1/2}}\right)$$

对ℓ求关于ϕ的偏导数，得

$$\frac{\partial\ell}{\partial\phi}=\sum_{i=1}^{N}\left(y^{(i)}\frac{1}{\phi}-\left(1-y^{(i)}\right)\frac{1}{1-\phi}\right)$$

令$\frac{\partial\ell}{\partial\phi}=0$，得

$$\sum_{i=1}^{N}\left(y^{(i)}-\phi\right)=0$$

$$\Rightarrow\phi=\frac{1}{N}\sum_{i=1}^{N}I\left(y^{(i)}=1\right)$$

对ℓ求关于$\boldsymbol{\mu}_0$的偏导数，得

$$\frac{\partial\ell}{\partial\boldsymbol{\mu}_0}=\frac{\partial}{\partial\boldsymbol{\mu}_0}\sum_{i=1}^{N}\left(\left(-\frac{1}{2}\left(\boldsymbol{x}-\boldsymbol{\mu}_0\right)^{\mathrm{T}}\boldsymbol{\Sigma}^{-1}\left(\boldsymbol{x}-\boldsymbol{\mu}_0\right)\right)I(y^{(i)}=0)\right)$$

$$=\sum_{i=1}^{N}\left(\left(\frac{1}{2}\boldsymbol{\Sigma}^{-1}\left(\boldsymbol{x}-\boldsymbol{\mu}_0\right)\right)I(y^{(i)}=0)\right)$$

令$\frac{\partial\ell}{\partial\boldsymbol{\mu}_0}=0$，得

$$\sum_{i=1}^{N}\left(\left(\boldsymbol{x}-\boldsymbol{\mu}_0\right)I\left(y^{(i)}=0\right)\right)=0$$

$$\Rightarrow \boldsymbol{\mu}_0 = \frac{\sum_{i=1}^{N} I\left(y^{(i)}=0\right)\boldsymbol{x}^{(i)}}{\sum_{i=1}^{N} I\left(y^{(i)}=0\right)}$$

同理可得：

$$\boldsymbol{\mu}_1 = \frac{\sum_{i=1}^{N} I\left(y^{(i)}=1\right)\boldsymbol{x}^{(i)}}{\sum_{i=1}^{N} I\left(y^{(i)}=1\right)}$$

对 ℓ 求关于 $\boldsymbol{\Sigma}$ 的偏导数，并利用实用公式 $\frac{\partial|\boldsymbol{\Sigma}|}{\partial\boldsymbol{\Sigma}}=|\boldsymbol{\Sigma}|\boldsymbol{\Sigma}^{-1}$，得

$$\frac{\partial\ell}{\partial\boldsymbol{\Sigma}} = \frac{\partial}{\partial\boldsymbol{\Sigma}}\sum_{i=1}^{N}\left(\left(-\frac{1}{2}\left(\boldsymbol{x}-\boldsymbol{\mu}_{y^{(i)}}\right)^{\mathrm{T}}\boldsymbol{\Sigma}^{-1}\left(\boldsymbol{x}-\boldsymbol{\mu}_{y^{(i)}}\right)\right)+\log\frac{1}{(2\pi)^{D/2}|\boldsymbol{\Sigma}|^{1/2}}\right)$$

$$=\sum_{i=1}^{N}\left(\left(\frac{1}{2}\left(\boldsymbol{x}-\boldsymbol{\mu}_{y^{(i)}}\right)\left(\boldsymbol{x}-\boldsymbol{\mu}_{y^{(i)}}\right)^{\mathrm{T}}\boldsymbol{\Sigma}^{-2}\right)-\frac{1}{2}\boldsymbol{\Sigma}^{-1}\right)$$

令 $\frac{\partial\ell}{\partial\boldsymbol{\Sigma}}=0$，得

$$\sum_{i=1}^{N}\left(\boldsymbol{x}-\boldsymbol{\mu}_{y^{(i)}}\right)\left(\boldsymbol{x}-\boldsymbol{\mu}_{y^{(i)}}\right)^{\mathrm{T}}=N\boldsymbol{\Sigma}$$

$$\Rightarrow \boldsymbol{\Sigma}=\frac{1}{N}\sum_{i=1}^{N}\left(\boldsymbol{x}^{(i)}-\boldsymbol{\mu}_{y^{(i)}}\right)\left(\boldsymbol{x}^{(i)}-\boldsymbol{\mu}_{y^{(i)}}\right)^{\mathrm{T}}$$

4.2

根据贝叶斯公式，有

$$p(y=1|\boldsymbol{x})=\frac{p(\boldsymbol{x}\mid y=1)p(y=1)}{p(\boldsymbol{x})}$$

$$=\frac{\mathcal{N}(\boldsymbol{x};\boldsymbol{\mu}_1,\boldsymbol{\Sigma})\phi}{\mathcal{N}(\boldsymbol{x};\boldsymbol{\mu}_0,\boldsymbol{\Sigma})(1-\phi)+\mathcal{N}(\boldsymbol{x};\boldsymbol{\mu}_1,\boldsymbol{\Sigma})\phi}$$

$$=\frac{1}{1+\frac{\mathcal{N}(\boldsymbol{x};\boldsymbol{\mu}_0,\boldsymbol{\Sigma})(1-\phi)}{\mathcal{N}(\boldsymbol{x};\boldsymbol{\mu}_1,\boldsymbol{\Sigma})\phi}}$$

由于 $\frac{\mathcal{N}(\boldsymbol{x};\boldsymbol{\mu}_0,\boldsymbol{\Sigma})}{\mathcal{N}(\boldsymbol{x};\boldsymbol{\mu}_1,\boldsymbol{\Sigma})}=\exp\left(\left(\boldsymbol{x}-\boldsymbol{\mu}_0\right)^{\mathrm{T}}\boldsymbol{\Sigma}^{-1}\left(\boldsymbol{x}-\boldsymbol{\mu}_0\right)-\left(\boldsymbol{x}-\boldsymbol{\mu}_1\right)^{\mathrm{T}}\boldsymbol{\Sigma}^{-1}\left(\boldsymbol{x}-\boldsymbol{\mu}_1\right)\right)$

$$=\exp\left(2\left(\boldsymbol{\mu}_1-\boldsymbol{\mu}_0\right)^{\mathrm{T}}\boldsymbol{\Sigma}^{-1}\boldsymbol{x}+\left(\boldsymbol{\mu}_0^{\mathrm{T}}\boldsymbol{\Sigma}\boldsymbol{\mu}_0-\boldsymbol{\mu}_1^{\mathrm{T}}\boldsymbol{\Sigma}\boldsymbol{\mu}_1\right)\right)$$

令 $2\boldsymbol{\Sigma}^{-1}\left(\boldsymbol{\mu}_1-\boldsymbol{\mu}_0\right)=\left(w_1,w_2,\cdots,w_D\right)^{\mathrm{T}}$

$$w_0=\boldsymbol{\mu}_0^{\mathrm{T}}\boldsymbol{\Sigma}\boldsymbol{\mu}_0-\boldsymbol{\mu}_1^{\mathrm{T}}\boldsymbol{\Sigma}\boldsymbol{\mu}_1+\log\frac{1-\phi}{\phi}$$

则 $p\left(y=1|\boldsymbol{x}\right)=\dfrac{1}{1+\exp\left(w_0+w_1x_1+w_2x_2+\cdots+w_Dx_D\right)}$

$$=\frac{1}{1+\exp\left(-\boldsymbol{w}^{\mathrm{T}}\boldsymbol{x}\right)}$$

4.3

朴素贝叶斯将属性视为给定类别后条件独立，如果存在冗余属性，就会给学习带来不良影响。以天气数据集为例，假如增加一个与 temperature 属性完全一样的新属性，那么 temperature 属性的影响力就会加倍，计算似然时它的概率就会多乘一遍，更多地影响朴素贝叶斯算法的决策。显然，更多的冗余属性肯定更多地影响算法。

4.4

一般使用对数来计算。先将每个概率值求对数，然后把对数相加。

4.5

$$\ell\left(\Theta\right)=\log\prod_{i=1}^{N}p\left(\boldsymbol{x}^{(i)},y^{(i)};\Theta\right)$$

$$=\log\prod_{i=1}^{N}p\left(\boldsymbol{x}^{(i)}\mid y^{(i)};\Theta\right)p\left(y^{(i)};\Theta\right)$$

$$=\log\prod_{i=1}^{N}\left(\prod_{j=1}^{|V|}p\left(x_j^{(i)}\mid y^{(i)};\Theta\right)\right)p\left(y^{(i)};\Theta\right)$$

$$=\sum_{i=1}^{N}\left(\log p\left(y^{(i)};\Theta\right)+\sum_{j=1}^{|V|}\log p\left(x_j^{(i)}\mid y^{(i)};\Theta\right)\right)$$

$$=\sum_{i=1}^{N}\left(y^{(i)}\log\phi_y+\left(1-y^{(i)}\right)\log\left(1-\phi_y\right)+\sum_{j=1}^{|V|}\left(x_j^{(i)}\log\phi_{j|y^{(i)}}+\left(1-x_j^{(i)}\right)\log\left(1-\phi_{j|y^{(i)}}\right)\right)\right)$$

4.6

对 $\ell\left(\Theta\right)$ 求关于 $\phi_{j|y=1}$ 的偏导数，得：

$$\frac{\partial}{\partial\phi_{j|y=1}}\ell\left(\Theta\right)=\frac{\partial}{\partial\phi_{j|y=1}}\sum_{i=1}^{N}\left(x_j^{(i)}\log\phi_{j|y^{(i)}}+\left(1-x_j^{(i)}\right)\log\left(1-\phi_{j|y^{(i)}}\right)\right)$$

$$=\frac{\partial}{\partial\phi_{j|y=1}}\sum_{i=1}^{N}\left(I(y^{(i)}=1)x_j^{(i)}\log\phi_{j|y^{(i)}}+I(y^{(i)}=1)\left(1-x_j^{(i)}\right)\log\left(1-\phi_{j|y^{(i)}}\right)\right)$$

$$=\sum_{i=1}^{N}\left(I(y^{(i)}=1)x_j^{(i)}\frac{1}{\phi_{j|y=1}}-I(y^{(i)}=1)\left(1-x_j^{(i)}\right)\frac{1}{1-\phi_{j|y=1}}\right)$$

令 $\frac{\partial}{\partial\phi_{j|y=1}}\ell(\Theta)=0$，有：

$$0=\sum_{i=1}^{N}\left(I\left(y^{(i)}=1\right)x_j^{(i)}\frac{1}{\phi_{j|y=1}}-I\left(y^{(i)}=1\right)\left(1-x_j^{(i)}\right)\frac{1}{1-\phi_{j|y=1}}\right)$$

$$\Rightarrow 0=\sum_{i=1}^{N}\left(I\left(y^{(i)}=1\right)x_j^{(i)}\left(1-\phi_{j|y=1}\right)-I\left(y^{(i)}=1\right)\left(1-x_j^{(i)}\right)\phi_{j|y=1}\right)$$

$$=\sum_{i=1}^{N}\left(I\left(y^{(i)}=1\right)\left(x_j^{(i)}-\phi_{j|y=1}\right)\right)$$

$$=\sum_{i=1}^{N}\left(x_j^{(i)}I\left(y^{(i)}=1\right)\right)-\sum_{i=1}^{N}\left(\phi_{j|y=1}I\left(y^{(i)}=1\right)\right)$$

$$=\sum_{i=1}^{N}\left(I\left(x_j^{(i)}=1\wedge y^{(i)}=1\right)\right)-\phi_{j|y=1}\sum_{i=1}^{N}I\left(y^{(i)}=1\right)$$

$$\Rightarrow \phi_{j|y=1}=\frac{\sum_{i=1}^{N}I\left(x_j^{(i)}=1\wedge y^{(i)}=1\right)}{\sum_{i=1}^{N}I\left(y^{(i)}=1\right)}$$

同理可证明：

$$\phi_{j|y=0}=\frac{\sum_{i=1}^{N}I\left(x_j^{(i)}=1\wedge y^{(i)}=0\right)}{\sum_{i=1}^{N}I\left(y^{(i)}=0\right)}$$

对 $\ell(\Theta)$ 求关于 ϕ_y 的偏导数，得：

$$\frac{\partial}{\partial\phi_y}\ell(\Theta)=\frac{\partial}{\partial\phi_y}\sum_{i=1}^{N}\left(y^{(i)}\log\phi_y+\left(1-y^{(i)}\right)\log\left(1-\phi_y\right)\right)$$

$$=\sum_{i=1}^{N}\left(y^{(i)}\frac{1}{\phi_y}-\left(1-y^{(i)}\right)\frac{1}{1-\phi_y}\right)$$

令 $\frac{\partial}{\partial\phi_y}\ell(\Theta)=0$，有：

$$0=\sum_{i=1}^{N}\left(y^{(i)}\frac{1}{\phi_y}-\left(1-y^{(i)}\right)\frac{1}{1-\phi_y}\right)$$

$$\Rightarrow 0=\sum_{i=1}^{N}\left(y^{(i)}\left(1-\phi_y\right)-\left(1-y^{(i)}\right)\phi_y\right)$$

$$=\sum_{i=1}^{N}y^{(i)}-\sum_{i=1}^{N}\phi_y$$

$$\Rightarrow \phi_y=\frac{\sum_{i=1}^{N}I\left(y^{(i)}=1\right)}{N}$$

4.7

朴素贝叶斯假设是条件独立，即给定目标值时属性之间相互条件独立，没有说属性之间相互独立，因此下式不成立：

$$p(\text{sunny,cool,high,TRUE})=p(\text{sunny})\times p(\text{cool})\times p(\text{high})\times p(\text{TRUE})$$

第 5 章

5.1

学习曲线表明训练误差和验证误差之间间隔较大，因此算法的问题是高方差。

5.2

A. 正确。训练误差和验证误差差别较大说明模型过拟合训练集，有高方差问题。增大正则化参数 λ 有助于降低过拟合，缓解高方差问题。

B. 错误。交叉验证和训练集验证集划分都可以诊断算法问题。

C. 错误。增加更多特征只会增加模型过拟合训练集。

D. 正确。增大训练集能够帮助缓解高方差问题。

5.3

A. 正确。模型训练误差和验证误差都很大说明模型有高偏差问题。使用更多特征能够增加模型复杂度，使模型拟合训练数据和验证数据。

B. 正确。尝试减少正则化参数 λ 使模型更容易拟合训练数据和验证数据，降低偏差。

C. 错误。使用更少的特征会降低模型复杂度，从而使偏差问题更严重。

D. 错误。增大正则化参数 λ 会使偏差增大。

E. 错误。交叉验证和训练集验证集划分都可以诊断算法问题。

5.4

错误。高偏差意味着模型不太拟合当前训练数据，因此增加新样本不会有帮助。高方差意味着模型过度拟合训练数据，增加新样本就能增大训练集的复杂度，从而减少过拟合的可能。

5.5

A. 错误。模型引入正则化以后，趋向欠拟合训练集，因此在训练集上的性能会更差一些。

B. 错误。模型引入正则化以后，趋向欠拟合训练集，在训练集以外的样本上的性能不一定总是好转。

C. 不正确。模型新增特征以后会过拟合训练集，在训练集以外的样本上的性能可能会更差。

D. 正确。模型新增多个特征以后，模型表现能力增强，能够更好地拟合训练集。如果增加很多特征，模型有可能过拟合训练集。

5.6

错误。测试数据只是为了得到模型的泛化误差，不能用于确定任何参数。如果将测试集数据用于选择正则化参数 λ，测试误差就无法代表泛化误差的无偏估计。

5.7

A. 正确。如果模型总是预测 y=1，则 FN 为 0，因此查全率为 100%，查准率就是正例占总体的比例，因此为 1%。

B. 错误。如果模型总是输出 y=1，则查全率为 0%，查准率 99%。

C. 正确。查全率和查准率合并成 F_1 度量，好的分类器 F_1 大，具有高的查全率和查准率。

D. 正确。模型在训练集上的准确率为 99%是因为数据分布很偏，验证集也是同样的分布，因此很有可能得到相似的准确率。

5.8

A. 错误。阈值下调意味着输出更多的 y=1，将不太确信的样本也分为正例，因此查准率下降，没有提升。

B. 正确。阈值下调意味着输出更多的 y=1，将不太确信的样本也分为正例，因此查准率下降。

C. 错误。阈值下调意味着输出更多的 y=1，TP 和 FP 都会增大，TN 和 FN 都会减小，因此分类器的查全率和查准率肯定会改变，准确率是否提升不好确定。

D. 正确。TP 增大，FN 减小，因此分类器的查全率提升。

第 6 章

6.1

k 应为 2，$\boldsymbol{x}^{(i)}$ 离质心 $\boldsymbol{\mu}_2$ 最近。

6.2

A. 错误。初始化只在 K-means 开始时执行，不在循环中执行。

B. 正确。更新质心 $\boldsymbol{\mu}_k$ 是 K-means 循环中的第二个步骤。

C. 正确。更新参数 r_{ik} 是 K-means 循环中的第一个步骤。

D. 错误。测试不属于 K-means 算法的范围。

6.3

A. 错误。K-means 是无监督算法，不能进行预测。

B. 正确。可以用 K-means 算法对产品聚类。

C. 错误。这是分类算法做的事。

D. 正确。这是聚类算法做的事。

6.4

EM 迭代以参数 $\theta^{(t)}$ 开始，选择 $q_i\left(z^{(i)}\right)=p\left(z^{(i)} \mid \boldsymbol{x}^{(i)};\theta\right)$，保证在给定 $\theta^{(t)}$ 时，Jensen 不等式的等式成立，即：

$$\ell\left(\theta^{(t)}\right)=\sum_{i=1}^{N}\sum_{z^{(i)}}q_i^{(t)}\left(z^{(i)}\right)\log\frac{p\left(\boldsymbol{x}^{(i)},z^{(i)};\theta^{(t)}\right)}{q_i^{(t)}\left(z^{(i)}\right)}$$

极大化上式的右式可得到参数 $\theta^{(t+1)}$，也就是：

$$\ell\left(\theta^{(t+1)}\right)\geqslant\sum_{i=1}^{N}\sum_{z^{(i)}}q_i^{(t)}\left(z^{(i)}\right)\log\frac{p\left(\boldsymbol{x}^{(i)},z^{(i)};\theta^{(t+1)}\right)}{q_i^{(t)}\left(z^{(i)}\right)}$$

$$\geqslant\sum_{i=1}^{N}\sum_{z^{(i)}}q_i^{(t)}\left(z^{(i)}\right)\log\frac{p\left(\boldsymbol{x}^{(i)},z^{(i)};\theta^{(t)}\right)}{q_i^{(t)}\left(z^{(i)}\right)}$$

$$=\ell\left(\theta^{(t)}\right)$$

上式的第一个不等式成立是因为对于所有的 q_i 和 θ，都有：

$$\ell(\theta)\geqslant\sum_{i=1}^{N}\sum_{z^{(i)}}q_i\left(z^{(i)}\right)\log\frac{p\left(\boldsymbol{x}^{(i)},z^{(i)};\theta\right)}{q_i\left(z^{(i)}\right)}$$

用 $q_i^{(t)}$ 和 $\theta^{(t+1)}$ 分别替换 q_i 和 θ，可得第一个不等式。

第二个不等式成立，是因为 $\theta^{(t+1)}$ 是从下式选取：

$$\underset{\theta}{\operatorname{argmax}}\sum_{i=1}^{N}\sum_{z^{(i)}}q_i\left(z^{(i)}\right)\log\frac{p\left(\boldsymbol{x}^{(i)},z^{(i)};\theta\right)}{q_i\left(z^{(i)}\right)}$$

也就是，在$\theta^{(t+1)}$处的对数似然必然大于或等于在$\theta^{(t)}$处的对数似然。

最后一个等式成立，是因为选择$q_i^{(t)}$使得 Jensen 不等式在$\theta^{(t)}$处等式成立。

6.5

将下界$\mathcal{B}$包含π_k的项提到前面，忽略不包含π_k的常数项。由于有约束$\sum_{k=1}^{K}\pi_k=1$，因此需要使用拉格朗日乘子。

$$\mathcal{B}=\sum_{i=1}^{N}\sum_{k=1}^{K}q_{ik}\log\pi_k-\lambda\left(\sum_{k=1}^{K}\pi_k-1\right)+\cdots$$

对$\mathcal{B}$求关于π_k的偏导数，并令其等于 0，重新整理结果得：

$$\frac{\partial\mathcal{B}}{\partial\pi_k}=\frac{\sum_{i=1}^{N}q_{ik}}{\pi_k}-\lambda=0$$

$$\Rightarrow\sum_{i=1}^{N}q_{ik}=\lambda\pi_k$$

上式包含未知数λ，为此，将上式两边都对k求累加和，得：

$$\sum_{k=1}^{K}\sum_{i=1}^{N}q_{ik}=\lambda\sum_{k=1}^{K}\pi_k$$

利用$\sum_{k=1}^{K}q_{ik}=1$和$\sum_{k=1}^{K}\pi_k=1$，可得：

$$\sum_{i=1}^{N}1=\lambda$$

$$\Rightarrow\lambda=N$$

将$\lambda=N$代入$\sum_{i=1}^{N}q_{ik}=\lambda\pi_k$，得：

$$\pi_k=\frac{1}{N}\sum_{i=1}^{N}q_{ik}$$

6.6

下界$\mathcal{B}$中，只有第二项包含$\boldsymbol{\mu}_k$。直接将$p\left(\boldsymbol{x}^{(i)}\mid\boldsymbol{\mu}_k,\boldsymbol{\Sigma}_k\right)$写为高斯的形式，有：

$$\begin{aligned}\mathcal{B}&=\sum_{i=1}^{N}\sum_{k=1}^{K}q_{ik}\log\left(\frac{1}{(2\pi)^{d/2}\left|\boldsymbol{\Sigma}_k\right|^{1/2}}\exp\left(-\frac{1}{2}\left(\boldsymbol{x}^{(i)}-\boldsymbol{\mu}_k\right)^{\mathrm{T}}\boldsymbol{\Sigma}_k^{-1}\left(\boldsymbol{x}^{(i)}-\boldsymbol{\mu}_k\right)\right)\right)+\cdots\\&=-\frac{1}{2}\sum_{i=1}^{N}\sum_{k=1}^{K}q_{ik}\log\left((2\pi)^{d}\left|\boldsymbol{\Sigma}_k\right|\right)-\frac{1}{2}\sum_{i=1}^{N}\sum_{k=1}^{K}q_{ik}\left(\boldsymbol{x}^{(i)}-\boldsymbol{\mu}_k\right)^{\mathrm{T}}\boldsymbol{\Sigma}_k^{-1}\left(\boldsymbol{x}^{(i)}-\boldsymbol{\mu}_k\right)+\cdots\end{aligned}$$

上式的第一项不包含$\boldsymbol{\mu}_k$，因此可以忽略。利用如下实用公式：当$f(\boldsymbol{x})=\boldsymbol{x}^{\mathrm{T}}\boldsymbol{C}\boldsymbol{x}$时，

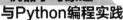

$\dfrac{\partial f(\boldsymbol{x})}{\partial \boldsymbol{x}}=2\boldsymbol{C}\boldsymbol{x}$。并且利用求导的链式法则，对 $\mathcal{B}$ 求关于 $\boldsymbol{\mu}_k$ 的偏导数，得：

$$\frac{\partial \mathcal{B}}{\partial \boldsymbol{\mu}_k}=-\frac{1}{2}\sum_{i=1}^{N} q_{ik}\frac{\partial\left(\boldsymbol{x}^{(i)}-\boldsymbol{\mu}_k\right)^{\mathrm{T}}\boldsymbol{\Sigma}_k^{-1}\left(\boldsymbol{x}^{(i)}-\boldsymbol{\mu}_k\right)}{\partial\left(\boldsymbol{x}^{(i)}-\boldsymbol{\mu}_k\right)}\frac{\partial\left(\boldsymbol{x}^{(i)}-\boldsymbol{\mu}_k\right)}{\partial \boldsymbol{\mu}_k}$$

$$=\sum_{i=1}^{N} q_{ik}\boldsymbol{\Sigma}_k^{-1}\left(\boldsymbol{x}^{(i)}-\boldsymbol{\mu}_k\right)$$

令偏导数等于 0，整理后得：

$$\sum_{i=1}^{N} q_{ik}\boldsymbol{\Sigma}_k^{-1}\left(\boldsymbol{x}^{(i)}-\boldsymbol{\mu}_k\right)=0$$

$$\Rightarrow \sum_{i=1}^{N} q_{ik}\boldsymbol{\Sigma}_k^{-1}\boldsymbol{x}^{(i)}=\sum_{i=1}^{N} q_{ik}\boldsymbol{\Sigma}_k^{-1}\boldsymbol{\mu}_k$$

$$\Rightarrow \sum_{i=1}^{N} q_{ik}\boldsymbol{x}^{(i)}=\boldsymbol{\mu}_k\sum_{i=1}^{N} q_{ik}$$

$$\Rightarrow \boldsymbol{\mu}_k=\frac{\sum_{i=1}^{N} q_{ik}\boldsymbol{x}^{(i)}}{\sum_{i=1}^{N} q_{ik}}$$

6.7

下界 $\mathcal{B}$ 中，只有第二项包含 $\boldsymbol{\Sigma}_k$。直接将 $p\left(\boldsymbol{x}^{(i)}\mid\boldsymbol{\mu}_k,\boldsymbol{\Sigma}_k\right)$ 写为高斯的形式，有：

$$\mathcal{B}=-\frac{1}{2}\sum_{i=1}^{N}\sum_{k=1}^{K} q_{ik}\log\left((2\pi)^d\left|\boldsymbol{\Sigma}_k\right|\right)-\frac{1}{2}\sum_{i=1}^{N}\sum_{k=1}^{K} q_{ik}\left(\boldsymbol{x}^{(i)}-\boldsymbol{\mu}_k\right)^{\mathrm{T}}\boldsymbol{\Sigma}_k^{-1}\left(\boldsymbol{x}^{(i)}-\boldsymbol{\mu}_k\right)+\cdots$$

忽略掉第一项中的 (2π) 常数部分，得到：

$$\mathcal{B}=-\frac{1}{2}\sum_{i=1}^{N}\sum_{k=1}^{K} q_{ik}\log\left(\left|\boldsymbol{\Sigma}_k\right|\right)-\frac{1}{2}\sum_{i=1}^{N}\sum_{k=1}^{K} q_{ik}(\boldsymbol{x}^{(i)}-\boldsymbol{\mu}_k)^{\mathrm{T}}\boldsymbol{\Sigma}_k^{-1}(\boldsymbol{x}^{(i)}-\boldsymbol{\mu}_k)+\cdots$$

求偏导数需要用到两个实用公式，$\dfrac{\partial \ln|\boldsymbol{C}|}{\partial \boldsymbol{C}}=\left(\boldsymbol{C}^{\mathrm{T}}\right)^{-1}$ 和 $\dfrac{\partial \boldsymbol{a}^{\mathrm{T}}\boldsymbol{C}^{-1}\boldsymbol{b}}{\partial \boldsymbol{C}}=-\left(\boldsymbol{C}^{\mathrm{T}}\right)^{-1}\boldsymbol{a}\boldsymbol{b}^{\mathrm{T}}\left(\boldsymbol{C}^{\mathrm{T}}\right)^{-1}$。对 $\mathcal{B}$ 求关于 $\boldsymbol{\Sigma}_k$ 的偏导数，得：

$$\frac{\partial \mathcal{B}}{\partial \boldsymbol{\Sigma}_k}=-\frac{1}{2}\sum_{i=1}^{N} q_{ik}\boldsymbol{\Sigma}_k^{-1}+\frac{1}{2}\sum_{i=1}^{N} q_{ik}\boldsymbol{\Sigma}_k^{-1}\left(\boldsymbol{x}^{(i)}-\boldsymbol{\mu}_k\right)\left(\boldsymbol{x}^{(i)}-\boldsymbol{\mu}_k\right)^{\mathrm{T}}\boldsymbol{\Sigma}_k^{-1}$$

注意到协方差矩阵 $\boldsymbol{\Sigma}_k$ 是对称阵，因此 $\boldsymbol{\Sigma}_k^{\mathrm{T}}=\boldsymbol{\Sigma}_k$。令上述偏导数等于 0，整理得：

$$-\frac{1}{2}\sum_{i=1}^{N} q_{ik}\boldsymbol{\Sigma}_k^{-1}+\frac{1}{2}\sum_{i=1}^{N} q_{ik}\boldsymbol{\Sigma}_k^{-1}\left(\boldsymbol{x}^{(i)}-\boldsymbol{\mu}_k\right)\left(\boldsymbol{x}^{(i)}-\boldsymbol{\mu}_k\right)^{\mathrm{T}}\boldsymbol{\Sigma}_k^{-1}=0$$

$$\Rightarrow \sum_{i=1}^{N} q_{ik}\boldsymbol{\Sigma}_k^{-1}=\sum_{i=1}^{N} q_{ik}\boldsymbol{\Sigma}_k^{-1}\left(\boldsymbol{x}^{(i)}-\boldsymbol{\mu}_k\right)\left(\boldsymbol{x}^{(i)}-\boldsymbol{\mu}_k\right)^{\mathrm{T}}\boldsymbol{\Sigma}_k^{-1}$$

上式两端同时左乘和右乘 $\boldsymbol{\Sigma}_k$ ，消去 $\boldsymbol{\Sigma}_k^{-1}$ ，得

$$\boldsymbol{\Sigma}_k \sum_{i=1}^{N} q_{ik} = \sum_{i=1}^{N} q_{ik} \left(\boldsymbol{x}^{(i)} - \boldsymbol{\mu}_k\right)\left(\boldsymbol{x}^{(i)} - \boldsymbol{\mu}_k\right)^{\mathrm{T}}$$

$$\Rightarrow \boldsymbol{\Sigma}_k = \frac{\sum_{i=1}^{N} q_{ik} \left(\boldsymbol{x}^{(i)} - \boldsymbol{\mu}_k\right)\left(\boldsymbol{x}^{(i)} - \boldsymbol{\mu}_k\right)^{\mathrm{T}}}{\sum_{i=1}^{N} q_{ik}}$$

6.8

q_{ik} 在下界 $\mathcal{B}$ 中三个项都出现过，并且应满足约束 $\sum_{k=1}^{K} q_{ik} = 1$，因此需要使用拉格朗日乘子。

$$\mathcal{B} = \sum_{i=1}^{N}\sum_{k=1}^{K} q_{ik} \log \pi_k + \sum_{i=1}^{N}\sum_{k=1}^{K} q_{ik} \log p\left(\boldsymbol{x}^{(i)} \mid \boldsymbol{\mu}_k, \boldsymbol{\Sigma}_k\right) + \sum_{i=1}^{N}\sum_{k=1}^{K} q_{ik} \log q_{ik} - \lambda\left(\sum_{j=1}^{K} q_{ik} - 1\right)$$

对 $\mathcal{B}$ 求关于 q_{ik} 的偏导数，得：

$$\frac{\partial \mathcal{B}}{\partial q_{ik}} = \log \pi_k + \log p\left(\boldsymbol{x}^{(i)} \mid \boldsymbol{\mu}_k, \boldsymbol{\Sigma}_k\right) - \left(1 + \log q_{ik}\right) - \lambda$$

令偏导数等于 0，整理后得：

$$\log \pi_k + \log p\left(\boldsymbol{x}^{(i)} \mid \boldsymbol{\mu}_k, \boldsymbol{\Sigma}_k\right) = 1 + \log q_{ik} + \lambda$$

$$\Rightarrow \exp\left(1 + \log q_{ik} + \lambda\right) = \exp\left(\log \pi_k + \log p\left(\boldsymbol{x}^{(i)} \mid \boldsymbol{\mu}_k, \boldsymbol{\Sigma}_k\right)\right)$$

$$\Rightarrow q_{ik} \exp\left(1 + \lambda\right) = \pi_k p\left(\boldsymbol{x}^{(i)} \mid \boldsymbol{\mu}_k, \boldsymbol{\Sigma}_k\right)$$

将上式两边都对 k 求累加和，得：

$$\exp\left(1 + \lambda\right) \sum_{k=1}^{K} q_{ik} = \sum_{k=1}^{K} \pi_k p\left(\boldsymbol{x}^{(i)} \mid \boldsymbol{\mu}_k, \boldsymbol{\Sigma}_k\right)$$

$$\Rightarrow \exp\left(1 + \lambda\right) = \sum_{k=1}^{K} \pi_k p\left(\boldsymbol{x}^{(i)} \mid \boldsymbol{\mu}_k, \boldsymbol{\Sigma}_k\right)$$

将 $\exp\left(1 + \lambda\right) = \sum_{k=1}^{K} \pi_k p\left(\boldsymbol{x}^{(i)} \mid \boldsymbol{\mu}_k, \boldsymbol{\Sigma}_k\right)$ 代入 $q_{ik} \exp\left(1 + \lambda\right) = \pi_k p\left(\boldsymbol{x}^{(i)} \mid \boldsymbol{\mu}_k, \boldsymbol{\Sigma}_k\right)$，得

$$q_{ik} = \frac{\pi_k p\left(\boldsymbol{x}^{(i)} \mid \boldsymbol{\mu}_k, \boldsymbol{\Sigma}_k\right)}{\sum_{j=1}^{K} \pi_j p\left(\boldsymbol{x}^{(i)} \mid \boldsymbol{\mu}_j, \boldsymbol{\Sigma}_j\right)}$$

第 7 章

7.1

略

7.2

略

7.3

略

7.4

剪枝的原则是去除预测准确率低的子树，建立复杂度较低且容易理解的决策树。

预剪枝是在进一步划分变得不可靠的时候停止树生长。预剪枝的优点是计算优势，可以较早地停止树的生长，避免费时生长子树之后再对子树剪枝。后剪枝是对完全生长后的树进行剪枝。后剪枝主要采用两种方法：子树置换和子树提升。子树置换是主要的剪枝操作，其基本思想是选择某些子树，并用单个叶节点来置换它们；子树提升是提升某个节点下面的子节点的整个子树以替换自身，较为复杂。

7.5

$$\text{Gini}(t) = 1 - \left(\mu^2 + (1-\mu)^2\right) = 2\mu(1-\mu)$$

7.6

参考图 7.12。

7.7

参考 plot_entropy_gini.py 脚本。绘制的图形如下：

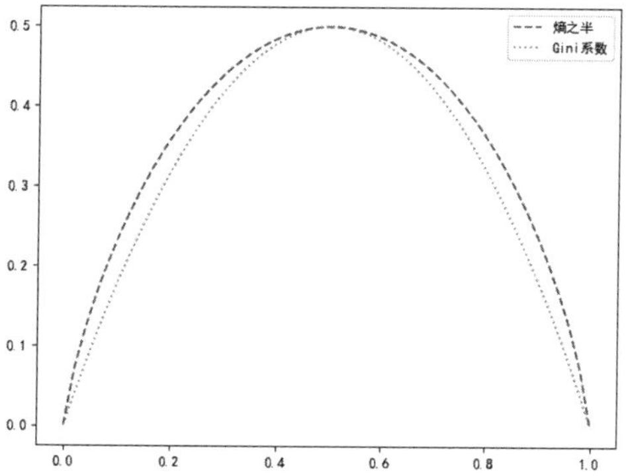

7.8

略

第 8 章

8.1

$$\frac{\partial z_i^{(4)}}{\partial W_{ij}^{(3)}} = \frac{\partial}{\partial W_{ij}^{(3)}} \sum_{m=0}^{n^{(3)}} W_{im}^{(3)} a_m^{(3)} = \frac{\partial}{\partial W_{ij}^{(3)}} \left(W_{i0}^{(3)} + W_{i1}^{(3)} a_1^{(3)} + W_{i2}^{(3)} a_2^{(3)} + \cdots + W_{in^{(3)}}^{(3)} a_{n^{(3)}}^{(3)} \right)$$

$$= a_j^{(3)}$$

8.2

先考虑只有一个训练样本的情形。因为仅一个训练样本就可以使用随机梯度下降算法，多个训练样本可以使用小批量梯度下降算法，全部训练集则可以使用批量梯度下降算法。

$$\frac{\partial J(\Theta)}{\partial z_i^{(4)}} = \frac{\partial}{\partial z_i^{(4)}} \left(-\sum_{m=1}^{k} y_m \log h(\boldsymbol{x};\Theta)_m + (1-y_m)\log\left(1-h(\boldsymbol{x};\Theta)_m\right) \right)$$

$$= \frac{\partial}{\partial z_i^{(4)}} \left(-\sum_{m=1}^{k} y_m \log\left(a_m^{(4)}\right) + (1-y_m)\log\left(1-a_m^{(4)}\right) \right)$$

$$= -\frac{y_i}{a_i^{(4)}} \frac{\partial a_i^{(4)}}{\partial z_i^{(4)}} - \frac{1-y_i}{1-a_i^{(4)}} \frac{\partial\left(1-a_i^{(4)}\right)}{\partial z_i^{(4)}} = -\frac{y_i}{a_i^{(4)}} \frac{\partial g\left(z_i^{(4)}\right)}{\partial z_i^{(4)}} - \frac{1-y_i}{1-a_i^{(4)}} \frac{\partial\left(1-g(z_i^{(4)})\right)}{\partial z_i^{(4)}}$$

$$= -\frac{y_i}{a_i^{(4)}} g'\left(z_i^{(4)}\right) - \frac{1-y_i}{1-a_i^{(4)}} \left(-g'\left(z_i^{(4)}\right)\right)$$

$$= -\frac{y_i}{a_i^{(4)}} g\left(z_i^{(4)}\right)\left(1-g\left(z_i^{(4)}\right)\right) - \frac{1-y_i}{1-a_i^{(4)}} \left(-g\left(z_i^{(4)}\right)\left(1-g\left(z_i^{(4)}\right)\right)\right)$$

$$= -y_i\left(1-g\left(z_i^{(4)}\right)\right) + (1-y_i)\, g\left(z_i^{(4)}\right)$$

$$= g\left(z_i^{(4)}\right) - y_i = a_i^{(4)} - y_i$$

8.3

$$\frac{\partial J(\Theta)}{\partial W_{ij}^{(2)}} = \frac{\partial z_i^{(3)}}{\partial W_{ij}^{(2)}} \frac{\partial z_m^{(4)}}{\partial z_i^{(3)}} \frac{\partial J(\Theta)}{\partial z_m^{(4)}}$$

第 8.2 题已经证明了最后一项 $\frac{\partial J(\Theta)}{\partial z_m^{(4)}} = a_m^{(4)} - y_m = \delta_m^{(4)}$，下面计算前两项。

$$\frac{\partial z_i^{(3)}}{\partial W_{ij}^{(2)}} = \frac{\partial}{\partial W_{ij}^{(2)}} \sum_{m=0}^{n^{(2)}} W_{im}^{(2)} a_m^{(2)} = \frac{\partial}{\partial W_{ij}^{(2)}} \left(W_{i0}^{(2)} + W_{i1}^{(2)} a_1^{(2)} + W_{i2}^{(2)} a_2^{(2)} + \cdots + W_{in^{(2)}}^{(2)} a_{n^{(2)}}^{(2)} \right)$$

$$= a_j^{(2)}$$

$$\frac{\partial z_m^{(4)}}{\partial z_i^{(3)}} = \frac{\partial}{\partial z_i^{(3)}} \sum_{p=0}^{n^{(2)}} W_{mp}^{(3)} a_p^{(3)} = \frac{\partial}{\partial z_i^{(3)}} \sum_{p=0}^{n^{(2)}} W_{mp}^{(3)} g\left(z_p^{(3)}\right) = W_{mi}^{(3)} g'\left(z_i^{(3)}\right)$$

所以，可以得到

$$\frac{\partial J(\Theta)}{\partial W_{ij}^{(2)}} = a_j^{(2)} W_{mi}^{(3)} g'\left(z_i^{(3)}\right) \delta_m^{(4)}$$

用矩阵-向量表示法重写上式，得

$$\frac{\partial J(\Theta)}{\partial W_{ij}^{(2)}} = \left(\left(\boldsymbol{W}^{(3)}\right)^{\mathrm{T}} \boldsymbol{\delta}^{(4)} * g'\left(\boldsymbol{z}^{(3)}\right)\right) a_j^{(2)}$$

8.4

考虑只有一个训练样本的情形。

$$\delta_i^{(L)} = \frac{\partial}{\partial z_i^{(L)}} J(\Theta) = \frac{\partial}{\partial z_i^{(L)}} \left(\frac{1}{2}\left\|\boldsymbol{y} - h(\boldsymbol{x};\Theta)\right\|^2\right)$$

$$= \frac{\partial}{\partial z_i^{(L)}} \left(\frac{1}{2} \sum_{m=1}^{n^{(L)}} \left(y_m - a_m^{(L)}\right)^2\right) = \frac{1}{2} \frac{\partial}{\partial z_i^{(L)}} \left(y_i - a_i^{(L)}\right)^2$$

$$= \frac{1}{2} \frac{\partial}{\partial z_i^{(L)}} \left(y_i - f\left(z_i^{(L)}\right)\right)^2 = -\left(y_i - f\left(z_i^{(L)}\right)\right) f'\left(z_i^{(L)}\right)$$

$$= -\left(y_i - a_i^{(L)}\right) f'\left(z_i^{(L)}\right)$$

8.5

先考虑 $l = L-1$ 的情形。

$$\delta_i^{(L-1)} = \frac{\partial}{\partial z_i^{(L-1)}} J(\Theta) = \frac{\partial}{\partial z_i^{(L-1)}} \frac{1}{2}\left\|\boldsymbol{y} - h(\boldsymbol{x};\Theta)\right\|^2 = \frac{\partial}{\partial z_i^{(L-1)}} \frac{1}{2} \sum_{j=1}^{n^{(L)}} \left(y_i - a_j^{(L)}\right)^2$$

$$= \frac{1}{2} \sum_{j=1}^{n^{(L)}} \frac{\partial}{\partial z_i^{(L-1)}} \left(y_i - a_j^{(L)}\right)^2 = \frac{1}{2} \sum_{j=1}^{n^{(L)}} \frac{\partial}{\partial z_i^{(L-1)}} \left(y_i - f\left(z_j^{(L)}\right)\right)^2$$

$$= \sum_{j=1}^{n^{(L)}} -\left(y_i - f(z_j^{(L)})\right) \frac{\partial}{\partial z_i^{(L-1)}} f\left(z_j^{(L)}\right) = \sum_{j=1}^{n^{(L)}} -\left(y_i - f\left(z_j^{(L)}\right)\right) f'(z_j^{(L)}) \frac{\partial z_j^{(L)}}{\partial z_i^{(L-1)}}$$

$$= \sum_{j=1}^{n^{(L)}} \delta_i^{(L)} \frac{\partial z_j^{(L)}}{\partial z_i^{(L-1)}} = \sum_{j=1}^{n^{(L)}} \left(\delta_i^{(L)} \frac{\partial}{\partial z_i^{(L-1)}} \sum_{k=1}^{n^{(L-1)}} f\left(z_k^{(L-1)}\right) W_{jk}^{(L-1)}\right)$$

$$= \sum_{j=1}^{n^{(L)}} \delta_i^{(L)} W_{ji}^{(L-1)} f'\left(z_i^{(L-1)}\right) = \left(\sum_{j=1}^{n^{(L)}} \delta_i^{(L)} W_{ji}^{(L-1)}\right) f'\left(z_i^{(L-1)}\right)$$

将上式的$L-1$与L的关系替换为$l-1$与l的关系，可得：

$$\delta_i^{(l)}=\left(\sum_{j=1}^{n^{(l+1)}}W_{ji}^{(l)}\delta_j^{(l+1)}\right)f'\left(z_i^{(l)}\right)$$

8.6

逻辑与，逻辑或

8.7

A. 错误。正则化参数λ越小，让模型更加拟合训练数据，从而增大过拟合的可能性。

B. 正确。神经网络的每一层都计算其输入的非线性函数，因此后层可视为原始输入的更为复杂的变换。

C. 正确。λ取值大，会惩罚大的权重参数Θ，从而减小过拟合的数据的可能性。

D. 错误。神经网络的输出不是概率，因此它们的和不一定为 1。

8.8

$a_2^{(3)}=g\left(W_{20}^{(2)}a_0^{(2)}+W_{21}^{(2)}a_1^{(2)}+W_{22}^{(2)}a_2^{(2)}\right)$，其中，截距项$a_0^{(2)}$为 1。

第 9 章

9.1

在转移矩阵中，第i行第j列的元素表示由状态i转移到状态j的概率。因此第i行规定了由状态i转移到其他所有状态的概率，因此，矩阵的每一行元素值的累加和应该等于 1。类似地，矩阵的所有元素值的累加和应该等于 HMM 的状态数。

9.2

如果 HMM 没有最终状态，可观测变量就会无休止地从一个状态转移到另一个状态，HMM 模型的序列将会有无穷的长度。

9.3

由

$$\frac{\partial}{\partial\pi_i}\left(\sum_{i=1}^{N}\log\pi_i p\left(\boldsymbol{O},q_1=S_i\mid\tilde{\lambda}\right)+\gamma\left(\sum_{i=1}^{N}\pi_i-1\right)\right)=0$$

可得

$$p\left(\boldsymbol{O},q_1=S_i\mid\tilde{\lambda}\right)+\gamma\pi_i=0$$

顺序取i等于从 1 到N，上式可用N个等式表示如下：

$$p\left(\boldsymbol{O},q_1=S_1\mid\tilde{\lambda}\right)+\gamma\pi_1=0$$
$$p\left(\boldsymbol{O},q_1=S_2\mid\tilde{\lambda}\right)+\gamma\pi_2=0$$
$$\vdots$$
$$p\left(\boldsymbol{O},q_1=S_N\mid\tilde{\lambda}\right)+\gamma\pi_N=0$$

将上述N个等式相加，并利用$\sum_{i=1}^{N}\pi_i=1$，可得

$$\gamma=-p\left(\boldsymbol{O}\mid\tilde{\lambda}\right)$$

将上式代入$p\left(\boldsymbol{O},q_1=S_i\mid\tilde{\lambda}\right)+\gamma\pi_i=0$，可得

$$\pi_i=\frac{p\left(\boldsymbol{O},q_1=S_i\mid\tilde{\lambda}\right)}{p\left(\boldsymbol{O}\mid\tilde{\lambda}\right)}$$

9.4

由

$$\frac{\partial}{\partial a_{ij}}\left(\sum_{i=1}^{N}\sum_{j=1}^{N}\sum_{t=1}^{T-1}\log a_{ij}\,p\left(\boldsymbol{O},q_t=S_i,q_{t+1}=S_j\mid\tilde{\lambda}\right)+\gamma\left(\sum_{j=1}^{N}a_{ij}-1\right)\right)=0$$

可得

$$\sum_{t=1}^{T-1}p\left(\boldsymbol{O},q_t=S_i,q_{t+1}=S_j\mid\tilde{\lambda}\right)+\gamma a_{ij}=0$$

顺序取j等于从1到N，上式可用N个等式表示如下：

$$\sum_{t=1}^{T-1}p\left(\boldsymbol{O},q_t=S_i,q_{t+1}=S_1\mid\tilde{\lambda}\right)+\gamma a_{i1}=0$$
$$\sum_{t=1}^{T-1}p\left(\boldsymbol{O},q_t=S_i,q_{t+1}=S_2\mid\tilde{\lambda}\right)+\gamma a_{i2}=0$$
$$\vdots$$
$$\sum_{t=1}^{T-1}p\left(\boldsymbol{O},q_t=S_i,q_{t+1}=S_N\mid\tilde{\lambda}\right)+\gamma a_{iN}=0$$

将上述N个等式相加，并利用$\sum_{j=1}^{N}a_{ij}=1$，可得

$$\gamma=-\sum_{t=1}^{T-1}p\left(\boldsymbol{O},q_t=S_i\mid\tilde{\lambda}\right)$$

将上式代入$\sum_{t=1}^{T-1}p\left(\boldsymbol{O},q_t=S_i,q_{t+1}=S_j\mid\tilde{\lambda}\right)+\gamma a_{ij}=0$，可得

$$a_{ij}=\frac{\sum_{t=1}^{T-1}p\left(\boldsymbol{O},q_t=S_i,q_{t+1}=S_j\mid\tilde{\lambda}\right)}{\sum_{t=1}^{T-1}p\left(\boldsymbol{O},q_t=S_i\mid\tilde{\lambda}\right)}$$

9.5

由

$$\frac{\partial}{\partial b_j\left(v_k\right)}\left(\sum_{i=1}^{N}\sum_{t=1}^{T}\log b_i\left(O_t\right)p\left(\boldsymbol{O},q_t=S_i\mid\tilde{\lambda}\right)+\gamma\left(\sum_{k=1}^{M}b_j\left(k\right)-1\right)\right)=0$$

可得

$$\sum_{t=1}^{T}p\left(\boldsymbol{O},q_t=S_i\mid\tilde{\lambda}\right)I\left(O_t=v_k\right)+\gamma b_j\left(v_k\right)=0$$

顺序取k等于从1到M，上式可用M个等式表示如下：

$$\sum_{t=1}^{T}p\left(\boldsymbol{O},q_t=S_i\mid\tilde{\lambda}\right)I\left(O_t=v_1\right)+\gamma b_j\left(v_1\right)=0$$

$$\sum_{t=1}^{T}p\left(\boldsymbol{O},q_t=S_i\mid\tilde{\lambda}\right)I\left(O_t=v_2\right)+\gamma b_j\left(v_2\right)=0$$

$$\vdots$$

$$\sum_{t=1}^{T}p\left(\boldsymbol{O},q_t=S_i\mid\tilde{\lambda}\right)I\left(O_t=v_M\right)+\gamma b_j\left(v_M\right)=0$$

将上述M个等式相加，并利用$\sum_{k=1}^{M}b_j\left(k\right)=1$，可得

$$\gamma=-\sum_{t=1}^{T}p\left(\boldsymbol{O},q_t=S_i\mid\tilde{\lambda}\right)$$

将上式代入$\sum_{t=1}^{T}p\left(\boldsymbol{O},q_t=S_i\mid\tilde{\lambda}\right)I\left(O_t=v_k\right)+\gamma b_j\left(v_k\right)=0$，可得

$$b_j\left(v_k\right)=\frac{\sum_{t=1}^{T}p\left(\boldsymbol{O},q_t=S_j\mid\tilde{\lambda}\right)I\left(O_t=v_k\right)}{\sum_{t=1}^{T}p\left(\boldsymbol{O},q_t=S_i\mid\tilde{\lambda}\right)}$$

第10章

10.1

假设$\boldsymbol{x}_1$、$\boldsymbol{x}_2$为分割超平面上的两点，必然满足$\boldsymbol{w}^{\mathrm{T}}\boldsymbol{x}+b=0$，有

$$\boldsymbol{w}^{\mathrm{T}}\boldsymbol{x}_1+b=0$$

$$\boldsymbol{w}^{\mathrm{T}}\boldsymbol{x}_2+b=0$$

两式相减，有

$$\boldsymbol{w}^{\mathrm{T}}\left(\boldsymbol{x}_1-\boldsymbol{x}_2\right)=0$$

因此，$\boldsymbol{w}$ 垂直于超平面上 $\boldsymbol{x}_1$ 和 $\boldsymbol{x}_2$ 形成的向量，即 $\boldsymbol{w}$ 为超平面的法向量。

10.2

求 $\mathcal{L}(\boldsymbol{w},b,\boldsymbol{\alpha})$ 关于 w_j 的偏导数并令其等于 0，解得：

$$w_j-\sum_{i=1}^{N}\alpha_i y^{(i)}\boldsymbol{z}_j^{(i)}=0$$

其中，$\boldsymbol{z}_j^{(i)}$ 表示第 i 个样本 $\boldsymbol{z}^{(i)}$ 的第 j 个特征。

因此

$$w_j=\sum_{i=1}^{N}\alpha_i y^{(i)}\boldsymbol{z}_j^{(i)}$$

从而有

$$\boldsymbol{w}=\sum_{i=1}^{N}\alpha_i y^{(i)}\boldsymbol{z}^{(i)}$$

10.3

将 $\boldsymbol{w}=\sum_{i=1}^{N}\alpha_i y^{(i)}\boldsymbol{z}^{(i)}$ 代入 $\frac{1}{2}\boldsymbol{w}^{\mathrm{T}}\boldsymbol{w}+\sum_{i=1}^{N}\alpha_i\left(1-y^{(i)}\left(\boldsymbol{w}^{\mathrm{T}}\boldsymbol{z}^{(i)}\right)\right)$，得

$$\begin{aligned}
\min_{\boldsymbol{w}}\mathcal{L}(\boldsymbol{w},b,\boldsymbol{\alpha})&=\frac{1}{2}\boldsymbol{w}^{\mathrm{T}}\boldsymbol{w}+\sum_{i=1}^{N}\alpha_i\left(1-y^{(i)}\left(\boldsymbol{w}^{\mathrm{T}}\boldsymbol{z}^{(i)}\right)\right)\\
&=\frac{1}{2}\boldsymbol{w}^{\mathrm{T}}\sum_{i=1}^{N}\alpha_i y^{(i)}\boldsymbol{z}^{(i)}+\sum_{i=1}^{N}\alpha_i-\sum_{i=1}^{N}\alpha_i y^{(i)}\boldsymbol{w}^{\mathrm{T}}\boldsymbol{z}^{(i)}\\
&=-\frac{1}{2}\boldsymbol{w}^{\mathrm{T}}\sum_{i=1}^{N}\alpha_i y^{(i)}\boldsymbol{z}^{(i)}+\sum_{i=1}^{N}\alpha_i\\
&=-\frac{1}{2}\left(\sum_{i=1}^{N}\alpha_i y^{(i)}\boldsymbol{z}^{(i)}\right)^{\mathrm{T}}\sum_{i=1}^{N}\alpha_i y^{(i)}\boldsymbol{z}^{(i)}+\sum_{i=1}^{N}\alpha_i\\
&=-\frac{1}{2}\sum_{i=1}^{N}\sum_{j=1}^{N}y^{(i)}y^{(j)}\alpha_i\alpha_j\left(\boldsymbol{z}^{(i)}\right)^{\mathrm{T}}\boldsymbol{z}^{(j)}+\sum_{i=1}^{N}\alpha_i
\end{aligned}$$

10.4

对于任意非零的向量 $\boldsymbol{z}$，有

$$\begin{aligned}
\boldsymbol{z}^{\mathrm{T}}\boldsymbol{K}\boldsymbol{z}&=\sum_{i=1}^{N}\sum_{j=1}^{N}z_i K_{ij}z_j\\
&=\sum_{i=1}^{N}\sum_{j=1}^{N}z_i\boldsymbol{\Phi}\left(\boldsymbol{x}^{(i)}\right)^{\mathrm{T}}\boldsymbol{\Phi}\left(\boldsymbol{x}^{(j)}\right)z_j\\
&=\sum_{i=1}^{N}\sum_{j=1}^{N}z_i\sum_{k=1}^{N}\boldsymbol{\Phi}_k\left(\boldsymbol{x}^{(i)}\right)\boldsymbol{\Phi}_k\left(\boldsymbol{x}^{(j)}\right)z_j
\end{aligned}$$

$$=\sum_{k=1}^{N}\sum_{i=1}^{N}\sum_{j=1}^{N}z_i\Phi_k\left(\boldsymbol{x}^{(i)}\right)\Phi_k\left(\boldsymbol{x}^{(j)}\right)z_j$$

$$=\sum_{k=1}^{N}\left(\sum_{i=1}^{N}z_i\Phi_k\left(\boldsymbol{x}^{(i)}\right)\right)^2\geqslant 0$$

因此，$\boldsymbol{K}$ 是半正定矩阵。

10.5

$$\max_{\alpha_i\geqslant 0,\beta_i\geqslant 0}\left(\min_{\boldsymbol{w},b,\xi}\mathcal{L}\left(\boldsymbol{w},b,\boldsymbol{\xi},\boldsymbol{\alpha},\boldsymbol{\beta}\right)\right)$$

$$=\max_{\alpha_i\geqslant 0,\beta_i\geqslant 0}\left(\min_{\boldsymbol{w},b,\xi}\frac{1}{2}\boldsymbol{w}^{\mathrm{T}}\boldsymbol{w}+C\sum_{i=1}^{N}\xi_i+\sum_{i=1}^{N}\alpha_i\left(1-\xi_i-y^{(i)}\left(\boldsymbol{w}^{\mathrm{T}}\boldsymbol{z}^{(i)}+b\right)\right)+\sum_{i=1}^{N}\beta_i\left(-\xi_i\right)\right)$$

$$=\max_{\alpha_i\geqslant 0,\beta_i\geqslant 0}\left(\min_{\boldsymbol{w},b,\xi}\frac{1}{2}\boldsymbol{w}^{\mathrm{T}}\boldsymbol{w}+\sum_{i=1}^{N}\alpha_i\left(1-y^{(i)}\left(\boldsymbol{w}^{\mathrm{T}}\boldsymbol{z}^{(i)}+b\right)\right)+\sum_{i=1}^{N}\left(C-\alpha_i-\beta_i\right)\xi_i\right)$$

$$=\max_{\alpha_i\geqslant 0,\beta_i=C-\alpha_i}\left(\min_{\boldsymbol{w},b}\frac{1}{2}\boldsymbol{w}^{\mathrm{T}}\boldsymbol{w}+\sum_{i=1}^{N}\alpha_i\left(1-y^{(i)}\left(\boldsymbol{w}^{\mathrm{T}}\boldsymbol{z}^{(i)}+b\right)\right)\right)$$

第 11 章

11.1

增加一个评分矩阵 $\boldsymbol{r}$ 来表示是否评分，其值为 1 表示评过分，为 0 表示没有评分。

11.2

	A	B	C
A	0	2	0.5
B	-2	0	-1.5
C	-0.5	1.5	0

11.3

	A	B	C
甲			
乙			4.00
丙	4.75		
丁		2.25	

11.4

A. 错误。$r^{(i,j)}$ 不是评分，而是是否评分的标志，不能直接与预测结果相减作为误差。

B. 正确。预测结果为 $\sum_{k=1}^{D}\left(\boldsymbol{w}^{(i)}\right)_k \boldsymbol{x}_k^{(j)}$，与 $y^{(i,j)}$ 相减构成误差。

C. 正确。与选项 B 类似，只不过选项 B 的外重循环是列，这里的外重循环是行。

D. 错误。$\left(\boldsymbol{w}^{(i)}\right)_j \boldsymbol{x}_i^{(j)}$ 的下标错误。

11.5

错误。多数推荐系统都存在数据稀疏性较大的问题，协同过滤算法仍然能够构建出足够合理的推荐系统。

第 12 章

12.1

主成分分析和线性回归是两种不同的算法，它们要优化的目标不同。PCA 优化的是投影误差，误差垂直于方向向量，线性回归优化的是预测误差，误差垂直于横轴。线性回归的任务是给定 x 预测 y，PCA 不作预测。

12.2

A. 正确。数据可视化是 PCA 的重要用途，将数据降维至二维或三维以便可视化，能让用户对数据有直观的了解。

B. 错误。二维数据已经可以可视化，不必要用 PCA。

C. 正确。数据压缩是 PCA 的重要用途，PCA 通过损失数据的少量信息来压缩数据，能够节省空间。

D. 错误。PCA 不能聚类。

12.3

D. 正确，能最大化地降维且能很好地保持数据的内部结构信息。

12.4

证明：考虑 D 维空间的变量 $\boldsymbol{x}^{(i)}, i=1,2,\cdots,N$，在一维空间上的投影，使用 D 维向量 $\boldsymbol{u}_1$ 定义该空间的方向。不失一般性，假定 $\boldsymbol{u}_1$ 为单位向量，即 $\boldsymbol{u}_1^{\mathrm{T}}\boldsymbol{u}_1=1$。这样，每个数据点 $\boldsymbol{x}^{(i)}$ 将投影为标量 $\boldsymbol{u}_1^{\mathrm{T}}\boldsymbol{x}^{(i)}$，投影数据的均值为 $\boldsymbol{u}_1^{\mathrm{T}}\overline{\boldsymbol{x}}$，且均值 $\overline{\boldsymbol{x}}$ 定义为

$$\overline{\boldsymbol{x}}=\frac{1}{N}\sum_{i=1}^{N}\boldsymbol{x}^{(i)}$$

投影数据的方差为：

$$\frac{1}{N}\sum_{i=1}^{N}\left(\boldsymbol{u}_1^{\mathrm{T}}\boldsymbol{x}^{(i)}-\boldsymbol{u}_1^{\mathrm{T}}\overline{\boldsymbol{x}}\right)^2=\frac{1}{N}\sum_{i=1}^{N}\left(\boldsymbol{u}_1^{\mathrm{T}}\right)^2\left(\boldsymbol{x}^{(i)}-\overline{\boldsymbol{x}}\right)^2$$

$$=\left(\boldsymbol{u}_1^{\mathrm{T}}\right)^2\frac{1}{N}\sum_{i=1}^{N}\left(\boldsymbol{x}^{(i)}-\overline{\boldsymbol{x}}\right)\left(\boldsymbol{x}^{(i)}-\overline{\boldsymbol{x}}\right)^{\mathrm{T}}$$

令数据的协方差矩阵 $\boldsymbol{S}$ 为：

$$\boldsymbol{S}=\frac{1}{N}\sum_{i=1}^{N}\left(\boldsymbol{x}^{(i)}-\overline{\boldsymbol{x}}\right)\left(\boldsymbol{x}^{(i)}-\overline{\boldsymbol{x}}\right)^{\mathrm{T}}$$

投影数据的方差可简写为 $\boldsymbol{u}_1^{\mathrm{T}}\boldsymbol{S}\boldsymbol{u}_1$。

现在求关于 $\boldsymbol{u}_1$ 的最大化投影方差 $\boldsymbol{u}_1^{\mathrm{T}}\boldsymbol{S}\boldsymbol{u}_1$，引入拉格朗日乘子 λ_1，对下式最大化：

$$\boldsymbol{u}_1^{\mathrm{T}}\boldsymbol{S}\boldsymbol{u}_1+\lambda_1\left(1-\boldsymbol{u}_1^{\mathrm{T}}\boldsymbol{u}_1\right)$$

对上式求关于 $\boldsymbol{u}_1$ 的导数并令其等于 0，可得

$$\boldsymbol{S}\boldsymbol{u}_1=\lambda_1\boldsymbol{u}_1$$

上式左乘 $\boldsymbol{u}_1^{\mathrm{T}}$，利用 $\boldsymbol{u}_1^{\mathrm{T}}\boldsymbol{u}_1=1$ 的假设，可得

$$\boldsymbol{u}_1^{\mathrm{T}}\boldsymbol{S}\boldsymbol{u}_1=\lambda_1$$

所以 $\boldsymbol{u}_1$ 是 $\boldsymbol{S}$ 的本征向量。当本征值 λ_1 最大，且 $\boldsymbol{u}_1$ 为对应的本征向量时，方差会达到最大值。

12.5

A. 错误。

B. 正确。

C. 正确。

D. 错误。函数 svd(sigma)没有缩放处理的功能。

E. 正确。

12.6

参考 exercise.py 脚本。

七个本征值的条形图如下图所示，与 12.4.1 节的假想实例不同，本例的前两个本征值都很大，意味着这两个本征值对应的方向向量都不能忽视。

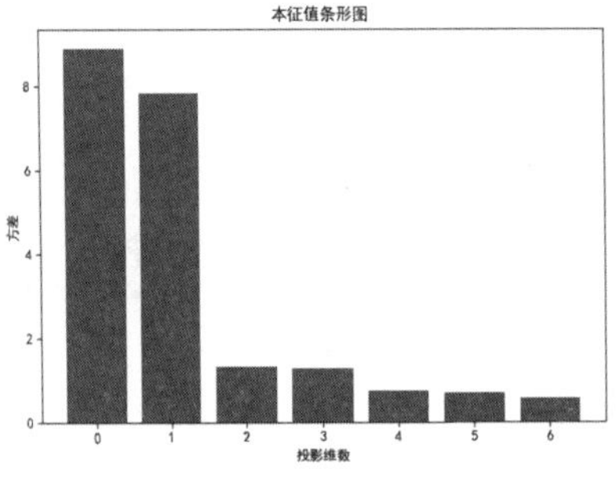

第 13 章

13.1

略

13.2

第一，个体学习器要好于随机猜测学习器。第二，个体学习器要相互独立。可以使用样本集扰动、输入特征扰动、输出表示扰动、算法参数扰动来造就不同的个体学习器。

13.3

如果个体学习器不同，如逻辑回归、决策树、SVM 等，那么可以使用投票策略将这些个体学习器组合为强学习器，通常会得到更好的性能。

13.4

朴素贝叶斯假设特征条件独立，其误差主要是偏差而非方差。朴素贝叶斯是稳定的分类器，不太会受到训练数据的微小变化的干扰。这时，装袋算法就不太可能明显改善基分类器的性能，反而有可能降低基分类器的性能。

13.5

可以将装袋任务的各个个体学习器分布到多台服务器中，因为每一个个体学习器都独立于其他个体学习器，随机森林也是一样的情形。但提升集成学习就完全不同，一个个体学习器的训练必须基于前一个个体学习器的训练结果，因此提升的训练过程是串行的，将训练任务分布到多台服务器不会加速训练过程。

13.6

装袋和随机森林都会产生自助样本集，但后者还会随机选择样本的特征子集，因此生成决策节点速度快一些。

13.7

如果 AdaBoost 集成学习器欠拟合训练数据，可以尝试增大个体学习器的数量，或者增加学习率，适当减少正则化参数。

参考文献

[1] Christopher M. Bishop. Pattern Recognition And Machine Learning. Springer Science+Business Media, LLC, 233 Spring Street, New York, NY 10013, USA. 2006

[2] Kevin P. Murphy. Machine Learning A Probabilistic Perspective. The MIT Press, Cambridge, Massachusetts, London, England. 2012

[3] Trevor Hastie, Robert Tibshirani, Jerome Friedman. The Elements of Statistical Learning, Second Edition. Springer Science+Business Media, LLC, 233 Spring Street, New York, NY 10013, USA. 2009

[4] Daphne Koller, Nir Friedman. Probabilistic Graphical Models Principles and Techniques. The MIT Press, Cambridge, Massachusetts, London, England. 2009

[5] 李航. 统计学习方法[M]. 2 版. 北京：清华大学出版社，2019.

[6] Simon Rogers, Mark Girolami. A First Course in Machine Learning. CRC Press, Taylor & Francis Group, Boca Raton, FL33487-2742, USA. 2012

[7] Ian H. Witten, Frank Eibe, Mark A. Hall. Data Mining—Practical Machine Learning Tools and Techniques, Third Edition. Elsevier. Burlinton, MA 01803, USA. 2011

[8] Jiawei Han, Micheline Kamber, Jian Pei. Data Mining Concepts and Techniques, Third Edition. Morgan Kaufmann, Waltham, MA 02451, USA. 2012

[9] [美]Pang-Ning Tan，等. 数据挖掘导论[M]. 北京：机械工业出版社，2005.

[10] Ian H. Witten, Eibe Frank, Mark A Hall, Christopher J. Pal. Data Mining—Practical Machine Learning Tools and Techniques, Fourth Edition. Elsevier. Cambridge, MA 02139, USA. 2017

[11] [美]Peter Harrington. 机器学习实战[M]. 李锐，等译. 北京：人民邮电出版社，2013.